Python 資料分析必備套件、

Pandas 1.x Cookbook

Pandas

資料清理‧重塑‧過濾‧視覺化

Matt Harrison、Theodore Petrou 著／蔣佑仁、李侑穎 譯

施威銘研究室 監修

感謝您購買旗標書，
記得到旗標網站
www.flag.com.tw
更多的加值內容等著您⋯

- FB 官方粉絲專頁：旗標知識講堂

- 旗標「線上購買」專區：您不用出門就可選購旗標書！

- 如您對本書內容有不明瞭或建議改進之處，請連上
  旗標網站，點選首頁的 聯絡我們 專區。

  若需線上即時詢問問題，可點選旗標官方粉絲專頁
  留言詢問，小編客服隨時待命，盡速回覆。

  若是寄信聯絡旗標客服 email，我們收到您的訊息
  後，將由專業客服人員為您解答。

  我們所提供的售後服務範圍僅限於書籍本身或內
  容表達不清楚的地方，至於軟硬體的問題，請直接
  連絡廠商。

學生團體	訂購專線：(02)2396-3257 轉 362
	傳真專線：(02)2321-2545
經銷商	服務專線：(02)2396-3257 轉 331
	將派專人拜訪
	傳真專線：(02)2321-2545

國家圖書館出版品預行編目資料

Python 資料分析必備套件！
Pandas 資料清理、重塑、過濾、視覺化 /
Matt Harrison, Theodore Petrou 著；蔣佑仁，李侑穎 譯
初版 . 臺北市：旗標科技股份有限公司
2021.11　面；　公分　譯自：Pandas 1.x Cookbook

ISBN 978-986-312-689-8(平裝)

1.Python(電腦程式語言)

312.32P97　　　　　　　　110015691

作　　者／Matt Harrison・Theodore Petrou

翻譯著作人／旗標科技股份有限公司

發 行 所／旗標科技股份有限公司

　　　　　台北市杭州南路一段15-1號19樓

電　　話／(02)2396-3257(代表號)

傳　　真／(02)2321-2545

劃撥帳號／1332727-9

帳　　戶／旗標科技股份有限公司

監　　督／陳彥發

執行企劃／黃宇傑

執行編輯／黃宇傑

美術編輯／薛詩盈

封面設計／薛詩盈

校　　對／陳彥發・黃宇傑・留學成

新台幣售價： 780 元

西元 2023 年 7 月 初版 3 刷

行政院新聞局核准登記-局版台業字第 4512 號

ISBN　978-986-312-689-8

版權所有・翻印必究

關於作者

Matt Harrison 自 2000 年起就開始使用 Python。他是 MetaSnake 的經營者，專門提供 Python 和資料科學的企業培訓服務。他也是《Machine Learning Pocket Reference》、《Illustrated Guide to Python 3》以及《Learning the Pandas Library》等暢銷書的作者。

Theodore Petrou 是一名資料科學家，也是 Dunder Data（一家深耕於探索性資料分析的專業教育公司）的創辦人。同時，他是 Houston Data Science 的負責人。Houston Data Science 是一個擁有超過 2000 名成員的聚會群組，主要目標是讓當地的資料愛好者一起精進資料科學。在創辦 Dunder Data 前，Ted 是 Schlumberger（一家大型石油服務公司）的資料科學家。在那裡，他花費了大部分時間來探索資料。

他負責的一些專案使用了針對性的語義分析技術，嘗試從工程師的文本中找出零件故障的根本原因，進而開發出客制化的客戶 / 伺服器儀表板應用（以及即時網路服務），藉此避免銷售項目的錯誤定價。Ted 在萊斯大學（Rice University）取得了統計學碩士學位。在成為資料科學家之前，他利用自己的分析技巧成為專業的撲克玩家，同時也教授一些數學。Ted 是『從實踐中學習（learning through practice）』的堅定擁護者，時常會在 Stack Overflow 上回答關於 Pandas 的問題。

關於審校者

Simon Hawkins 擁有倫敦帝國學院的航空工程碩士學位。在職業生涯早期，他主要擔任國防與核部門的技術分析師，專注於各種建模能力和高整合性設備的模擬技巧。然後，他轉戰電子商務的領域，並將焦點移至資料分析。如今，他對任何與資料科學有關的話題都深感興趣，同時也是 Pandas 核心開發團隊的成員之一。

前言

　　Pandas 是用來創建和操作結構化資料（structured data）的 Python 函式庫。何謂結構化資料？簡而言之，就是那些在試算表或資料庫中的表格資料。資料科學家、分析師、程式設計師及工程師等都會使用 Pandas 來處理他們的資料。

　　一般來說，Pandas 僅適用於小型的資料（可存入單一機器之記憶體的資料）。然而，其語法和操作已啟發或被其它專案項目（例如：PySpark、Dask、Modin、cuDF、Baloo、Dexplo、Tabel、StaticFrame 等）所採用。這些專案的目標不同，但它們中的一部分會擴張至大數據。因此，了解 Pandas 的運作原理是有意義的，會對操作結構化資料帶來很大幫助。

　　本人，Matt Harrison，經營著一家名為 MetaSnake 的公司。MetaSnake 主要負責培訓那些希望提高 Python 和資料處理技能的大公司。因此多年來，我已經教過成千上萬的 Python 和 Pandas 使用者。我編寫本書第二版的目的是：指出並解決許多人在使用 Pandas 時搞不懂的問題。我將引導你了解這些問題，以讓你培養在現實中解決這些問題的能力。

目標讀者

　　本書包含了從簡單到進階的超過 100 個範例。所有的範例都是以清楚明瞭的 Pandas 程式碼進行展示。除了一般的範例外，書中『了解更多』的部分也會向讀者說明額外的 Pandas 功能或操作。總而言之，本書會以大量的 Pandas 程式碼進行教學。

　　相對來說，本書前 8 個章節的範例會較為簡單，同時更專注在 Pandas 中基礎和必要的操作技巧（而後面的章節則將說明進階的技巧，也更加專案導向）。由於說明的內容很廣，因此本書對新手和老手來說都很有用。

即使是那些經常使用 Pandas 的人，如果沒有接觸過 Pandas 的習慣性
（idiomatic）程式碼，也無法掌握它。某種程度上，這是由 Pandas 提供的
廣度所造成的。在 Pandas 中，幾乎每種操作都可用不同的方法來完成。這
可讓使用者得到他們想要的結果，但效率卻很低。在同一個問題上，很常
看到解決方案的效能差異達到 10 倍以上的情況。

　　想更好地理解本書，你需要具備 Python 的基本知識。我們假定讀者已
熟悉 Python 中所有常見的內建資料容器，如串列（list）、集合（set）、字典
（dictionary）和 tuple。

本書內容

- 第 0 章會介紹 Pandas 中兩個基礎的資料結構，即 DataFrame 和
  Series。

- 第 1 章會說明 Pandas 中常用的方法（method），並對資料進行基本的操
  作。

- 第 2 章將講解在分析資料時，最重要和最典型的一些操作。

- 第 3 章會討論建立和保存 DataFrame 的不同做法。

- 第 4 章會帶你制定資料分析的例行程序，並實際開始分析資料。

- 第 5 章說明了在比較數值資料和分類（categorical）資料時，一些基本
  的分析技巧，同時會展示常見的視覺化做法。

- 第 6 章會介紹選取資料子集的各種做法。

- 第 7 章將教你如何根據布林陣列來篩選出符合條件的資料。

- 第 8 章會說明非常重要的 Index 物件。如果不當地使用該物件，就會造成大量錯誤的結果，讀者將從本章的範例中學習 Index 物件的正確使用方法。

- 第 9 章會介紹資料分析中非常強大的分組功能，並在不同組別上套用自定義的函式。

- 第 10 章解釋了整齊資料（tidy data）的定義，同時說明其重要性。本章將展示如何將不同形式的混亂資料集轉為整齊的資料。

- 第 11 章會介紹用來處理時間序列資料的進階功能，同時以不同的時間維度來剖析資料。

- 第 12 章將介紹對 Pandas 繪圖來說至關重要的 Matplotlib 函式庫，並說明可畫出精美圖表的 Seaborn 函式庫。

本書使用的軟體版本

　　Pandas 是 Python 的第三方套件。在本書印刷的當下，Pandas 的最新版本為 1.3.3（Python 的最新版本則是 3.10.0）。書中的範例在 Python 3.6 或以上的版本應該都可順利運行。小編註：2023 年 Pandas 2.0 釋出後，我們也修正了兩處語法更新的地方，修改後全書重新執行測試無誤，請安心學習。

　　目前有許多安裝 Pandas 及相關函式庫的方法，但最簡單的方法是安裝 Anaconda。Anaconda 會把所有在科學計算中常用的函式庫，包裝在一個可用於 Windows、macOS 和 Linux 的下載檔。讀者可至 https://www.anaconda.com/distribution 進行下載。

除了在科學計算中常用的函式庫外，Anaconda 同時也包裝了 Jupyter Notebook。本書的所有範例都已整理在 Jupyter Notebook，且各章節的程式碼會存在獨立的筆記本中（ **編註**：讀者可至 https://www.flag.com.tw/bk/st/F1369 下載各章節的程式碼及相關資料）。

　　當然，你也可以在不使用 Anaconda 的前提下，安裝本書所需的所有函式庫。有興趣的讀者，可以瀏覽 Pandas 的安裝網頁（https://pandas.pydata.org/pandas-docs/stable/install.html）。

目 錄

CHAPTER *03* 建立與保存 DataFrame

CHAPTER *04* 開始資料分析

CHAPTER **05** 探索式資料分析

CHAPTER **06** 選取資料的子集

CHAPTER 09 透過分組來進行聚合、過濾和轉換

CHAPTER 10 將資料重塑成整齊的形式

CHAPTER *11* 時間序列分析

CHAPTER *12* 利用 Matplotlib、Pandas 和 Seaborn 進行資料視覺化

電子書

BONUS B 案例演練：
使用 Seaborn 發現辛普森悖論

BONUS C Pandas 的效能、除錯與測試

以上的電子書內容可由 https://www.flag.com.tw/bk/st/F1369 進行下載。

Pandas 套件的基礎

在處理**結構性資料**時，Pandas 函式庫是非常有用的工具。何謂結構性資料？簡單來說，就是**表格化**的資料，例如：CSV 檔案、Excel 試算表、資料庫表格等。反過來說，無結構性的資料則包括了格式自由的文字、圖片、聲音或影片等。如果你現在想要處理的是結構性資料，那麼 Pandas 函式庫會是你的好幫手。

Pandas 中有兩個基礎的資料結構：**Series** 和 **DataFrame**。使用 Pandas 套件前，我們必須先了解這兩者的差別。簡單來說，Series 物件是 1 軸的資料結構，DataFrame 物件則是 2 軸的資料結構。在接下來的小節中，我們將對這兩種資料結構進行更詳細的說明。

🖥 In

```
import pandas as pd
import numpy as np
```

⚠ 大部分的使用者會用左方的程式碼來匯入 Pandas 和 NumPy 套件，並分別將它們的名稱簡寫成 pd 和 np（請注意：本書接下來的範例常常會省略以下兩行程式碼，但讀者在實作時，必須先輸入這兩行程式碼）。

0.1 DataFrame 物件

首先，我們來介紹一下 DataFrame。剛剛提過，DataFrame 是一種 2 維的資料結構。在 Jupyter Notebook 中建立的 DataFrame 物件，就類似於一個有著**列**（row）和**行**（column）的普通表格。

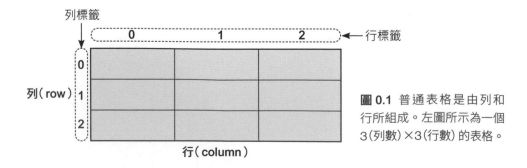

圖 **0.1** 普通表格是由列和行所組成。左圖所示為一個 3（列數）×3（行數）的表格。

不過，在 DataFrame 中會將列的那一軸稱為**索引**（index），將行的那一軸稱為**欄位**（columns），而每一格中的值則稱為**資料**（data）。其中，每一索引都有自己的**標籤**（label），稱為**索引標籤**，以方便我們存取資料。索引標籤預設為 0、1、2…依序遞增的整數值，但也可以另外指定有意義的名稱，例如將索引標籤依序命名為『a』、『b』、『c』。同樣的，欄位一樣有自己的標籤，我們會將其稱之為**欄位名稱**（column name）。此外，我們通常將二維資料稱為二軸（axis）資料，其中的第 0 軸即為索引軸，第 1 軸則為欄位軸。為了更好地理解這幾個元素的概念，讀者請參考接下來的程式輸出。

以下的範例使用了 read_csv() 來讀取名為 movie 的 CSV 檔，並將其傳入 DataFrame 中。

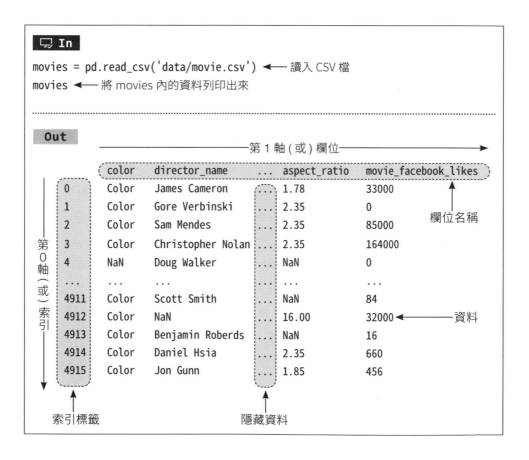

當 DataFrame 中的資料太多時，我們可以使用 **head(n)** 來顯示前 n 列資料，若把 n 省略則預設為 5 列：

🖥 In

```
movies.head()
```

Out

	color	director_name	...	aspect_ratio	movie_facebook_likes
0	Color	James Cameron	...	1.78	33000
1	Color	Gore Verbinski	...	2.35	0
2	Color	Sam Mendes	...	2.35	85000
3	Color	Christopher Nolan	...	2.35	164000
4	NaN	Doug Walker	...	NaN	0

🖥 In

```
movies.head(3)
```
◀── 也可指定 n 來決定要顯示的列數（此處指定 n=3）

Out

	color	director_name	...	aspect_ratio	movie_facebook_likes
0	Color	James Cameron	...	1.78	33000
1	Color	Gore Verbinski	...	2.35	0
2	Color	Sam Mendes	...	2.35	85000

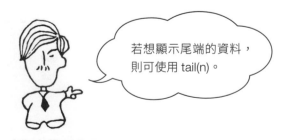

若想顯示尾端的資料，則可使用 tail(n)。

> ✅ **小編補充**　『索引』一詞同時存在於 Python 和 Pandas 中，但在兩者中的應用概念是有所差異的。在 Python 中索引通用於行及列，且固定為 0,1,2… 的整數。例如：

```
🖥 In
x = 'Taiwan'
x[1]
```

```
Out
a ◄── 別忘了，Python 中的索引是從 0 開始的
```

> Pandas 的索引則只代表列的索引，且其索引標籤可以自行指定 (不一定為整數)。

0.2　DataFrame 的屬性 (attributes)

　　DataFrame 物件中包含了 index、columns 及 values 3 種屬性，分別用來儲存索引標籤、欄位名稱及實際的資料。我們可以單獨取出任一個屬性來做應用。

　　以下將示範如何提取 DataFrame 物件的索引標籤、欄位名稱和資料，並分別指派給 index、columns、data 這三個變數。

🔧 動手做

01　提取 DataFrame 物件的欄位名稱、索引標籤和資料：

```
🖥 In
movies = pd.read_csv('data/movie.csv')
index = movies.index        ◄── 取得索引標籤
columns = movies.columns    ◄── 取得欄位名稱
data = movies.values  ◄── 取得資料
```

02 顯示各個變數的儲存值：

🖵 In

columns ◀━━━ 顯示各個欄位名稱，儲存在一個 Index 物件中

....

Out

```
Index(['color', 'director_name', 'num_critic_for_reviews', 'duration',
       'director_facebook_likes', 'actor_3_facebook_likes', 'actor_2_name',
       'actor_1_facebook_likes', 'gross', 'genres', 'actor_1_name',
       'movie_title', 'num_voted_users', 'cast_total_facebook_likes',
       'actor_3_name', 'facenumber_in_poster', 'plot_keywords',
       'movie_imdb_link', 'num_user_for_reviews', 'language', 'country',
       'content_rating', 'budget', 'title_year', 'actor_2_facebook_likes',
       'imdb_score', 'aspect_ratio', 'movie_facebook_likes'],
      dtype='object')
```

🖵 In

index ◀━━━ 顯示各個索引標籤

....

Out

rangeIndex(start=0, stop=4916, step=1) ◀━━━ 在沒有另外指定索引時，Pandas 預設使用 RangeIndex 物件來儲存索引標籤

索引的範圍從 0 至 4916　　代表前後索引值的間隔

 RangeIndex 和 Python 的 range 物件相似，它不會儲存完整的索引值數列，而只會儲存 start、stop 和 step 參數來記錄索引範圍，以節省記憶體用量。

🖵 In

data ◀━━━ 顯示 movies 中的資料

....

Out

```
array([['Color', 'James Cameron', 723.0, ..., 7.9, 1.78, 33000],
       ['Color', 'Gore Verbinski', 302.0, ..., 7.1, 2.35, 0],
       ['Color', 'Sam Mendes', 602.0, ..., 6.8, 2.35, 85000],
       ...,
```

```
['Color', 'Benjamin Roberds', 13.0, ..., 6.3, nan, 16],
['Color', 'Daniel Hsia', 14.0, ..., 6.3, 2.35, 660],
['Color', 'Jon Gunn', 43.0, ..., 6.6, 1.85, 456]], dtype=object)
```

03 輸出各個變數的型別：

> **🖥 In**
>
> type(index)
> ....
>
> **Out**
>
> <class 'pandas.core.indexes.range.RangeIndex'>

> **🖥 In**
>
> type(columns)
> ....
>
> **Out**
>
> <class 'pandas.core.indexes.base.Index'>

> **🖥 In**
>
> type(data)
> ....
>
> **Out**
>
> <class 'numpy.ndarray'>

04 index 和 columns 皆屬於 Index 物件的子類別（**編註**：見底下程式），這代表後續可使用相同（或類似）的操作來處理它們：

> **🖥 In**
>
> issubclass(index.__class__, pd.Index) ◀── 使用 issubclass() 進行檢查
> ....
>
> **Out**
>
> True

```
In
issubclass(columns.__class__, pd.Index)
```

```
Out
True
```

了解更多

Index 物件是以**雜湊表**（hash tables）來實作，這可加快選取資料的速度。它和 Python 的**集合**（sets）很像，支援交集、聯集等運算，但 Python 的集合物件只能儲存沒有順序性的資料，且集合內元素不能重複。相反地，Index 物件則有順序性，且元素可以重複。

Pandas 中很多類別都是以 **ndarray 物件**（NumPy 的多軸陣列）為基礎的。索引、欄位、資料中存放的也是 ndarray 物件。換句話說，ndarray 可視為 Pandas 的基礎物件。我們可以用 to_numpy() 來將 index 和 columns 轉換成 ndarray：

```
In
index.to_numpy()
```

```
Out
array([   0,    1,    2, ..., 4913, 4914, 4915], dtype=int64)
```

```
In
columns.to_numpy()
```

```
Out
array(['color', 'director_name', 'num_critic_for_reviews', 'duration',
       'director_facebook_likes', 'actor_3_facebook_likes',
       'actor_2_name', 'actor_1_facebook_likes', 'gross', 'genres',
```

```
       'actor_1_name', 'movie_title', 'num_voted_users',
       'cast_total_facebook_likes', 'actor_3_name',
       'facenumber_in_poster', 'plot_keywords', 'movie_imdb_link',
       'num_user_for_reviews', 'language', 'country', 'content_rating',
       'budget', 'title_year', 'actor_2_facebook_likes', 'imdb_score',
       'aspect_ratio', 'movie_facebook_likes'], dtype=object)
```

雖然可以將 DataFrame 資料轉換成 NumPy 陣列，但除非所有欄位的資料型別皆為**數值型別**，否則我們還是傾向在把資料留在 DataFrame 物件中。DataFrame 很適合處理**異質性**（heterogenous）的資料欄位（ 編註 ：例如同時存有字串資料和數值資料的欄位），而 NumPy 則適合處理僅存有數值型別資料的欄位。

0.3 Series 物件

在 Pandas 中，我們會接觸到另一種名為 Series 的物件。簡單來說，Series 就是有著索引的**一軸串列**。我們可以使用 **Series()** 來建立一個 Series 物件：

```
🖵 In
fruit = pd.Series(['apple', 'banana', 'grape', 'pineapple'], index=['a', 'b', 'c', 'd'])
                                                             指定索引標籤

fruit
```
```
Out
a         apple
b        banana
c         grape
d     pineapple          該 Series 儲存的是 object 型別的資料 ( 編註 ：在 0.4 節中，
dtype: object  ◄────── 我們會對 Pandas 內的資料型別進行更多的介紹)
```

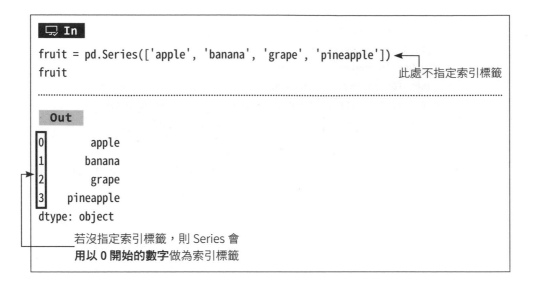

```
fruit = pd.Series(['apple', 'banana', 'grape', 'pineapple']) ◄— 此處不指定索引標籤
fruit
```

Out

```
0         apple
1        banana
2         grape
3     pineapple
dtype: object
```

若沒指定索引標籤，則 Series 會
用以 0 開始的數字做為索引標籤

我們也可以使用 dtype 及 size 等屬性來查詢 Series 物件的相關資訊：

In

```
fruit.dtypes ◄—— 查詢該 Series 物件的資料型別
```

Out

```
dtype('O') ◄——『O』代表 object 型別
```

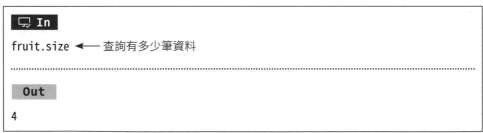

In

```
fruit.size ◄—— 查詢有多少筆資料
```

Out

```
4
```

我們可以從 2 軸的 DataFrame 中取出特定的欄位，進而產生 1 軸的 Series 物件。關於這一部分的內容，我們將在第 1 章進行更詳細的說明。

0.4 Pandas 中的資料型別

　　廣義來說，我們可將資料分為**連續**（continuous）資料或**分類**（categorical）資料。連續資料的型別為數值，可代表某種測量值，例如身高、時薪和速度。連續資料的值可以有無限多種可能性。相反地，分類資料是離散的（可能性有限），例如汽車顏色、撲克牌花色和早餐麥片的品牌。

　　Pandas 沒有籠統地將資料分為連續型或分類型，而是明確地定義不同的資料型別。以下介紹 Pandas 中常見的資料型別：

- float – 浮點數型別。

- int – 整數型別。

- Int64 – 64 位元整數型別。

- object – 用來儲存字串或混合型別（例如：同時存有數值和字串資料的欄位）的資料。

- category – Pandas 獨有的資料型別，可用來表示分類資料。

- bool/boolean – 布林變數，用於邏輯判斷。

- datetime64 – Numpy 的日期資料型別，支援缺失值（缺失值會以 NaT 表示）。

　　將資料導入 DataFrame 後，首先要來確認每一欄位的資料型別，因為資料型別會影響處理資料的方式。以下示範如何找出每一欄位的資料型別：

01 DataFrame 物件的每一欄位都有固定的資料型別，但不同欄位的資料
型別可以不同。預設情況下，Pandas 數值資料（包括整數和浮點數）的
精度皆為 64 位元。即使欄位中的值都是 0，Pandas 還是將其資料型別
設定為 int64。我們可以用 dtypes 屬性檢視每一欄位的資料型別：

🖥 **In**

```
movies = pd.read_csv('data/movie.csv')  ◀── 此處一樣是讀入電影資料集
movies.dtypes
```

....

Out

```
color                        object ┐── 若欄位儲存的是字串（string）資料，
director_name                object ┘   則型別為 object（物件）
num_critic_for_reviews       float64
duration                     float64
director_facebook_likes      float64
                               ...
title_year                   float64
actor_2_facebook_likes       float64
imdb_score                   float64
aspect_ratio                 float64
movie_facebook_likes           int64
Length: 28, dtype: object
```

---

02 用 value_counts() 傳回每種資料型別的欄位數量：

🖥 **In**

```
movies.dtypes.value_counts()
```

....

Out

```
float64    13
object     12
int64       3
dtype:  int64  ◀── 該 Series 儲存了每種資料型別的欄位數量，其型別為 int64
```

03 用 info() 列印出每一欄位的名稱、資料型別、非缺失值的數量與記憶體
用量：

🖥 In

```
movies.info()
```

Out

```
<class 'pandas.core.frame.DataFrame'>
RangeIndex: 4916 entries, 0 to 4915
Data columns (total 28 columns):
```

	欄位名稱 ↓		非缺失值的數量 ↓	資料型別 ↓
#	Column		Non-Null Count	Dtype
---	------		--------------	-----
0	color		4897 non-null	object
1	director_name		4814 non-null	object
2	num_critic_for_reviews		4867 non-null	float64
3	duration		4901 non-null	float64
4	director_facebook_likes		4814 non-null	float64
5	actor_3_facebook_likes		4893 non-null	float64
6	actor_2_name		4903 non-null	object
7	actor_1_facebook_likes		4909 non-null	float64
8	gross		4054 non-null	float64
9	genres		4916 non-null	object
10	actor_1_name		4909 non-null	object
11	movie_title		4916 non-null	object
12	num_voted_users		4916 non-null	int64
13	cast_total_facebook_likes		4916 non-null	int64
14	actor_3_name		4893 non-null	object
15	facenumber_in_poster		4903 non-null	float64
16	plot_keywords		4764 non-null	object
17	movie_imdb_link		4916 non-null	object
18	num_user_for_reviews		4895 non-null	float64
19	language		4904 non-null	object
20	country		4911 non-null	object
21	content_rating		4616 non-null	object
22	budget		4432 non-null	float64
23	title_year		4810 non-null	float64

```
24   actor_2_facebook_likes       4903 non-null    float64
25   imdb_score                   4916 non-null    float64
26   aspect_ratio                 4590 non-null    float64
27   movie_facebook_likes         4916 non-null      int64
dtypes: float64(13), int64(3), object(12) ◀━━┓
                              各欄位的資料型別，括號內的數字為該資料型別的欄位數量
memory usage: 1.1+ MB ◀━━ 記憶體用量
```

了解更多

雖然 DataFrame 的每一欄位有固定的資料型別，但若欄位的資料型別為 object，則該欄位可儲存任何的 Python 物件。舉例來說，匯入 CSV 檔案時，若某個儲存了字串資料欄位有缺失值（在 Pandas 中表示為 NaN，型別為浮點數），則該欄位的型別依然是 object（雖然其內部包含了以浮點數來表示的 NaN）。不過在多數的情況下，object 型別欄位儲存的都是字串資料。

幾乎所有的 Pandas 資料型別都是奠基於 NumPy 的基礎上，這種緊密的整合讓 Pandas 使用者可以方便地運用 NumPy 函式來運算或處理資料。在下一章，我們將介紹 DataFrame 和 Series 的一些基本運算。

DataFrame 及 Series 的基本操作

1.1 選取 DataFrame 的欄位

本小節將介紹如何從 DataFrame 物件中選取特定欄位的資料，並用來建立一個 Series 物件。此 Series 物件的索引與原本 DataFrame 的索引相同。我們也可以從無到有建立一個 Series 物件，但實務上較常見的作法，是從 DataFrame 物件中取出欄位的資料來建立 Series 物件。

以下範例會以兩種不同的做法來選擇單一欄位的資料，進而建立 Series 物件。

🔧 動手做

01 DataFrame 預設以**欄位名稱**來提取資料，現在來選取欄位名稱為 director_name 的資料，並傳回一個 Series 物件：

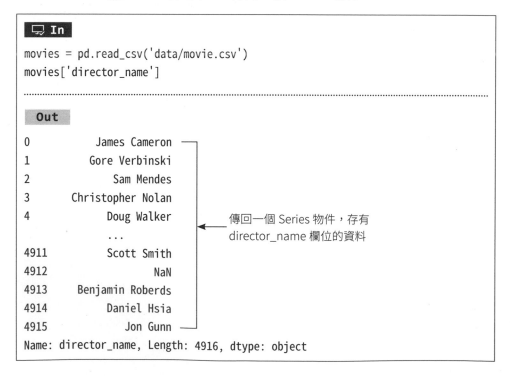

```
💻 In
movies = pd.read_csv('data/movie.csv')
movies['director_name']
```

```
Out
0            James Cameron
1            Gore Verbinski
2            Sam Mendes
3         Christopher Nolan
4            Doug Walker
            ...
4911          Scott Smith
4912               NaN
4913       Benjamin Roberds
4914          Daniel Hsia
4915            Jon Gunn
Name: director_name, Length: 4916, dtype: object
```

傳回一個 Series 物件，存有 director_name 欄位的資料

02 本步驟則是用**屬性**（attribute）來選取欄位名稱為 director_name 的資料，這同樣會傳回一個 Series 物件（結果和步驟 1 是相同的）：

```
🖵 In

movies.director_name
```

```
Out

0                James Cameron
1                Gore Verbinski
2                  Sam Mendes
3              Christopher Nolan
4                 Doug Walker
                    ...
4911               Scott Smith
4912                    NaN
4913            Benjamin Roberds
4914                Daniel Hsia
4915                 Jon Gunn
Name: director_name, Length: 4916, dtype: object
```

03 我們也可藉由 **loc 屬性**和 **iloc 屬性**來提取資料，並傳回一個 Series 物件。loc 屬性允許我們依照欄位名稱來提取資料，例如 movies.loc[:, 'director_name'] 可傳回 director_name 欄位內的資料；而 iloc 屬性則是依照欄位位置（0、1、2…的編號）來提取資料，例如 movies.loc[:, 1]，其中的 1 即為 director_name 欄的位置。以上兩種方式在 Pandas 官方文件分別被稱為**基於標籤**（label-based）和**基於位置**（position-based）的做法。

loc 和 iloc 屬性可被視為選擇器（selector），用來指定想要選取的**索引跟欄位範圍**，底下 2 個範例的**索引選擇器**都是使用『：』來選擇**所有的列資料**，而**欄位選擇器**則只選取 director_name 欄位（loc 是以欄位名稱指定，iloc 則以欄位位置指定）的資料。

```
In
movies.loc[:, 'director_name']  ◀── 以欄位名稱來選取資料
```

```
Out
0               James Cameron
1              Gore Verbinski
2                 Sam Mendes
3           Christopher Nolan
4                 Doug Walker
                    ...
4911             Scott Smith
4912                     NaN
4913        Benjamin Roberds
4914              Daniel Hsia
4915                Jon Gunn
Name: director_name, Length: 4916, dtype: object
```

```
In
movies.iloc[:, 1]  ◀── 以欄位位置來選取資料
```

```
Out
0               James Cameron
1              Gore Verbinski
2                 Sam Mendes
3           Christopher Nolan
4                 Doug Walker
                    ...
4911             Scott Smith
4912                     NaN
4913        Benjamin Roberds
4914              Daniel Hsia
4915                Jon Gunn
Name: director_name, Length: 4916, dtype: object
```

> ✅ **小編補充** 在 loc 和 iloc 的 [ ] 中指定要選取的索引或欄位時，可視需要使用單一值（例如 1 或 'name'）、切片（例如 5:9）、或串列（例如 [5,7,9]）來指定。但如果選取了二維或以上的範圍，則會傳回 DataFrame 而非 Series 物件。這裡先大概了解即可，以後會再詳細介紹。

04 在 Jupyter Notebook 中，Series 物件的內容會以等寬字型顯示，同時還會顯示索引標籤、原本的欄位名稱、資料筆數和資料型別。和 DataFrame 一樣，若資料總筆數過大時，會隱藏部分資料，如下圖所示。

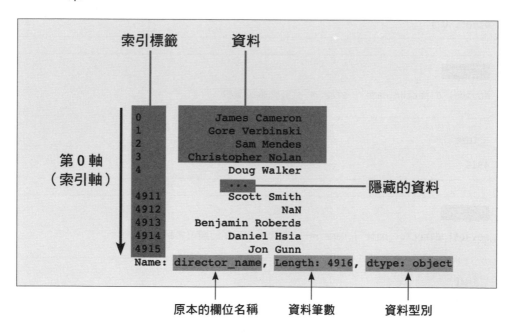

圖 1.1 圖解 Series 物件的資料結構。

我們也可以使用 index、dtype、size、name 等屬性來查詢 Series 物件的相關資訊：

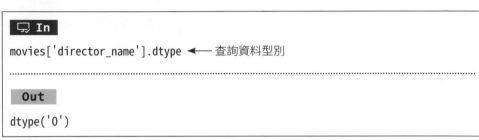

```
In
movies['director_name'].index ◄── 查詢索引標籤
```

```
Out
RangeIndex(start=0, stop=4916, step=1)
```

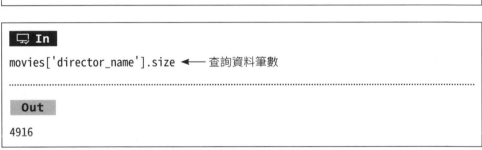

```
In
movies['director_name'].dtype ◄── 查詢資料型別
```

```
Out
dtype('O')
```

```
In
movies['director_name'].size ◄── 查詢資料筆數
```

```
Out
4916
```

```
In
movies['director_name'].name ◄── 查詢原本所屬的欄位名稱
```

```
Out
'director_name'
```

05 透過 type() 來查看傳回的物件類型：

```
In
type(movies['director_name'])
```

```
Out
<class 'pandas.core.series.Series'> ◄── 傳回的是一個 Series 物件
```

06 請注意，上述 Series 中的資料型別為 object，代表其內部可能同時存在浮點數和字串資料（**編註**：前面提過，缺失值會以 NaN 來表示，而該值的資料型別為浮點數）。將 apply() 套用到 Series 物件的每個元素（參數設為 type），進而得知 director_name 這一欄位中所包含的資料型別：

💻 **In**

```
movies['director_name'].apply(type).unique()
```
            ↑
只顯示出現過的資料型別，無需顯示 Series 中每筆資料的型別

Out

```
array([<class 'str'>, <class 'float'>], dtype=object)
```
        ↑—— 該欄位包含了字串和浮點數資料

了解更多

　　DataFrame 通常有很多欄位，各欄位資料都可以單獨取出，成為一個 Series 物件。要從 DataFrame 提取資料，最簡單的做法是用屬性來提取資料（就是使用『.欄位名稱』的方式），其優點包括：

● 程式碼最簡潔。

● 使用 Jupyter Notebook 編寫程式碼時，可透過 Tab 鍵來叫出屬性選單，進而快速地輸入屬性。

　　但使用屬性來提取資料也有一些缺點：

● 只有在欄位名稱符合 Python 屬性的命名規範（下文會有說明），且與現有的 DataFrame 屬性不衝突（**編註**：不可用 DataFrame 現有的屬性名稱做為欄位名稱），才適用此做法。

● 無法使用屬性來建立新的欄位，只能存取現有的欄位內容。

Python 屬性的命名規範為：變數名稱由英數字及底線組成，且第一個字不可為數字。名稱通常為小寫，並遵循 Python 的命名慣例。這代表若欄位名稱有空格或特殊字元，我們就不能用屬性的做法來提取該欄位的資料了。

相反地，若使用中括號（[ ]，Python 的索引算符）來指定欄位時，則不受欄位名稱所影響。我們也可以用中括號來新增欄位或更改欄位內容。要在中括號內指定欄位時，Jupyter Notebook 也支援屬性名稱輸入的自動完成功能（透過 [Tab] 來實現）。遺憾的是，若後面再**串連**（chaining）其他 Series 屬性，則無法繼續使用自動完成功能。

實務上，若要更新特定欄位的內容，可運用 assign()，而非使用上述的屬性或索引賦值，本書後續會介紹許多運用 assign() 的範例。

1.2 呼叫 Series 的方法（method）

使用 Pandas 套件時，很常需要執行 Series 相關的運算。若要熟悉操作 Series 物件，我們必須了解如何呼叫 Series 的方法。

Series 和 DataFrame 都具有豐富的功能。我們可以使用內建的 dir() 來列出 Series 的所有屬性和方法。在下面的程式中，我們還顯示了 Series 和 DataFrame 共有的屬性和方法總數。它們共享了絕大多數的屬性和方法名稱：

```
🖥 In

s_attr_methods = set(dir(pd.Series))
len(s_attr_methods)  ◀── 列出 Series 的屬性及方法總數
```

```
Out

433
```

```
In
```

```
df_attr_methods = set(dir(pd.DataFrame))
len(df_attr_methods)  ◀── 列出 DataFrame 的屬性及方法總數
```

```
Out
```

```
430
```

```
In
```

```
len(s_attr_methods & df_attr_methods)
```

```
Out
```

377 ◀── 共有 377 個屬性及方法是共用的

　　以下範例涵蓋了 Series 最常見的方法及屬性。其中，大部分的方法與 DataFrame 幾乎是相同的。

🔧 動手做

01 讀入電影資料集後，選擇兩個有著不同資料型別的欄位（director_name 和 actor_1_facebook_likes），進而傳回兩個 Series。名為 director_name 的欄位存有字串資料（在 Pandas 中被歸類為 object 或 O 資料型別）；名為 actor_1_facebook_likes 的欄位則存有數值資料（一般來說型別為 float64）：

```
In
```

```
movies = pd.read_csv('data/movie.csv')
director = movies['director_name']
fb_likes = movies['actor_1_facebook_likes']
director.dtype
```

```
Out
```

```
dtype('O')
```

```
🖥 In
```

fb_likes.dtype

```
Out
```

dtype('float64')

02 我們可以用 head() 方法來列出 Series 的前 5 列資料。你也可以自行
指定要顯示的資料數量。另外，也可以使用 sample() 方法來隨機檢視
部分資料。在某些資料集中，由於首列資料與其他資料有著極大的差
異，因此 sample() 或許是更好的資料檢視方法 (**編註**：較能看出資料
的實際分佈狀況)。

```
🖥 In
```

director.head() ◀── 列出前 5 列資料

```
Out
```

```
0         James Cameron
1         Gore Verbinski
2          Sam Mendes
3      Christopher Nolan
4          Doug Walker
Name: director_name, dtype: object
```

```
🖥 In
```

director.sample(n=5, random_state=42) ◀── 隨機提取 5 列資料

```
Out
```

```
2347      Brian Percival
4687        Lucio Fulci
691        Phillip Noyce
3911       Sam Peckinpah
2488     Rowdy Herrington
Name: director_name, dtype: object
```

```
In
fb_likes.head()
```

```
Out
0      1000.0
1     40000.0
2     11000.0
3     27000.0
4       131.0
Name: actor_1_facebook_likes, dtype: float64
```

03 Series 中的資料型別決定了哪些方法是適用的。舉例來說，對於內含 **object 型別資料**的 Series 來說，values_counts() 是其中一個最常用到的方法，可用來計算個別資料出現的次數。values_counts() 傳回的一樣是 Series，不過是以**資料**做為索引，**個別資料出現的次數**做為值：

```
In
director.value_counts()
```

```
Out
Steven Spielberg        26
Woody Allen             22
Clint Eastwood          20
Martin Scorsese         20
Spike Lee               16
                        ..
Peter Sohn               1
Miguel Sapochnik         1
Gilles Paquet-Brenner    1
Catherine Gund           1
Jeff Crook               1
Name: director_name, Length: 2397, dtype: int64
```

04 雖然 value_counts() 較常使用在 object 型別的 Series，但它同樣也可以用在數值型別的 Series。將其套用在 fb_likes 之後，我們可以發現數值較大的資料都會先近似到**千位數**之後再做分類統計（以避免分類太多）：

```
In
fb_likes.value_counts()
```

```
Out
1000.0     436
11000.0    206
2000.0     189
3000.0     150
12000.0    131
            ...
362.0        1
216.0        1
859.0        1
225.0        1
334.0        1
Name: actor_1_facebook_likes, Length: 877, dtype: int64
```

05 若你想計算 Series 中的元素個數，可以使用 size 或 shape 屬性，也可以使用內建的 len() 函式。其中，size 屬性和 len() 傳回的是純量值，但 shape 屬性傳回的是有著單一元素的 tuple。這是從 NumPy 沿襲而來的規則，讓我們可以處理有著任意維度的陣列。另外，unique() 可傳回 Series 中的相異資料 (編註 : 若資料重複出現，則只列出一次)：

```
In
director.size
```

```
Out
4916
```

```
🖥 In
```

```
director.shape
```

```
Out
```
編註 : 由於 Series 物件為 1 軸陣列，故此處

(4916,) ◀── shape 屬性傳回的 tuple 中只有一個數字

```
🖥 In
```

```
len(director)
```

```
Out
```

4916

```
🖥 In
```

```
director.unique()
```

```
Out
```

```
array(['James Cameron', 'Gore Verbinski', 'Sam Mendes', ..., 'Scott Smith',
       'Benjamin Roberds', 'Daniel Hsia'], dtype=object)
```

06 count() 可幫助我們算出 Series 中，非缺失值的總數：

```
🖥 In
```

```
director.count()
```

```
Out
```

4814

```
🖥 In
```

```
fb_likes.count()
```

```
Out
```

4909

07 我們可以透過 min()、max()、mean()、median() 及 std() 來取得基本的
統計數據，它們傳回的是一個純量值：

```
💻 In
fb_likes.min()  ◀── 取得最小值
```

```
Out
0.0
```

```
💻 In
fb_likes.max()  ◀── 取得最大值
```

```
Out
640000.0
```

```
💻 In
fb_likes.mean()  ◀── 取得平均值
```

```
Out
6494.488490527602
```

```
💻 In
fb_likes.median()  ◀── 取得中位數
```

```
Out
982.0
```

```
💻 In
fb_likes.std()  ◀── 取得標準差
```

```
Out
15106.986883848309
```

08 為了簡化步驟 7，你可以使用 **describe() 方法**一併傳回不同的統計數據。你將會得到一個 Series，其中的索引為**統計方法的名稱**，值為**統計的結果**。注意！若你是在 object 型別的 Series 上使用 describe()，將會呈現完全不同的輸出結果：

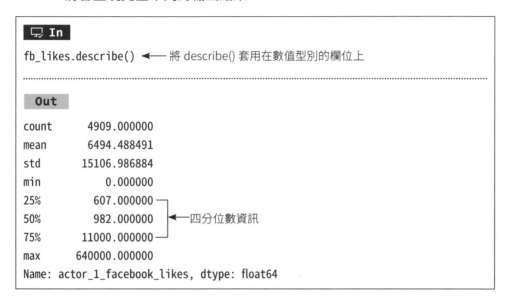

```
In
```
`fb_likes.describe()` ◀—— 將 describe() 套用在數值型別的欄位上

```
Out
```
```
count      4909.000000
mean       6494.488491
std       15106.986884
min           0.000000
25%         607.000000
50%         982.000000    ◀——四分位數資訊
75%       11000.000000
max      640000.000000
Name: actor_1_facebook_likes, dtype: float64
```

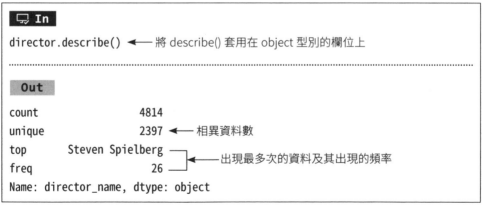

```
In
```
`director.describe()` ◀—— 將 describe() 套用在 object 型別的欄位上

```
Out
```
```
count              4814
unique             2397    ◀—— 相異資料數
top    Steven Spielberg
freq                 26    ◀—— 出現最多次的資料及其出現的頻率
Name: director_name, dtype: object
```

09 我們可用 quantile() 來計算數值資料的分位數。若你輸入的是一個純量，得到的也會是一個純量輸出；但若你輸入的是一個串列，則會得到一個 Series：

```
In
fb_likes.quantile(.2)
```

```
Out
510.0
```

```
In
fb_likes.quantile([.1, .2, .3, .4, .5, .6, .7, .8, .9])
```

```
Out
0.1      240.0
0.2      510.0
0.3      694.0
0.4      854.0
0.5      982.0
0.6     1000.0
0.7     8000.0
0.8    13000.0
0.9    18000.0
Name: actor_1_facebook_likes, dtype: float64
```

10 由於利用 count() 在步驟 6 中傳回的值小於 Series 中的元素總數（我們已透過步驟 5 求得），因此可知該 Series 中包含了缺失值。isna() 可以告訴我們特定索引的值是否缺失了，且傳回結果同為一 Series。同時，你也可將該 Series 當作一個布林陣列（其索引與長度和原本的 Series 完全相同）：

```
In
director.isna()
```

```
Out
0      False
1      False
```

```
2        False
3        False
4        False
         ...
4911     False
4912      True  ◄── True 就表示其為缺失值
4913     False
4914     False
4915     False
Name: director_name, Length: 4916, dtype: bool
```

11 我們可以使用 fillna(v) 來將 Series 中的缺失值替換成 v：

🖵 In

```
fb_likes_filled = fb_likes.fillna(0)  ◄── 將其中的缺失值替換成 0
fb_likes_filled.count()
```

Out

由於每個缺失值皆以 0 來替代，因此 count() 的

4916 ◄── 結果與步驟 5 中 len() 的結果一致了

12 如果要刪除有著缺失值的項目，則可以使用 dropna() 方法：

🖵 In

```
fb_likes_dropped = fb_likes.dropna()
fb_likes_dropped.size
```

Out

4909 ◄── 與步驟 6 傳回的結果一致

了解更多

　　value_counts() 是在進行探索性分析時最常用到的 Series 方法之一，尤其是在處理分類型的欄位資料時。該方法預設會傳回個別資料出現的

次數，若你將 **normalize 參數**設為 True，則傳回的就是**相對頻率**（relative frequency，編註 : 介於 0 和 1 的數字，也可理解為『該項目出現次數』佔『項目總數』之百分比），讓我們能以另一個視角來分析資料的分佈狀況。

```
In
director.value_counts(normalize=True)
```

```
Out
Steven Spielberg        0.005401
Woody Allen             0.004570
Clint Eastwood          0.004155
Martin Scorsese         0.004155
Spike Lee               0.003324
                          ...
Peter Sohn              0.000208
Miguel Sapochnik        0.000208
Gilles Paquet-Brenner   0.000208
Catherine Gund          0.000208
Jeff Crook              0.000208
Name: director_name, Length: 2397, dtype: float64
```

在步驟 6 中，我們透過 count() 及 size() 的傳回值來檢查 Series 中是否存在缺失值（若兩者傳回值不同則代表有缺失值）。其實，有一種更直接的方法可以用來檢測某 Series 中是否存在缺失值，那就是使用 **hasnas 屬性**：

```
In
director.hasnans
```

```
Out
True ◀── 若 Series 中有缺失值，就傳回 True
```

此外，有一個功能與步驟 10 中 isna() 功能相反的方法，即 **notna()**。它會對所有非缺失值傳回 True：

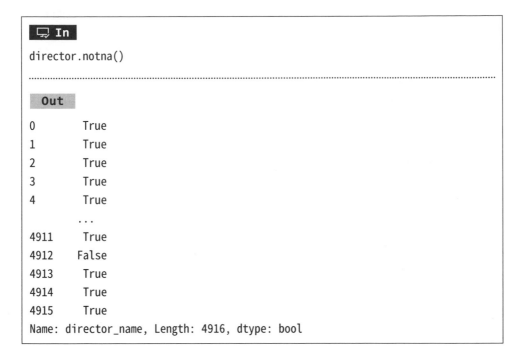

```
🖥 In
director.notna()
```
```
Out
0        True
1        True
2        True
3        True
4        True
       ...
4911     True
4912     False
4913     True
4914     True
4915     True
Name: director_name, Length: 4916, dtype: bool
```

⚠️ 注意，雖然 isnull() 可以用來取代 isna()，但由於 Pandas 是以 NaN 來表示缺失值，而不是 NULL，因此本書會使用 isna()。

1.3　Series 的相關操作

在 Python 中，有許多**算符**可用來操作物件。舉例來說，若我們在兩個整數間插入一個『+』算符，則 Python 會將它們加在一起：

```
🖥 In
5 + 9
```
```
Out
14
```

Series 和 DataFrame 支援許多的 Python 算符。一般來說，使用算符會傳回一個全新的 Series 或 DataFrame。在接下來的範例中，我們會示範如何將各種算符套用在不同的 Series 物件，進而產生的新的 Series 物件。

此處介紹的算符會對 Series 中的每個元素採取同樣的操作。在純 Python 中，我們需要設定**迴圈**來達到相同的效果。Pandas 是建構在 NumPy 函式庫之上，而 Numpy 可以讓我們進行**向量式計算**，同時在不需迴圈的前提下對整個 Series 的資料做計算。每一項操作會傳回一個新的 Series，其中各元素的索引標籤不變，但會對應到新的值。

🔧 動手做

01 選擇名為 imdb_score 的欄位，並傳回一個 Series:

```
In
movies = pd.read_csv('data/movie.csv')
imdb_score = movies['imdb_score']
imdb_score
```

```
Out
0       7.9
1       7.1
2       6.8
3       8.5
4       7.1
        ...
4911    7.7
4912    7.5
4913    6.3
4914    6.3
4915    6.6
Name: imdb_score, Length: 4916, dtype: float64
```

02 利用『+』算符為該 Series 中的每個元素加上 1：

```
In
imdb_score + 1
```

```
Out
0       8.9
1       8.1
2       7.8
3       9.5
4       8.1
       ...
4911    8.7
4912    8.5
4913    7.3
4914    7.3
4915    7.6
Name: imdb_score, Length: 4916, dtype: float64
```

03 其他基本的算符，如：減法 (-)、乘法 (×)、除法 (/) 及指數運算 (**)
有著類似的操作方式。現在，我們把該 Series 乘以 2.5：

```
In
imdb_score * 2.5
```

```
Out
0       19.75
1       17.75
2       17.00
3       21.25
4       17.75
       ...
4911    19.25
4912    18.75
4913    15.75
4914    15.75
4915    16.50
Name: imdb_score, Length: 4916, dtype: float64
```

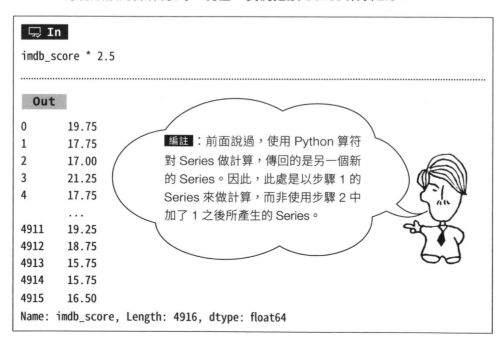

編註：前面說過，使用 Python 算符對 Series 做計算，傳回的是另一個新的 Series。因此，此處是以步驟 1 的 Series 來做計算，而非使用步驟 2 中加了 1 之後所產生的 Series。

04 雙斜線（//）算符會對除法結果進行**取整**（floor division，就是去除小數）。百分比符號（%）則會傳回除法的**餘數**。在 Series 中，同樣支援以上的操作：

```
💻 In

imdb_score // 7
```

```
Out

0        1.0
1        1.0
2        0.0
3        1.0
4        1.0
        ...
4911     1.0
4912     1.0
4913     0.0
4914     0.0
4915     0.0
Name: imdb_score, Length: 4916, dtype: float64
```

05 **比較算符**有 6 種，分別為大於（>）、小於（<）、大於等於（>=）、小於等於（<=）、等於（==）及不等於（!=）。這些算符會把 Series 中每個元素與某個值進行比較，並根據比較結果將它們轉為 True 或 False。因此，輸出結果為一**布林陣列**，該布林陣列在過濾資料時會非常有用：

```
💻 In

imdb_score > 7
```

```
Out

0        True
1        True
2        False
3        True
4        True
```

```
            ...
4911    True
4912    True
4913    False
4914    False
4915    False
Name: imdb_score, Length: 4916, dtype: bool
```

🖵 In

```
director = movies['director_name']
director == 'James Cameron'  ◄── 比較算符同樣可以用來與字串做比較
```

Out

```
0       True
1       False
2       False
3       False
4       False
        ...
4911    False
4912    False
4913    False
4914    False
4915    False
Name: director_name, Length: 4916, dtype: bool
```

了解更多

　　除了直接使用算符，也有對應的方法可以達到相同的效果。舉例來說：步驟 1 中的 imdb_score+1 可用 **add() 方法**來替代。

```
🖥 In
```

imdb_score.add(1) ◄──── 作用等同 imdb_score＋1

```
Out
0       8.9
1       8.1
2       7.8
3       9.5
4       8.1
        ...
4911    8.7
4912    8.5
4913    7.3
4914    7.3
4915    7.6
Name: imdb_score, Length: 4916, dtype: float64
```

```
🖥 In
```

imdb_score.gt(7) ◄──── 作用等同 imdb_score＞7 (編註：gt 代表 greater than)

```
Out
0        True
1        True
2       False
3        True
4        True
        ...
4911     True
4912     True
4913    False
4914    False
4915    False
Name: imdb_score, Length: 4916, dtype: bool
```

　　那麼，為什麼 Pandas 要額外提供這些方法呢？這是因為算符只能以固定方式進行操作，而方法則可以利用參數來加入更多額外的功能。同時，我們也可以透過串連方法來增加程式的可讀性。

我們未來會對此進行更深入的討論，但此處先舉一個簡單的範例。若你是使用『 — 』算符來做減法，則缺失值將自動被略過不做計算。而在 sub() 方法中，我們可以透過指定 **fill_value 參數**來處理缺失值：

```
In
money = pd.Series([100, 20, None])
money - 15
```

```
Out
0    85.0
1     5.0
2     NaN   ◀── 使用『—』算符會出現缺失值
dtype: float64
```

```
In
money.sub(15, fill_value=0)   ◀── 使用 sub() 並指定 fill_value 為 0，以 0 來代替缺失值
```

```
Out
0    85.0
1     5.0
2   -15.0   ◀── 將原始 Series 中的缺失值（None）以 0 來代替後，便可成功進行運算了
dtype: float64
```

以下表格列出了不同的算符及其對應的方法：

	算符	Series 方法
數值運算	+, −, *, /, //, %, **	.add, .sub, .mul, .div, .floordiv, .mod, .pow
比較運算	<, >, <=, >=, ==, !=	.lt, .gt, .le, .ge, .eq, .ne

你或許會好奇，Python 如何知道 Series 物件在遇到一個算符時該做什麼？舉例來說，如何透過 imdb_score*2.5 來得知需把該 Series 中的每個元素乘以 2.5？Python 提供了一個內建且標準化的方式，即利用**特殊方法**（special methods）來搭起物件和算符之間的橋樑。

當物件遇到算符時，其內部呼叫的是特殊方法。特殊方法的開頭和結尾都是底線（underscore,『_』）。舉例來說，當我們使用乘法算符時，呼叫的是 _mul_()。Python 會將 imdb_score*2.5 編譯成 imdb_score._mul_(2.5)。

使用特殊方法和使用算符是沒有差別的，算符只不過是特殊方法的語法糖（syntactic sugar）。但是請注意，呼叫 mul() 方法和呼叫 _mul_() 是不同的。

1.4 串連 Series 的方法

在 Python 中，每一個變數會指向一個物件，而許多屬性和方法會傳回新的物件。這允許我們使用**類似屬性的方式**來對不同方法做連續的呼叫，**稱為方法串連**（method chaining 或 flow programming）。

為了了解方法串連的運作，現在以一個英文句子為例，並將該句子中描述的一系列事件利用**方法鏈**來表示。此處我們要用的句子為：A person drives to the store to buy food, then drives home and prepares, cooks, serves, and eats the food before cleaning the dishes.

若以 Python 來表示以上句子，則可以寫成：

```
(person.drive('store')
.buy('food')
.drive('home')
.prepare('food')
.cook('food')
.serve('food')
.eat('food')
.cleanup('dishes')
)
```

在以上的程式中，person 就是可呼叫方法的物件（也可理解成一個類別 class 的實例）。每一個方法會傳回另外一個物件，從而允許我們串連方法。每個方法所接受的參數決定了該方法如何運作。

雖然可以將我們想串連的方法寫在程式的同一行，但為了增加可讀性，通常會把獨立的方法寫在不同行。由於 Python 一般不允許將同一個運算式分散在多行，因此我們可以有幾種解決方法。作者所選擇的方式是將所有東西都包裹在括號中（在括號中的程式允許斷行）。當然，你也可以在斷行處插入反斜線（\），用來表示下一行的敘述和這一行是連續的。

以下的範例說明了如何在 Series 中使用方法串連。

🔧 動手做

01 載入電影資料集並選取 actor_1_facebook_likes 和 director_name 欄位：

🖵 In

```
movies = pd.read_csv('data/movie.csv')
fb_likes = movies['actor_1_facebook_likes']
director = movies['director_name']
```

02 其中兩個最常串連在 DataFrame 或 Series 尾端的方法是 head() 及 sample()，可用來限制輸出的長度（雖然我們之前提過，可以將不同方法寫成不同行來增加可讀性，但若是你的鏈並不長，其實是不需要這麼做的，如下所示）：

```
In
director.value_counts().head(3)  ◄──── 串連 value_counts() 和 head() 方法
```

```
Out
Steven Spielberg    26
Woody Allen         22
Clint Eastwood      20
Name: director_name, dtype: int64
```

03 如果想計算 fb_likes 中缺失值的總數，你可以在呼叫 isna() 後串連 sum() 方法。由於 isna() 會生成一個布林陣列，而 Pandas 會將 False 和 True 看作 0 和 1，因此我們可以使用 sum() 來傳回缺失值的總數（**編註**：套用 isna() 後，結果為 True 的元素代表缺失值，利用 sum() 就可以知道有多少元素為缺失值）：

```
In
fb_likes.isna().sum()
```

```
Out
7
```

04 由於 fb 上的讚數不會是分數或小數，故 fb_likes 中的所有非缺失值應該都會是整數。在大多數 Pandas 版本中，任何包含缺失值的整數欄位，其資料型別必須為 float（雖然 Pandas 0.24 引入了 Int64 型別來支援缺失值，不過該型別並非整數欄位的預設值）。底下我們先將缺失值以 0 來代替，接著再利用 astype() 將原本的 float 型別轉為 int 型別：

```
In
fb_likes.dtype
```

```
Out
dtype('float64')  ◄──── 原本的型別為 float64
```

```
🖥 In
(fb_likes.fillna(0)
        .astype(int)  ◀──── 將不同的方法垂直排列以增加可讀性
        .head()
)
```

```
 Out
0     1000
1    40000
2    11000
3    27000
4      131
Name: actor_1_facebook_likes, dtype: int32  ◀── 將型別轉換成了 int32
```

了解更多

　　方法串連的其中一個缺點是：除錯（debugging）變得更加困難了。由於某個特定方法所產生的結果並不會單獨存在變數中，因此我們很難知道錯誤是發生在哪個具體位置。

　　之前所介紹過，將單獨的方法放在不同排的其中一個好處是：它允許我們對更複雜的指令進行除錯。在除錯時，可以先將全部方法進行**註解排除**（comment out），除了第一個方法。在確認第一個方法是可以運行後，我們再一步步地去除不同方法的註解，以此類推。

　　現在以步驟 4 的程式為例，來示範除錯的過程。首先，對最後兩個方法進行註解排除，藉此來檢查 fillna() 的執行結果：

```
🖥 In
(fb_likes.fillna(0)
        #.astype(int)  ◀──── 對後 2 個方法進行註解排除
        #.head()
)
```

```
Out

0        1000.0
1       40000.0
2       11000.0
3       27000.0
4         131.0
           ...
4911      637.0
4912      841.0
4913        0.0
4914      946.0
4915       86.0
Name: actor_1_facebook_likes, Length: 4916, dtype: float64
```

接著，去掉第 2 個方法的註解來確認其可以正常運作：

```
In

(fb_likes.fillna(0)
        .astype(int)
        #.head()
)
```

```
Out

0        1000
1       40000
2       11000
3       27000
4         131
          ...
4911      637
4912      841
4913        0
4914      946
4915       86
Name: actor_1_facebook_likes, Length: 4916, dtype: int32
```

　　另一種除錯方法是使用 pipe() 來顯示**中繼值**（编註：即執行到串連中某個方法後所傳回的結果）。該方法需接受一個以 Series 為輸入，並同樣傳回 Series 的函式。現在來定義一個 debug_ser 函式來列印中繼結果：

In

```python
def debug_ser(ser):
    print('BEFORE')
    print(ser)
    print('AFTER')
    return ser

(fb_likes.fillna(0)
         .pipe(debug_ser)    ← 將 debug_ser 函式傳入 pipe()
         .astype(int)
         .head())
```

Out

```
BEFORE
0         1000.0
1        40000.0
2        11000.0
3        27000.0
4          131.0
           ...
4911       637.0
4912       841.0
4913         0.0
4914       946.0
4915        86.0
Name: actor_1_facebook_likes, Length: 4916, dtype: float64
```
執行 fillna(0) 後產生的中繼結果

```
AFTER
0      1000
1     40000
2     11000
3     27000
4       131
Name: actor_1_facebook_likes, dtype: int32
```
執行所有步驟後產生的中繼結果

如果想要創建一個**全域變數**來存放中繼值，同樣也可以使用 pipe()：

```
 In
intermediate = None
def get_intermediate(df):
    global intermediate   ◄── 宣告函式中要使用名為 intermediate 的全域變數
    intermediate = df
    return df
res = (fb_likes.fillna(0)
              .pipe(get_intermediate)
              .astype(int)
              .head())
intermediate   ◄── 顯示全域變數存放的中繼值
```

```
 Out
0          1000.0
1         40000.0
2         11000.0
3         27000.0
4           131.0
             ...
4911        637.0
4912        841.0
4913          0.0
4914        946.0
4915         86.0
Name: actor_1_facebook_likes, Length: 4916, dtype: float64
```

之前提過，可以用反斜線（\）來為程式斷行。將該技巧套用在步驟 4 中，可以把程式改為：

```
 In
fb_likes.fillna(0) \
        .astype(int) \   ◄── 此處無需使用括號把程式包裹在一起
        .head()
```

```
Out
0       1000
1      40000
2      11000
3      27000
4        131
Name: actor_1_facebook_likes, dtype: int32
```

1.5 更改欄位名稱

　　更改欄位名稱也是 DataFrame 常見的操作。有時為了讓欄位名稱同時也可以做為 Python 的屬性來使用，我們需要更改欄位名稱（原始的欄位名稱若以數字或底線開頭，將不符合 Python 屬性名稱的規範）。此外，一個好的欄位名稱應該要簡潔明瞭，同時不應該與現有的 DataFrame 或 Series 屬性名稱相同。

　　在接下來的範例中，我們將示範如何改寫欄位名稱來提升程式的可讀性。

🔧 **動手做**

01 讀入電影資料集，並存放在 movies 中。

🖥 **In**
```
movies = pd.read_csv('data/movie.csv')
```

02 建立一個 **Python 字典**，然後將舊的欄位名稱映射至新的欄位名稱上：

🖥 **In**
```
col_map = {'director_name':'Director Name'}
```

03

將剛剛創建的字典傳入 **rename() 方法**，並列印前 5 列結果（注意：該方法會傳回一個新的 DataFrame，而不是直接修改原始的 DataFrame）：

In

```
movies.rename(columns=col_map).head()
```

Out　　　成功更改欄位名稱

	color	Director Name	...	aspect_ratio	movie_facebook_likes
0	Color	James Cameron	...	1.78	33000
1	Color	Gore Verbinski	...	2.35	0
2	Color	Sam Mendes	...	2.35	85000
3	Color	Christopher Nolan	...	2.35	164000
4	NaN	Doug Walker	...	NaN	0

了解更多

　　DataFrame 的 rename() 方法除了可以更改欄位名稱外，也可以更改索引標籤。此外，還可用 set_index() 來將指定的欄位設為索引，請看底下的範例：

In

```
idx_map = {'Avatar':'Ratava',                          ┐
           'Spectre': 'Ertceps',                        ├─ 更改索引標籤
           "Pirates of the Caribbean: At World's End": 'POC'} ┘
col_map = {'aspect_ratio': 'aspect',           ┐
           'movie_facebook_likes': 'fblikes'}   ┘─ 更改欄位名稱
(movies
    .set_index('movie_title')  ◀── 將 movie_title 欄設為索引
    .rename(index=idx_map, columns=col_map)  ◀── 同時更改索引標籤及欄位名稱
    .head(3)
)
```

```
Out
              color     director_name   ...   aspect    fblikes
movie_title
Ratava        Color     James Cameron   ...   1.78      33000
POC           Color     Gore Verbinski  ...   2.35      0
Ertceps       Color     Sam Mendes      ...   2.35      85000
```

　　底下範例會先從 CSV 檔案中讀入資料，並使用 **index_col 參數**將 movie_title 欄位做為索引。接著，將 index 和 column 屬性分別以 **tolist()** **方法**轉出為 Python 串列，然後更改串列的內容，最後再將這兩個串列重新指派給 index 和 column 屬性：

```
In
movies = pd.read_csv('data/movie.csv', index_col='movie_title')
ids = movies.index.tolist()
columns = movies.columns.tolist()
ids[0] = 'Ratava'     ┐
ids[1] = 'POC'        ├── 更改索引標籤串列中的內容
ids[2] = 'Ertceps'    ┘
columns[1] = 'director'   ┐
columns[-2] = 'aspect'    ├── 更改欄位名稱串列中的內容
columns[-1] = 'fblikes'   ┘
movies.index = ids
movies.columns = columns
movies.head(3)
```

```
Out
           color    director       ...   aspect    fblikes
Ratava     Color    James Cameron  ...   1.78      33000
POC        Color    Gore Verbinski ...   2.35      0
Ertceps    Color    Sam Mendes     ...   2.35      85000
```

另一個更改名稱的做法是把一個**自訂函式**傳入 rename()，該函式必須能接受一個名稱並傳回新的名稱：

```
movies = pd.read_csv('data/movie.csv', index_col='movie_title')
movies.head(3) ◀── 顯示 DataFrame 原始的欄位名稱
```

	color	director_name	...	aspect_ratio	movie_facebook_likes
movie_title					
Avatar	Color	James Cameron	...	1.78	33000
Pirates of the Caribbean: At World's End	Color	Gore Verbinski	...	2.35	0
Spectre	Color	Sam Mendes	...	2.35	85000

```
def to_clean(val):
    return val.strip().replace('_', '.') ◀──┐
                                     自訂函式，把欄位名稱中的『_』改成『.』


movies.rename(columns=to_clean).head(3)
```

欄位名稱中的『_』變成了『.』

	color	director.name	...	aspect.ratio	movie.facebook.likes
movie_title					
Avatar	Color	James Cameron	...	1.78	33000
Pirates of the Caribbean: At World's End	Color	Gore Verbinski	...	2.35	0
Spectre	Color	Sam Mendes	...	2.35	85000

在 Pandas 的程式碼中，你或許會看到利用**串列生成式**（list compre-
hension）來清理欄位名稱的做法。經過清理後，你便可以將結果重新指定
給 columns 屬性：

```
In
cols = [col.strip().replace('_', '.')
        for col in movies.columns]
movies.columns = cols  ◄── 將清理後的欄位名稱串列指派給 columns 屬性
movies.head(3)
```

```
Out
                          color  director.name  ...  aspect.  movie.facebook.
                                                      ratio    likes
movie_title
Avatar                    Color  James Cameron  ...  1.78     33000
Pirates of the            Color  Gore Verbinski ...  2.35     0
Caribbean: At World's End
Spectre                   Color  Sam Mendes     ...  2.35     85000
```

由於以上『設定欄位（或索引）屬性』的程式碼會是直接對原始
DataFrame 進行修改，因此還是建議使用 rename() 方法比較安全。

1.6 新增及刪除欄位

在進行資料分析時，我們時常需要新增額外的欄位來表示新變數。
Pandas 提供了許多方法來將新的欄位加入 DataFrame。

接下來的範例中，我們將利用 assign() 在電影資料集中新增欄位。同
時，我們也會利用 drop() 方法來刪除特定欄位。

01 指定純量值是新增欄位的方法之一。注意！該方法並不會傳回一個新的 DataFrame，它只不過是對現有的 DataFrame 進行更動。假設你將一個純量值指定給欄位，那麼該欄位中的所有資料都將被套上這個值。現在，創建一個用來表示我們是否看過某電影的 has_seen 欄位，同時指定其中的每個值為 0。在預設狀況下，新的欄位會加到 DataFrame 的尾端：

🖵 In

```
movies = pd.read_csv('data/movie.csv')
movies['has_seen'] = 0
movies.head(3)
```

Out

新增的欄位會插入 DataFrame 的尾端，且其中的值皆為 0

	color	director_name	...	language	has_seen
0	Color	James Cameron	...	33000	0
1	Color	Gore Verbinski	...	0	0
2	Color	Sam Mendes	...	85000	0

02 雖然以上的方法行得通也很常見，但使用 assign() 方法較為安全，因為它會傳回一個有著新欄位的 DataFrame，而不會更改到原始的 DataFrame。由於該方法是用欄位名稱作為參數，因此需確保欄位名稱是符合 Python 命名規範的：

🖵 In

```
col_map = {'aspect_ratio': 'aspect',          ┐ 化簡一些較長
           'movie_facebook_likes': 'fblikes'}  ┘ 的欄位名稱
(movies
   .rename(columns=col_map)
   .assign(has_seen=0)   ← 將新增的欄位名稱作為 assign() 的參數
)
movies.head(3)
```

```
Out
```

	color	num_critic_for_reviews	...	fblikes	has_seen
0	Color	723.0	...	33000	0
1	Color	302.0	...	0	0
2	Color	602.0	...	85000	0

03 在該資料集中，有數個欄位是用來表示不同人物的 fb 讚數。現在，將所有演員及導演的 fb 讚數加總，接著指定至新增的 total_likes 欄位。有幾種做法可以達到以上目的，我們可以直接利用『+』算符把相關的欄位加總起來：

```
In
total = (movies['actor_1_facebook_likes'] +
         movies['actor_2_facebook_likes'] +
         movies['actor_3_facebook_likes'] +
         movies['director_facebook_likes'])

total.head(5)
```

```
Out
0      2791.0
1     46563.0
2     11554.0
3     95000.0
4         NaN
dtype: float64
```

而作者較偏向使用方法（method），如此一來便可以加入串連的技巧。底下程式會呼叫 sum() 方法，並傳入一個**由欄位名稱組成的串列**，以指定要進行加總的欄位：

```
 In
cols = ['actor_1_facebook_likes','actor_2_facebook_likes',
        'actor_3_facebook_likes','director_facebook_likes']
sum_col = movies[cols].sum(axis='columns')  ← 呼叫 sum() 方法

sum_col.head(5)              沿著欄位方向進行加總
```

```
 Out
0     2791.0
1    46563.0
2    11554.0
3    95000.0
4      274.0
dtype: float64
```

⚠ 別忘了，當我們呼叫『+』算符時，可能會傳回 NaN 的結果（編註：若進行相加的元素中有缺失值）。相反的，sum() 方法預設會忽略缺失值（編註：將之視為 0），因此我們會得到不同的結果。

```
 In
movies.assign(total_likes=sum_col).head(5)

    利用 assign() 新增一個名為 total_likes 的欄位，其中的值為剛剛的加總結果
```

```
 Out
    color   director_name      ...  has_seen    total_likes
0   Color   James Cameron      ...  0           2791.0
1   Color   Gore Verbinski     ...  0           46563.0
2   Color   Sam Mendes         ...  0           11554.0
3   Color   Christopher Nolan  ...  0           95000.0
4   NaN     Doug Walker        ...  0           274.0
```

另一種做法是傳入一個函式，用其作為 assign() 的參數值。該函式會接受一個 DataFrame，並傳回一個 Series:

```
In
def sum_likes(df):
    return df[[c for c in df.columns
              if 'like' in c]].sum(axis=1)
```

　　　　　　　　　↑
　　　　篩選出欄位名稱中有『like』的欄位

```
movies.assign(total_likes=sum_likes).head(5)
```

```
Out
     color     director_name        ...  has_seen    total_likes
0    Color     James Cameron        ...  0           40625.0
1    Color     Gore Verbinski       ...  0           94913.0
2    Color     Sam Mendes           ...  0           108254.0
3    Color     Christopher Nolan    ...  0           365759.0
4    NaN       Doug Walker          ...  0           417.0
```

04 在之前的小節中，我們發現該資料集是存在缺失值的。當我們利用
『+』算符相加兩個數值欄位時，其中的缺失值會以 NaN 來表示。若
我們使用的是 sum() 方法，會自動以 0 來代替資料集中的缺失值。現
在，我們針對以上兩種做法傳回的結果進行檢查。

```
In
(movies
    .assign(total_likes=sum_col)   ◄── 此處的 sum_col 是 sum() 方法得到的結果
    ['total_likes']
    .isna()
    .sum()
)
```

```
Out
0  ◄── 由於 sum() 會將資料集中的缺失值以 0 表示，因此傳回的結果中不含缺失值
```

```
In
(movies
    .assign(total_likes=total)  ◄── 此處的 total 是利用『+』算符得到的結果
    ['total_likes']
    .isna()
    .sum()
)
```

```
Out
```

122 ◄── 『+』算符會保留缺失值，因此傳回的結果中有 122 個缺失值

05 資料集中存在另外一個名為 cast_total_facebook_likes 的欄位（存有全體演員的總讚數）。我們想要計算該欄位的值佔了 total_likes 欄位值的百分比大小，並新增一個欄位來儲存計算結果。不過在創建百分比欄位前，我們先來做一些基本的資料驗證。首先，來確認 cast_total_facebook_likes 內的資料是否有大於或等於 total_likes：

```
In
def cast_like_gt_actor_director(df):
    return df['cast_total_facebook_likes'] >= df['total_likes']

df2 = (movies.assign(total_likes=total,
                     is_cast_likes_more = cast_like_gt_actor_director)
       )
```

06 現在，我們有了一個由布林值組成的欄位，is_cast_likes_more。底下用 all() 來確認這一欄位是否所有的值都是 True：

```
In
df2['is_cast_likes_more'].all()  ◄── 編註：all() 可檢查是否所有的值均為 True
```

```
Out
```

False

07　從步驟 6 的結果中，可以得知至少有一部電影的 total_likes 是大於 cast_total_facebook_likes 的，這或許是由於導演讚數沒有納入全體演員讚數所致。因此我們先透過 drop() 來刪除 total_likes 欄位，以便稍後重新建立不含導演讚數的欄位：

💻 **In**

```
df2 = df2.drop(columns='total_likes')
```

08　接著，重新創建一個**只由全體演員讚數**所組成的 Series:

💻 **In**

```
actor_sum = (movies[[c for c in movies.columns if 'actor_' in c and '_likes' in c]]

            .sum(axis='columns'))
```
篩選出欄位名稱中同時有『actor』及『likes』的欄位

```
actor_sum.head(5)
```

Out

```
0      2791.0
1     46000.0
2     11554.0
3     73000.0
4       143.0
dtype: float64
```

09　再來做一次檢查，看看 cast_total_facebook_likes 中的值是否都大於 actor_sum 中的值。我們可以利用『>=』算符或 ge() 方法來比較：

```
In
```

```
movies['cast_total_facebook_likes'] >= actor_sum
```

```
Out
```

```
0       True
1       True
2       True
3       True
4       True
        ...
4911    True
4912    True
4913    True
4914    True
4915    True
Length: 4916, dtype: bool
```

```
In
```

```
movies['cast_total_facebook_likes'].ge(actor_sum)
```

```
Out
```

```
0       True
1       True
2       True
3       True
4       True
        ...
4911    True
4912    True
4913    True
4914    True
4915    True
Length: 4916, dtype: bool
```

```
🖵 In
```

```
movies['cast_total_facebook_likes'].ge(actor_sum).all()
```

```
Out
```

```
True
```

10 最後，來計算 cast_total_facebook_likes 在 actor_sum 中所佔的百分比：

```
🖵 In
```

```
pct_like = (actor_sum
            .div(movies['cast_total_facebook_likes'])
)
```

11 pct_like 儲存的是百分比，底下用 describe() 來檢查一下 pct_like 中的最小值及最大值是否介於 0 和 1 之間：

```
🖵 In
```

```
pct_like.describe()
```

```
Out
```

```
count    4883.000000
mean        0.833279
std         0.140566
min         0.300767
25%         0.735284
50%         0.869289
75%         0.954774
max         1.000000
dtype: float64
```

12 最後，我們可以將 movie_title 欄位作為索引，創建一個 Series。
Series 建構子允許我們同時傳入索引及相應的元素值：

```
🖳 In
pd.Series(pct_like.values, ◀── 傳入 pct_like 的內容
          index=movies['movie_title'].values).head()
```

```
Out
Avatar                                        0.577369
Pirates of the Caribbean: At World's End      0.951396
Spectre                                       0.987521
The Dark Knight Rises                         0.683783
Star Wars: Episode VII - The Force Awakens    1.000000
dtype: float64
```

了解更多

我們也可以改用 insert() 方法來在 DataFrame 的指定位置插入新欄位，其第 1 個參數為要插入的位置（整數值），第 2 個參數為新欄位的名稱，第 3 個參數則為新欄位的值。在需要時，可使用 get_loc() 來取得某個欄位名稱的位置。

由於 insert() 對 DataFrame 進行的是 in-place 操作，因此不需要將運算的結果指定給變數（它傳回的是 None）。同時，這也代表 insert() 會改變原始 DataFrame 的內容，所以本書傾向選擇 assign() 方法來創建新的欄位。

以下來介紹 insert() 的簡單範例，我們現在的任務如下：先求出新欄位要加入的位置（gross 欄位的後方），然後將 gross 欄位的資料與 budget 欄位的資料相減，進而求出每部電影的利潤。最後，再將相減的結果放到新增的 profit 欄位中：

```
🖵 In
```
```
profit_index = movies.columns.get_loc('gross') + 1  ◄┐
                                          計算新欄位要加入的位置 (gross 欄位後方)
profit_index
```

```
Out
```
```
9
```

```
🖵 In
```
```
movies.insert(loc=profit_index,
              column='profit',
              value=movies['gross'] - movies['budget'])
```

　　除了 drop() 方法外，我們也可利用 Python 的 del 敘述來刪除特定的欄位。由於該做法會直接修改原始的 DataFrame，因此大多數情況下還是建議使用 drop()：

```
🖵 In
```
```
del movies['director_name']
```

MEMO

DataFrame 的運算技巧

本章將介紹 DataFrame 的各種運算技巧。第 1 章曾介紹過許多 Series 的相關運算，其中的一些例子與本章是十分相似的。

2.1 選取多個 DataFrame 的欄位

DataFrame 中通常有多個欄位（column），若想選取特定欄位，只要將**欄位名稱**放入 DataFrame 的中括號（[ ]，**索引算符**）即可，這部分在第 1 章已介紹過。

不過有時候，我們需要將資料集的某一部分當作子資料集，這時候可能就需要選取**多個欄位**。接下來我們將沿用電影資料集，將存有演員名稱和導演名稱的欄位從電影資料集中取出。

🔧 動手做

01 DataFrame 的中括號（索引算符）非常有彈性，可以接受許多不同的物件。如果傳入的是欄位名稱（字串），會傳回包含該欄位資料的 Series；但如果傳入了包含多個欄位名稱的串列，則會傳回 DataFrame，並且其中的欄位會依照**串列**（list）中的順序來排列。現在，我們來讀入電影資料集，將多個欄位名稱以串列的形式傳給中括號：

```
🖵 In
import pandas as pd
import numpy as np
movies = pd.read_csv('data/movie.csv')  ◄── 讀入電影資料集
movie_actor_director = movies[['actor_1_name', 'actor_2_name', 'actor_3_name',
                        'director_name']]  ◄── 以串列的形式提供
movie_actor_director.head()  ◄── 顯示前 5 列的資料      欲提取的欄位名稱
```

```
Out

     actor_1_name        actor_2_name        actor_3_name        director_name
0    CCH Pounder         Joel Dav...         Wes Studi           James Ca...
1    Johnny Depp         Orlando ...         Jack Dav...         Gore Ver...
2    Christop...         Rory Kin...         Stephani...         Sam Mendes
3    Tom Hardy           Christia...         Joseph G...         Christop...
4    Doug Walker         Rob Walker          NaN                 Doug Walker
```

02 如果想提取單一欄位，通常會用字串來進行選擇，進而得到一個 Series (也就是第 1 章的做法)。但如果想要傳回 DataFrame，則可將欄位名稱放在串列中：

03 我們還可以用 **loc 屬性**來選擇欄位。由於這種做法需要同時指定索引 (列) 及欄位，因此底下先用切片語法『:』選取所有列，再指定欄位名稱。此做法同樣也會依據指定欄位的方式 (使用字串或串列)，傳回 Series 或 DataFrame：

```
In
type(movies.loc[:, ['director_name']])
```
選取所有列　　以串列的方式選取 director_name 欄位

```
Out
pandas.core.frame.DataFrame
```

```
In
type(movies.loc[:, 'director_name'])
```
以字串的方式選取 director_name 欄位

```
Out
pandas.core.series.Series
```

了解更多

　　當傳入中括號的串列很長時，為了提高程式的可讀性，可以先將所有欄位名稱儲存在一個串列變數中。以下的做法可以獲得跟步驟 1 相同的結果：

```
In
cols = ['actor_1_name', 'actor_2_name', 'actor_3_name', 'director_name']
                                     將欲選取的欄位名稱放入 cols 變數中
movie_actor_director = movies[cols]   直接將 cols 傳入中括號
```

⚠ KeyError 是使用 Pandas 時很常見的**例外**（exception），主要是由於欄位名稱或索引標籤輸入錯誤所導致。若你想選取多個欄位卻沒有使用串列時，也會發生同樣的例外。

```
💻 In
```

```
movies['actor_1_name', 'actor_2_name', 'actor_3_name', 'director_name']
```
                                                            直接傳入多個字串，而非串列

```
Out
```

```
Traceback (most recent call last):
...
KeyError: ('actor_1_name', 'actor_2_name', 'actor_3_name', 'director_name')
```

2.2 用方法（methods）選取欄位

除了上一節所介紹的中括號（索引算符），我們也可以用**方法**（method）來選取欄位。其中最常見的兩種方法是 **select_dtypes()** 和 **filter()**。我們先來介紹如何用 select_dtypes() 來選取特定型別的欄位。

 讀者若已忘記 Pandas 支援的資料型別，可回顧第 0.4 節的介紹，內有更詳細的說明。

🔧 動手做

01 讀入電影資料集，並用 dtypes.value_counts() 來輸出不同資料型別的欄位數。當然，我們也可以使用 dtypes 屬性來取得每一欄位的確切資料型別：

```
💻 In
```

```
movies = pd.read_csv('data/movie.csv')
movies.dtypes.value_counts()
```

```
Out
```

```
float64    13
int64       3
object     12
dtype: int64
```

02 用 select_dtypes() 選取那些具有 object 資料型別的欄位。select_dtypes() 的 **include 參數**可接受『單一字串』或『由字串組成的串列』，以指定要包含哪些型別的欄位，執行後會傳回一個 DataFrame。若將 include 換成 exclude，則可改為指定**不要包含**哪些型別的欄位。

In

```
movies.select_dtypes(include='object').head()
```

Out

	color	director_name	...	country	content_rating
0	Color	James Ca...	...	USA	PG-13
1	Color	Gore Ver...	...	USA	PG-13
2	Color	Sam Mendes	...	UK	PG-13
3	Color	Christop...	...	USA	PG-13
4	NaN	Doug Walker	...	NaN	NaN

03 如果要選取所有數值資料型別（編註：即 int 及 float）的欄位，可以將『number』字串指定給 include 參數：

In

```
def shorten(col):  ◄—— 定義一個 shorten 函式，讓欄位名稱更簡潔
    return (col.replace('facebook_likes', 'fb') ◄—┐
                                       把欄位名稱中的 facebook_likes 字串替換成 fb
            .replace('_for_reviews', '')) ◄—— 刪除欄位名稱中的 _for_reviews 字串
movies = movies.rename(columns=shorten)  ◄—— 修改欄位名稱
movies.select_dtypes(include='number').head()  ◄—— 只選取數值型別的欄位
```

Out

	num_critic	duration	...	aspect_ratio	movie_fb
0	723.0	178.0	...	1.78	33000
1	302.0	169.0	...	2.35	0
2	602.0	148.0	...	2.35	85000
3	813.0	164.0	...	2.35	164000
4	NaN	NaN	...	NaN	0

04 如果想同時選取型別為 integer 和 object 的欄位，可以利用以下程式：

> 🖥 **In**
>
> ```
> movies.select_dtypes(include=['int', 'object']).head()
> ```
>
> 編註：別忘了，字串在 Pandas 中是存成 object

> **Out**
>
> | | color | director_name | ... | country | content_rating |
> |---|-------|---------------|-----|---------|----------------|
> | 0 | Color | James Ca... | ... | USA | PG-13 |
> | 1 | Color | Gore Ver... | ... | USA | PG-13 |
> | 2 | Color | Sam Mendes | ... | UK | PG-13 |
> | 3 | Color | Christop... | ... | USA | PG-13 |
> | 4 | NaN | Doug Walker | ... | NaN | NaN |

05 我們也可以改用 select_dtypes() 的 **exclude 參數**，排除特定資料型別的欄位：

> 🖥 **In**
>
> ```
> movies.select_dtypes(exclude='float').head()
> ```
> ← 排除資料型別為 float 的欄位

> **Out**
>
> | | color | director_name | ... | content_rating | movie_fb |
> |---|-------|---------------|-----|----------------|----------|
> | 0 | Color | James Ca... | ... | PG-13 | 33000 |
> | 1 | Color | Gore Ver... | ... | PG-13 | 0 |
> | 2 | Color | Sam Mendes | ... | PG-13 | 85000 |
> | 3 | Color | Christop... | ... | PG-13 | 164000 |
> | 4 | NaN | Doug Walker | ... | NaN | 0 |

06 另一種選取欄位的方法是使用 filter()。這個方法很有彈性，可以根據欄位名稱來選取欄位。在這裡，我們使用 **like 參數**搜尋所有名稱中包含『fb』字串的欄位：

```
🖵 In
movies.filter(like='fb').head()
```

```
Out

     director_fb    actor_3_fb    ...    actor_2_fb    movie_fb
0    0.0            855.0         ...    936.0         33000
1    563.0          1000.0        ...    5000.0        0
2    0.0            161.0         ...    393.0         85000
3    22000.0        23000.0       ...    23000.0       164000
4    131.0          NaN           ...    12.0          0
```

⚠️ filter() 預設會搜尋 DataFrame 的欄位名稱，但也可額外用 axis 參數來指定是要搜尋哪一軸的標籤名稱：將 axis 指定為 0 或『index』時是搜尋索引標籤，指定為 1 或『columns』時則搜尋欄位名稱。未指定 axis 參數時，DataFrame 會搜尋欄位名稱，而 Series 則搜尋索引標籤。

07 filter() 還有更多的使用技巧，例如使用 **items 參數**時，可以傳入由不同欄位名稱組成的串列。它與上一節將串列傳入中括號的運算非常相似，不同之處在於，如果有字串與欄位名稱不匹配，不會觸發 KeyError。舉例來說，執行 movies.filter(items=['actor_1_name', 'asdf']) 時不會有錯誤訊息（**編註**：該資料集中並沒有名為 asdf 的欄位），而會傳回僅有單一欄位（即 actor_1_name 欄位）資料的 DataFrame。以下來示範如何用 items 參數來選取多個欄位：

```
In
cols = ['actor_1_name', 'actor_2_name', 'actor_3_name', 'director_name']
movies.filter(items=cols).head()
```

```
Out
     actor_1_name     actor_2_name     actor_3_name     director_name
0    CCH Pounder      Joel Dav...      Wes Studi        James Ca...
1    Johnny Depp      Orlando ...      Jack Dav...      Gore Ver...
2    Christop...      Rory Kin...      Stephani...      Sam Mendes
3    Tom Hardy        Christia...      Joseph G...      Christop...
4    Doug Walker      Rob Walker       NaN              Doug Walker
```

08 此外，filter() 也允許用 **regex** 參數以**常規表達式**（regular expressions）來搜尋欄位。在下列程式中，我們搜尋所有名稱中**包含數字**的欄位。這裡的常規表達式 r'\d' 代表任何具有至少一個數字的欄位名稱字串：

```
In
movies.filter(regex=r'\d').head()
```

```
Out
     actor_3_fb       actor_2_name    ...  actor_3_name     actor_2_fb
0    855.0            Joel Dav...     ...  Wes Studi        936.0
1    1000.0           Orlando ...     ...  Jack Dav...      5000.0
2    161.0            Rory Kin...     ...  Stephani...      393.0
3    23000.0          Christia...     ...  Joseph G...      23000.0
4    NaN              Rob Walker      ...  NaN              12.0
```

⚠ 上述 3 種 filter() 參數是互斥的關係，一次只能使用其中一個。

關於常規表達式的更多資訊，可參考 https://en.wikipedia.org/wiki/Regular_expression。

了解更多

select_dtypes() 令人困惑的地方是它同時接受字串（Pandas 的專屬表示法，如：'int8'）和 Python 物件（如：np.int8）來選取資料。底下列表說明了選取不同型別欄位的所有做法。在 Pandas 中，並沒有預設哪一種方法是比較好的，因此讀者最好兩者都要熟悉：

字串表示法	Python物件表示法	選取的資料
'number'	np.number	選取任何位元大小的 integer 型別和 float 型別資料
'float64' 'float_' 'float'	np.float64 np.float_ float	只選取 64 位元的 float 型別資料
'float16' 'float32' 'float128'	np.float16 np.float32 np.float128	可用來選取 16 位元，32 位元和 128 位元的 float 型別資料
'floating'	np.floating	選取任何位元大小的 float 型別資料
'int0' 'int64' 'int_' 'int'	np.int0 np.int64 np.int_ int	只選取 64 位元的 integer 型別資料
'int8' 'int16' 'int32'	np.int8 np.int16 np.int32	選取 8、16 和 32 位元的 integer 型別資料
'integer'	np.integer	選取任何位元大小的 integer 型別資料
'Int64'		可選取值可以為 null 的 integer 型別資料 （注意 I 為大寫，NumPy 裡無對等的型別）

字串表示法	Python物件表示法	選取的資料
'object' 'O'	np.object	選取所有 object 型別的資料
'datetime64' 'datetime'	np.datetime64	選取所有 64 位元的 datetime 資料
'timedelta64' 'timedelta'	np.timedelta64	選取所有 64 位元的 timedelta 資料
pd.Categorical 'category'		Pandas 特有的資料型別，NumPy 裡無對等的型別

　　由於所有 integer 和 float 型別預設都是 64 位元，因此可以使用字串表示法『int』或『float』來選擇它們。如果想選取所有位元大小的 integer 和 float 型別，則可使用字串表示法的『number』。

2.3 　對欄位名稱進行排序

　　利用 DataFrame 讀入資料集後，接著便是要考慮**欄位的排列順序**。我們習慣從左到右閱讀文字，這會影響我們對資料的解讀。如果欄位已有適當排序，那麼我們在搜尋或解讀資料時會輕鬆許多。關於欄位順序並沒有一套標準的規則，不過若能自行理出一套可供依循的準則，也是不錯的做法；特別是需要同時處理好幾個不同資料集的時候，幫助會更大。

　　你可以參考以下整理欄位排序的準則：

● 將所有欄位分為**分類**（categorical）與**連續**（continuous）二種類型。

● 在每種類型中，再依照性質進行分組（ 編註 ：分組的方式依狀況而定，例如與人名相關的欄位分成一組，與電影相關的欄位分成另一組）。

● 所有**分類型**的欄位排在前面，**連續型**的欄位排在後面。至於個別類型中的分組，則依重要性由大到小排列。

　　下面的範例展示如何使用此準則來排序欄位（當然，這只是其中一種規則，讀者可自行嘗試其它的排法，本範例的目的在於說明如何排序欄位）：

🔧 **動手做**

01 讀入電影資料集並整理部分欄位的名稱，使其更簡潔：

```
💻 In
movies = pd.read_csv('data/movie.csv')
def shorten(col):  ◀── 這裡也一樣先對欄位名稱進行整理
    return (col.replace('facebook_likes', 'fb')
                .replace('for_reviews', '')
    )
movies = movies.rename(columns=shorten)
```

02 輸出所有欄位名稱，並檢視當前的欄位排序：

```
💻 In
movies.columns
```

```
Out
Index(['color', 'director_name', 'num_critic', 'duration', 'director_fb',
       'actor_3_fb', 'actor_2_name', 'actor_1_fb', 'gross', 'genres',
       'actor_1_name', 'movie_title', 'num_voted_users', 'cast_total_fb',
       'actor_3_name', 'facenumber_in_poster', 'plot_keywords',
       'movie_imdb_link', 'num_user', 'language', 'country', 'content_rating',
       'budget', 'title_year', 'actor_2_fb', 'imdb_score', 'aspect_ratio',
       'movie_fb'],
      dtype='object')
```

03 這些欄位的排序似乎沒有任何邏輯。現在，根據欄位的類型（分類或連續）以及它們的資料相似程度來進行分組，進而產生多個欄位名稱串列，達到分組的目標：

底下以 cat_ 開頭的串列是存放分類型欄位，以 cont_ 開頭的串列則存放連續型欄位。

```
💻 In

cat_core = ['movie_title', 'title_year', 'content_rating', 'genres']
cat_people = ['director_name', 'actor_1_name', 'actor_2_name', 'actor_3_
              name']  ←── 將與人名有關的欄位分成一組
cat_other = ['color', 'country', 'language', 'plot_keywords', 'movie_imdb_link']
cont_fb = ['director_fb', 'actor_1_fb', 'actor_2_fb', 'actor_3_fb',
           'cast_total_fb', 'movie_fb']  ←── 將與 fb 讚數有關的欄位分成一組
cont_finance = ['budget', 'gross']
cont_num_reviews = ['num_voted_users', 'num_user', 'num_critic']
cont_other = ['imdb_score', 'duration', 'aspect_ratio', 'facenumber_in_poster']
```

04 根據自定義的重要性，將各組別的串列依序串接起來。串接後，要確認此串列包含原始資料中的所有欄位。Python **集合**（set）中的元素是不重覆而且無序的，因此我們可以用『==』直接比對原始資料集欄位跟排序後的結果，避免有的欄位沒排到：

```
💻 In

new_col_order = cat_core + cat_people + \
                cat_other + cont_fb + \
                cont_finance + cont_num_reviews + \
                cont_other
set(movies.columns) == set(new_col_order)  ←── 利用 set() 來確認排序前後的欄位一致性
```
....
```
Out

True
```

這個檢查動作是必要的，是
因為在手動對欄位分組時，
很容易會漏掉某個欄位。

05 將重新排好順序的欄位名稱串列，放入 DataFrame 的中括號，進而重新排序欄位。從輸出結果可見，這個新排序比原來的要合理得多：

```
In
movies[new_col_order].head()
```

```
Out

    movie_title    title_year   ...   aspect_ratio   facenumber_in_poster
0   Avatar         2009.0       ...   1.78           0.0
1   Pirates ...    2007.0       ...   2.35           0.0
2   Spectre        2015.0       ...   2.35           1.0
3   The Dark...    2012.0       ...   2.35           0.0
4   Star War...    NaN          ...   NaN            0.0
```

🔀 其他的欄位排序原則

除了前面提到的準則外，還存在其它的排序準則。Hadley Wickham 在 Tidy Data 的開創性論文中建議將**固定變數**放在前面，然後再放**量測變數**。由於現在我們使用的資料並非來自**對照實驗**（controlled experiment），因此可以彈性的認定哪些變數是固定的，哪些是量測的。合理的量測變數可以定義為我們希望預測的變數，例如：毛利、預算或 imdb_score。

有時候，將分類變數和連續變數混合排列也不錯。例如：先放了某位演員的名字，再放置其 fb 的按讚人數，這做法從邏輯上來說是成立的。當然，你也可以針對欄位的排序提出自己的準則，因為不論欄位如何排序，對 DataFrame 的操作方式都是大同小異的。

2.4 DataFrame 的統計方法

在 1.2 節中，我們介紹了對單一欄位或 Series 進行運算的各種方法，這些都屬於**聚合**（aggregation）運算，因此傳回的是單一純量（ 編註 ：只有一個數值）。同樣的方法，也可以套用在 DataFrame 上，此時會針對每個欄位計算出一個值，然後將這些值組成一個 Series 傳回，而此 Series 的索引標籤，則對應到原始 DataFrame 的欄位名稱。

在下面的範例中，我們將繼續用電影資料集來探討各種最常見的 DataFrame 屬性和方法。

🔧 **動手做**

01 讀入電影資料集，用 shape、size、ndim 來取得其基本屬性，之後執行 len() 取得列的數目：

💻 **In**

```
movies = pd.read_csv('data/movie.csv')
movies.shape
```

Out

(4916, 28) ◀—— 列數 , 行數（欄位數）

💻 **In**

```
movies.size ◀—— 資料總數
```

Out

137648

```
In
movies.ndim ← 軸數（編註：若為 Series，會傳回 1；若為 DataFrame，則傳回 2）
```

```
Out
2
```

```
In
len(movies) ← 傳回列數
```

```
Out
4916
```

以上內容的重點整理如下：

● shape 屬性傳回一個具有列數和行數的 tuple。

● size 屬性傳回 DataFrame 中資料的總數（即列數和行數的乘積）。

● ndim 屬性會傳回軸數，DataFrame 為 2 軸（矩陣），Series 則為 1 軸。

● len() 會傳回列數（也就是資料集的長度）。

> ✓ 小編補充　若讀者想取得行數（欄位的數目），可使用 len(movies.columns)。

02 count() 會顯示每一欄位中的**非缺失值數量**，並輸出一個以欄位名稱為索引的 Series：

```
In
movies.count()
```

```
Out
```

color	4897
director_name	4814
num_critic_for_reviews	4867
duration	4901
director_facebook_likes	4814
...	
title_year	4810
actor_2_facebook_likes	4903
imdb_score	4916
aspect_ratio	4590
movie_facebook_likes	4916

Length: 28, dtype: int64

03 min()，max()，mean()，median() 和 std() 等統計方法同樣會傳回一個 Series。該 Series 的索引為欄位名稱，對應的值為統計結果。仔細觀察後可發現：本步驟的輸出少了所有資料型別為 object 的欄位。換句話說，這些方法預設只會處理數值型別的欄位：

```
In
```

movies.min() ◀──── 傳回各欄位中的最小值

```
Out
```

num_critic_for_reviews	1
duration	7
director_facebook_likes	0
actor_3_facebook_likes	0
actor_1_facebook_likes	0
...	
title_year	1916
actor_2_facebook_likes	0
imdb_score	1.6
aspect_ratio	1.18
movie_facebook_likes	0

Length: 19, dtype: object

04 describe() 是很好用的方法，可以計算所有**描述性統計資料**和**四分位數**。最終的結果是一個以統計資料名稱作為索引的 DataFrame。如果在計算的過程中發現 DataFrame 存在缺失值，describe() 會自動略過它們（你也可以將 **skipna 參數**改為 False 來取消此預設動作）。另外，此處使用 T（**編註**：即轉置操作）來重排結果，因為這樣可以在畫面上顯示更多資料：

🖵 **In**

```
movies.describe().T
```

Out

	count	mean	...	75%	max
num_critic_for_reviews	4867.0	137.988905	...	191.00	813.0
duration	4901.0	107.090798	...	118.00	511.0
director_facebook_likes	4814.0	691.014541	...	189.75	23000.0
actor_3_facebook_likes	4893.0	631.276313	...	633.00	23000.0
actor_1_facebook_likes	4909.0	6494.488491	...	11000.00	640000.0
...	...	...	...	...	...
title_year	4810.0	2002.447609	...	2011.00	2016.0
actor_2_facebook_likes	4903.0	1621.923516	...	912.00	137000.0
imdb_score	4916.0	6.437429	...	7.20	9.5
aspect_ratio	4590.0	2.222349	...	2.35	16.0
movie_facebook_likes	4916.0	7348.294142	...	2000.00	349000.0

---

05 describe() 預設會顯示欄位的四分位數（quartile，**編註**：也就是將欄位數值剛好分為 4 等份的 25%、50%、75% 等 3 個數值），我們也可以透過 **percentiles 參數**指定其他分位數（quantiles），只要指定介於 0 和 1 之間的數字、並用串列形式傳入即可：

In

```
movies.describe(percentiles=[.99]).T
```

找出每一欄位中，前 1% 的數值

Out

	count	mean	...	99%	max
num_critic_for_reviews	4867.0	137.988905	...	546.68	813.0
duration	4901.0	107.090798	...	189.00	511.0
director_facebook_likes	4814.0	691.014541	...	16000.00	23000.0
actor_3_facebook_likes	4893.0	631.276313	...	11000.00	23000.0
actor_1_facebook_likes	4909.0	6494.488491	...	44920.00	640000.0
...	...	...	...	...	...
title_year	4810.0	2002.447609	...	2016.00	2016.0
actor_2_facebook_likes	4903.0	1621.923516	...	17000.00	137000.0
imdb_score	4916.0	6.437429	...	8.50	9.5
aspect_ratio	4590.0	2.222349	...	4.00	16.0
movie_facebook_likes	4916.0	7348.294142	...	93850.00	349000.0

了解更多

　　請注意，數值型別欄位是存在缺失值的，但使用 describe() 可傳回一個確切數字，這是因為它會自動略過缺失值。我們可以透過將 **skipna 參數**設定為 False 來更改這個預設動作。想知道 skipna 參數如何影響結果，我們可以將其值設為 False，然後重新執行步驟 3。在新結果中，沒有缺失值的數值型別欄位才會傳回確切數字，其餘的則傳回 NaN：

```
🖥 In
movies.min(skipna=False)
```
....
```
Out
num_critic_for_reviews      NaN
duration                    NaN
director_facebook_likes     NaN
actor_3_facebook_likes      NaN
actor_1_facebook_likes      NaN
                            ...
title_year                  NaN
actor_2_facebook_likes      NaN
imdb_score                  1.6
aspect_ratio                NaN
movie_facebook_likes          0
Length: 19, dtype: object
```

2.5 串連 DataFrame 的方法

在 1.4 節中，介紹了將數個 Series 方法**串連**（chaining）在一起的範例。接下來介紹的方法串連則是以 DataFrame 為對象。在使用串連時的重點之一，是要知道每個步驟中傳回的確切物件。

在下面的範例中，我們將利用方法串連，一步步計算出電影資料集中，總共有多少缺失值。

🔧 動手做

01 我們使用 isna() 來判斷個別元素是否為缺失值。此方法會將每個值更改為布林值，用來指示其是否為缺失值（True：是缺失值，False：不是缺失值）：

```
🖥 In
```

```
movies = pd.read_csv('data/movie.csv')
def shorten(col):
    return(col.replace('facebook_likes', 'fb')
             .replace('_for_reviews', ''))
movies = movies.rename(columns=shorten)
movies.isna().head()  ◀── isna () 來判斷個別元素是否為缺失值
```

```
Out
```

	color	director_name	...	aspect_ratio	movie_fb
0	False	False	...	False	False
1	False	False	...	False	False
2	False	False	...	False	False
3	False	False	...	False	False
4	True	False	...	True	False

02 在 Python 中，布林型別的值會表示成 0 和 1，因此我們可以對布林值進行數學運算。只要在 isna() 後面串連 sum()，就可以得出每一欄位中缺失值的數量。sum() 是一種聚合方法，在處理一整個欄位的資料後會傳回單一數值。不同欄位的傳回值會整理成一個 Series：

```
🖥 In
```

```
(movies.isna().sum().head())
```

```
Out
```

```
color            19
director_name   102
num_critic       49
duration         15
director_fb     102
dtype: int64
```

03 我們可以再串連一次 sum() 來取得該 Series 內的資料總和，進而得知原始 DataFrame 中的缺失值總數：

In

```
movies.isna().sum().sum()
```

Out

```
2654
```

04 若只是想知道 DataFrame 中是否有缺失值，可以在 isna() 後面連續串連兩個 any()。第一個 any() 會傳回一個布林型別的 Series，顯示每個欄位是否存在缺失值。接著再次串連 any()，以查詢整個 DataFrame 中是否有缺失值：

In

```
movies.isna().any()  ◀── 先查看個別欄位是否有缺失值
```

Out

```
color            True
director_name    True
num_critic       True
duration         True
director_fb      True
                 ...
title_year       True
actor_2_fb       True
imdb_score       False
aspect_ratio     True
movie_fb         False
Length: 28, dtype: bool
```

```
In
movies.isna().any().any()  ◄——
```
　　　　　　再串連一次 any()，進而知道整個 DataFrame 是否有缺失值

```
Out
True
```

了解更多

　　電影資料集中大多數具有 object 資料型別的欄位都有缺失值，此時聚合類的方法（aggregation method，如：min() 與 max() 等）會傳回一個空的 Series，如底下的程式所示。

```
In
movies['color'].max()
```

```
Out
Series([], dtype: float64)
```

　　為了避免傳回空 Series，我們必須為這些缺失項填上特定的值。在這裡，我們選擇用**空字串**來替換所有缺失值：

```
In
movies.select_dtypes(['object']).fillna('')
```
　　　　　　　　　　　使用 fillna() 方法，以空字串替代缺失值

　　此外，為了提升程式的可讀性，通常建議每一行串連一個方法，並且將整個敘述括起來。這樣比較容易閱讀，而且方便我們針對每個串連方法加上註解：

 當程式發生錯誤時，我們也可以嘗試用註解符號屏蔽某一行程式碼，進而找出發生錯誤的部分。

```
In
(movies.select_dtypes(['object'])
      .fillna('')
      .max())
```

```
Out
color                       Color
director_name       Étienne ...
actor_2_name        Zubaida ...
genres                    Western
actor_1_name        Óscar Ja...
                              ...
plot_keywords       zombie|z...
movie_imdb_link     http://w...
language                     Zulu
country             West Ger...
content_rating               X
Length: 12, dtype: object
```

2.6 DataFrame 的算符運算

　　1.3 節中提供了有關**算符**（operator）的入門知識，對這一節的內容會有所幫助。Python 的大部分**算術算符**（arithmetic operator）和**比較算符**（comparison operator）同樣可以用在 DataFrame 中。

　　算術算符或比較算符會針對 DataFrame 中的每個值進行同樣的運算。一般來說，在 DataFrame 使用算符時，所有欄位的資料型別通常是一致的。如果 DataFrame 內的資料型別不一致，則運算很可能會失敗。讓我們來看另一個大學資料集（college.csv），該資料集同時包含數值資料型別和 object 資料型別的欄位。如果嘗試將 DataFrame 的每個值上加上 5，就會引發 TypeError，因為字串是沒辦法和整數 5 進行相加的：

```
In
```

```
colleges = pd.read_csv('data/college.csv')  ◀── 讀入大學資料集
colleges + 5
```

```
Out
```

```
Traceback (most recent call last):
...
TypeError: can only concatenate str (not "int") to str
```

　　若想成功使用算符,請先選擇具相同資料型別的欄位。在以下程式中,我們篩選出所有名稱以『UGDS_』開頭的欄位。這些欄位代表不同種族在個別大學中所佔的百分比(編註:皆為浮點數型別的欄位)。首先,我們讀入資料集並使用大學名稱為索引,然後使用 filter() 選取所需的欄位:

```
In
```

```
colleges = pd.read_csv('data/college.csv', index_col='INSTNM')
college_ugds = colleges.filter(like='UGDS_')  ◀── 選出名稱以『UGDS_』開頭的欄位
college_ugds.head()
```

```
Out
```

	UGDS_WHITE	UGDS_BLACK	...	UGDS_NRA	UGDS_UNKN
INSTNM					
Alabama A & M University	0.0333	0.9353	...	0.0059	0.0138
University of Alabama at Birmingham	0.5922	0.2600	...	0.0179	0.0100
Amridge University	0.2990	0.4192	...	0.0000	0.2715
University of Alabama in Huntsville	0.6988	0.1255	...	0.0332	0.0350
Alabama State University	0.0158	0.9208	...	0.0243	0.0137

　　接下來,我們將用範例說明如何將不同的算符套用在 DataFrame 上。

01 Pandas 採用四捨六入五成雙（bankers rounding）的方法做數值進位
（編註：就是 5 以下捨去、5 以上進位、剛好 5 則只有在進位後為偶數時才進位，例如 4.5 會捨去 .5 變成 4，5.5 則會進位成 6）。現在嘗試對剛剛整理過的 DataFrame（只保留『UGDS_ 開頭』的欄位）執行進位操作，看看會發生什麼結果：

🖥 **In**

```
name = 'Northwest-Shoals Community College'  ◀── 此處只針對其中一所大學進行處理
college_ugds.loc[name]
```

Out

```
UGDS_WHITE     0.7912
UGDS_BLACK     0.1250
UGDS_HISP      0.0339
UGDS_ASIAN     0.0036
UGDS_AIAN      0.0088
UGDS_NHPI      0.0006
UGDS_2MOR      0.0012
UGDS_NRA       0.0033
UGDS_UNKN      0.0324
Name: Northwest-Shoals Community College, dtype: float64
```

🖥 **In**

```
college_ugds.loc[name].round(2)  ◀── 只保留兩位小數
```

Out

```
UGDS_WHITE     0.79
UGDS_BLACK     0.12   ◀── 利用 bankers rounding 後，0.125 變成 0.12（捨去 5）
UGDS_HISP      0.03
UGDS_ASIAN     0.00
UGDS_AIAN      0.01
```

```
UGDS_NHPI        0.00
UGDS_2MOR        0.00
UGDS_NRA         0.00
UGDS_UNKN        0.03
Name: Northwest-Shoals Community College, dtype: float64
```

如果我們在數值進位前加入 .0001，則可將『五成雙』的狀況變為**一律向上進位**
(round up)：

In

```
(college_ugds.loc[name] + .0001).round(2)
```

Out

```
UGDS_WHITE       0.79
UGDS_BLACK       0.13  ← 變成 0.13 了（因 0.1251 的 51 大於 50，所以直接進位）
UGDS_HISP        0.03
UGDS_ASIAN       0.00
UGDS_AIAN        0.01
UGDS_NHPI        0.00
UGDS_2MOR        0.00
UGDS_NRA         0.00
UGDS_UNKN        0.03
Name: Northwest-Shoals Community College, dtype: float64
```

---

02 接下來，改用算符來對整個 college_ugds 做進位運算。首先，在進位
前先將 0.00501 加到 college_ugds 的每個值中。由於每一欄位的儲存
的都是數值資料，因此這個運算可以順利進行。在 college_ugds 的每
一欄位中都存在一些缺失值，在進行加法後它們仍然是缺失值：

```
In
```

college_ugds + .00501

```
Out
```

	UGDS_WHITE	UGDS_BLACK	...	UGDS_NRA	UGDS_UNKN
INSTNM					
Alabama A & M University	0.03831	0.94031	...	0.01091	0.01881
University of Alabama at Birmingham	0.59721	0.26501	...	0.02291	0.01501
Amridge University	0.30401	0.42421	...	0.00501	0.27651
University of Alabama in Huntsville	0.70381	0.13051	...	0.03821	0.04001
Alabama State University	0.02081	0.92581	...	0.02931	0.01871
...	...	...	... ...	...	...
SAE Institute of Technology San Francisco	NaN	NaN	...	NaN	NaN
Rasmussen College - Overland Park	NaN	NaN	...	NaN	NaN
National Personal Training Institute of Cleveland	NaN	NaN	...	NaN	NaN
Bay Area Medical Academy - San Jose Satellite Location	NaN	NaN	...	NaN	NaN
Excel Learning Center-San Antonio South	NaN	NaN	...	NaN	NaN

03 接著,使用 **floor division 算符** (//) 把第 3 位以後的小數**向下捨去** (round down) 到最接近的整數百分比。在數學上,對每個數值加上 0.005 應該就足以在 floor division 操作中,正確地將數值進位到最接近的整數百分比,例如 (0.045+0.005)//0.01=5(5%)。然而由於浮點數的不精確性,以上做法可能會出現問題:

```
In
```

.045 + .005

```
Out
```

0.049999999999999996 ◄── 結果並不是 0.05,因此若再 //0.01 結果會是 0.04

因此，我們選擇將每個數值加上額外的 .00001，進而確保結果的前 4 位數字與預期數值相同。因為資料集中的最大精度是 5 位小數，所以小數點第 5 位以後的數值不會造成影響（**編註**：上述的數字計算後會變成 0.050009…，存入資料集就是 0.0500）。

🖥 In

```
(college_ugds + 0.00501) // 0.01
```

由於浮點數的不精確性，此處選擇加上 0.00501，以確保可以成功進位

Out

	UGDS_WHITE	UGDS_BLACK	...	UGDS_NRA	UGDS_UNKN
INSTNM					
Alabama A & M University	3.0	94.0	...	1.0	1.0
University of Alabama at Birmingham	59.0	26.0	...	2.0	1.0
Amridge University	30.0	42.0	...	0.0	27.0
University of Alabama in Huntsville	70.0	13.0	...	3.0	4.0
Alabama State University	2.0	92.0	...	2.0	1.0
...	...	...	... ...	...	...
SAE Institute of Technology San Francisco	NaN	NaN	...	NaN	NaN
Rasmussen College - Overland Park	NaN	NaN	...	NaN	NaN
National Personal Training Institute of Cleveland	NaN	NaN	...	NaN	NaN
Bay Area Medical Academy - San Jose Satellite Location	NaN	NaN	...	NaN	NaN
Excel Learning Center- San Antonio South	NaN	NaN	...	NaN	NaN

04 最後，把數值除以 100 來完成這個進位操作。由於 floor division 的優先權高於加法運算，因此步驟 3 的加法運算要以括號包起來：

In
```
college_ugds_op_round = (college_ugds + .00501) // .01 / 100
college_ugds_op_round.head()
```

Out

	UGDS_WHITE	UGDS_BLACK	...	UGDS_NRA	UGDS_UNKN
INSTNM					
Alabama A & M University	0.03	0.94	...	0.01	0.01
University of Alabama at Birmingham	0.59	0.26	...	0.02	0.01
Amridge University	0.30	0.42	...	0.00	0.27
University of Alabama in Huntsville	0.70	0.13	...	0.03	0.04
Alabama State University	0.02	0.92	...	0.02	0.01

05 接著，使用 DataFrame 內建的 round() 來進行數值進位，以便和前面計算的結果比對。但由於 round() 是使用四捨六入五成雙 (bankers rounding)，而我們自訂的算法是四捨五入，所以同樣要在計算前先加上一個很小的數值：

In
```
college_ugds_round = (college_ugds + .00001).round(2)
college_ugds_round
```

Out

	UGDS_WHITE	UGDS_BLACK	...	UGDS_NRA	UGDS_UNKN
INSTNM					
Alabama A & M University	0.03	0.94	...	0.01	0.01
University of Alabama at Birmingham	0.59	0.26	...	0.02	0.01
Amridge University	0.30	0.42	...	0.00	0.27
University of Alabama in Huntsville	0.70	0.13	...	0.03	0.04
Alabama State University	0.02	0.92	...	0.02	0.01
...	...	...	...	...	...
SAE Institute of Technology San Francisco	NaN	NaN	...	NaN	NaN
Rasmussen College - Overland Park	NaN	NaN	...	NaN	NaN
National Personal Training Institute of Cleveland	NaN	NaN	...	NaN	NaN
Bay Area Medical Academy - San Jose Satellite Location	NaN	NaN	...	NaN	NaN
Excel Learning Center- San Antonio South	NaN	NaN	...	NaN	NaN

06 最後，使用 equals() 來測試透過不同方法進位後，得到的 DataFrame 是否是一樣的：

⌨ In

```
college_ugds_op_round.equals(college_ugds_round)
```

Out

True ◀── 不同做法會取得相同的 DataFrame

與 Series 一樣，DataFrame 也有可取代算符的一些方法：

```
In
college2 = (college_ugds
    .add(.00501)    ◀── 與『+』算符效果一樣
    .floordiv(.01)  ◀── 與『//』算符效果一樣
    .div(100)       ◀── 與『/』算符效果一樣
)
college2.equals(college_ugds_op_round)  ◀── 檢查結果是否和之前一樣
```

```
Out
True
```

2.7　比較缺失值

Pandas 是用 NumPy 的 **NaN（np.nan）物件**來表示缺失值。這種物件很特別，具有你想不到的數學性質。

```
In
np.nan == np.nan  ◀── 將兩個 NaN 進行比較，會得到 False
```

```
Out
False
```

```
In
None == None  ◀── 將兩個 Python 的 None 物件（其意義與
                   NaN 類似）進行比較，卻會得到 True
```

```
Out
True
```

事實上，除了不等於算符（!=）外，所有針對 np.nan 的比較運算都會傳回 False：

```
In
np.nan > 5
```

```
Out
False
```

```
In
5 > np.nan
```

```
Out
False
```

```
In
np.nan != 5
```

```
Out
True
```

Series 和 DataFrame 都可使用等於算符（==）進行元素的逐一比較，並傳回維度相同的物件。接下來的範例將說明如何使用等於算符，其原理與 equals() 有蠻大的差異：

```
In
college = pd.read_csv('data/college.csv', index_col='INSTNM')
college_ugds = college.filter(like='UGDS_')
```
和前面的例子一樣，篩選出代表種族百分比的欄位

01 我們利用等於算符將 DataFrame 中的元素與純量值進行比較：

💻 **In**

```
college_ugds == 0.0019
```

....

Out

INSTNM	UGDS_WHITE	UGDS_BLACK	...	UGDS_NRA	UGDS_UNKN
Alabama A & M University	False	False	...	False	False
University of Alabama at Birmingham	False	False	...	False	False
Amridge University	False	False	...	False	False
University of Alabama in Huntsville	False	False	...	False	False
Alabama State University	False	False	...	False	False
...	...	...	...	...	...
SAE Institute of Technology San Francisco	False	False	...	False	False
Rasmussen College - Overland Park	False	False	...	False	False
National Personal Training Institute of Cleveland	False	False	...	False	False
Bay Area Medical Academy - San Jose Satellite Location	False	False	...	False	False
Excel Learning Center-San Antonio South	False	False	...	False	False

---

02 等於算符也可用來對兩個 DataFrame 進行逐元素比較。此外，在比較之前還需檢查它們是否具有相同的索引標籤以及元素數量。如果不同，運算就會失敗。現在，我們來將 college_ugds 與自己做比較：

```
 In
college_self_compare = college_ugds == college_ugds
college_self_compare.head()
```

```
 Out
```

	UGDS_WHITE	UGDS_BLACK	...	UGDS_NRA	UGDS_UNKN
INSTNM					
Alabama A & M University	True	True	...	True	True
University of Alabama at Birmingham	True	True	...	True	True
Amridge University	True	True	...	True	True
University of Alabama in Huntsville	True	True	...	True	True
Alabama State University	True	True	...	True	True

03 乍看之下，所有值似乎都相等，這也十分合理，畢竟我們是拿 college_ugds 與自己進行比較。不過如前所述，== 在比較二個 NaN 時會得到 False，這會造成問題。接著我們就用 all() 來檢查每個欄位中的所有元素值是否皆為 True（若為 True 則代表該欄位中沒有缺失值）：

```
 In
college_self_compare.all()
```

```
 Out
```

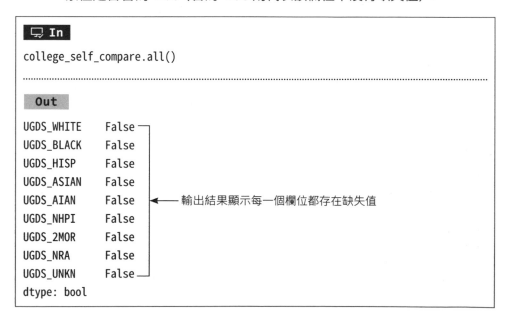

```
UGDS_WHITE    False ┐
UGDS_BLACK    False │
UGDS_HISP     False │
UGDS_ASIAN    False │
UGDS_AIAN     False │◄── 輸出結果顯示每一個欄位都存在缺失值
UGDS_NHPI     False │
UGDS_2MOR     False │
UGDS_NRA      False │
UGDS_UNKN     False ┘
dtype: bool
```

04 同樣的，如果嘗試用 == 來計算每一欄位的缺失值數目，結果都是零。這進一步證明了 np.nan 與其自身的不等性（non-equivalence）：

```
💻 In
(college_ugds == np.nan).sum()
```

```
Out
UGDS_WHITE    0
UGDS_BLACK    0
UGDS_HISP     0
UGDS_ASIAN    0
UGDS_AIAN     0
UGDS_NHPI     0
UGDS_2MOR     0
UGDS_NRA      0
UGDS_UNKN     0
dtype: int64
```

05 從步驟 4 的結果可見，等於算符無法用來算出缺失值的數量。若想達到此目的，我們應該使用 isna()。從底下的結果中，證實了 DataFrame 中確實存在缺失值：

```
💻 In
college_ugds.isna().sum()
```

```
Out
UGDS_WHITE    661
UGDS_BLACK    661
UGDS_HISP     661
UGDS_ASIAN    661
UGDS_AIAN     661
UGDS_NHPI     661
UGDS_2MOR     661
UGDS_NRA      661
UGDS_UNKN     661
dtype: int64
```

06 總的來說，若想比較兩個 DataFrame 是否相等，我們應該使用 equals()。這個方法可將相同位置的 NaN 視為相等的元素，並且只會傳回一個布林值：

```
In
college_ugds.equals(college_ugds)
```

```
Out
True
```

了解更多

所有比較算符都有其相對應的方法，而這些方法具有更多的功能。其中較容易讓人弄錯的是 **eq()** 方法，它和等於算符的作用相同，也能執行元素的逐一比較，但 eq() 與 equals() 是完全不同的，請多加留意。以下程式碼利用 eq() 來重現步驟 1 的輸出結果：

```
In
college_ugds.eq(0.0019)  ◀── 功能與『college_ugds == .0019』一樣
```

```
Out
```

	UGDS_WHITE	UGDS_BLACK	...	UGDS_NRA	UGDS_UNKN
INSTNM					
Alabama A & M University	False	False	...	False	False
University of Alabama at Birmingham	False	False	...	False	False
Amridge University	False	False	...	False	False
University of Alabama in Huntsville	False	False	...	False	False
Alabama State University	False	False	...	False	False
...	...	...	... ...	...	

SAE Institute of Technology San Francisco	False	False	... False	False
Rasmussen College - Overland Park	False	False	... False	False
National Personal Training Institute of Cleveland	False	False	... False	False
Bay Area Medical Academy - San Jose Satellite Location	False	False	... False	False
Excel Learning Center-San Antonio South	False	False	... False	False

🖧 單元測試

單元測試（unit test）是軟體開發中非常重要的一部分，可確保程式碼的正常運作。Pandas 提供非常多的單元測試功能，以幫助我們進行測試。

在 **pandas.testing 子套件**中的 **assert_frame_equal() 函式**，可用來測試兩個 DataFrame 是否相等（也能正確比較 NaN），不相等時會引發 AssertionError，相等時則傳回 None：

🖵 In

```
from pandas.testing import assert_frame_equal
assert_frame_equal(college_ugds, college_ugds) is None
```

Out

```
True
```

若想深入了解有關 Pandas 的單元測試功能，可參考 http://bit.ly/2vmCSU6 中的說明。

2.8 轉置 DataFrame 運算的方向

許多 DataFrame 方法都有一個 **axis 參數**，可用來控制運算的方向。axis 參數的值可以是『index』（或 0）或『columns』（或 1）。我們建議使用字串來指定參數，因為它們更明確，而且程式碼更易於閱讀。

幾乎所有 DataFrame 方法都將 axis 參數預設為 0，這樣就會沿著索引軸（列）的方向來進行運算（編註：就是在每一欄位中，都沿著索引方向（由上往下）計算所有的值，其結果通常就是每個欄位都會算出一個值，並將之組成一個 Series 傳回，就如之前的 min() 或 max()）。接下來，我們將示範如何沿著不同軸使用相同的方法。

> ✔ **小編補充**　如果是沿著欄位軸做運算，就是在每一索引（列）中，都沿著欄位方向（由左往右）計算所有的值，其結果通常就是每個索引都會算出一個值，並將之組成一個 Series 傳回。

🔧 **動手做**

01 讀入大學資料集並使用 filter() 來選取特定欄位，做法和先前相同：

🖵 **In**
```
college = pd.read_csv('data/college.csv', index_col='INSTNM')
college_ugds = college.filter(like='UGDS_')
college_ugds.head()
```

INSTNM	UGDS_WHITE	UGDS_BLACK	...	UGDS_NRA	UGDS_UNKN
Alabama A & M University	0.0333	0.9353	...	0.0059	0.0138
University of Alabama at Birmingham	0.5922	0.2600	...	0.0179	0.0100
Amridge University	0.2990	0.4192	...	0.0000	0.2715
University of Alabama in Huntsville	0.6988	0.1255	...	0.0332	0.0350
Alabama State University	0.0158	0.9208	...	0.0243	0.0137

02 現在，DataFrame 中已包含相同資料型別的欄位，可以合理地進行欄位運算。我們先用 count() 傳回每個欄位中，非缺失值的數量。由於 axis 參數預設為 0，所以不需要特別列出：

In

```
college_ugds.count()  ◀─── 若未指定 axis 參數，則預設為 0
```

Out

```
UGDS_WHITE     6874
UGDS_BLACK     6874
UGDS_HISP      6874
UGDS_ASIAN     6874
UGDS_AIAN      6874
UGDS_NHPI      6874
UGDS_2MOR      6874
UGDS_NRA       6874
UGDS_UNKN      6874
dtype: int64
```

03 將 axis 參數設為 columns（或 1）會改變運算方向，並傳回**每列中**非缺失值的數量：

```
In
college_ugds.count(axis='columns').head()
```

```
Out
INSTNM
Alabama A & M University                9
University of Alabama at Birmingham     9
Amridge University                      9
University of Alabama in Huntsville     9
Alabama State University                9
dtype: int64
```

04 我們也可以對每一列中的所有值求和。由於每一欄位代表的是不同種族的百分比，因此每列的總和應該為 1，sum() 可用於驗證這一點：

```
In
college_ugds.sum(axis='columns').head()
```

```
Out
INSTNM
Alabama A & M University                1.0000
University of Alabama at Birmingham     1.0000
Amridge University                      1.0000
University of Alabama in Huntsville     1.0000
Alabama State University                1.0000
dtype: float64
```

05 另外，也可以使用 median() 來了解每一欄位的資料分佈情況：

```
college_ugds.median(axis='index') ◀── 此處也可選擇不指定 axis 參數
```

```
UGDS_WHITE      0.55570
UGDS_BLACK      0.10005
UGDS_HISP       0.07140
UGDS_ASIAN      0.01290
UGDS_AIAN       0.00260
UGDS_NHPI       0.00000
UGDS_2MOR       0.01750
UGDS_NRA        0.00000
UGDS_UNKN       0.01430
dtype: float64
```

了解更多

cumsum() 在 axis 參數為 1 時會沿著欄位方向（由左到右）逐步累加每一列（大學）中，同種族的百分比，以便從不同的角度來觀察資料分佈狀況。例如由第 2 欄（UGDS_BLACK）可以很容易看出每所學校裡白人加黑人學生的百分比：

```
college_ugds_cumsum = college_ugds.cumsum(axis=1)
college_ugds_cumsum.head()
```

	UGDS_WHITE	UGDS_BLACK	...	UGDS_NRA	UGDS_UNKN
INSTNM					
Alabama A & M University	0.0333	0.9686	...	0.9862	1.0000
University of Alabama at Birmingham	0.5922	0.8522	...	0.9899	0.9999
Amridge University	0.2990	0.7182	...	0.7285	1.0000

University of Alabama in Huntsville	0.6988	0.8243	... 0.9650	1.0000
Alabama State University	0.0158	0.9366	... 0.9863	1.0000

2.9 案例演練：
確定大學校園的多樣性

　　每年都有很多文章在探討『大學校園多樣性』的不同面向與影響。有很多機關組織開發了度量標準來測量多樣性，例如《美國新聞》就針對美國的大學提供多種類別的排名，其中也包括了多樣性。在多樣性排名中，前 10 名的大學如下：

⌨ In

```
pd.read_csv('data/college_diversity.csv', index_col='School')
```

Out

```
                                                   Diversity Index
School
Rutgers University--Newark Newark, NJ              0.76
Andrews University Berrien Springs, MI            0.74
Stanford University Stanford, CA                  0.74
University of Houston Houston, TX                 0.74
University of Nevada--Las Vegas Las Vegas, NV     0.74
University of San Francisco San Francisco, CA     0.74
San Francisco State University San Francisco, CA  0.73
University of Illinois--Chicago Chicago, IL       0.73
New Jersey Institute of Technology Newark, NJ     0.72
Texas Woman's University Denton, TX               0.72
```

　　我們的大學資料集將種族分為 9 個不同類別。在沒有明確定義的量化指標來計算多樣性時，從簡單的地方開始會有所幫助。在下面的範例中，我們將多樣性指標設為百分比超過 15% 的種族個數。

01 讀入大學資料集並篩選出特定的欄位：

In

```
college = pd.read_csv('data/college.csv', index_col='INSTNM')
college_ugds = college.filter(like='UGDS_')
```

02 許多大學的資料裡都有缺失值。我們可以計算每一列中的所有缺失值，並對傳回的 Series **從高到低**進行排序。由於種族被分成了 9 個類別，因此有缺失值的欄位最多為 9 個：

In

```
(college_ugds.isna()
            .sum(axis='columns')  ◀── 沿著欄位軸計算每一列有幾個欄位具缺失值
            .sort_values(ascending=False)
            .head()
)
```

Out

```
INSTNM
Excel Learning Center-San Antonio South          9 ┐
Philadelphia College of Osteopathic Medicine     9 │    這些學校的所有 (9 個)
Assemblies of God Theological Seminary           9 ◀─  種族百分比欄位都有缺
Episcopal Divinity School                        9 │    失值
Phillips Graduate Institute                      9 ┘
dtype: int64
```

03 現在已經找到那些在所有欄位中都有缺失值的大學，我們可以先用 dropna() 將之刪除（就是刪除那些所有 9 個種族的百分比都有缺失值的列），然後再計算剩餘的缺失值還有多少。dropna() 方法有一個 how 參數，其預設的字串是『any』，但也可以更改為『all』。在設為『any』時，會刪除所有包含缺失值的列。在設為『all』時，它僅會刪除所有欄位皆為缺失值的列：

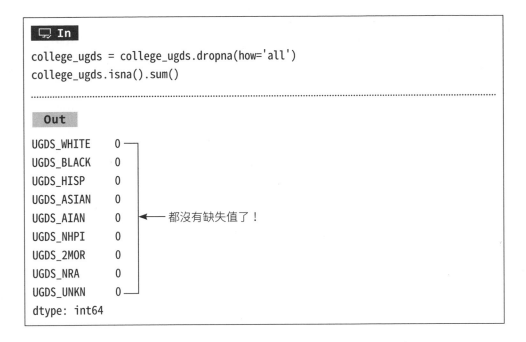

```
🖳 In

college_ugds = college_ugds.dropna(how='all')
college_ugds.isna().sum()
```

```
Out

UGDS_WHITE     0
UGDS_BLACK     0
UGDS_HISP      0
UGDS_ASIAN     0
UGDS_AIAN      0  ◀── 都沒有缺失值了！
UGDS_NHPI      0
UGDS_2MOR      0
UGDS_NRA       0
UGDS_UNKN      0
dtype: int64
```

04 現在資料集中已經沒有缺失值，可以來計算多樣性指標了。首先，使用 DataFrame 的大於或等於方法，即 ge() 來傳回一個帶有布林值的 DataFrame：

```
🖳 In

college_ugds.ge(0.15)  ◀── 判斷某個種族百分比是否大於 15%
```

```
Out
```

	UGDS_WHITE	UGDS_BLACK	...	UGDS_NRA	UGDS_UNKN
INSTNM					
Alabama A & M University	False	True	...	False	False
University of Alabama at Birmingham	True	True	...	False	False
Amridge University	True	True	...	False	True
University of Alabama in Huntsville	True	False	...	False	False
Alabama State University	False	True	...	False	False
...	...	...	...	...	...

Hollywood Institute of Beauty Careers-West Palm Beach	True	True	...	False	False
Hollywood Institute of Beauty Careers-Casselberry	False	True	...	False	False
Coachella Valley Beauty College-Beaumont	True	False	...	False	False
Dewey University-Mayaguez	False	False	...	False	False
Coastal Pines Technical College	True	True	...	False	False

05 接下來，可以使用 sum() 為每所大學計算 True 值的數量。請注意，傳回的是一個 Series：

```
 In

diversity_metric = college_ugds.ge(.15).sum(axis='columns') ◀──
                             計算某一所學校中，有多少種族的人數超過 15%

diversity_metric.head()
```

```
 Out

INSTNM
Alabama A & M University                1
University of Alabama at Birmingham     2
Amridge University                      3
University of Alabama in Huntsville     1
Alabama State University                1
dtype: int64
```

06 為了解當前度量標準的分佈情況，可在傳回的 Series 上使用 value_counts()：

```
🖥 In
diversity_metric.value_counts()
```

```
Out
1    3042
2    2884
3     876
4      63
0       7
5       2  ◄── 在某兩所學校中，有 5 種人數超過 15% 的種族
dtype: int64
```

07 令人驚訝的是，居然有兩所學校具有 5 種人數超過 15% 的種族。我們對 diversity_metric 進行排序，以找出是哪些學校：

```
🖥 In
diversity_metric.sort_values(ascending=False).head()
```

```
Out
INSTNM
Regency Beauty Institute-Austin        5
Central Texas Beauty College-Temple    5
Sullivan and Cogliano Training Center  4
Ambria College of Nursing              4
Berkeley College-New York              4
dtype: int64
```

08 一個學校這麼多樣化有點可疑，讓我們看一下這兩間學校的原始種族百分比。我們可以用 loc() 來獲取它們的資訊：

```
In
college_ugds.loc[['Regency Beauty Institute-Austin',
                  'Central Texas Beauty College-Temple']]
```

```
Out
```

	UGDS_WHITE	UGDS_BLACK	...	UGDS_NRA	UGDS_UNKN
INSTNM					
Regency Beauty Institute-Austin	0.1867	0.2133		0.0	0.2667
Central Texas Beauty College-Temple	0.1616	0.2323		0.0	0.1515

09 輸出結果看起來並沒有什麼問題。接著來看看在《美國新聞》中排名前五的學校,在我們這個簡單的度量標準中表現如何。結果顯示,這些學校在我們的簡單排名系統中也獲得了很高的評分。換句話說,我們的排名系統的確可以用來判斷一所大學的多樣性:

```
In
us_news_top = ['Rutgers University-Newark',
              'Andrews University',
              'Stanford University',
              'University of Houston',
              'University of Nevada-Las Vegas']
diversity_metric.loc[us_news_top]
```

```
Out
INSTNM
Rutgers University-Newark          4
Andrews University                 3
Stanford University                3
University of Houston              3
University of Nevada-Las Vegas     3
dtype: int64
```

了解更多

　　我們還可以做更多的分析，例如先求出每所學校中，最大種族所佔的百分比，進而得知哪些學校的多樣性最低：

```
In
(college_ugds
    .max(axis=1)  ◄──── 找出最大種族所佔的百分比
    .sort_values(ascending=False)
    .head(10)
)
```

```
Out
INSTNM
Dewey University-Manati                              1.0
Yeshiva and Kollel Harbotzas Torah                  1.0
Mr Leon's School of Hair Design-Lewiston            1.0
Dewey University-Bayamon                            1.0
Shepherds Theological Seminary                      1.0
Yeshiva Gedolah Kesser Torah                        1.0
Monteclaro Escuela de Hoteleria y Artes Culinarias  1.0
Yeshiva Shaar Hatorah                               1.0
Bais Medrash Elyon                                  1.0
Yeshiva of Nitra Rabbinical College                 1.0
dtype: float64
```

在這些大學中，最大種族所佔的百分比為 100%，代表學生只由單一種族所組成，多樣性最低

　　若想確認是否有學校的所有種族百分比都超過 1%，則可使用以下程式：

```
In
(college_ugds > 0.01).all(axis=1).any()
```

```
Out
True
```

MEMO

3

建立與保存
DataFrame

建立 DataFrame 的方法有很多。本章將介紹一些最常見的方法，另外還會示範如何**保存** DataFrame。

3.1 從無到有建立 DataFrame

我們通常會從現有的**檔案**或**資料庫**來建立 DataFrame，但也可以從無到有來建立。另外，我們也可以利用多個等長的串列來建立 DataFrame，如底下的範例所示。

🔧 動手做

01 建立存有不同資料的多個等長串列，這些串列都將是 DataFrame 中的一個欄位，因此相同串列中的資料必須具有相同型別：

🖥 In

```
import pandas as pd
import numpy as np
fname = ['Paul', 'John', 'Richard', 'George']
lname = ['McCartney', 'Lennon', 'Starkey', 'Harrison']
birth = [1942, 1940, 1940, 1943]
```

02 使用以上串列建立**字典**（dict），其中串列為字典的 value，同時自定義欄位名稱做為字典的 key：

🖥 In

```
people = {'first': fname, 'last': lname, 'birth': birth}
```

03 利用剛剛的字典來建立 DataFrame：

> 🖥 **In**

```
beatles = pd.DataFrame(people)
beatles
```

> **Out**

	first	last	birth
0	Paul	McCartney	1942
1	John	Lennon	1940
2	Richard	Starkey	1940
3	George	Harrison	1943

了解更多

對於我們自行建立的 DataFrame，其索引預設為 **RangeIndex** 物件：

> 🖥 **In**

```
beatles.index
```

> **Out**

```
RangeIndex(start=0, stop=4, step=1)  ◀──
    索引落在 start 和 stop 的範圍內，索引之間的數值間隔則為 step
```

如有需要，在建立 DataFrame 時也可以自訂索引：

```
In
pd.DataFrame(people, index=['a', 'b', 'c', 'd'])  ◀—— 利用 index 參數來自訂索引
```

```
Out

     first      last       birth
a    Paul       McCartney  1942
b    John       Lennon     1940
c    Richard    Starkey    1940
d    George     Harrison   1943
```

另外，也可以改用『由多個字典構成的串列』來建立 DataFrame：

```
In
pd.DataFrame([{'first':'Paul','last':'McCartney', 'birth':1942},
             {'first':'John','last':'Lennon', 'birth':1940},
             {'first':'Richard','last':'Starkey', 'birth':1940},
             {'first':'George','last':'Harrison', 'birth':1943}])
```

```
Out

     first      last       birth
0    Paul       McCartney  1942
1    John       Lennon     1940
2    Richard    Starkey    1940
3    George     Harrison   1943
```

請注意，依照上述方式建立的 DataFrame 是依照字典中**鍵的順序**來排序欄位。如果欄位的順序對你很重要，也可以使用 **columns 參數**來指定欄位的順序：

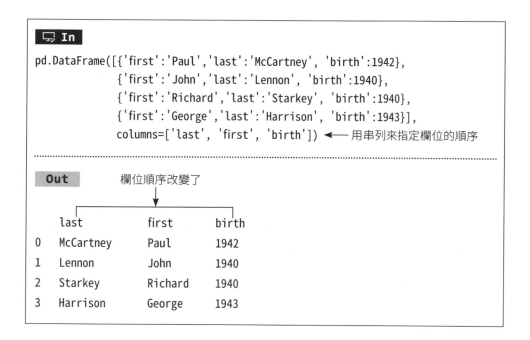

```
🖥 In
pd.DataFrame([{'first':'Paul','last':'McCartney', 'birth':1942},
              {'first':'John','last':'Lennon', 'birth':1940},
              {'first':'Richard','last':'Starkey', 'birth':1940},
              {'first':'George','last':'Harrison', 'birth':1943}],
              columns=['last', 'first', 'birth'])  ← 用串列來指定欄位的順序
```

```
Out       欄位順序改變了

         last          first        birth
0    McCartney        Paul         1942
1    Lennon           John         1940
2    Starkey          Richard      1940
3    Harrison         George       1943
```

3.2 存取 CSV 檔案

　　進行資料分析時，我們時常會接觸到 CSV 檔案。和大多數文件格式一樣，CSV 檔案也有其優點與缺點。往好的方面說，這些 CSV 檔案是可以用任何文字編輯器來閱讀的，而大多數試算表軟體也都可以存取。往壞的方面說，CSV 文件沒有統一的標準，所以其編碼有時會很奇怪，也無法強制要求其中資料的型別。

　　下面將說明如何利用 DataFrame 來建立 CSV 檔案。DataFrame 中有幾種以 to_ 為開頭的**方法**（methods），可將其以不同的形式匯出。我們在這個範例中會使用 to_csv()，將 DataFrame 匯出成 CSV 檔案。

⚠ 以下範例的做法，是將 CSV 格式的資料寫到一個**字串緩衝區**（string buffer，編註：因此只會儲存到記憶體而非檔案中）。不過在實務上，我們一般會指定檔案名稱（可包含路徑）來將之儲存到檔案中。

01 將 DataFrame 寫入 CSV 檔案：

> 💻 **In**

beatles ◀── 先檢視上一節的 DataFrame

> **Out**

	first	last	birth
0	Paul	McCartney	1942
1	John	Lennon	1940
2	Richard	Starkey	1940
3	George	Harrison	1943

> 💻 **In**

```
from io import StringIO
fout = StringIO()      ◀── 創建字串緩衝區
beatles.to_csv(fout)   ◀── 將 beatles 匯出成 CSV 檔案，並寫到字串緩衝區
```

02 檢視字串緩衝區的內容：

> 💻 **In**

```
print(fout.getvalue())
```

> **Out**

```
,first,last,birth
0,Paul,McCartney,1942
1,John,Lennon,1940
2,Richard,Starkey,1940
3,George,Harrison,1943
```

了解更多

Pandas 提供了一些可操控 to_csv() 輸出的做法。該方法預設的輸出包含了原始檔案中的索引，但這些索引並沒有一個欄位名稱。當我們用 read_csv() 讀入以上的 CSV 檔案時，CSV 中的索引無法直接做為 DataFrame 的索引來使用。相反的，這些索引會轉換成名為 Unnamed:0 的欄位：

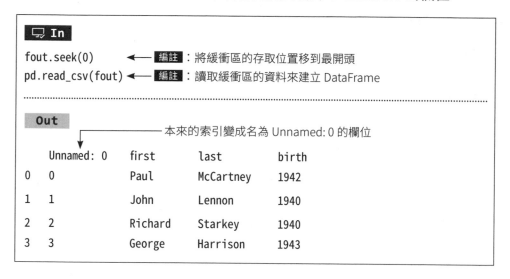

此時可利用 read_csv() 的 **index_col 參數**，指定將 CSV 中特定位置的欄位做為 DataFrame 的索引：

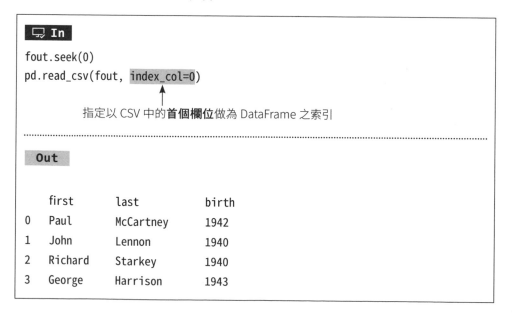

另外，在使用 to_csv() 時如果不想輸出 DataFrame 的索引，可以將 **index 參數**設置為 False：

🖥 **In**

```
fout = StringIO()
beatles.to_csv(fout, index=False)
print(fout.getvalue())
```

Out

```
first,last,birth
Paul,McCartney,1942
John,Lennon,1940
Richard,Starkey,1940
George,Harrison,1943
```

3.3 讀取大型的 CSV 檔案

Pandas 是一種 in-memory 工具，即：需要先將資料存放到記憶體中，才能使用這些資料。

請注意，我們建議系統的記憶體容量要是 DataFrame 大小的 3 到 10 倍，以提供足夠的額外空間來執行許多常見的運算。

🔧 **動手做**

01 在本節，我們會讀入名為 diamonds 的 CSV 資料。read_csv() 中的 **nrows 參數**可用來限制載入的資料量：

```
💻 In
```

```
diamonds = pd.read_csv('data/diamonds.csv', nrows=1000)
                                             └─── 只讀入前 1000 列的資料
diamonds
```

```
Out
```

	carat	cut	...	y	z
0	0.23	Ideal	...	3.98	2.43
1	0.21	Premium	...	3.84	2.31
2	0.23	Good	...	4.07	2.31
3	0.29	Premium	...	4.23	2.63
4	0.31	Good	...	4.35	2.75
...	...	...	...	...	...
995	0.54	Ideal	...	5.34	3.26
996	0.72	Ideal	...	5.74	3.57
997	0.72	Good	...	5.89	3.48
998	0.74	Premium	...	5.77	3.58
999	1.12	Premium	...	6.61	4.03

02 使用 info() 查看 diamonds 佔用的記憶體空間：

```
💻 In
```

```
diamonds.info()
```

```
Out
```

```
<class 'pandas.core.frame.DataFrame'>
RangeIndex: 1000 entries, 0 to 999
Data columns (total 10 columns):
 #   Column  Non-Null Count  Dtype
---  ------  --------------  -----
 0   carat   1000 non-null   float64
 1   cut     1000 non-null   object
 2   color   1000 non-null   object
```

```
 3    clarity   1000 non-null    object
 4    depth     1000 non-null    float64
 5    table     1000 non-null    float64
 6    price     1000 non-null    int64
 7    x         1000 non-null    float64
 8    y         1000 non-null    float64
 9    z         1000 non-null    float64
dtypes: float64(6), int64(1), object(3)
memory usage: 78.2+ KB  ◀—— 佔用的記憶體空間
```

可以看到，1000 列資料使用了大約 78.2 KB 的記憶體空間。如果我們的資料有 10 億列，那將需要大約 78GB 的記憶體。這是非常龐大的數字，接著就讓我們來試著減少資料所佔有的空間。

03 由於 CSV 文件不包含有關資料型別的資訊，因此 Pandas 會自動補上預設的資料型別。如果某一欄位的所有資料都是整數，並且沒有缺失值，則此欄位的資料型別為 int64。如果該欄位儲存的數值資料中不只有整數，或者有缺失值，則會將該欄位的資料型別設為 float64。

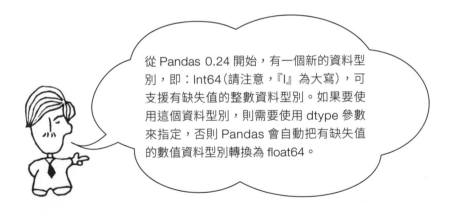

從 Pandas 0.24 開始，有一個新的資料型別，即：Int64（請注意，『I』為大寫），可支援有缺失值的整數資料型別。如果要使用這個資料型別，則需要使用 dtype 參數來指定，否則 Pandas 會自動把有缺失值的數值資料型別轉換為 float64。

事實上，diamonds 資料集根本不需要用到如此高精度的資料型別。現在，使用 **dtype 參數**來調整**數值欄位**的精度（float64 改成 float32，int64 改成 int16），從而節省記憶體：

```
🖥 In                                          這幾個欄位的預設型別為 float64
diamonds2 = pd.read_csv('data/diamonds.csv', nrows=1000,
                    dtype={'carat': np.float32, 'depth': np.float32,
                           'table': np.float32, 'x': np.float32,
                           'y': np.float32, 'z': np.float32,
                           'price': np.int16})  ◄── price 的預設型別為 int64
diamonds2.info()  ◄── 查詢 diamonds2 所佔用的記憶體
```

```
Out
<class 'pandas.core.frame.DataFrame'>
RangeIndex: 1000 entries, 0 to 999
Data columns (total 10 columns):
 #   Column   Non-Null Count  Dtype
---  ------   --------------  -----
 0   carat    1000 non-null   float32
 1   cut      1000 non-null   object
 2   color    1000 non-null   object
 3   clarity  1000 non-null   object
 4   depth    1000 non-null   float32
 5   table    1000 non-null   float32
 6   price    1000 non-null   int16
 7   x        1000 non-null   float32
 8   y        1000 non-null   float32
 9   z        1000 non-null   float32
dtypes: float32(6), int16(1), object(3)
memory usage: 49.0+ KB  ◄── 佔用的記憶體從 78.2 KB 降到了 49 KB 左右
```

接著，可利用 describe() 來檢查新資料集（diamonds2）和原始資料集（diamonds）的統計數據，以確保精度的修改不會對資料集內容造成太大的變動：

```
In
diamonds.describe()
```

Out

	carat	depth	...	y	z
count	1000.000000	1000.000000	...	1000.000000	1000.000000
mean	0.689280	**61.722800**	...	5.599180	3.457530
std	0.195291	**1.758879**	...	**0.611974**	0.389819
min	0.200000	53.000000	...	3.750000	2.270000
25%	0.700000	**60.900000**	...	5.630000	3.450000
50%	0.710000	**61.800000**	...	5.760000	3.550000
75%	0.790000	**62.600000**	...	5.910000	3.640000
max	1.270000	69.500000	...	7.050000	4.330000

```
In
diamonds2.describe()
```

Out

	carat	depth	...	y	z
count	1000.000000	1000.000000	...	1000.000000	1000.000000
mean	0.689281	**61.722824**	...	5.599180	3.457533
std	0.195291	**1.758878**	...	**0.611972**	0.389819
min	0.200000	53.000000	...	3.750000	2.270000
25%	0.700000	**60.900002**	...	5.630000	3.450000
50%	0.710000	**61.799999**	...	5.760000	3.550000
75%	0.790000	**62.599998**	...	5.910000	3.640000
max	1.270000	69.500000	...	7.050000	4.330000

在調整資料精度後，我們節省了約 38% 的記憶體。請注意，這樣的改變會犧牲一些數值的精準度（見上圖加粗的資料），因此使用該方法前需衡量現實的要求。

04 如果 CSV 文件中某欄位儲存的不是數值資料，則 Pandas 會將其型別轉換為 object，並將其中的值視為字串。Pandas 中的字串會佔用大量記憶體空間，如果將它們轉換為**分類型別**（categorical data type），可以節省不少記憶體空間。

使用 dtype 參數將 object 型別欄位（cut、color 及 clarity 欄位，編註：見步驟 2 的程式輸出）更改為分類欄位。首先，用 value_counts() 來檢視 object 型別欄位內的相異資料數。如果相異的資料數不多，轉換為分類欄位可節省更多記憶體：

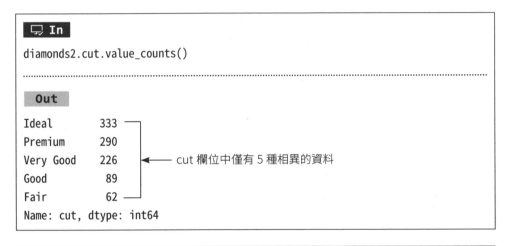

```
In
diamonds2.cut.value_counts()
```

```
Out
Ideal        333
Premium      290
Very Good    226      ← cut 欄位中僅有 5 種相異的資料
Good          89
Fair          62
Name: cut, dtype: int64
```

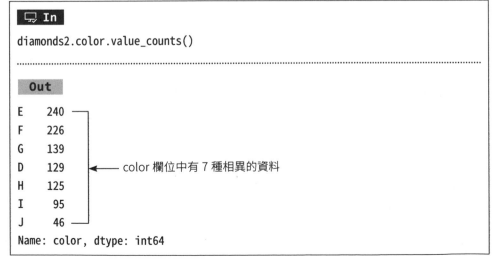

```
In
diamonds2.color.value_counts()
```

```
Out
E    240
F    226
G    139
D    129    ← color 欄位中有 7 種相異的資料
H    125
I     95
J     46
Name: color, dtype: int64
```

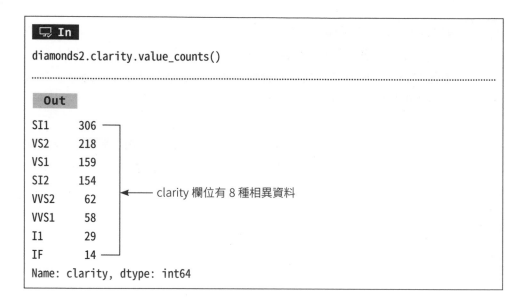

由於每個 object 型別欄位的相異資料數都不多，因此將它們轉換為分類欄位是很明智的選擇。在進行轉換後，使用的記憶體進一步減少至原始大小的 37% 左右：

```
In
diamonds3 = pd.read_csv('data/diamonds.csv', nrows=1000,
                        dtype={'carat': np.float32, 'depth': np.float32,
                        'table': np.float32, 'x': np.float32,
                        'y': np.float32, 'z': np.float32,
                        'price': np.int16,
                        'cut': 'category', 'color': 'category',
                        'clarity': 'category'})
diamonds3.info()
```

將 object 型別的欄位轉成分類型別

```
Out
<class 'pandas.core.frame.DataFrame'>
RangeIndex: 1000 entries, 0 to 999
Data columns (total 10 columns):
 #   Column   Non-Null Count   Dtype
---  ------   --------------   -----
 0   carat    1000 non-null    float32
 1   cut      1000 non-null    category
 2   color    1000 non-null    category
```

```
3    clarity   1000 non-null    category
4    depth     1000 non-null    float32
5    table     1000 non-null    float32
6    price     1000 non-null    int16
7    x         1000 non-null    float32
8    y         1000 non-null    float32
9    z         1000 non-null    float32
dtypes: category(3), float32(6), int16(1)
memory usage: 29.4 KB ◀──── 僅佔原來記憶體 (78KB) 的 37% 左右
```

05 如果只想載入特定的欄位，可以使用 **usecols 參數**來指定。在這裡，
我們想要載入 x、y 和 z 欄位以外的資料：

🖥 In

```
cols = ['carat', 'cut', 'color', 'clarity', 'depth', 'table', 'price'] ◀──┐
                                        創建一個排除了 x、y、z 的欄位名稱串列
diamonds4 = pd.read_csv('data/diamonds.csv', nrows=1000,
                        dtype={'carat': np.float32, 'depth': np.float32,
                               'table': np.float32, 'price': np.int16,
                               'cut': 'category', 'color': 'category',
                               'clarity': 'category'},
                        usecols=cols)
diamonds4.info()          ▲──將剛剛創建的欄位名稱串列指定給 usecols 參數
```

Out

```
<class 'pandas.core.frame.DataFrame'>
RangeIndex: 1000 entries, 0 to 999
Data columns (total 7 columns):
 #   Column   Non-Null Count  Dtype
---  ------   --------------  -----
 0   carat    1000 non-null   float32
 1   cut      1000 non-null   category
 2   color    1000 non-null   category
 3   clarity  1000 non-null   category
 4   depth    1000 non-null   float32
 5   table    1000 non-null   float32
 6   price    1000 non-null   int16
dtypes: category(3), float32(3), int16(1)
memory usage: 17.7 KB ◀──現在使用的記憶體空間是原始大小的 21%左右
```

06 如果使用了前面的方法後，你的 DataFrame 依舊佔用了過多的記憶體空間，導致電腦難以進行處理，那還有一種辦法。假設你的任務適合一次處理資料集中的一部分，並且不需要在記憶體中儲存所有資料，則可以使用 **chunksize 參數**（編註：該參數可用來指定每次要處理的資料量，因此必須分多次處理資料，詳見下面程式）：

```
In
cols = ['carat', 'cut', 'color', 'clarity', 'depth', 'table', 'price']
diamonds_iter = pd.read_csv('data/diamonds.csv', nrows=1000,
                            dtype={'carat': np.float32, 'depth': np.float32,
                                   'table': np.float32, 'price': np.int16,
                                   'cut': 'category', 'color': 'category',
                                   'clarity': 'category'},
                            usecols=cols,
                            chunksize=200)   ◀── 一次處理 200 列的資料


def process(df):
    return f'processed {df.size} items'


for chunk in diamonds_iter: ─┐
    process(chunk) ──────────┴──── 分多次來處理資料
```

了解更多

如果把 price 欄位的資料型別設定為 int8，將會有資訊遺失。讀者可使用 NumPy 的 **iinfo()** 列出 int8 可儲存的資料範圍：

```
In
np.iinfo(np.int8)
```

```
Out
iinfo(min=-128, max=127, dtype=int8)   ◀── int8 可儲存的最小值為 -128，最大值為 127
```

✅ 小編補充　讀者可用下列程式列印出 price 欄位的資料範圍：

🖥 In

```
diamonds4['price'].min()    ◀── 顯示該欄位的最小值
```

Out

```
326
```

🖥 In

```
diamonds4['price'].max()    ◀── 顯示該欄位的最大值
```

Out

```
2898
```

從程式的輸出結果可見，price 的資料範圍為 326 到 2898 之間，遠遠超過 int8 可表示的範圍了。

如果你想知道有關浮點數型別的資訊，則可以使用 **finfo()**：

🖥 In

```
np.finfo(np.float16)
```

Out

```
finfo(resolution=0.001, min=-6.55040e+04, max=6.55040e+04, dtype=float16)
```

同時，我們也可以利用 **memory_usage()** 來查詢 DataFrame 或 Series 佔用了多少**位元組**（byte）的空間。請注意，這還包括索引需要的記憶體空間。此外，如果你想查詢 object 型別資料佔用的記憶體空間，則需要另外將 **deep 參數**的值指定為 True（**編註**：由於字串的實際內容是儲存在額外配置的記憶體中，因此需用 deep 指明要計算更深層的儲存空間）：

```
In
diamonds.price.memory_usage()  ◄── 原始的記憶體佔用空間
```

```
Out
8128
```

```
In
diamonds.price.memory_usage(index=False)
                            │
                            ▲
                          跳過索引
```

```
Out
8000  ◄── 除去索引之後，佔用空間少了 80KB
```

```
In
diamonds.cut.memory_usage(deep=True)  ◄── 查詢 object 型別資料佔有的空間
```

```
Out
63461
```

此外，我們還可以將資料儲存為包含欄位型別資訊的二**進位格式**，例如 **Feather 格式**（Pandas 是利用 **pyarrow 函式庫**來執行此操作，編註：小編已將安裝此函式庫的程式放到本章的 Jupyter Notebook 中）。此格式可讓那些已經做好型別最佳化的資料，以 in-memory 方式在不同程式語言之間傳輸，同時無需再做型別調整便可使用了。像這種包含型別資訊的資料格式，在讀取資料時也會變得更加快速方便：

```
In
diamonds4.to_feather('d.arr')
diamonds5 = pd.read_feather('d.arr')  ◄── 使用 read_feather 讀取 Feather 格式的資料
```

另一個儲存二進位資料的選項是 **Parquet 格式**。Feather 是針對**記憶體的結構**（in-memory structure）進行優化，而 Parquet 則是針對**硬碟中格式**（on-disk format）進行優化。許多大數據產品都使用 Parquet，而 Pandas 也支援 Parquet。

🖵 In

```
diamonds4.to_parquet('d.pqt')
```

雖然 Pandas 需要進行一些轉換才能載入 Parquet 或 Feather 格式的資料，但兩者的載入速度都比 CSV 更快，同時它們還可以保存資料的型別。

3.4 使用 Excel 檔案

儘管 CSV 檔案很常見，不過 Excel 還是全世界的主流。我們將示範如何建立和讀取 Excel 文件，讀者需要先安裝 xlwt 或 openpyxl 才能讀寫 XLS 或 XLSX 格式的 Excel 文件（**編註**：相關的安裝程式皆已放在本章的 Jupyter Notebook 中）。

🔧 動手做

01 使用 to_excel() 可匯出 Excel 文件，檔案格式可以是 xls 或 xlsx：

🖵 In

```
beatles.to_excel('beat.xls')
beatles.to_excel('beat.xlsx')
```
← 匯出的 Excel 文件會自動存到與程式相同的路徑

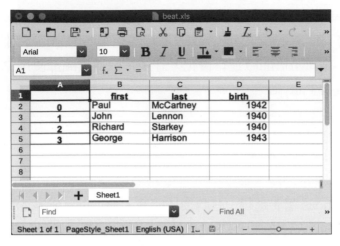

圖 3.1 將先前的資料轉換成 Excel 檔案。

02 使用 read_excel() 讀取 Excel 文件：

```
In
beat2 = pd.read_excel('beat.xls')
beat2
```

```
Out

   Unnamed: 0    first      last       birth
0    0          Paul       McCartney  1942
1    1          John       Lennon     1940
2    2          Richard    Starkey    1940
3    3          George     Harrison   1943
```

03 由於 beat.xls 中包含了 DataFrame 的索引資料，因此可以透過 **index_col 參數**來指定使用原有的索引：

```
In
beat2 = pd.read_excel('beat.xls', index_col=0)
beat2
```

```
Out

     first        last        birth
0    Paul         McCartney    1942
1    John         Lennon       1940
2    Richard      Starkey      1940
3    George       Harrison     1943
```

04 利用 dtypes 來確認各欄位的資料型別是否正確還原：

```
In
beat2.dtypes
```

```
Out
first     object
last      object
birth      int64
dtype: object
```

了解更多

　　我們也可以透過 Pandas 的 **ExcelWriter 類別**，在使用 to_excel() 時以 **sheet_name 參數**來指定工作表名稱：

```
xl_writer = pd.ExcelWriter('beat.xlsx')          將所有資料匯出到名為『All』的工作表
beatles.to_excel(xl_writer, sheet_name='All')  ◀┘
beatles[beatles.birth < 1941].to_excel(xl_writer, sheet_name='1940')  ◀──┐
                                將部分資料匯出到另一個名為『1940』的工作表
xl_writer.save()
```

以上儲存的 Excel 檔中會有兩個工作表，其中一個名為 All，具有完整的資料；另一個名為 1940，其中只有 1941 年以前出生的人物資料。

3.5 讀取 ZIP 檔案中的資料

如前所述，CSV 文件常用來共享資料。不過因為它們是純文字文件，所以會佔用較多的儲存空間。降低 CSV 大小的一種做法是將它們壓縮成 **ZIP 檔案**。我們將在下面的範例中說明如何從 ZIP 檔案中載入文件。

本小節要用的 2 個 ZIP 檔案都存放在名為 data 的資料夾中（ 編註 ：可通過本書封面所示的網址進行下載）。第一個檔案（vehicles.csv.zip）來自 fueleconomy.gov 網站，裡面包含了 1984-2018 年美國汽車製造商的產品列表。第二個檔案（kaggle-survey-2018.zip）是 Kaggle 網站用戶的調查資料，該調查旨在瞭解用戶的背景以及喜歡的工具。

🔧 動手做

01 如果 ZIP 檔案中只有一個 CSV 文件，便可以直接使用 read_csv() 來讀取檔案：

In

```
autos = pd.read_csv('data/vehicles.csv.zip')
autos
```

```
Out
```

	barrels08	barrelsA08	...	phevHwy	phevComb
0	15.695714	0.0	...	0	0
1	29.964545	0.0	...	0	0
2	12.207778	0.0	...	0	0
3	29.964545	0.0	...	0	0
4	17.347895	0.0	...	0	0
...	...	...	...	...	...
39096	14.982273	0.0	...	0	0
39097	14.330870	0.0	...	0	0
39098	15.695714	0.0	...	0	0
39099	15.695714	0.0	...	0	0
39100	18.311667	0.0	...	0	0

```
 In
autos.modifiedOn.dtype ◀──    modifiedOn 欄位儲存了產品的生產日期,
                              現在用 dtype 來檢查該欄位的資料型別
```

```
Out
dtype('O') ◀── 資料型別為 object
```

02 如果 CSV 文件中有日期欄位 (如上述的 modifiedOn),其資料型別會歸類為 object。在這裡,我們提供兩種用來將它們轉換成 **datetime 型別**的選項 (編註:datetime 是 Python 中用來表示日期時間的資料型別)。第一種選擇是在載入資料後,使用 to_datetime() 做轉換。另一種選擇是用 read_csv() 中的 **parse_dates 參數**,在載入文件時就直接指定要轉換的欄位:

```
🖥 In
```

autos.modifiedOn ◀── 輸出 modifiedOn 中的資料

```
Out
```

0	Tue Jan 01 00:00:00 EST 2013
1	Tue Jan 01 00:00:00 EST 2013
2	Tue Jan 01 00:00:00 EST 2013
3	Tue Jan 01 00:00:00 EST 2013
4	Tue Jan 01 00:00:00 EST 2013
	...
39096	Tue Jan 01 00:00:00 EST 2013
39097	Tue Jan 01 00:00:00 EST 2013
39098	Tue Jan 01 00:00:00 EST 2013
39099	Tue Jan 01 00:00:00 EST 2013
39100	Tue Jan 01 00:00:00 EST 2013

Name: modifiedOn, Length: 39101, dtype: object

```
🖥 In
```

pd.to_datetime(autos.modifiedOn) ◀── 使用 to_datetime() 將資料轉成 datetime 型別

```
Out
```

0	2013-01-01
1	2013-01-01
2	2013-01-01
3	2013-01-01
4	2013-01-01
	...
39096	2013-01-01
39097	2013-01-01
39098	2013-01-01
39099	2013-01-01
39100	2013-01-01

型別已成功改為 datetime
↓

Name: modifiedOn, Length: 39101, dtype: datetime64[ns]

另一種做法，是在載入文件時將**日期欄位的名稱**指定給 parse_dates 參數：

```
 In
autos = pd.read_csv('data/vehicles.csv.zip', parse_dates=['modifiedOn'])
autos.modifiedOn
```

```
 Out
0          2013-01-01
1          2013-01-01
2          2013-01-01
3          2013-01-01
4          2013-01-01
               ...
39096      2013-01-01
39097      2013-01-01
39098      2013-01-01
39099      2013-01-01
39100      2013-01-01
Name: modifiedOn, Length: 41144, dtype: datetime64[ns, tzlocal()]
```

03 如果 ZIP 檔案中包含許多文件，從中讀取特定的 CSV 文件就需要使用 Python 的 **zipfile 模組**。該模組可以從 ZIP 檔案中提取特定的文件。

底下會先列出 ZIP 檔案中所有文件的名稱，以方便觀察。接著再讀取名為 multipleChoiceResponses 的 CSV 檔案。請注意，此 CSV 的第一列為問卷 調查題目的 ID（在匯入後會成為欄位名稱）、第二列為各個題目的內容（在匯入後會成為第 0 列）、第三列開始則為個別受訪者的回答（在匯入後會成為第 1~n 列）。程式接著會用 iloc[0] 把代表問題的第 0 列取出來存放到 kag_ questions，而不同受訪者的回答則用 iloc[1:] 儲存在 survey 變數中：

```
 In
import zipfile
with zipfile.ZipFile('data/kaggle-survey-2018.zip') as z:
    print('\n'.join(z.namelist()))  ◀── 印出 ZIP 檔案中所有文件的名稱
    kag = pd.read_csv(z.open('multipleChoiceResponses.csv'))─┐
    kag_questions = kag.iloc[0]                               ├──
    survey = kag.iloc[1:] ───────────────────────────────────┘
                              讀取 CSV 檔案，並把相關資料放在不同的變數中
```

multipleChoiceResponses.csv

freeFormResponses.csv

SurveySchema.csv

---

survey.head(2).T ◄—— 取出前兩個受訪者的回答,並進行轉置以方便檢視

....

	1	2
Time from...	710	434
Q1	Female	Male
Q1_OTHER_...	-1	-1
Q2	45-49	30-34
Q3	United S...	Indonesia
...	...	...
Q50_Part_5	NaN	NaN
Q50_Part_6	NaN	NaN
Q50_Part_7	NaN	NaN
Q50_Part_8	NaN	NaN
Q50_OTHER...	-1	-1

 遺憾的是,zipfile 模組無法從 URL 讀取網路上的檔案 (與 read_csv() 不同)。如果所需的 ZIP 檔案要從 URL 取得,則必須先進行下載。

了解更多

　　read_csv() 也可以處理其他類型的壓縮檔案,如 GZIP 檔,BZ2 檔或 XZ 檔等。前提是,這些壓縮檔中只有一個 CSV 檔案,而且不包含資料夾。

3.6 存取資料庫

　　許多公司或企業會使用資料庫來儲存表格資料。在接下來的範例中，我們將使用資料庫來寫入和讀取資料。雖然本節使用的是 SQLite 資料庫，但 Pandas 也能存取其他大多數的 SQL 資料庫。

🔧 動手做

01 建立一個 SQLite 資料庫（beat.db），然後在資料庫中建立 Band 資料表來儲存 Beatles 樂團的資訊：

```
🖥 In

import sqlite3
con = sqlite3.connect('data/beat.db')   ◀
                建立資料庫連線（如果資料庫檔案 beat.db 不存在，則會自動新增一個）
with con:
    cur = con.cursor()
    cur.execute('''DROP TABLE Band''')   ◀
                執行 SQL 命令：刪除資料庫中的 Band 資料表（以避免該資料表已存在）
    cur.execute('''CREATE TABLE Band(id INTEGER PRIMARY KEY,
                fname TEXT, lname TEXT, birthyear INT)''')
                        執行 SQL 命令：建立 Band 資料表，表中有 4 個欄位
    cur.execute('''INSERT INTO Band VALUES(
                0, 'Paul', 'McCartney', 1942)''')
                            執行 SQL 命令：新增一筆資料
    cur.execute('''INSERT INTO Band VALUES(
                1, 'John', 'Lennon', 1940)''')
                            執行 SQL 命令：再新增一筆資料
    _ = con.commit()   ◀── 儲存並確認以上 with 區塊中的操作全部成功
```

02 將表格從資料庫讀入 DataFrame 中。請注意，在使用 Pandas 來讀取資料庫中的資料時，需要使用 **SQLAlchemy 套件**來連接資料庫：

```
import sqlalchemy as sa
engine = sa.create_engine('sqlite:///data/beat.db', echo=True)
sa_connection = engine.connect()
beat = pd.read_sql('Band', sa_connection, index_col='id')
beat
```

Out

```
     fname     lname        birthyear
id
0    Paul      McCartney     1942
1    John      Lennon        1940
```

03 透過 SQLAlchemy 套件，Pandas 可以與大多數 SQL 資料庫溝通。你可以直接從資料表來建立 DataFrame，也可以執行 SQL 的查詢指令並利用查詢結果來建立 DataFrame。底下使用 SQL 查詢指令（select）來讀取資料表中的『fname』及『birthyear』資訊。

☐ In

```
sql = '''SELECT fname, birthyear from Band'''   ◄── 建立 SQL 的查詢指令
fnames = pd.read_sql(sql, con)   ◄── 執行指令
fnames
```

Out

```
     fname     birthyear
0    Paul      1942
1    John      1940
```

3.7 存取 JSON 格式的資料

JavaScript Object Notation（JSON）是網路資料傳輸的通用格式。雖然名稱中有 JavaScript，但並不一定要透過 JavaScript 才能存取 JSON 資料。Python 的標準函式庫中就包含了名為 json 的套件，可對 JSON 資料進行編碼和解碼：

🖥 In

```
import json
encoded = json.dumps(people)   ◀── 編註：people 為我們在 3.2 節建立的
encoded                               DataFrame，現在要將其編碼成 JSON 格式的字串
```

Out

```
'{'first': ['Paul', 'John', 'Richard', 'George'], 'last': ['McCartney',
'Lennon', 'Starkey', 'Harrison'], 'birth': [1942, 1940, 1940, 1943]}'
```

🖥 In

```
json.loads(encoded)   ◀── 載入（解碼）剛剛編碼的 JSON 字串，會傳回一個 Python 字典
```

Out

```
{'first': ['Paul', 'John', 'Richard', 'George'],
 'last': ['McCartney', 'Lennon', 'Starkey', 'Harrison'],
 'birth': [1942, 1940, 1940, 1943]}
```

🔧 動手做

01 使用 read_json() 來讀入 JSON 資料。如果 JSON 的結構是『Key 為欄位名稱、Value 為欄位值串列』的字典（如前文中的 encoded）那麼我們不需加任何參數便可直接讀取：

```
In

beatles = pd.read_json(encoded)
beatles
```

```
Out

    first       last          birth
0   Paul        McCartney      1942
1   John        Lennon         1940
2   Richard     Starkey        1940
3   George      Harrison       1943
```

02 Pandas 提供多種 **orientation 參數**來讀取不同結構的 JSON 資料，如下：

● columns：這是預設的選項，表示 JSON 資料是『Key 為欄位名稱、Value 為相應欄位值串列』的字典。此結構前面已經示範過了，此處便不再贅述。

● records：由許多字典所組成的串列，其中每一字典即為一列資料，字典的格式為『欄位名稱：欄位值』。

```
In

records = beatles.to_json(orient='records')
records
```

```
Out

'[{'first':'Paul','last':'McCartney','birth':1942},
  {'first':'John','last':'Lennon','birth':1940},
  {'first':'Richard','last':'Starkey','birth':1940},
  {'first':'George','last':'Harrison','birth':1943}]'
```

```
In
pd.read_json(records, orient='records')  ← 轉換成 DataFrame 後的結果是一致的
```

```
Out
```

	first	last	birth
0	Paul	McCartney	1942
1	John	Lennon	1940
2	Richard	Starkey	1940
3	George	Harrison	1943

● split：包含 3 個 Key 的字典，這 3 個 Key 分別為 columns（其 Value 為欄位名稱串列）、index（其 Value 為索引標籤串列）及 data（其 Value 為由不同列組成的串列，其中每一列的內容也是一個串列）。

```
In
split = beatles.to_json(orient='split')
split
```

```
Out
'{'columns':['first','last','birth'],
  'index':[0,1,2,3],
  'data':[['Paul','McCartney',1942],['John','Lennon',1940],['Richard','Starkey
          ',1940],['George','Harrison',1943]]}'
```

```
In
pd.read_json(split, orient='split')  ◄── 轉換成 DataFrame 後的結果是一致的
```

```
Out

    first      last       birth
0   Paul       McCartney  1942
1   John       Lennon     1940
2   Richard    Starkey    1940
3   George     Harrison   1943
```

● index：以索引標籤為 Key 的字典，Value 則為該索引列的內容（格式為
  『欄位名稱：欄位值』的字典）。

```
In
index = beatles.to_json(orient='index')
index
```

```
Out
'{'0':{'first':'Paul','last':'McCartney','birth':1942},
  '1':{'first':'John','last':'Lennon','birth':1940},
  '2':{'first':'Richard','last':'Starkey','birth':1940},
  '3':{'first':'George','last':'Harrison','birth':1943}}'
```

```
In
pd.read_json(index, orient="index")  ◄── 轉換成 DataFrame 後的結果是一致的
```

```
Out

    first      last       birth
0   Paul       McCartney  1942
1   John       Lennon     1940
2   Richard    Starkey    1940
3   George     Harrison   1943
```

● values：單純由不同列資料所組成的串列，其中的每列資料也是一個串列。請注意！此資料中不包括欄位名稱或索引標籤。

💻 In

```
values = beatles.to_json(orient='values')
values
```

···

Out

```
'[['Paul','McCartney',1942],
  ['John','Lennon',1940],
  ['Richard','Starkey',1940],
  ['George','Harrison',1943]]'
```

💻 In

```
pd.read_json(values, orient='values')
```

···

Out

	0	1	2
0	Paul	McCartney	1942
1	John	Lennon	1940
2	Richard	Starkey	1940
3	George	Harrison	1943

←── 轉換成 DataFrame 時，由於沒有欄位名稱的資訊，故輸出 DataFrame 之欄位名稱為從 0 開始的整數編號

```
In
(pd.read_json(values, orient='values')
  .rename(columns=dict(enumerate(['first', 'last', 'birth'])))) ◄───┐
                      只要再變更欄位名稱，便可得到和之前相同的 DataFrame
)
```

```
Out

    first     last        birth
0   Paul      McCartney   1942
1   John      Lennon      1940
2   Richard   Starkey     1940
3   George    Harrison    1943
```

● table：包含 2 個 Key 的字典，這 2 個 Key 分別為 schema（其 Value 為 DataFrame 的結構摘要字典）及 data（其 Value 為每列字典所組成的串列）。

```
In
table = beatles.to_json(orient='table')
table
```

```
Out
'{'schema':{'fields':[{'name':'index','type':'integer'},
                      {'name':'first','type':'string'},
                      {'name':'last','type':'string'},
                      {'name':'birth','type':'integer'}],
           'primaryKey':['index'],
           'pandas_version':'0.20.0'},
'data':[{'index':0,'first':'Paul','last':'McCartney','birth':1942},
       {'index':1,'first':'John','last':'Lennon','birth':1940},
       {'index':2,'first':'Richard','last':'Starkey','birth':1940},
       {'index':3,'first':'George','last':'Harrison','birth':1943}]}'
```

```
💻 In
pd.read_json(table, orient='table')  ◀── 轉換成 DataFrame 後的結果是一致的
```

```
Out

     first       last          birth
0    Paul        McCartney     1942
1    John        Lennon        1940
2    Richard     Starkey       1940
3    George      Harrison      1943
```

了解更多

JSON 可以用多種結構來儲存資料，如果讀者需要生成 JSON 來傳遞資料（例如：正在建立 Web 服務），則建議使用 columns 或 records 的結構。

如果正在建立 Web 服務，並且需要增加其他資料到 JSON 檔，可以先使用 to_dict() 來將 JSON 字串轉換成字典，然後把新資料加到字典，再將該字典轉換為 JSON 字串即可：

```
💻 In
output = beat.to_dict()
output
```

```
Out
{'fname': {0: 'Paul', 1: 'John'},
 'lname': {0: 'McCartney', 1: 'Lennon'},
 'birthyear': {0: 1942, 1: 1940}}
```

```
output['version'] = '0.4.1'  ◄── 增加一個『version』的版本資訊
json.dumps(output)  ◄── 轉換回 JSON 字串
```

```
'{'fname': {'0': 'Paul', '1': 'John'}, 'lname': {'0': 'McCartney', '1':
'Lennon'}, 'birthyear': {'0': 1942, '1': 1940}, 'version': '0.4.1'}'
```

3.8 讀取 HTML 表格

　　Pandas 也可以從網站讀取 HTML 表格。換句話說，你可以輕易地把 Wikipedia 或其他網站中的表格提取出來。在下面的範例中，我們將從維基百科中的 Beatles 唱片目錄來提取表格：

List of studio albums,[A] with selected chart positions and certifications										
Title	**Release**	**Peak chart positions**							**Certifications**	
		UK [1][2]	AUS [3]	CAN [4]	FRA [5]	GER [6]	NOR [7]	US [8][9]		
Please Please Me ‡	• Released: 22 March 1963 • Label: Parlophone (UK)	1	—	—	5	5	—	—	• BPI: Gold[10] • ARIA: Gold[11] • MC: Gold[12] • RIAA: Platinum[13]	
With the Beatles[B] ‡	• Released: 22 November 1963 • Label: Parlophone (UK), Capitol (CAN), Odeon (FRA)	1	—	—	5	1	—	—	• BPI: Gold[10] • ARIA: Gold[11] • BVMI: Gold[15] • MC: Gold[12] • RIAA: Gold[13]	

圖 3.2 維基百科中的 Beatles 唱片目錄。

🔧 動手做

01 使用 read_html() 從 https://en.wikipedia.org/wiki/The_Beatles_discography 載入所有表格。read_html() 會在 HTML 中尋找『table』標籤，並將其內容解析為 DataFrame，進而簡化網站資訊的擷取過程：

```
🖥 In
```

```
url ='https://en.wikipedia.org/wiki/The_Beatles_discography'
dfs = pd.read_html(url) ◄── 該 url 中的不同表格會存進不同的 DataFrame 中，
                            因此 dfs 的內容為存放這些 DataFrame 的串列
len(dfs) ◄── 輸出 dfs 的長度（DataFrame 的數量）
```

```
Out
```

```
58
```

02 先來看看第一個 DataFrame 的內容：

```
🖥 In
```

```
dfs[0]
```

```
Out
```

	The Beatles discography	The Beatles discography.1
0	The Beat...	The Beat...
1	Studio a...	21
2	Live albums	5
3	Compilat...	54
4	Video al...	22
5	Music vi...	68
6	EPs	36
7	Singles	63
8	Mash-ups	2
9	Box sets	17

03 上面是錄音室唱片、現場演唱會唱片、合輯唱片等的數量統計表格。
然而，這不是我們想要的表格。我們可以走訪 read_html() 建立的每一
個表格來尋找想要的表格，或者也可以提示它去找出特定的表格。

read_html() 具有 **match 參數**，可以指定以一個字串或常規表達式來搜尋所需的資料。它還具有 **attrs 參數**，可傳入 HTML 的標籤屬性來辨識表格。

我們可以先用 Chrome 瀏覽器來查看 HTML 中的表格元件中，是否有屬性或獨特的字串可供使用。底下是 HTML 內容的一部分：

```
<table class='wikitable plainrowheaders' style='textalign:
center;'>
<caption>List of studio albums,<sup id='cite_ref-1'
class='reference'><a href='#cite_note-1'>[A]</a></sup>
with selected chart positions and certifications
</caption>
<tbody>
<tr>
<th scope='col' rowspan='2' style='width:20em;'>Title
</th>
<th scope='col' rowspan='2' style='width:20em;'>Release
...
```

表格中沒有特殊的屬性（attribute）設定，不過我們可以使用『List of studio albums』字串來匹配表格。此外，我們還會用 **na_values 參數**來指定表格中的橫線『-』為無資料或缺失值：

```
🖥 In
url ='https://en.wikipedia.org/wiki/The_Beatles_discography'
dfs = pd.read_html(url, match='List of studio albums', na_values='—')
len(dfs)
.......................................................................................
Out
2
```

```
🖥 In
dfs[0].columns ◀── 嘗試輸出 DataFrame 的欄位名稱
```

```
Out

MultiIndex([(                 'Title',          'Title'),
            (         'Album details',  'Album details'),
            ('Peak chart positions',        'UK [6][7]'),
            ('Peak chart positions',          'AUS [8]'),
            ('Peak chart positions',          'CAN [9]'),
            ('Peak chart positions',         'FRA [10]'),
            ('Peak chart positions',         'GER [11]'),
            ('Peak chart positions',         'NOR [12]'),
            ('Peak chart positions',     'US [13][14]'),
            (        'Certifications',  'Certifications'),
            (                'Sales',          'Sales')],
            )
```

從結果可見，read_html() 已聰明地將前兩列判定為欄位名稱。未來讀者如果遇到無法正確判定的狀況，也可以試著用 header 參數來指定將前兩列作為欄位名稱，例如：

```
In

url ='https://en.wikipedia.org/wiki/The_Beatles_discography'
dfs = pd.read_html(url, match='List of studio albums', na_values='-',
                   header=[0,1])
```

```
In

dfs[0]
```

```
Out

      Title          Album details  ...  Peak chart positions  Certifications
      Title          Album details  ...  US[8][9]              Certifications
0     Please P...    Released...     ...  NaN                   BPI: Pla...
1     With the...    Released...     ...  NaN                   BPI: Gol...
```

```
2     Introduc...   Released...   ... 2         RIAA: Pl...
3     Meet the...   Released...   ... 1         MC: Plat...
4     Twist an...   Released...   ... NaN       MC: 3× P...
...   ...           ...           ... ...       ...
22    The Beat...   Released...   ... 1         BPI: 2× ...
23    Yellow S...   Released...   ... 2         BPI: Gol...
24    Abbey Road    Released...   ... 1         BPI: 3× ...
25    Let It Be     Released...   ... 1         BPI: Pla...
26    "—" deno...   "—" deno...   ... "—" deno...   "—" deno...
```

04 列出 DataFrame 的內容來看看：

🖥 In

```python
df = dfs[0]
df.columns = ['Title', 'Release', 'UK', 'AUS', 'CAN', 'FRA', 'GER',
              'NOR', 'US', 'Certifications', 'Sales']
df
```

Out

```
      Title         Release       ... US        Certifications
0     Please P...   Released...   ... NaN       BPI: Pla...
1     With the...   Released...   ... NaN       BPI: Gol...
2     Introduc...   Released...   ... 2         RIAA: Pl...
3     Meet the...   Released...   ... 1         MC: Plat...
4     Twist an...   Released...   ... NaN       MC: 3× P...
...   ...           ...           ... ...       ...
22    The Beat...   Released...   ... 1         BPI: 2× ...
23    Yellow S...   Released...   ... 2         BPI: Gol...
24    Abbey Road    Released...   ... 1         BPI: 3× ...
25    Let It Be     Released...   ... 1         BPI: Pla...
26    "—" deno...   "—" deno...   ... "—" deno...   "—" deno...
```

了解更多

你也可以使用 **attrs 參數**從網頁中擷取特定的表格。接下來，將示範從 GitHub 中的 CSV 文件讀取資料。請注意，這裡讀取的不是原始 CSV 檔案中的資料，而是從 GitHub 的線上 CSV 文件檢視網頁中讀取資料。在檢查該表格的 HTML 碼時，會發現它具有一個 class 屬性，其值為 csv-data。我們將使用這個屬性來指定要選擇的表格：

In

```python
url = 'https://github.com/mattharrison/datasets/blob/master/data/anscombes.csv'
dfs = pd.read_html(url, attrs={'class': 'csv-data'})
len(dfs)
```

Out

```
1
```

In

```python
dfs[0]
```

Out

	Unnamed: 0	quadrant	x	y
0	NaN	I	10.0	8.04
1	NaN	I	14.0	9.96
2	NaN	I	6.0	7.24
3	NaN	I	9.0	8.81
4	NaN	I	4.0	4.26
...	...	...	...	...
39	NaN	IV	8.0	6.58
40	NaN	IV	8.0	7.91
41	NaN	IV	8.0	8.47
42	NaN	IV	8.0	5.25
43	NaN	IV	8.0	6.89

請注意，GitHub 在最左邊多加了一個 td 元素來顯示列號，因此就出現了 Unnamed：0 欄位。但由於實際列號是使用 JavaScript 動態加入網頁中的，所以我們取得的欄位值都是空的，轉到 DataFrame 中則變成 NaN。我們可以把該欄位刪掉，因為它沒有用處。

　　由於網站內容經常會改變，因此建議讀者在擷取資料後，要先將資料保存起來。另外，如果無法用 read_html() 從某些網站擷取所需的資料，則可改用其他方法來取得資料。Python 有許多相關的工具，例如 **requests 套件**可以輕鬆取得網頁的 HTML 碼，而 **Beautiful Soup 套件**則可以很方便地處理 HTML 內容。

開始資料分析

身為資料分析人員，將資料集導入 DataFrame 後，必須思考接下來應採取的步驟。例如：你是否有自己的一套檢查資料的流程？有沒有確認所有可能出現的資料型別？

本章將帶你了解分析一個新資料集時，你首先應該執行的工作。同時，我們會討論在 Pandas 資料分析中，一些常見卻不容易處理的問題。

4.1 制定資料分析的例行程序

雖然目前並沒有通用的標準資料分析程序，但當我們在第一次檢查資料集時，最好先制定一個分析資料的例行程序。就像每個人有一套日常生活的習慣（起床、沖澡、去上班、吃飯等等），資料分析的例行程序可以讓我們快速熟悉一個新的資料集。隨著我們對於資料分析越來越熟練，這個例行程序也可調整得越來越完備。

探索式資料分析（Exploratory Data Analysis，下文簡稱 EDA）是 1977 年 John Tukey 在《Exploratory Data Analysis》一書中所提出的專業術語，主要用來描述資料分析的過程。它通常不涉及分析模型的創建，而是著重在如何整理出資料的特徵，並將其視覺化。EDA 雖然是舊名詞，但其中的許多方法至今仍然適用，對於理解資料集也很有幫助。

EDA 有一個十分重要的部分：建立例行程序來有系統地收集**中繼資料**（metadata，見下段說明）與**敘述統計**（descriptive statistics，見下段說明）數據。也就是說，當資料集導入 DataFrame 後，我們可以把 EDA 方法當作是檢查資料集時所執行的一套標準程序。

中繼資料是『描述資料的資料』（data about data），例如資料集的列數 / 欄位數、欄位名稱、欄位的資料型別、資料集的來源、資料收集日期、不同欄位的可接受值等。另外，針對特定的一個或多個欄位（如：電影資料集中，導演的 FB 按讚人數）所做的敘述統計，例如：導演 FB 按讚人數的平均值、最大值、最小值等，則是關於那些欄位的**總結性統計**。

🔧 動手做

01 讀取大學資料集，並使用 sample() 查看其中某一列的樣本：

```
💻 In
import pandas as pd
import numpy as np
college = pd.read_csv('data/college.csv')
college.sample(random_state=42)
```

隨機查看某一列的樣本 (**編註**：此處設 random_state＝42 可讓隨機狀態每次執行時都相同，因此讀者執行時也可看到相同的結果)

```
Out
         INSTNM      CITY        ...  MD_EARN_WNE_P10  GRAD_DEBT_MDN_SUPP
3649     Career P... San Antonio ...  20700            14977
```

02 用 **shape 屬性**取得一個包括列數和欄位數的 tuple (即該 DataFrame 的**維度大小**)：

```
💻 In
college.shape
```

```
Out
(7535, 27)
```

03 接著，使用 **info()** 傳回更多的中繼資料，包括欄位名稱、非缺失值的數量、各欄位的資料型別和 DataFrame 當前的記憶體用量：

```
In

college.info()
```

Out

```
<class 'pandas.core.frame.DataFrame'>
RangeIndex: 7535 entries, 0 to 7534
Data columns (total 27 columns):
 #   Column            Non-Null Count  Dtype
---  ------            --------------  -----
 0   INSTNM            7535 non-null   object
 1   CITY              7535 non-null   object
 2   STABBR            7535 non-null   object
 3   HBCU              7164 non-null   float64
 4   MENONLY           7164 non-null   float64
 5   WOMENONLY         7164 non-null   float64
 6   RELAFFIL          7535 non-null   int64
 7   SATVRMID          1185 non-null   float64
 8   SATMTMID          1196 non-null   float64
 9   DISTANCEONLY      7164 non-null   float64
 10  UGDS              6874 non-null   float64
 11  UGDS_WHITE        6874 non-null   float64
 12  UGDS_BLACK        6874 non-null   float64
 13  UGDS_HISP         6874 non-null   float64
 14  UGDS_ASIAN        6874 non-null   float64
 15  UGDS_AIAN         6874 non-null   float64
 16  UGDS_NHPI         6874 non-null   float64
 17  UGDS_2MOR         6874 non-null   float64
 18  UGDS_NRA          6874 non-null   float64
 19  UGDS_UNKN         6874 non-null   float64
 20  PPTUG_EF          6853 non-null   float64
 21  CURROPER          7535 non-null   int64
 22  PCTPELL           6849 non-null   float64
 23  PCTFLOAN          6849 non-null   float64
 24  UG25ABV           6718 non-null   float64
 25  MD_EARN_WNE_P10   6413 non-null   object
 26  GRAD_DEBT_MDN_SUPP 7503 non-null  object
dtypes: float64(20), int64(2), object(5)
memory usage: 1.6+ MB
```

04 用 **describe()** 取得數值資料欄位的總結性統計，並轉置成較好閱讀的
形式：

🖥 **In**

```
college.describe().T
```

Out

	count	mean	...	75%	max
HBCU	7164.0	0.014238	...	0.000000	1.0
MENONLY	7164.0	0.009213	...	0.000000	1.0
WOMENONLY	7164.0	0.005304	...	0.000000	1.0
RELAFFIL	7535.0	0.190975	...	0.000000	1.0
SATVRMID	1185.0	522.819409	...	555.000000	765.0
...	...	...	...	...	...
PPTUG_EF	6853.0	0.226639	...	0.376900	1.0
CURROPER	7535.0	0.923291	...	1.000000	1.0
PCTPELL	6849.0	0.530643	...	0.712900	1.0
PCTFLOAN	6849.0	0.522211	...	0.745000	1.0
UG25ABV	6718.0	0.410021	...	0.572275	1.0

05 在預設情況下，使用 describe() 只會取得數值資料欄位的統計數據。
若要針對 object 型別的欄位做統計，則需使用 **include 參數**。由於
object 型別的資料無法進行平均數、最大值、最小值等數學運算，所
以只會傳回非缺失值數量、相異資料數及出現最多次的字串等數據：

🖥 **In**

```
college.describe(include=[np.object]).T
```

	非缺失值數量	相異資料數	出現最多次的字串及其出現次數	
	count	unique	top	freq
INSTNM	7535	7535	Yeshiva ...	1
CITY	7535	2514	New York	87
STABBR	7535	59	CA	773
MD_EARN_WNE_P10	6413	598	PrivacyS...	822
GRAD_DEBT_MDN_SUPP	7503	2038	PrivacyS...	1510

了解更多

　　檢視數值資料欄位時，我們還可以使用 describe() 傳回指定的百分位
數：

In

```
college.describe(include=[np.number],
             percentiles=[.01, .05, .10, .25, .5,
                          .75, .9, .95, .99]).T
```

Out

	count	mean	...	99%	max
HBCU	7164.0	0.014238	...	1.000000	1.0
MENONLY	7164.0	0.009213	...	0.000000	1.0
WOMENONLY	7164.0	0.005304	...	0.000000	1.0
RELAFFIL	7535.0	0.190975	...	1.000000	1.0
SATVRMID	1185.0	522.819409	...	730.000000	765.0
...	...	...	...	...	...
PPTUG_EF	6853.0	0.226639	...	0.946724	1.0
CURROPER	7535.0	0.923291	...	1.000000	1.0
PCTPELL	6849.0	0.530643	...	0.993908	1.0
PCTFLOAN	6849.0	0.522211	...	0.986368	1.0
UG25ABV	6718.0	0.410021	...	0.917383	1.0

4.2 資料字典

進行資料分析時，建立和維護**資料字典**（data dictionaries）是非常重要的。資料字典是一個表格，其中儲存了每一欄位的中繼資料，可用來解釋**欄位名稱的意義**。現在，我們來讀取大學資料集的資料字典：

```
In
pd.read_csv('data/college_data_dictionary.csv')
```

```
Out

    column_name     description
0   INSTNM          Institut...
1   CITY            City Loc...
2   STABBR          State Ab...
3   HBCU            Historic...
4   MENONLY         0/1 Men ...
... ...             ...
22  PCTPELL         Percent ...
23  PCTFLOAN        Percent ...
24  UG25ABV         Percent ...
25  MD_EARN_...     Median E...
26  GRAD_DEB...     Median d...
```

從執行結果可見，該資料字典紀錄了不同欄位名稱縮寫的意義。資料字典通常是我們與協作者共享的第一份檔案。一般來說，它是以 Excel 或是 Google 表單的方式儲存，而不是儲存在 DataFrame，以利我們編輯或新增欄位。此外，讀者也可以在 Jupyter Notebook 中使用 Markdown 語法來編寫資料字典。

一般來說，如果我們使用的資料集源自於資料庫，就可以聯絡該資料庫的管理員來獲取更多相關資訊。資料庫有其**綱要**（schema），代表資料庫本身的描述（ 編註 ：包括資料庫結構的描述，以及在資料庫上應該遵守的限制等）。如果可以，請嘗試和相關領域的資料分析專家一起調查你的資料集。

4.3 改變資料型別以減少記憶體用量

Pandas 在讀取沒有標記資料型別的檔案（例如 CSV 檔）時，會自動判斷且指定資料型別。而我們在分析資料時，則應確認是否使用了正確的資料型別。以下範例會說明如何將 object 型別的欄位轉換成**分類型別**（categorical），以大幅地減少其記憶體用量（ 編註 ：我們在 3.3 節有說明過類似的範例）。

🔧 動手做

01 在讀取資料集後，我們先選出有著不同資料型別的數個欄位：

```
In
college = pd.read_csv('data/college.csv')
different_cols = ['RELAFFIL', 'SATMTMID', 'CURROPER', 'INSTNM', 'STABBR']
col2 = college.loc[:, different_cols] ◄── 使用 loc() 選出特定欄位
col2.head()
```

```
Out

     RELAFFIL   SATMTMID   ...   INSTNM        STABBR
0    0          420.0      ...   Alabama ...   AL
1    0          565.0      ...   Universi...   AL
2    1          NaN        ...   Amridge ...   AL
3    0          590.0      ...   Universi...   AL
4    0          430.0      ...   Alabama ...   AL
```

02 查看每個欄位的資料型別：

```
In
```

```
col2.dtypes
```

```
Out
```

```
RELAFFIL      int64
SATMTMID    float64
CURROPER      int64
INSTNM       object
STABBR       object
dtype: object
```

03 用 memory_usage() 查看每個欄位當前的記憶體用量：

```
In
```

```
original_mem = col2.memory_usage(deep=True)
original_mem
```

```
Out
```

```
Index         128
RELAFFIL    60280
SATMTMID    60280
CURROPER    60280
INSTNM     660240
STABBR     444565
dtype: int64
```

04 Pandas 會將數值資料的精度預設為 64 位元（float64 或 int64）。由於 RELAFFIL 欄位的值只包括 0 或 1，使用 int64 顯然太過浪費了。因此，我們用 astype() 把該欄位的資料型別改為 int8：

```
In
```

```
col2['RELAFFIL'] = col2['RELAFFIL'].astype(np.int8)
```

05 用 dtypes 屬性確認資料型別是否已改變：

```
col2.dtypes
```

Out

```
RELAFFIL       int8    ◄──── 資料型別已改變
SATMTMID     float64
CURROPER       int64
INSTNM        object
STABBR        object
dtype: object
```

06 再次查看當前的記憶體用量，RELAFFIL 欄位的記憶體用量明顯減少了：

```
col2.memory_usage(deep=True)
```

Out

```
Index           128
RELAFFIL       7535   ◄──── 原始的記憶體用量為 60280
SATMTMID      60280
CURROPER      60280
INSTNM       660240
STABBR       444565
dtype: int64
```

07 如果某欄位儲存的是 **object 型別**的資料，且相異資料數量不多，就可以考慮把它轉為分類型別以節省更多記憶體。首先，用 **nunique()** 查看 INSTNM 和 STABBR 這兩個欄位的相異資料數：

```
col2.select_dtypes(include=['object']).nunique()
```

```
Out
INSTNM    7535
STABBR      59
dtype: int64
```

08 由於 STABBR 欄位的相異資料數不多,因此我們可用 astype() 將它轉
為分類型別的欄位:

```
💻 In
col2['STABBR'] = col2['STABBR'].astype('category')
col2.dtypes
```

```
Out
RELAFFIL        int8
SATMTMID     float64
CURROPER       int64
INSTNM        object
STABBR      category  ←──資料型別已改變
dtype: object
```

09 再次查看記憶體用量:

```
💻 In
new_mem = col2.memory_usage(deep=True)
new_mem
```

```
Out
Index       128
RELAFFIL       7535
SATMTMID      60280
CURROPER      60280
INSTNM       660699
STABBR        13576  ←──原本的記憶體用量為 444565
dtype: int64
```

10 最後，來比較記憶體用量的百分比變化。RELAFFIL 欄位的用量為原先用量的 12.5%，而 STABBR 欄位的用量只佔了原先用量的 3%。

```
In
new_mem / original_mem  ◄── 查看最新的記憶體用量佔了原始用量的多少百分比
..................................................................................
Out
Index       1.000000
RELAFFIL    0.125000  ◄── 該欄位只佔了原先用量的 12.5%
SATMTMID    1.000000
CURROPER    1.000000
INSTNM      1.000695
STABBR      0.030538  ◄── 該欄位只佔了原先用量的 3%
dtype: float64
```

了解更多

　　當欄位的資料型別為 object 時（例如：INSTNM 欄位），就可以儲存任何種類的資料，包括：字串（strings）、數值（numerics）、日期時間（datetimes）或是其他 Python 物件（例如：串列和 tuple）。因此當某欄位中存有不同種類的資料時，該欄位的型別就會被設為 object。不過在大多數的狀況中，object 型別欄位儲存的都是字串資料。

　　由於 object 型別欄位可以儲存不同種類的資料，因此每個值所需的記憶體是不一致的。為了得知精確的記憶體用量，在用 memory_usage() 查看 object 型別欄位的記憶體使用情況時，必須把 deep 參數設定為 True。

　　若要大幅節省記憶體用量，我們可以考慮從 object 型別欄位下手。Pandas 雖然是以 NumPy 為基礎，卻有一個 NumPy 沒有的資料型別：分類型別。當我們把 object 型別轉換為分類型別時，Pandas 會利用整數來映射（mapping）相異的資料。如此一來，每個字串只需要被儲存一次。如步驟 10 所示，以上做法為 STABBR 欄位省下了 97% 的記憶體用量。

在以上範例中，index（即：索引）的記憶體用量非常少。這是因為在建立 DataFrame 時，如果沒有指定索引，Pandas 會將索引預設為 RangeIndex。RangeIndex 與 Python 的 range() 函式非常相似，僅儲存建立索引所需的最少資訊量。

為了更清楚地了解 object 欄位與整數、浮點數欄位之間的差別，底下的程式將會修改 CURROPER 欄位（型別為 int64）和 INSTNM 欄位（型別為 object）中的儲存值，並比較修改前後的記憶體用量：

```
🖥 In

college.loc[0, 'CURROPER'] = 10000000  ◀── 將 CURROPER 欄位中的首個值改為 10000000
college.loc[0, 'INSTNM'] = college.loc[0, 'INSTNM'] + 'a'  ◀──
                                將 INSTNM 欄位中的首個值加上 'a'
college[['CURROPER', 'INSTNM']].memory_usage(deep=True)
```
```
Out

Index           128
CURROPER      60280  ◀── 和原始用量一樣
INSTNM       660804  ◀── 原始用量為 660699
dtype: int64
```

從上述的結果可以發現，CURROPER 欄位的記憶體用量沒有改變，因為 64 位元的整數會佔用固定大小的記憶空間，並且足以容納值為 10000000 的數值。然而，INSTNM 欄位在增加了一個字母後，記憶體用量就增加了 105 bytes。

Python 3 使用的是 **Unicode 編碼**，Unicode 是一種標準化的字元表示法，旨在對世界上所有的字元進行編碼。Unicode 字串佔用的記憶體空間取決於 Python 的建構方式。Pandas 在第一次修改字元時，會有大概 100 個 bytes 的 overhead。在這之後，每個字元只會增加 5 bytes 的記憶體用量。

事實上，並非所有的欄位都能強制轉為我們設定的資料型別。以大學資料集中的 MENONLY 欄位為例，該欄位中只包含 0 或 1，但在匯入資料集後，Pandas 卻將其資料型別判定為 float64：

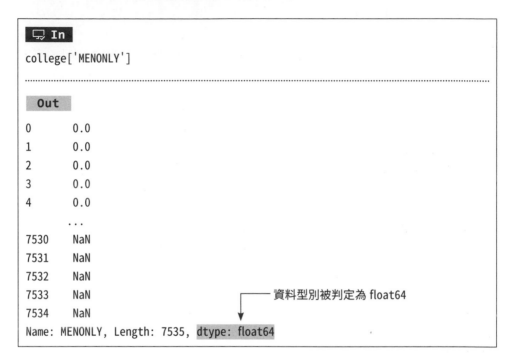

```
In
```

```
college['MENONLY']
```

```
Out
```

```
0        0.0
1        0.0
2        0.0
3        0.0
4        0.0
         ...
7530     NaN
7531     NaN
7532     NaN
7533     NaN ────── 資料型別被判定為 float64
7534     NaN        ↓
Name: MENONLY, Length: 7535, dtype: float64
```

以上結果的主因是 MENONLY 欄位有缺失值（以 np.nan 表示），而缺失值是不能用整數資料型別來表示的（請注意，雖然 Pandas 0.24+ 版本的 Int64 型別可以支援缺失值，但此功能預設未啟用）。換句話說，只要數值資料欄位中包含缺失值，都會被 Pandas 強制轉為浮點數型別。因此，若我們嘗試將 MENONLY 欄位改為整數型別時，就會發生錯誤：

```
In
```

```
college['MENONLY'].astype(np.int64) ◄── 嘗試將資料型別轉為整數型別時，會發生錯誤
```

```
Out
```

```
Traceback (most recent call last):
...
ValueError: Cannot convert non-finite values (NA or inf) to integer
```

此外，當你想處理特定型別的資料時，也可以用字串表示法（例如 'int64'）來代替 Python 的型別物件（例如 np.int64）。舉例來說，在指定 describe() 的 include 參數時，無論傳入 NumPy、Pandas 物件或與其意義相同的字串表示法，都會傳回相同的結果（**編註**：因篇幅關係，此處並未一一展示結果，讀者可參考本章的 Jupyter Notebook）：

🖥 In
```
college.describe(include=['int64', 'float64']).T
college.describe(include=[np.int64, np.float64]).T
college.describe(include=['int', 'float']).T
college.describe(include=['number']).
```

使用 astype() 轉變資料型別時，同樣也可使用字串表示法：

🖥 In
```
college.assign(MENONLY=college['MENONLY'].astype('float16'),
               RELAFFIL=college['RELAFFIL'].astype('int8'))
```

Out

	INSTNM	CITY	...	MD_EARN_WNE_P10	GRAD_DEBT_MDN_SUPP
0	Alabama ...	Normal	...	30300	33888
1	Universi...	Birmingham	...	39700	21941.5
2	Amridge ...	Montgomery	...	40100	23370
3	Universi...	Huntsville	...	45500	24097
4	Alabama ...	Montgomery	...	26600	33118.5
...	...	...	...	...	...
7530	SAE Inst...	Emeryville	...	NaN	9500
7531	Rasmusse...	Overland...	...	NaN	21163
7532	National...	Highland...	...	NaN	6333
7533	Bay Area...	San Jose	...	NaN	PrivacyS...
7534	Excel Le...	San Antonio	...	NaN	12125

最後要補充的是，當我們嘗試使用 Int64Index() 來儲存每一列的索引時，所佔用的記憶體空間為 60280。由於先前的 RangeIndex() 僅儲存建立索引所需的最少資訊量，因此記憶體用量為 128，可見兩者的差異是非常大的：

```
In
college.index = pd.Int64Index(college.index)
college.index.memory_usage()
```

```
Out
60280
```

4.4 資料的排序

當我們想要處理排名類型的資料集（例如：排名前 100 的大學中，這 5 所大學學費最低；或前 50 名的宜居城市中，這 10 個城市物價最低）時，很適合使用本節的做法來進行資料分析。

要從哪裡著手呢？首先，選擇我們需要的資料，組成一個資料集。這個資料集的欄位中，必須包含我們需要的前 n 個值（如以上例子中，排名前 100 的大學），以及另一個排名的前 m 個值（如以上例子中，學費最低的 5 所大學）。

在接下來的範例中，我們會沿用電影資料集，分階段地找出評分最高的前 100 名電影中，預算最低的 5 部電影。

🔧 動手做

01 讀取電影資料集並選擇以下這幾個欄位：movie_title（電影名稱）、imdb_score（IMDB 評分）和 budget（預算）：

```
🖵 In
movie = pd.read_csv('data/movie.csv')
movie2 = movie[['movie_title', 'imdb_score', 'budget']]
movie2.head()
```

```
Out

     movie_title    imdb_score    budget
0    Avatar         7.9           237000000.0
1    Pirates ...    7.1           300000000.0
2    Spectre        6.8           245000000.0
3    The Dark...    8.5           250000000.0
4    Star War...    7.1           NaN
```

02 用 nlargest() 選擇 IMDB 評分前 100 的電影，其首個參數值必須為整數，用來指定欲傳回的列數。第二個參數則用來指定要進行排序的欄位名稱，並以字串的形式傳入。

```
🖵 In
movie2.nlargest(100, 'imdb_score').head()
```

```
Out

        movie_title    imdb_score    budget
2725    Towering...    9.5           NaN
1920    The Shaw...    9.3           25000000.0
3402    The Godf...    9.2           6000000.0
2779    Dekalog        9.1           NaN
4312    Kickboxe...    9.1           17000000.0
```

03 在傳回評分前 100 高的電影後，可以再串連 nsmallest() 將這 100 部電影依 budget 欄位從小到大進行排列，並傳回預算最低的 5 部電影：

```
💻 In
(movie2.nlargest(100, 'imdb_score')
        .nsmallest(5, 'budget'))
```

```
💻 In

         movie_title    imdb_score    budget
4804     Butterfl...    8.7           180000.0
4801     Children...    8.5           180000.0
4706     12 Angry...    8.9           350000.0
4550     A Separa...    8.4           500000.0
4636     The Othe...    8.4           500000.0
```

4.5 排序後選取每組的最大值和最小值

　　在資料分析的過程中，最常見的工作是選取特定幾列的資料，例如：選取年度評分最高的電影、或依照電影分級制度選取票房最高的電影。為了完成這個工作，我們需要從資料集中針對相關的欄位來分別進行排序，並找出其中的最大值。以下示範如何選取年度評分最高的電影。

🔧 **動手做**

01 讀入電影資料集，同時只選取我們需要用到的欄位：movie_title（電影名稱）、title_year（年份）和 imdb_score（IMDB 評分）：

```
🖥 In
movie = pd.read_csv('data/movie.csv')
movie[['movie_title', 'title_year', 'imdb_score']]
```

```
Out
```

	movie_title	title_year	imdb_score
0	Avatar	2009.0	7.9
1	Pirates ...	2007.0	7.1
2	Spectre	2015.0	6.8
3	The Dark...	2012.0	8.5
4	Star War...	NaN	7.1
...	...	...	...
4911	Signed S...	2013.0	7.7
4912	The Foll...	NaN	7.5
4913	A Plague...	2013.0	6.3
4914	Shanghai...	2012.0	6.3
4915	My Date ...	2004.0	6.6

02 用 sort_values() 將電影依 title_year 欄位排序。在預設情況下，sort_values() 會將資料從小到大進行排列。我們可以將 **ascending 參數**設成 False 來改變排序方向：

```
🖥 In
(movie
  [['movie_title', 'title_year', 'imdb_score']]
  .sort_values('title_year', ascending=False)
)
```

```
Out
```

	movie_title	title_year	imdb_score
3884	The Veil	2016.0	4.7
2375	My Big F...	2016.0	6.1

```
2794      Miracles...    2016.0    6.8
92        Independ...    2016.0    5.5
153       Kung Fu ...    2016.0    7.2
...       ...            ...       ...
4683      Heroes         NaN       7.7
4688      Home Movies    NaN       8.2
4704      Revolution     NaN       6.7
4752      Happy Va...    NaN       8.5
4912      The Foll...    NaN       7.5
```

03 若想一次排序多個欄位，可以將想要進行排序的欄位名稱放進串列，並傳入 sort_values() 中。接下來，我們同時依照 title_year 和 imdb_score 進行排序：

🖵 **In**

```
(movie
  [['movie_title', 'title_year', 'imdb_score']]
  .sort_values(['title_year','imdb_score'],
               ascending=False)
)
```

會先根據 title_year 進行排序，當 title_year 相同時，再根據 imdb_score 進行排序

Out

```
          movie_title    title_year    imdb_score
4312      Kickboxe...    2016.0        9.1
4277      A Beginn...    2016.0        8.7
3798      Airlift        2016.0        8.5
27        Captain ...    2016.0        8.2
98        Godzilla...    2016.0        8.2
...       ...            ...           ...
1391      Rush Hour      NaN           5.8
4031      Creature       NaN           5.0
2165      Meet the...    NaN           3.5
3246      The Bold...    NaN           3.5
2119      The Bach...    NaN           2.9
```

04 接著，使用 drop_duplicates() 去掉 title_year 欄位重複出現的資料，只保留首次出現的資料（ 編註 ：假設 DataFrame 中第 1~5 列的 title_year 是一樣的，則只會保留第 1 列的資料），因此結果只會有每個年度的第一筆資料。由於前面已經依照年度和 IMDB 評分進行排序了，因此最後傳回的結果即為每個年度評分最高的電影：

🖥 **In**

```
(movie
  [['movie_title', 'title_year', 'imdb_score']]
  .sort_values(['title_year','imdb_score'],
             ascending=False)
  .drop_duplicates(subset='title_year')
)                              ⬆—— 用 subset 參數指定要刪除重複值的欄位
```

Out

	movie_title	title_year	imdb_score
4312	Kickboxe...	2016.0	9.1
3745	Running ...	2015.0	8.6
4369	Queen of...	2014.0	8.7
3935	Batman: ...	2013.0	8.4
3	The Dark...	2012.0	8.5
...	...	...	...
2694	Metropolis	1927.0	8.3
4767	The Big ...	1925.0	8.3
4833	Over the...	1920.0	4.8
4695	Intolera...	1916.0	8.0
2725	Towering...	NaN	9.5

用 Pandas 進行資料分析時，同一件事常常有很多種做法。以下的程式說明如何用 groupby() 查詢年度評分最高的電影（我們將在第 8 章對 groupby() 進行更詳盡的介紹）：

```
In
(movie[['movie_title', 'title_year', 'imdb_score']]
  .groupby('title_year', as_index=False)          ← 根據 title_year 內的資料（電影年份）進行分組
  .apply(lambda df: df.sort_values('imdb_score',  ← 將 imdb_score 的資料
         ascending=False).head(1))                    從大到小進行排序
         保留不同年份的首筆資料（即各年份分數最高的電影）
  .sort_values('title_year', ascending=False)     ← 將 title_year 的資料從大到小進行排序
)
```

```
Out
        movie_title    title_year    imdb_score
4312    Kickboxe...    2016.0        9.1
3745    Running ...    2015.0        8.6
4369    Queen of...    2014.0        8.7
3935    Batman: ...    2013.0        8.4
3       The Dark...    2012.0        8.5
...     ...            ...           ...
4555    Pandora'...    1929.0        8.0
2694    Metropolis     1927.0        8.3
4767    The Big ...    1925.0        8.3
4833    Over the...    1920.0        4.8
4695    Intolera...    1916.0        8.0
```

接下來，我們該如何依照電影分級制度查詢年度預算最低的電影呢？

首先，選取我們需要的欄位，然後指定要排序的多個欄位，並用 ascending 參數傳入一個**布林值串列**，以指定每個欄位的排序方式。以下的範例是設定 title_year 欄位和 content_rating 欄位要由大到小排序，budget 欄位則由小到大排序。

```
In
(movie
  [['movie_title', 'title_year','content_rating', 'budget']]
  .sort_values(['title_year','content_rating', 'budget'],
              ascending=[False, False, True])
  .drop_duplicates(subset=['title_year','content_rating']))
```

```
Out
```

	movie_title	title_year	content_rating	budget
4026	Compadres	2016.0	R	3000000.0
4658	Fight to...	2016.0	PG-13	150000.0
4661	Rodeo Girl	2016.0	PG	500000.0
3252	The Wailing	2016.0	Not Rated	NaN
4659	Alleluia...	2016.0	NaN	500000.0
...	...	...	...	...
2558	Lilyhammer	NaN	TV-MA	34000000.0
807	Sabrina,...	NaN	TV-G	3000000.0
848	Stargate...	NaN	TV-14	1400000.0
2436	Carlos	NaN	Not Rated	NaN
2119	The Bach...	NaN	NaN	3000000.0

在預設情況下，drop_duplicates() 會保留重複出現的第一列資料，並刪除其餘的列。不過，我們可以使用 **keep 參數**來指定要傳回最後一列資料（將該參數設為『last』），或是指定要刪除所有重複的資料（將該參數設為『False』）。

4.6 用 sort_values() 選取最大值

在 4.4 節和 4.5 節我們都進行了資料排序，兩者的做法看似有些許不同，但背後的原理是相同的。一個是使用 nlargest() 找出某欄位值最大的前 n 筆資料（n 由我們指定）；另一個則是使用 sort_values() 和 descending 參數將資料從大到小進行排序，並選取最前面的 n 筆資料。

以下範例將使用 sort_values() 重現 4.4 節中，使用 nlargest() 所得到的結果，並探討兩種做法之間的差異。

🔧 動手做

01 如同之前的範例，這裡我們一樣串連 nlargest() 和 nsmallest() 這兩個方法，從而傳回 IMDB 評分前 100 名中，預算最低的 5 部電影：

💻 In

```
movie = pd.read_csv('data/movie.csv')
(movie
    [['movie_title', 'imdb_score', 'budget']]
    .nlargest(100, 'imdb_score')
    .nsmallest(5, 'budget')
)
```

Out

	movie_title	imdb_score	budget
4804	Butterfl...	8.7	180000.0
4801	Children...	8.5	180000.0
4706	12 Angry...	8.9	350000.0
4550	A Separa...	8.4	500000.0
4636	The Othe...	8.4	500000.0

02 接下來，串連 sort_values() 和 head() 來傳回 IMDB 評分最高的 100 部
電影：

```
In
(movie[['movie_title', 'imdb_score', 'budget']]
    .sort_values('imdb_score', ascending=False)
                    將 ascending 設成 False 可以將資料從大到小排序
    .head(100)
)
```

```
Out
        movie_title      imdb_score      budget
2725    Towering...      9.5             NaN
1920    The Shaw...      9.3             25000000.0
3402    The Godf...      9.2             6000000.0
2779    Dekalog          9.1             NaN
4312    Kickboxe...      9.1             17000000.0
...     ...              ...             ...
3799    Anne of ...      8.4             NaN
3777    Requiem ...      8.4             4500000.0
3935    Batman: ...      8.4             3500000.0
4636    The Othe...      8.4             500000.0
2455    Aliens           8.4             18500000.0
```

03 延續上個步驟的做法，我們再一次串連 sort_values() 和 head()，就可
傳回 IMDB 評分前 100 名中，預算最低的 5 部電影：

```
In
(movie
    [['movie_title', 'imdb_score', 'budget']]
    .sort_values('imdb_score', ascending=False)
    .head(100)
    .sort_values('budget')
    .head(5)
)
```

	movie_title	imdb_score	budget
4815	A Charli...	8.4	150000.0
4801	Children...	8.5	180000.0
4804	Butterfl...	8.7	180000.0
4706	12 Angry...	8.9	350000.0
4636	The Othe...	8.4	500000.0

了解更多

在步驟 2 中，我們串連了 sort_values() 和 head()，成功重現之前使用 nlargest() 所得到的結果。之後，我們在步驟 3 中再一次串連 sort_values() 和 head()，就可傳回 IMDB 評分前 100 名中，預算最低的 5 部電影。

然而，步驟 1 傳回的結果竟然和步驟 3 不一樣！以下我們使用 tail() 探討其中的原因：

In
```
(movie
   [['movie_title', 'imdb_score', 'budget']]
   .nlargest(100, 'imdb_score')
   .tail()
)
```

Out

	movie_title	imdb_score	budget
4023	Oldboy	8.4	3000000.0
4163	To Kill ...	8.4	2000000.0
4395	Reservoi...	8.4	1200000.0
4550	A Separa...	8.4	500000.0
4636	The Othe...	8.4	500000.0

```
In
(movie
    [['movie_title', 'imdb_score', 'budget']]
    .sort_values('imdb_score', ascending=False)
    .head(100)
    .tail()
)
```

```
Out
```

	movie_title	imdb_score	budget
3799	Anne of ...	8.4	NaN
3777	Requiem ...	8.4	4500000.0
3935	Batman: ...	8.4	3500000.0
4636	The Othe...	8.4	500000.0
2455	Aliens	8.4	18500000.0

由於 IMDB 評分至少為 8.4 的電影超過 100 部（ 編註 ：其實此資料集中，最高的評分也只有 8.4），因此雖然 nlargest() 和 sort_values() 都會選出評分超過 8.4 的 100 部電影，但由於兩者的運作機制不同，所以選出的資料也有差異。在使用 sort_values() 時若將 **kind 參數**設為『mergesort』，就可得到和 nlargest() 相同的結果。

4.7 案例演練：
計算移動停損單價格

股票的交易策略不計其數，很多投資者把**停損單**當作一項基本的交易工具，利用停損單下達賣出股票的指令，一旦市價達到觸發價格就會執行。停損單對於防止巨額虧損和保護利潤皆很有用。

本小節著重於如何建立股票的停損單。一般來說，停損單的概念是建立在固定價格的停損，例如：我們用每股 100 美元的價格購買一支股票後，可能希望把停損點設定為每股 90 美元，將跌幅控制在 10% 以內。

另外一種比較有利的策略是藉由追蹤股票的市值，不斷調整停損單的觸發價格，以建立**移動停損單**。如果股票的市值增加，例如原本每股 100 美元的股票漲到每股 120 美元，那麼移動停損單就會上調觸發價格至 108 美元（**編註**：120 美元掉到 108 美元，跌幅同樣為 10%，如此可保障我們的最低獲利為 8 美元）。以下的範例將說明如何建立移動停損單。

讀者需要先安裝 **pandas_datareader 套件**及 **yfinance 套件**來執行本範例，該套件可以用來取得股票資訊（**編註**：相關的安裝程式，小編皆已放在本章的 Jupyter Notebook 中）。

🔧 動手做

01 這裡以特斯拉（TSLA）的股票為例，並假設我們在 2017 年的第一個股票交易日（2017-01-03）買了特斯拉的股票。

🖥 In

```
from pandas_datareader import data as pdr
import yfinance as yfin
yfin.pdr_override()

tsla = pdr.get_data_yahoo('TSLA', start='2017-01-01')
tsla.head(8)
```

🖥 In

```
tsla = web.DataReader('tsla', data_source='yahoo',
                      start='2017-1-1', session=session)
tsla.head(8)
```

```
Out

              Open         High         Low          Close        Adj Close    Volume
Date
2017-01-03    42.972000    44.066002    42.192001    43.397999    43.397999    29616500
2017-01-04    42.950001    45.599998    42.862000    45.397999    45.397999    56067500
2017-01-05    45.284000    45.495998    44.389999    45.349998    45.349998    29558500
2017-01-06    45.386002    46.062000    45.090000    45.801998    45.801998    27639500
2017-01-09    45.793999    46.383999    45.599998    46.256001    46.256001    19897500
2017-01-10    46.400002    46.400002    45.377998    45.973999    45.973999    18300000
2017-01-11    45.813999    45.995998    45.335999    45.945999    45.945999    18254000
2017-01-12    45.812000    46.139999    45.116001    45.917999    45.917999    18951000
```

02 為了簡單起見，只以每個交易日的收盤價格當作判斷標準。

```
🖥 In

tsla_close = tsla['Close']  ◀── Close 欄位儲存了當日的收盤價格
```

03 用 cummax() 查看截至不同日期的最高收盤價格：

```
🖥 In

tsla_cummax = tsla_close.cummax()
tsla_cummax.head()
```

```
Out

Date
2017-01-03    43.397999   ◀── 截至 1 月 3 號的最高收盤價為 43.397999
2017-01-04    45.397999
                          截至 1 月 5 號的最高收盤價與前一天相同，代表這
2017-01-05    45.397999 ◀── 一天的收盤價是低於（或等於）前一天的價格
2017-01-06    45.801998
2017-01-09    46.256001
Name: Close, dtype: float64
```

04 最後，將停損點設為低於收盤價格的 10%（將步驟 3 傳回的收盤價格乘以 0.9 即為我們這裡設定的停損價格）。將以上的所有方法串連起來，即可建立移動停損單：

```
In
(tsla['Close'].cummax()
         .mul(.9)
         .head())
```

```
Out
Date
2017-01-03    39.058199
2017-01-04    40.858199
2017-01-05    40.858199
2017-01-06    41.221798
2017-01-09    41.630400
Name: Close, dtype: float64
```

了解更多

　　上述的範例展示了 Pandas 在股票交易的實用性，並實際利用 Pandas 來建立移動停損單。同樣的邏輯也可以用在其它的領域中，這裡就不一一贅述了。

探索式資料分析

在本章，我們要更深入地討論在上一章提到的**探索式資料分析**
（Exploratory Data Analysis，下文簡稱 **EDA**）。EDA 是探索資料意義，
並試著瞭解各個**欄位**（column）關係的過程。

EDA 可能很耗時，但也會帶來很有價值的資訊。當我們越瞭解資料，
就越能善用它們。例如：在建立機器學習模型的過程中，對資料掌握得越
多，通常就可以產生表現更好的模型，並明確知道模型為何會做出特定預
測。

本章將使用來自 www.fueleconomy.gov 的資料集，它提供了有關
1984 年至 2018 年的汽車品牌和型號等訊息。我們會用 EDA 來探索其中
的欄位和它們之間的關係。

5.1 摘要統計資訊

接下來，我們將嘗試取得該資料集（名為 vehicles.csv）的**摘要統計資
訊**（summary statistics）。

🔧 動手做

01 讀入資料集：

```
In
import pandas as pd
import numpy as np
fueleco = pd.read_csv('data/vehicles.csv.zip')
fueleco
```

```
Out
```

	barrels08	barrelsA08	...	phevHwy	phevComb
0	15.695714	0.0	...	0	0
1	29.964545	0.0	...	0	0
2	12.207778	0.0	...	0	0
3	29.964545	0.0	...	0	0
4	17.347895	0.0	...	0	0
...	...	...	...	...	...
39096	14.982273	0.0	...	0	0
39097	14.330870	0.0	...	0	0
39098	15.695714	0.0	...	0	0
39099	15.695714	0.0	...	0	0
39100	18.311667	0.0	...	0	0

02 對 fueleco 呼叫不同的摘要統計方法，如 mean() 和 std()：

```
In
```

```
fueleco.mean()  ◀── 取得各欄位的平均數
```

```
Out
```

```
barrels08          17.442712
barrelsA08          0.219276
charge120           0.000000
charge240           0.029630
city08             18.077799
                      ...
youSaveSpend    -3459.572645
charge240b          0.005869
phevCity            0.094703
phevHwy             0.094269
phevComb            0.094141
Length: 60, dtype: float64
```

In

```
fueleco.std()  ◄── 取得個欄位的標準差
```

Out

```
barrels08            4.580230
barrelsA08           1.143837
charge120            0.000000
charge240            0.487408
city08               6.970672
                       ...
youSaveSpend      3010.284617
charge240b           0.165399
phevCity             2.279478
phevHwy              2.191115
phevComb             2.226500
Length: 60, dtype: float64
```

03 呼叫 describe() 來同時取得數值欄位的多個摘要統計資訊：

In

```
fueleco.describe()
```

Out

	barrels08	barrelsA08	...	phevHwy	phevComb
count	39101.00...	39101.00...	...	39101.00..	39101.00..
mean	17.442712	0.219276	...	0.094269	0.094141
std	4.580230	1.143837	...	2.191115	2.226500
min	0.060000	0.000000	...	0.000000	0.000000
25%	14.330870	0.000000	...	0.000000	0.000000
50%	17.347895	0.000000	...	0.000000	0.000000
75%	20.115000	0.000000	...	0.000000	0.000000
max	47.087143	18.311667	...	81.000000	88.000000

04 describe() 預設只會針對**數值欄位**進行摘要統計，若想要取得 **object 型別欄位**的摘要統計資訊，可將 **include 參數**指定為 object。在 object 型別欄位套用 describe() 後，便可得知欄位中相異的資料數（以 unique 表示，也稱**基數**）、出現頻率最高的值（以 top 表示）以及其出現的次數（以 freq 表示）：

```
🖥 In
fueleco.describe(include=object)
```

```
Out
           drive          eng_dscr   ...   modifiedOn      startStop
count      37912          23431      ...   39101           7405
unique     7              545        ...   68              2
top        Front-Wh...    (FFS)      ...   Tue Jan ...     N
freq       13653          8827       ...   29438           5176
```

了解更多

透過轉置 DataFrame，可以在螢幕上顯示更多的訊息。當資料的筆數（列數）較多時，該技巧會很有幫助：

```
🖥 In
fueleco.describe().T  ◄──── 轉置 describe() 的輸出
```

```
Out
              count         mean       ...   75%      max
barrels08     39101.0       17.442712  ...   20.115   47.087143
barrelsA08    39101.0       0.219276   ...   0.000    18.311667
charge120     39101.0       0.000000   ...   0.000    0.000000
charge240     39101.0       0.029630   ...   0.000    12.000000
```

city08	39101.0	18.077799	...	20.000	150.000000
...	...	...	...	...	...
youSaveSpend	39101.0		...	-1500.000	5250.000000
charge240b	39101.0	0.005869	...	0.000	7.000000
phevCity	39101.0	0.094703	...	0.000	97.000000
phevHwy	39101.0	0.094269	...	0.000	81.000000
phevComb	39101.0	0.094141	...	0.000	88.000000

5.2 轉換欄位的資料型別

　　欄位的資料型別也是一項很重要的資訊。在下面的範例中,我們要來探索欄位的資料型別。

🔧 動手做

01 利用 **dtypes 屬性**來取得各欄位的資料型別:

> 🖥 **In**

```
fueleco.dtypes
```

Out

```
barrels08      float64
barrelsA08     float64
charge120      float64
charge240      float64
city08           int64
                ...
modifiedOn      object
startStop       object
phevCity         int64
phevHwy          int64
phevComb         int64
Length: 83, dtype: object
```

02 對各欄位的資料型別做摘要統計，計算各自出現的次數：

```
In
fueleco.dtypes.value_counts()
```

```
Out
float64    32
int64      27
object     23
bool        1
dtype: int64
```

了解更多

　　若讀取的是 CSV 檔案（其中缺少欄位資料型別的訊息），則需先了解 Pandas 如何推論各欄位的資料型別。過程如下所示：

● 如果欄位中的所有值都是整數，則將欄位的資料型別設成 int64。

● 如果欄位中均為數值且包含浮點數，則將欄位的資料型別設成 float64。

● 如果欄位中均為數值（整數或浮點數），但有缺失值，則將欄位的資料型別設成 float64，因為用來表示缺失值的 np.nan 為浮點型別。

● 如果欄位中的值為 False 或 True，則將欄位的資料型別設成 bool。

● 若以上情形都不符合，就將該欄位中的值當作字串資料，並將欄位的資料型別設成 object。

⚠ 請注意，如果在 read_csv() 時使用 **parse_dates 參數**，則某些欄位可能會轉換為 datetime 型別。關於這一部分的說明，在第 12 章和第 13 章中會有更多的範例。

　　當 Pandas 將欄位轉換為浮點數型別（float）或整數型別（integer）時，使用的是 64 位元的版本。在前幾章有提過，如果你知道某欄位的數值範圍，就可以透過將型別轉換為『較小精度的版本』來節省記憶體空間。

```
  In
fueleco.select_dtypes('int64').describe().T ◄─── 檢視 int64 型別欄位的統計資訊
```

```
  Out
```

	count	mean	...	75%	max
city08	39101.0	18.077799	...	20.0	150.0
cityA08	39101.0	0.569883	...	0.0	145.0
co2	39101.0	72.538989	...	-1.0	847.0
co2A	39101.0	5.543950	...	-1.0	713.0
comb08	39101.0	20.323828	...	23.0	136.0
...	...	...	...	...	...
year	39101.0	2000.635406	...	2010.0	2018.0
youSaveSpend	39101.0	-3459.572645	...	-1500.0	5250.0
phevCity	39101.0	0.094703	...	0.0	97.0
phevHwy	39101.0	0.094269	...	0.0	81.0
phevComb	39101.0	0.094141	...	0.0	88.0

NumPy 中的 iinfo() 用來顯示：不同精度的整數型別可表示的**數值上下限**。從以上輸出可以看到，city08 欄位和 comb08 欄位中的最大值為 150 和 136。我們無法將這兩個欄位轉換成 int8 型別（ 編註 ：欄位中的最大值超過該型別可表示的最大值 127），但可以轉換成 int16 型別。把該欄位轉換成 int16 型別後，可以節省約 75% 的記憶體空間：

```
  In
np.iinfo(np.int8) ◄─── 顯示 int8 型別可表示的數值上下限
```

```
  Out
iinfo(min=-128, max=127, dtype=int8)
```

In

```
np.iinfo(np.int16)
```
◄── 顯示 int16 型別可表示的數值上下限

Out

```
iinfo(min=-32768, max=32767, dtype=int16)
```

In

```
fueleco[['city08', 'comb08']].info
```
◄── 查詢這兩個欄位原本佔用的記憶體空間

Out

```
<class 'pandas.core.frame.DataFrame'>
RangeIndex: 39101 entries, 0 to 39100
Data columns (total 2 columns):
 #   Column  Non-Null Count  Dtype
---  ------  --------------  -----
 0   city08  39101 non-null  int64
 1   comb08  39101 non-null  int64
dtypes: int64(2)
memory usage: 611.1 KB
```
◄── 原本佔用的記憶體空間

In

```
(fueleco
  [['city08', 'comb08']]
  .assign(city08=fueleco.city08.astype(np.int16),
          comb08=fueleco.comb08.astype(np.int16))
  .info()
)
```
┐
├◄── 將這兩個欄位的型
┘   別轉換為 int16

Out

```
<class 'pandas.core.frame.DataFrame'>
RangeIndex: 39101 entries, 0 to 39100
Data columns (total 2 columns):
```

```
 #    Column  Non-Null Count  Dtype
---   ------  --------------  -----
 0    city08  39101 non-null  int16
 1    comb08  39101 non-null  int16
dtypes: int16(2)
memory usage: 152.9 KB  ◀── 轉換型別後，佔用的記憶體空間約為原本的 25%
```

> NumPy 中有另一個 finfo()
> 函式，可用來取得浮點數型
> 別的數值範圍。

　　若想節省 object 型別欄位佔用的記憶體空間，可將它們轉換為**分類（category）型別**。但如果欄位中的**相異資料數**非常多（也稱**基數**，cardinality），那麼轉換型別帶來的效果就不太明顯。在基數少的情況下，則可以節省很多記憶體。

　　我們可用 **nunique()** 來取得 make 欄位和 model 欄位的基數。其中，model 欄位的基數較高，因此可以預期，所能節省的記憶體空間會比較少。以下將示範如何把這兩個欄位改成分類型別，並檢查記憶體的使用情況。別忘了，在取得 object 型別欄位的記憶體使用情況時，需將 **memory_usage 參數**設定為『deep』：

🖥 In

```
fueleco.make.nunique()
```

··

Out

134 ◀── make 欄位的基數為 134

```
🖵 In
```

```
fueleco.model.nunique()
```

```
Out
```

3816 ◄──── model 欄位的基數為 3816

```
🖵 In
```

```
fueleco[['make']].info(memory_usage='deep')
```

```
Out
```

```
<class 'pandas.core.frame.DataFrame'>
RangeIndex: 39101 entries, 0 to 39100
Data columns (total 1 columns):
 #   Column  Non-Null Count  Dtype
---  ------  --------------  -----
 0   make    39101 non-null  object
dtypes: object(1)
memory usage: 2.4 MB
```

```
🖵 In
```

```
(fueleco
  [['make']]                          將 make 欄位的資料型別轉為 category
  .assign(make=fueleco.make.astype('category')) ◄──┘
  .info()
)
```

```
Out
```

```
<class 'pandas.core.frame.DataFrame'>
RangeIndex: 39101 entries, 0 to 39100
Data columns (total 1 columns):
 #   Column  Non-Null Count  Dtype
---  ------  --------------  -----
 0   make    39101 non-null  category
dtypes: category(1)
memory usage: 81.6 KB  ◄──── 原始的記憶體佔用量為 2.4MB，節省了約 97%
```

```
In
```

```
fueleco[['model']].info(memory_usage='deep')
```

```
Out
```

```
<class 'pandas.core.frame.DataFrame'>
RangeIndex: 39101 entries, 0 to 39100
Data columns (total 1 columns):
 #   Column  Non-Null Count  Dtype
---  ------  --------------  -----
 0   model   39101 non-null  object
dtypes: object(1)
memory usage: 2.5 MB
```

```
In
```

```
(fueleco
  [['model']]
  .assign(model=fueleco.model.astype('category'))  ◀──┐
                                    將 model 欄位的資料型別轉為 category
  .info()
)
```

```
Out
```

```
<class 'pandas.core.frame.DataFrame'>
RangeIndex: 39101 entries, 0 to 39100
Data columns (total 1 columns):
 #   Column  Non-Null Count  Dtype
---  ------  --------------  -----
 0   model   39101 non-null  category
dtypes: category(1)
memory usage: 235.3 KB  ◀── 原始的記憶體佔用量為 2.5MB，節省了約 90%
```

5.3 資料轉換與缺失值處理

DataFrame 中的資料大致上可分為日期、連續值和分類值。在本節，我們將探索如何量化和視覺化分類資料（categorical data）。

🔧 **動手做**

01 沿用先前的 fueleco 資料集，並選出 object 資料型別的欄位：

🖥 **In**

```
fueleco.select_dtypes(object).columns
```

Out

```
Index(['drive', 'eng_dscr', 'fuelType', 'fuelType1', 'make', 'model',
       'mpgData', 'trany', 'VClass', 'guzzler', 'trans_dscr', 'tCharger',
       'sCharger', 'atvType', 'fuelType2', 'rangeA', 'evMotor', 'mfrCode',
       'c240Dscr', 'c240bDscr', 'createdOn', 'modifiedOn', 'startStop'],
      dtype='object')
```

02 使用 nunique() 來取得 drive 欄位的基數（即相異資料數）：

🖥 **In**

```
fueleco.drive.nunique()
```

Out

```
7
```

03 用 sample() 來查看其中的一些項目：

```
In
fueleco.drive.sample(5, random_state=42)
```

```
Out
4217      4-Wheel ...
1736      4-Wheel ...
36029     Rear-Whe...
37631     Front-Wh...
1668      Rear-Whe...
Name: drive, dtype: object
```

04 對大多數的欄位來說，確定有多少缺失值是很重要的。在以下程式中，我們檢查出 drive 欄位有超過 1000 個缺失值，佔項目總數的 3% 左右：

```
In
fueleco.drive.isna().sum()  ◄── 取得缺失值的總數
```

```
Out
1189
```

```
In
fueleco.drive.isna().mean() * 100  ◄── 計算缺失值在 drive 欄位中所佔的百分比
```

```
Out
3.0408429451932175
```

> ✓ 小編補充　fueleco.drive.isna() 會傳回一個布林陣列（一個資料值為 True 或 False 的 Series）。其中，True 和 False 可分別視為 1 和 0。若我們在該 Series 上使用 mean()，Pandas 便會加總所有的 0 和 1，並除以整個 Series 的長度。如此一來，我們便可知道值為 1 的資料（即 True 值）在整個 Series 中的比例，進而找出缺失值所佔的百分比。

05 使用 value_counts() 來查詢欄位中每種分類的數量。該方法在預設情況下不會包含缺失值（NaN）的數量，但可以透過指定 **dropna 參數**來將 NaN 也當成是一個分類項目：

```
🖥 In
```

```
fueleco.drive.value_counts()
```

```
Out
```

```
Front-Wheel Drive              13653
Rear-Wheel Drive               13284
4-Wheel or All-Wheel Drive      6648
All-Wheel Drive                 2401
4-Wheel Drive                   1221
2-Wheel Drive                    507
Part-time 4-Wheel Drive          198
Name: drive, dtype: int64
```

之前利用 nunique() 得知 drive 欄位的基數為 7，因此此處的輸出有 7 筆項目

```
🖥 In
```

```
fueleco.drive.value_counts(dropna=False)
```

將 dropna 設定為 False，就可知道缺失值的數量

```
Out
```

```
Front-Wheel Drive              13653
Rear-Wheel Drive               13284
4-Wheel or All-Wheel Drive      6648
All-Wheel Drive                 2401
4-Wheel Drive                   1221
NaN                             1189
2-Wheel Drive                    507
Part-time 4-Wheel Drive          198
Name: drive, dtype: int64
```

← 缺失值的數量為 1189

06 如果某欄位的基數太大（如：make 欄位，共有 134 種分類），可以選擇只保留出現次數最多的前幾項分類，其他分類則歸到 Other 分類：

```
In
top_n = fueleco.make.value_counts().index[:6]  ◄─── 只保留前 6 項分類
(fueleco
    .assign(make=fueleco.make.where(
            fueleco.make.isin(top_n), 'Other'))
    .make
    .value_counts()
)
```

編註：用 where() 更改 make 欄的內容：若不是前 6 項分類則改為 Other

```
Out
Other        23211  ◄─── 其餘的分類都已歸類為 Other
Chevrolet     3900
Ford          3208
Dodge         2557
GMC           2442
Toyota        1976
BMW           1807
Name: make, dtype: int64
```

07 最後，可以使用 matplotlib 或 seaborn 函式庫來視覺化輸出結果。條形圖很適合用來展示分類資料，但對於基數較高的欄位來說，可能會有太多分類需要展示。為了解決這個問題，我們用了步驟 6 的方法來限制輸出的分類數：

```
In
import matplotlib.pyplot as plt
fig, ax = plt.subplots(figsize=(10, 8))
top_n = fueleco.make.value_counts().index[:6]
(fueleco
    .assign(make=fueleco.make.where(
            fueleco.make.isin(top_n),'Other'))
    .make
    .value_counts()
    .plot.bar(ax=ax)
)
```

◄─── 限制輸出的欄位數

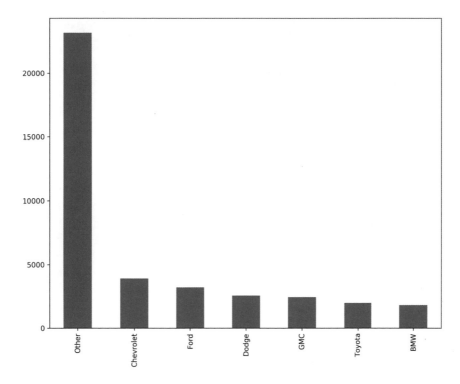

圖 5.1 將不同分類的出現次數畫成長條圖。

08 雖然可以直接使用 Pandas 來畫出圖表，但 seaborn 函式庫有許多 Pandas 不易完成的功能（後文中會有示範）。現在，先來使用 seaborn 函式庫繪製統計圖表：

🖥 In

```
import seaborn as sns
fig, ax = plt.subplots(figsize=(10, 8))
top_n = fueleco.make.value_counts().index[:6]
sns.countplot(y='make',
    data=(fueleco
        .assign(make=fueleco.make.where(
                fueleco.make.isin(top_n),
                'Other'))
    )
)
```

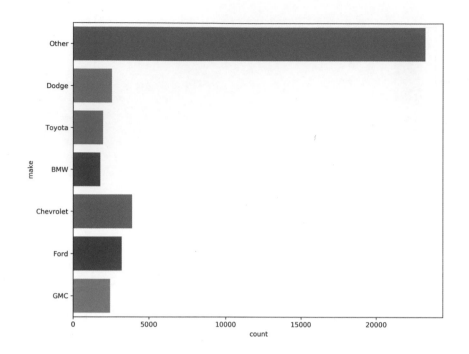

圖 5.2 利用 Seaborn 函式庫將不同分類的出現次數畫成長條圖。

　　有些欄位的型別雖然是 object，但不代表裡面儲存的是分類值。在此資料集中，rangeA 欄位的資料型別為 object，但當我們用 value_counts() 來進行檢查時，會發現它實際上是數值型別的欄位。由於某些資料中有斜線（/）和破折號（-），而 Pandas 不知道如何將這些值轉換為數值，因此便將欄位的資料型別設定為 object。

```
In
fueleco.rangeA.value_counts()
```

```
Out
290        74
270        56
280        53
310        41
```

```
277        38
            ..
286         1
340-350     1  ←── 資料中包含了 '-'
303         1
337/501     1  ←── 資料中包含了 '/'
301         1
Name: rangeA, Length: 216, dtype: int64
```

還有另一種方法可用來找出有問題的字串，就是將 str.extract() 搭配**常規表達式**來使用：

🖥 **In**

```
(fueleco.rangeA.str.extract(r'([^0-9.])')  ←── 編註：在每筆資料中，用 extract()
    .dropna()                                    萃取出非數字 / 句點的文字片段
    .apply(lambda row: ''.join(row), axis=1)  ←── 編註：在每筆資料中，將各文
    .value_counts())                              字片段合併成字串
```
....

Out

```
/    280
-     71
dtype: int64
```

換句話說，rangeA 實際上具有兩種型別的資料：**浮點型別**與**字串型別**。由於 object 型別可以同時表示不同型別的資料，因此 Pandas 將 rangeA 看作是 object 型別欄位。其中，缺失值以浮點數的形式進行儲存，而非缺失值則以字串的形式來儲存：

🖥 **In**

```
set(fueleco.rangeA.apply(type))  ←── 查看 rangeA 欄位內的資料型別
```
....

Out

```
{float, str}
```

根據 fueleconomy.gov 網站的說明，rangeA 中的值表示雙燃料汽車
（燃料類型包括：E85、電力、CNG 和 LPG）中，第二種燃料的範圍。我
們可以用 Pandas 將缺失值替換為零，用斜線（/）代替破折號（-）。針對有
斜線的項目，由於其內容為兩個數值，因此做法則是取平均值：

```
In
(fueleco
  .rangeA
  .fillna('0')
  .str.replace('-', '/')
  .str.split('/', expand=True)
  .astype(float)
  .mean(axis=1)
)
```

```
Out
0          0.0
1          0.0
2          0.0
3          0.0
4          0.0
          ...
39096      0.0
39097      0.0
39098      0.0
39099      0.0
39100      0.0
Length: 39101, dtype: float64
```

我們還可以對數值型別欄位分組，進而將它們轉換為分類欄位。Pandas 有兩個強大的函式可用來實現這個目標：cut() 和 qcut()。我們可以用 cut() 把其中的資料分成數等份，或指定每一份的區間大小。在以下程式中，我們將 rangeA 中的資料分成 10 等份：

```
In
(fueleco
  .rangeA
  .fillna('0')
  .str.replace('-', '/')
  .str.split('/', expand=True)
  .astype(float)
  .mean(axis=1)
  .pipe(lambda ser_: pd.cut(ser_, 10))  ◄── 將資料分成 10 等份
  .value_counts()
)
```

```
Out
(-0.45, 44.95]      37688
(269.7, 314.65]       559
(314.65, 359.6]       352
(359.6, 404.55]       205
(224.75, 269.7]       181
(404.55, 449.5]        82
(89.9, 134.85]         12
(179.8, 224.75]         9
(44.95, 89.9]           8
(134.85, 179.8]         5
dtype: int64
```

另外，qcut() 會將項目切成大小相同或相近的**區段**（bin）。由於 rangeA 欄位呈現嚴重的**偏移**（skewed），即其中的大多數項目為 0，而我們無法將 0 量化到多個區段（區段的邊界範圍不可重複），因此程式會出現錯誤。

```
🖥 In
(fueleco
  .rangeA
  .fillna('0')
  .str.replace('-', '/')
  .str.split('/', expand=True)
  .astype(float)
  .mean(axis=1)
  .pipe(lambda ser_: pd.qcut(ser_, 10))
  .value_counts()
)
```

Out

```
Traceback (most recent call last):
...
ValueError: Bin edges must be unique: array([ 0. ,   0. ,   0. ,   0. ,   0.
,   0. ,   0. ,   0. ,   0. ,   0. , 449.5]).
```

🖥 In
```
(fueleco
  .city08   ◀── 換一個適合的欄位
  .pipe(lambda ser: pd.qcut(ser, q=10))
  .value_counts())
```

Out

```
(5.999, 13.0]      5939
(19.0, 21.0]       4477
(14.0, 15.0]       4381
(17.0, 18.0]       3912
(16.0, 17.0]       3881
(15.0, 16.0]       3855
(21.0, 24.0]       3676
(24.0, 150.0]      3235
(13.0, 14.0]       2898
(18.0, 19.0]       2847
Name: city08, dtype: int64
```

5.4 檢視連續資料的分佈狀況

連續資料的廣義定義是數值資料（整數或浮點數）。分類資料與連續資料之間存在一些灰色地帶。例如，小學年級可以表示為數字（連續資料），也可以用字串（分類資料）來表示。在本節，我們將檢視 fueleco 資料集中連續資料的欄位。

🔧 動手做

01 首先，篩選出數值型別的欄位：

```
In
fueleco.select_dtypes('number')
```

```
Out
```

	barrels08	barrelsA08	...	phevHwy	phevComb
0	15.695714	0.0	...	0	0
1	29.964545	0.0	...	0	0
2	12.207778	0.0	...	0	0
3	29.964545	0.0	...	0	0
4	17.347895	0.0	...	0	0
...	...	...	...	...	...
39096	14.982273	0.0	...	0	0
39097	14.330870	0.0	...	0	0
39098	15.695714	0.0	...	0	0
39099	15.695714	0.0	...	0	0
39100	18.311667	0.0	...	0	0

02 檢視資料樣本會讓我們知道特定值的意義。我們可以用 sample() 來檢視 city08 欄位的其中 5 筆項目。該欄位列出了在城市中開車時，每一加侖油可行駛的英里數：

```
🖥 In
fueleco.city08.sample(5, random_state=42)
..................................................................................................

Out
4217      11
1736      21
36029     16
37631     16
1668      17
Name: city08, dtype: int64
```

03 別忘了，在對欄位進行運算時，Pandas 會自動忽略缺失值。因此，我
們需先知道欄位中是否有缺失值，並計算缺失值所佔的百分比：

```
🖥 In
fueleco.city08.isna().sum()
..................................................................................................

Out
0  ◄── 該欄位中沒有缺失值
```

```
🖥 In
fueleco.city08.isna().mean() * 100
..................................................................................................

Out
0.0
```

04 確定沒有缺失值後，便可使用 describe() 取得 city08 欄位的摘要統計訊
息。我們可檢查傳回結果中的最小值和最大值，以確認它們是有意義
的。舉例來說，如果 city08 欄位裡的最小值是負值，代表資料可能出了
問題。describe() 傳回的四分位數還會透露資料的**偏移程度**。它們是反
映資料趨勢的可靠指標，不受**離群值**（outlier）的影響：

> 🖥 **In**

```
fueleco.city08.describe()
```

....

> **Out**

```
count     39101.00...
mean        18.077799
std          6.970672
min          6.000000
25%         15.000000
50%         17.000000
75%         20.000000
max        150.000000
Name: city08, dtype: float64
```

---

05 繪製直方圖來視覺化輸出結果：

> 🖥 **In**

```
import matplotlib.pyplot as plt
fig, ax = plt.subplots(figsize=(10, 8))
fueleco.city08.hist(ax=ax)
```

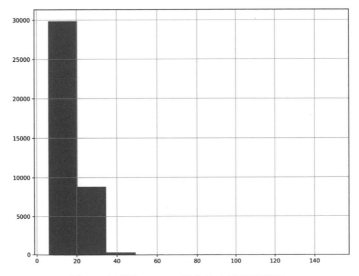

圖 5.3 視覺化 city08 欄位的資料分佈狀況。

06 這個直方圖有嚴重的偏移問題,因此我們嘗試增加區段的數量,以查
看該偏移是否隱藏了某些資訊:

```
🖥 In

import matplotlib.pyplot as plt
fig, ax = plt.subplots(figsize=(10, 8))
fueleco.city08.hist(ax=ax, bins=30) ◄─── 將區段的數量增加到 30
```

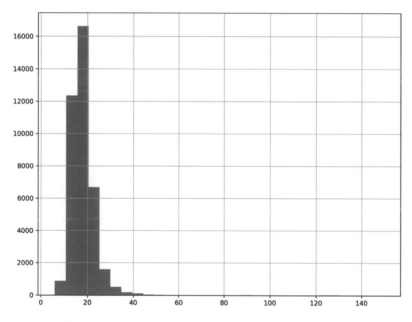

圖 5.4 增加 bin 的數目後所畫出的直方圖。

07 最後,使用 seaborn 建立**分佈圖** (distribution plot),其中包括直方
圖、**核密度估計** (kernel density estimation,KDE) 和 rug 圖:

```
🖥 In

fig, ax = plt.subplots(figsize=(10, 8))
sns.distplot(fueleco.city08, rug=True, ax=ax)
```

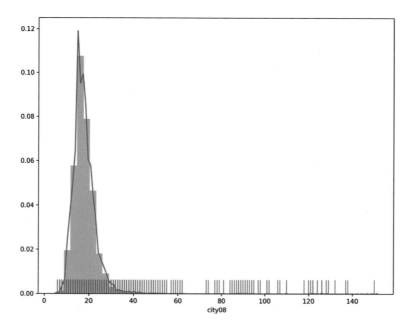

圖 5.5 使用 seaborn 建立分佈圖。

⚠️ 另外要注意的是**無限值**（infinite values），包括了正無限大或負無限大。city08 欄位中並沒有無限值，否則可能會導致某些數學運算或繪圖失敗。如果資料集中存在無限值，就要想辦法處理它們，而一般的做法是直接賦予正負無限值一個數值，或直接刪除它們。

了解更多

在 Seaborn 函式庫中，有許多對連續資料做摘要統計的選項。除步驟 7 的 distplot() 外，還有一些用於建立**箱形圖**（box plots）、**Boxen 圖**和**小提琴圖**（violin plots）的函式。

Boxen 圖是強化版的箱形圖。它原先是由設計 R 語言的人員所創建，並取名為**字母值圖**（letter value plot）。Seaborn 在引入同樣的統計圖時，則把它改名為 Boxen。關於 Boxen 圖的更多細節，讀者可參考 Seaborn 的官方文件（https://seaborn.pydata.org/generated/seaborn.boxenplot.html）。

小提琴圖基本上是一個直方圖，但會將直方圖映射（翻轉）到下側（見圖 5.6）。如果上側的直方圖是**雙峰分佈**的，則映射後看起來就像是小提琴，因此而得名。下面是 3 種圖的範例：

```
In
fig, axs = plt.subplots(nrows=3, figsize=(10, 8))
sns.boxplot(fueleco.city08, ax=axs[0])
sns.violinplot(fueleco.city08, ax=axs[1])    ← 分別畫出上文介紹的 3 種圖形
sns.boxenplot(fueleco.city08, ax=axs[2])
```

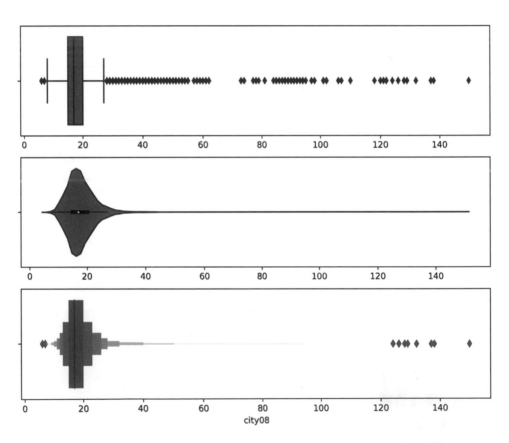

圖 5.6 利用 Seaborn 畫出箱形圖（上圖）、小提琴圖（中圖）及 Boxen 圖（下圖）。

想確認手上的資料是否呈**常態分佈**，可以使用 **SciPy 函式庫**並透過數字和視覺化圖形來量化資料。

Kolmogorov-Smirnov 檢驗法可以評估某個資料分佈是否為常態。它會提供一個 p 值，如果該值小於 0.05，則代表資料不是常態分佈：

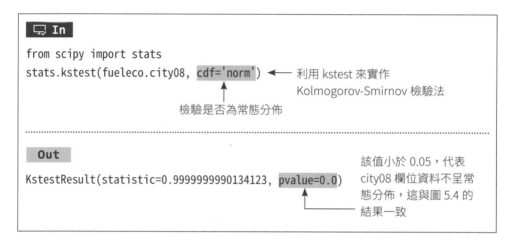

```
In
from scipy import stats
stats.kstest(fueleco.city08, cdf='norm')   ← 利用 kstest 來實作
                                               Kolmogorov-Smirnov 檢驗法
                    ↑
               檢驗是否為常態分佈
```

```
Out
KstestResult(statistic=0.9999999990134123, pvalue=0.0)
```
該值小於 0.05，代表 city08 欄位資料不呈常態分佈，這與圖 5.4 的結果一致

除此之外，我們也可以畫出**機率圖**（probability plot）來知道資料是否呈常態分佈。如果資料點沿著圖中的**常態線**（normal line）分佈，則代表資料是常態分佈的。

```
In
from scipy import stats
fig, ax = plt.subplots(figsize=(10, 8))
stats.probplot(fueleco.city08, plot=ax)
```

```
Out
((array([-4.1352692 , -3.92687024, -3.81314873, ...,  3.81314873,
          3.92687024,  4.1352692 ]),
  array([  6,    6,    6, ..., 137, 138, 150], dtype=int64)),
 (5.385946629915974, 18.077798521776934, 0.772587941459713))
```

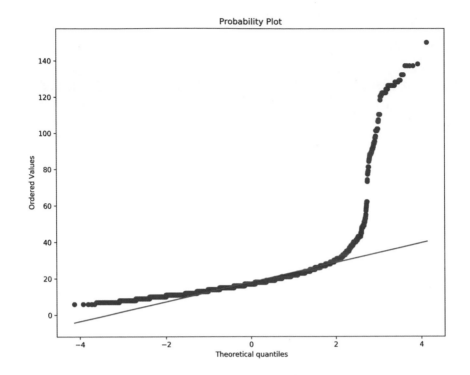

圖 5.7 利用常態線來確認資料是否呈常態分佈（ 編註 ：由於圖中的資料點不沿著常態線分佈，代表 city08 欄位的資料不呈常態分佈）。

5.5 檢視不同分類的資料分佈

　　前一節討論了如何檢視單一欄位的連續資料分佈。本節會示範如何比較不同分類中各自的連續資料分佈。我們將研究不同汽車品牌（Ford、Honda、Tesla 及 BMW）的里程數分佈：

🔧 **動手做**

01 利用 make（品牌）欄篩選出我們想進行比較的 4 種汽車品牌，然後透過 groupby() 查看 city08 欄位（**編註**：內存有里程數的資料）中，不同汽車品牌的平均值和標準差。如果不同品牌的統計資訊有所差異，則表明這些品牌具有不同的特性。集中趨勢（平均值或中位數）和變異數（或標準差）是適合用來比較資料的標準：

🖥 **In**

```
mask = fueleco.make.isin(['Ford', 'Honda', 'Tesla', 'BMW'])
fueleco[mask].groupby('make').city08.agg(['mean', 'std'])
```

Out

	mean	std
make		
BMW	17.817377	7.372907
Ford	16.853803	6.701029
Honda	24.372973	9.154064
Tesla	92.826087	5.538970

02 用 seaborn 將不同汽車品牌的里程數資訊畫成箱形圖。我們可以看到，Honda 中大部分樣本的里程數比 BMW 和 Ford 都高，但它的變異數較大。Tesla 的里程數則比其他所有品牌都高，而且變異量是最小的：

🖥 **In**

```
g = sns.catplot(x='make', y='city08',
                data=fueleco[mask], kind='box')
```

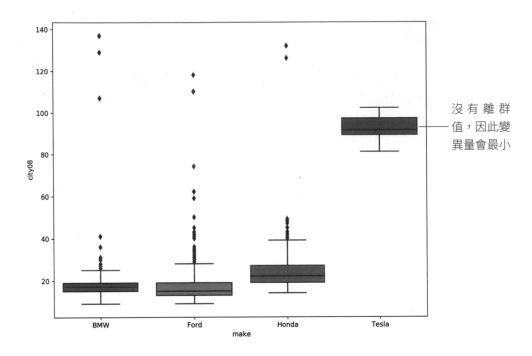

沒有離群值，因此變異量會最小

圖 5.8 不同汽車品牌的箱形圖。

　　儘管箱形圖顯示了資料的分佈情況，但無法從中得知每個品牌的樣本數。在進行檢查前，我們可能會認為每個箱形圖是由相同數量的樣本所構成，但使用 count() 後會發現事實並非如此：

```
In
mask = fueleco.make.isin(['Ford', 'Honda', 'Tesla', 'BMW'])
fueleco[mask].groupby('make').city08.count()
```

```
Out
make
BMW      1807
Ford     3208
Honda     925
Tesla      46
Name: city08, dtype: int64
```

此外，我們也可在箱形圖上繪製 Swarm 圖（ **編註**：類似散佈圖，但資料點不會重疊）：

```
🖥 In
g = sns.catplot(x='make', y='city08',
                data=fueleco[mask], kind='box')
sns.swarmplot(x='make', y='city08', data=fueleco[mask], color='k', size=1, ax=g.ax)
```

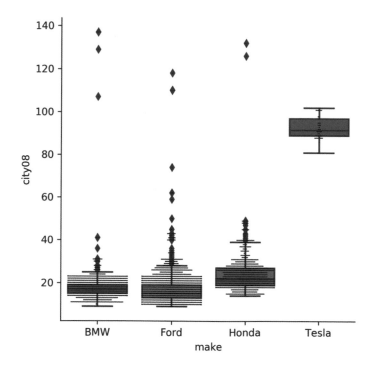

圖 5.9 使用 Seaborn 在箱形圖上繪製 Swarm 圖。

以上範例只顯示了兩個維度，即城市里程數和品牌，我們可以在圖中增加更多維度。底下使用 **col 參數**新增一個出廠年份的維度，並將不同年份的資料以獨立圖表展示：

```
In

g = sns.catplot(x='make', y='city08',
                data=fueleco[mask], kind='box',
                col='year', col_order=[2012, 2014, 2016, 2018],
                col_wrap=2)
```

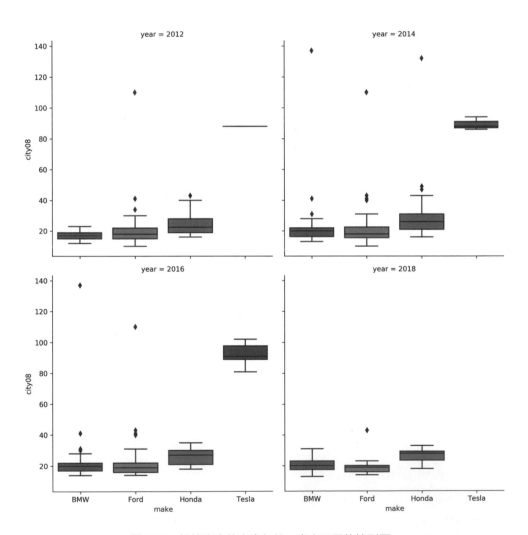

圖 5.10 根據汽車的出廠年份，畫出不同的箱形圖。

另外，還可以使用 **hue 參數**將新維度（即汽車的出廠年份）嵌入到同一圖形中：

```
⬚ In
g = sns.catplot(x='make', y='city08',
                data=fueleco[mask], kind='box',
                hue='year', hue_order=[2012, 2014, 2016, 2018])
```

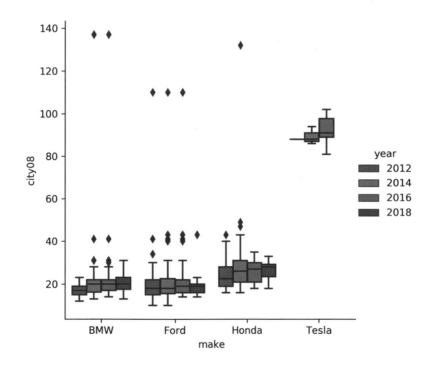

圖 5.11 將新維度（汽車的出廠年份）嵌入同一圖形中，並用顏色加以區分。

如果是在 Jupyter Notebook 中，則可以使用 style.background_gradient() 設定輸出值的樣式，進而凸顯極端值（ **編註**：顏色越深越極端）：

```
mask = fueleco.make.isin(['Ford', 'Honda', 'Tesla', 'BMW'])
(fueleco
  [mask]
  .groupby('make')
  .city08
  .agg(['mean', 'std'])
  .style.background_gradient(cmap='RdBu', axis=0)
)
```

	mean	std
make		
BMW	17.8174	7.37291
Ford	16.8538	6.70103
Honda	24.373	9.15406
Tesla	92.8261	5.53897

圖 5.12 透過設定輸出結果的樣式, 凸顯平均值和標準差欄位中的最大值及最小值。

5.6 比較連續欄位間的關聯性

評估兩個連續欄位的關聯性是迴歸分析的根本。如果有兩個高度相關的欄位, 通常可以把其中一個欄位視為多餘的, 進而將之刪除。在本節, 我們將分析成對的連續欄位。

🔧 動手做

01 如果兩個欄位的**測量尺度** (scale) 相同, 可檢視它們的**共變異數** (covariance)。共變異數越大, 代表兩個欄位間的的相關性越高:

```
In
fueleco.city08.cov(fueleco.highway08)
```

利用 cov() 計算 city08 和 highway08 的共變異數

```
Out
46.33326023673625
```

```
In
fueleco.city08.cov(fueleco.comb08)
```
計算 city08 和 comb08 的共變異數

```
Out
47.41994667819079
```

```
In
fueleco.city08.cov(fueleco.cylinders)
```
計算 city08 和 cylinders 的共變異數

```
Out
-5.931560263764761
```

02 查看兩個欄位之間的**皮爾遜相關性**（Pearson correlation）。皮爾遜相關係數介於 -1 和 1 之間，數字越高，代表相關性越高：

```
In
fueleco.city08.corr(fueleco.highway08)
```

```
Out
0.932494506228495
```
city08 欄位與 highway08 欄位之間有很強的相關性

```
□✓ In
```

```
fueleco.city08.corr(fueleco.cylinders)
```

```
Out
```

-0.701654842382788 ◀━━━ city08 欄位與 cylinders 欄位之間的相關性很低

03 接著，用**熱圖**（heatmap）來視覺化這些相關性。熱圖是查看總體相關性的好方法，我們可以檢視最藍與最紅的區塊，進而找到相關性最高與最低的欄位：

```
□✓ In
```

```
import seaborn as sns
fig, ax = plt.subplots(figsize=(8,8))
corr = fueleco[['city08', 'highway08', 'cylinders']].corr()
mask = np.zeros_like(corr, dtype=np.bool)       將 vmin 和 vmax 參數分別設置
mask[np.triu_indices_from(mask)] = True         為 -1 和 1，以便正確著色
sns.heatmap(corr, mask=mask,
            fmt='.2f', annot=True, ax=ax, cmap='RdBu', vmin=-1, vmax=1,
            square=True)
```

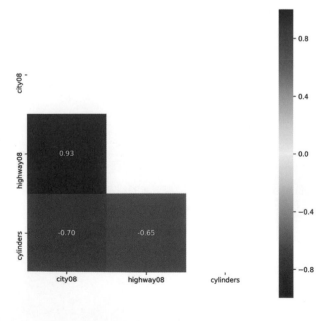

圖 5.13 用熱圖來視覺化相關性，藍色越深的地方代表相關性越高，紅色越深的地方代表相關性越低。

04 利用 Pandas 製作**散佈圖**（scatter plot），視覺化連續變數之間的關係：

☐ In

```
fig, ax = plt.subplots(figsize=(8,8))
fueleco.plot.scatter(x='city08', y='highway08', alpha=.1, ax=ax)
```

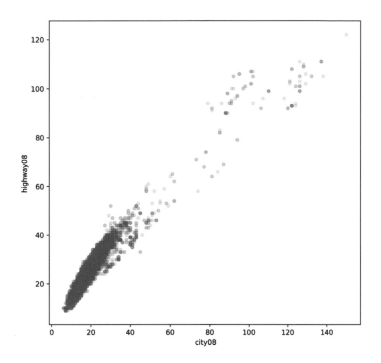

圖 5.14 繪製散佈圖來觀察在城市和高速公路上行駛汽車時，每加侖汽油可行駛的里程數。

☐ In

```
fig, ax = plt.subplots(figsize=(8,8))
fueleco.plot.scatter(x='city08', y='cylinders', alpha=.1, ax=ax)
```

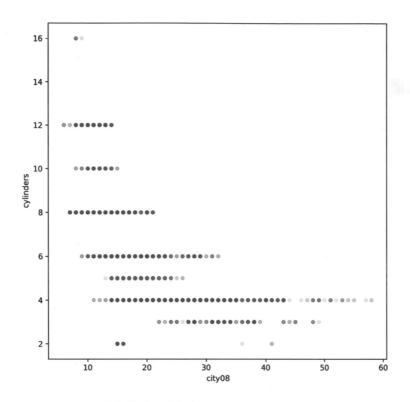

圖 5.15　繪製散佈圖來觀察 city08 與 cylinders 之間的關係。

05 在 cylinders（氣缸數）與 city08（里程數）的關係圖上，無法呈現里程
數值較高的樣本（在圖 5.15 中，x 軸大於 60 的部分）。這是因為這些
汽車往往是電動的，沒有汽缸（即 cylinders 欄位的值為缺失值）。我們
將透過用 0 代替缺失值來解決此問題：

```
🖥 In
fueleco.cylinders.isna().sum()  ◀── 找出 cylinders 欄位中的缺失值數量
```

```
Out
145
```

```
🖥 In
fig, ax = plt.subplots(figsize=(8,8))
(fueleco                                        ┌── 用 0 來代替缺失值
 .assign(cylinders=fueleco.cylinders.fillna(0))
 .plot.scatter(x='city08', y='cylinders', alpha=.1, ax=ax))
```

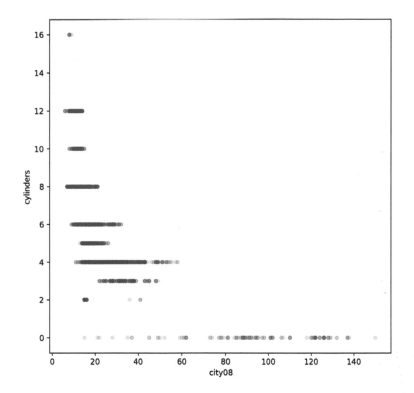

圖 5.16 利用散佈圖來觀察里程數（city08）和氣缸數
（cylinders）之間的關係，若氣缸數為缺失值，則用 0 來代替。

06 用 Seaborn 在散佈圖中加入迴歸線：

```
🖥 In
res = sns.lmplot(x='city08', y='highway08', data=fueleco)
```

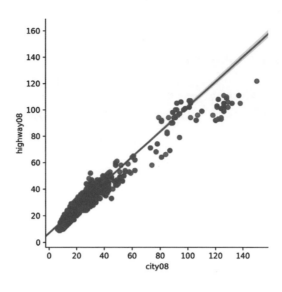

圖 5.17 在散佈圖中加入迴歸線。

在比較具有相關性的多個連續欄位時,共變異數非常有用。相關性具有**測量尺度不變性**(scale-invariant),而共變異數沒有。如果比較 city08 與兩倍的 Highway08,則它們具有相同的相關性,但是共變異數會有變化。

```
🖵 In
fueleco.city08.corr(fueleco.highway08 * 2)
```

```
Out
0.932494506228495 ◄── 和步驟 2 的結果相同
```

```
🖵 In
fueleco.city08.cov(fueleco.highway08 * 2)
```

```
Out
92.6665204734725 ◄── 是步驟 1 結果的兩倍
```

　　如果有更多要比較的變數，你可以在散佈圖增加更多維度。底下用
relplot() 按照年份進行著色，並根據汽車消耗的油桶數（barrels08 欄位）來
決定資料點的大小。現在，進行比較的變數已經從 2 增加到 4 了。

```
🖥 In
res = sns.relplot(x='city08', y='highway08',
                data=fueleco.assign(
                    cylinders=fueleco.cylinders.fillna(0)),
                hue='year', size='barrels08', alpha=.5, height=8)
```

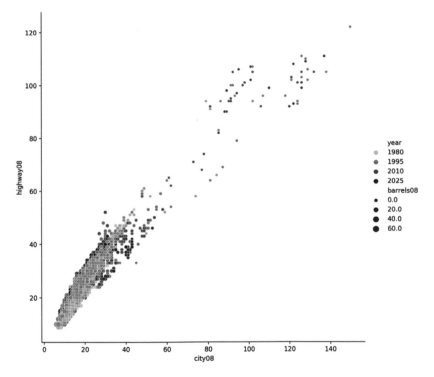

圖 5.18 以上的散佈圖利用顏色和資料點大小，
來區分里程數和消耗的油桶數。

　　請注意，我們還可以利用 **hue 參數**來加入新的比較變數，並根據欄位
中的不同資料來畫出多張圖：

```
In
res = sns.relplot(x='city08', y='highway08',
                  data=fueleco.assign(
                      cylinders=fueleco.cylinders.fillna(0)),
                  hue='year', size='barrels08', alpha=.5, height=8)
```

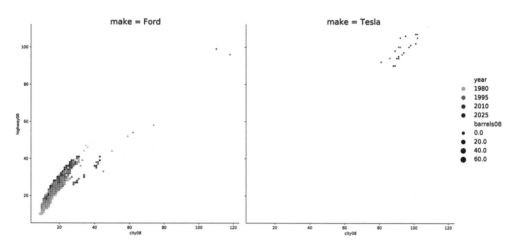

圖 5.19 我們將汽車的出廠年份以顏色區分、汽車消耗的油桶數
以資料點的大小區分。最後，根據汽車的品牌來畫出兩張散佈圖。

　　皮爾遜相關性主要是在顯示線性關係的強度。如果兩個連續值欄位不
具有線性關係，則改用**斯皮爾曼等級相關係數**（Spearman correlation）。
這個係數也是從 -1 到 1，可檢測關係是否為單調（monotonic）（並且不假定
關係為線性）。它是使用每個數字的**等級**（rank），而不是數字本身來計算。
如果不確定各欄位之間是否為線性關係，則這是更好的指標。

```
In
fueleco.city08.corr(fueleco.barrels08, method='spearman')
```

```
Out
-0.9743658646193255
```

5.7 比較分類欄位的關聯性

　　本節的重點將放在如何處理多個分類欄位。記住，我們可以把欄位中的連續值分成多個區間，進而將連續欄位轉換為分類欄位。底下就來研究看看汽車的品牌和車種欄位（make 和 VClass）。

🔧 動手做

01　首先，降低汽車品牌和車種的基數。我們定義了一個 generalize() 函式將 VClass 欄位（存有車種資訊）的資料限制在 6 類，並存放在 SClass 中。該函式對於清理資料很有用，將來讀者在進行資料分析時，可以參考這個函式。另外，此處僅針對 Ford，Tesla，BMW 和 Toyota 這 4 個汽車品牌的資料進行處理：

```
🖥 In
def generalize(ser, match_name, default): ◀──┐
                3 個參數分別為：原始車種、車種轉換的對照表、不在對照表時的預設轉換值

    seen = None ◀── 用來記錄是否已轉換過
    for match, name in match_name: ◀──┐
                ──走訪對照表（當車種字串中包含 match 時，就要轉換為 name）

        mask = ser.str.contains(match) ◀──┐
                    檢查每一列的車種字串中是否包含 match

        if seen is None: ─┐
            seen = mask   │
        else:             ├── 記錄每一列是否已轉換過
            seen |= mask ─┘
        ser = ser.where(~mask, name) ◀── 針對符合的列進行車種轉換
    ser = ser.where(seen, default) ◀── 將未轉換過的車種全部轉換為預設轉換值
    return ser
```

```
makes = ['Ford', 'Tesla', 'BMW', 'Toyota']
data = (fueleco
    [fueleco.make.isin(makes)]  ← 針對 makes 串列中的汽車品牌進行處理
    .assign(SClass=lambda df_: generalize(df_.VClass,  ← 針對 VClass 欄位進行處理
    [('Seaters', 'Car'), ('Car', 'Car'), ('Utility', 'SUV'),
     ('Truck', 'Truck'), ('Van', 'Van'), ('van', 'Van'),
     ('Wagon', 'Wagon')],
    'other'))  ← 編註：若車種不在上表，則對應到 other
)
```

編註：車種轉換對照表：將車種對應到新的值

02 總結每個汽車品牌中，不同車種的數量：

In

```
data.groupby(['make', 'SClass']).size().unstack()
```

Out

SClass make	Car	SUV	...	Wagon	other
BMW	1557.0	158.0	...	92.0	NaN
Ford	1075.0	372.0	...	155.0	234.0
Tesla	36.0	10.0	...	NaN	NaN
Toyota	773.0	376.0	...	132.0	123.0

03 我們也可以用 crosstab() 來取代步驟 2 的串連呼叫：

```
In
```
```
pd.crosstab(data.make, data.SClass)
```

索引標籤　　欄位名稱

```
Out
```

SClass	Car	SUV	...	Wagon	other
make					
BMW	1557	158	...	92	0
Ford	1075	372	...	155	234
Tesla	36	10	...	0	0
Toyota	773	376	...	132	123

04 同時，你還可以增加更多的維度，例如將索引標籤層級增加為兩項（year 和 make），欄位名稱層級同樣增加為兩項（SClass 和 VClass）：

```
In
```
```
pd.crosstab([data.year, data.make], [data.SClass, data.VClass])
```

```
Out
```

	SClass	Car		...	other	
	VClass	Compact Cars	Large Cars	...	Special Purpose Vehicle 4WD	Special Purpose Vehicles
year	make					
	BMW	6	0	...	0	0
1984	Ford	33	3	...	21	6
	Toyota	13	0	...	3	2
1985	BMW	7	0	...	0	0
	Ford	31	2	...	9	6
...	...	...	...	...	...	...
2017	Tesla	0	8	...	0	0
	Toyota	3	0	...	0	0
	BMW	37	12	...	0	0
2018	Ford	0	0	...	0	0
	Toyota	4	0	...	0	0

05 使用 Cramér's V (https://stackoverflow.com/questions/46498455/
categorical-featurescorrelation/46498792#46498792) 來計算 2 個欄
位的相關性：

🖥 **In**

```python
import scipy.stats as ss
import numpy as np
def cramers_v(x, y):    ◀── 用來定義 Cramér's V 的函式
    confusion_matrix = pd.crosstab(x,y)
    chi2 = ss.chi2_contingency(confusion_matrix)[0]
    n = confusion_matrix.sum().sum()
    phi2 = chi2/n
    r,k = confusion_matrix.shape
    phi2corr = max(0, phi2-((k-1)*(r-1))/(n-1))
    rcorr = r-((r-1)**2)/(n-1)
    kcorr = k-((k-1)**2)/(n-1)
    return np.sqrt(phi2corr/min((kcorr-1),(rcorr-1)))
cramers_v(data.make, data.SClass)    ◀── 計算 make 欄位和 SClass 欄位的相關性
```

....

Out

```
0.2859720982171866
```

我們也可以改成呼叫 data.make.corr() 並傳入剛剛定義的 cramers_v() 函式，
得到的結果是一樣的：

🖥 **In**

```python
data.make.corr(data.SClass, cramers_v)
```

....

Out

```
0.2859720982171866
```

---

06 用**長條圖**（bar plot）來視覺化步驟 3 輸出的**交叉表**（cross tabulation）：

> 🖥 **In**

```
fig, ax = plt.subplots(figsize=(10,8))
(data.pipe(lambda df_: pd.crosstab(df_.make, df_.SClass))
    .plot.bar(ax=ax)
)
```

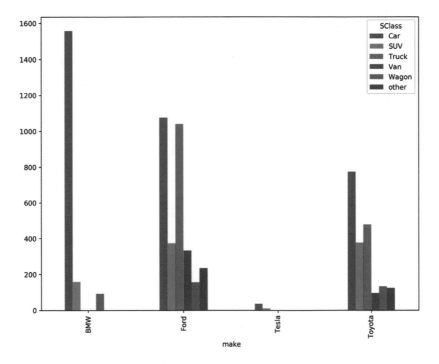

圖 5.20 繪製長條圖來呈現交叉表的資訊。

07 用 Seaborn 的長條圖來視覺化交叉表：

> 🖥 **In**

```
res = sns.catplot(kind='count', x='make', hue='SClass', data=data)
```

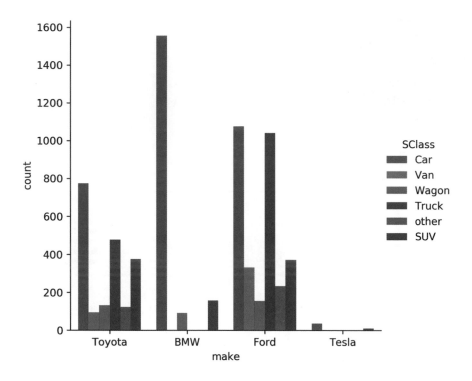

圖 5.21　用 seaborn 來視覺化交叉表的資訊。

08 透過標準化交叉表並製作堆疊條形圖，將各車種的相對大小視覺化：

```
fig, ax = plt.subplots(figsize=(10,8))
(data
 .pipe(lambda df_: pd.crosstab(df_.make, df_.SClass))
 .pipe(lambda df_: df_.div(df_.sum(axis=1), axis=0))
 .plot.bar(stacked=True, ax=ax)
)
```

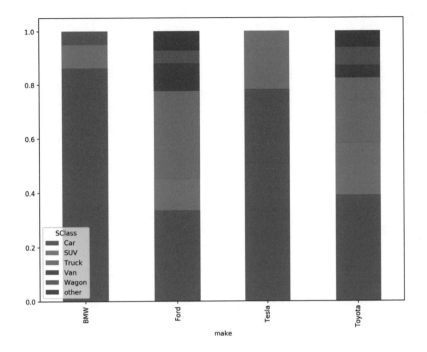

圖 5.22　使用堆疊的條形圖，把各車種的相對大小視覺化。

5.8 使用 Profiling 函式庫建立摘要報告

Pandas 的 Profiling 函式庫（https://pandas-profiling.github.io/pandas-profiling/docs/）可為每個欄位建立摘要報告。這些報告與 describe() 的輸出類似，但包括圖表和其他描述性統計的訊息。

在本節，我們將沿用之前的資料集來示範 Profiling 函式庫。請先用 pip install pandas-profiling 來安裝該函式庫。

🔧 動手做

01 執行 ProfileReport() 來建立 fuelco 的 HTML 報告：

```
import pandas_profiling as pp
pp.ProfileReport(fuelco)
```

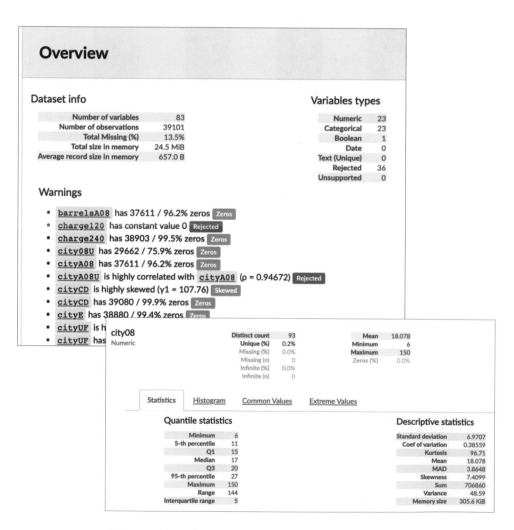

圖 5.23　利用 Profiling 函式庫建立的摘要報告。

了解更多

Profiling 函式庫可產生一個 HTML 報告。如果使用 Jupyter Note-book，它會在內部生成這個報告。如果要將此報告存成檔案，則可以使用 to_file()：

```
In
report = pp.ProfileReport(fueleco)
report.to_file('fuel.html')
```

對於 EDA 來說，Profiling 是很好的函式庫，但需確定你理解其中的資料。因為這些大量的輸出會讓人不知所措，所以很可能會略過它，而不是去好好研究它。

MEMO

6

選取資料的子集

在 Series 或 DataFrame 中，每個資料都會被標記在 **Index 物件**中。Index 物件就是 Pandas 與 NumPy 陣列的不同之處。該物件為資料的每一列與欄位提供了有意義的**標籤**（label），讓我們可以利用這些標籤來選取資料（ **編註**：第 8 章將對 Index 物件進行更多的說明，本章只會介紹基本用法）。此外，Pandas 也可以根據列與欄位的**位置**來選取資料，雙重的資料選取方式（使用標籤名稱或位置）帶來了許多好處，但有時卻會造成使用者的困惑（見 6.1 節的最後）。

通過標籤或位置選取資料並非 Pandas 獨有的功能。Python 的**字典**（dictionaries）和**串列**（lists）就可以分別使用前述的兩種方法來選取資料。字典和串列對於資料選取都有精確的指示及限制：

● 字典的 key（作用類似於標籤）必須是**不可變物件**（immutable object），例如字串、整數或 tuple。

● 一次只能選取字典中的一個物件，做法是將 key 放在 [ ]，即 Python 的索引算符中。

● 若想選取串列中的元素，則必須使用**整數**（指定位置）或**切片**（slice，指定位置區間）。

Pandas 之所以好用，是因為其結合了使用整數（如：串列）和標籤（如：字典）來選取資料的能力。

6.1 選取一筆或多筆 Series 資料

除了直接使用 [ ] 外，Series 和 DataFrame 也提供了 2 種可用來選取一或多筆資料的屬性：**iloc 屬性**可用位置來選取資料，其運作方式類似於 Python 串列；而 **loc 屬性**則是用索引標籤或欄位名稱來選取資料，運作方式類似 Python 字典。接下來的範例將說明如何利用這兩種屬性來選取 Series 中的資料。

🔧 **動手做**

01 讀入大學資料集並用 [ ] 選取名為 CITY 的欄位，接著將傳回的 Series
物件存成 city 變數：

🖥 **In**

```
import pandas as pd                    指定 INSTNM 欄位為傳回 DataFrame 的索引
import numpy as np
college = pd.read_csv('data/college.csv', index_col='INSTNM')
city = college['CITY']
city
```

Out

```
INSTNM
Alabama A & M University                              Normal
University of Alabama at Birmingham              Birmingham
Amridge University                              Montgomery
University of Alabama in Huntsville              Huntsville
Alabama State University                        Montgomery
                                                       ...
SAE Institute of Technology  San Francisco      Emeryville
Rasmussen College - Overland Park               Overland...
National Personal Training Institute of Cleveland Highland...
Bay Area Medical Academy - San Jose Satellite Location  San Jose
Excel Learning Center-San Antonio South         San Antonio
Name: CITY, Length: 7535, dtype: object
```

02 直接從傳回的 Series 中，用 [ ] 按照**索引標籤**來選取資料：

🖥 **In**

```
city['Alabama A & M University']
```

Out

```
'Normal'
```

03 使用 loc 屬性按索引標籤來做同樣的事情：

In

```
city.loc['Alabama A & M University']
```

Out

```
'Normal'
```

04 使用 iloc 屬性按**位置數字**來做同樣的事情：

In

```
city.iloc[0]  ◄── Alabama A & M University 的位置數字為 0
```

Out

```
'Normal'
```

05 將包含多個索引標籤的串列放進 [ ] 中，就可以同時選取多筆資料。請注意，利用串列選取資料將傳回 Series，而非純量值：

In

```
city[['Alabama A & M University', 'Alabama State University']]
```

Out

```
INSTNM
Alabama A & M University        Normal
Alabama State University    Montgomery
Name: CITY, dtype: object
```

06 使用 loc[ ] 來做同樣的事情：

In

```
city.loc[['Alabama A & M University', 'Alabama State University']]
```

Out

```
INSTNM
Alabama A & M University          Normal
Alabama State University     Montgomery
Name: CITY, dtype: object
```

07 再使用 iloc[ ] 來做同樣的事情,這兩所大學的位置數字分別為 0 和 4:

⌨ In

```
city.iloc[[0, 4]]
```

Out

```
INSTNM
Alabama A & M University          Normal
Alabama State University     Montgomery
Name: CITY, dtype: object
```

08 使用 [ ] 搭配標籤切片來選取多個值:

⌨ In

```
city['Alabama A & M University': 'Alabama State University']
```

     起始索引標籤   結束索引標籤

Out

```
INSTNM
Alabama A & M University                   Normal
University of Alabama at Birmingham     Birmingham
Amridge University                      Montgomery
University of Alabama in Huntsville      Huntsville
Alabama State University                Montgomery
Name: CITY, dtype: object
```

09 使用 [ ] 搭配位置切片來選取多個值：

> **In**
>
> city[0:5] ◀── 選取第 0 列起的 5 筆資料

> **Out**
>
> ```
> INSTNM
> Alabama A & M University               Normal
> University of Alabama at Birmingham    Birmingham
> Amridge University                     Montgomery
> University of Alabama in Huntsville    Huntsville
> Alabama State University               Montgomery
> Name: CITY, dtype: object
> ```

 按位置進行切片操作時，Pandas 使用的是 half-open interval，代表其傳回的資料不包含結束位置的對應值。但是，在按標籤進行切片操作時，Pandas 使用的是 closed interval，其傳回的資料將包含結束索引標籤的對應值。

10 使用 loc[ ] 搭配標籤切片來做同樣的事情：

> **In**
>
> city.loc['Alabama A & M University': 'Alabama State University']

> **Out**
>
> ```
> INSTNM
> Alabama A & M University               Normal
> University of Alabama at Birmingham    Birmingham
> Amridge University                     Montgomery
> University of Alabama in Huntsville    Huntsville
> Alabama State University               Montgomery
> Name: CITY, dtype: object
> ```

11 使用 iloc[ ] 搭配位置切片來做同樣的事情：

```
In
```
```
city.iloc[0:5]
```

```
Out
```
```
INSTNM
Alabama A & M University                    Normal
University of Alabama at Birmingham      Birmingham
Amridge University                       Montgomery
University of Alabama in Huntsville       Huntsville
Alabama State University                 Montgomery
Name: CITY, dtype: object
```

12 接下來，我們使用 **isin()** 來判斷某大學是否位於 Birmingham 或 Montgomery，進而傳回一個布林 Series。該 Series 的長度和 city 一樣，其中各大學會對應到 True 或 False，取決於該大學的所在城市是否符合我們的條件：

```
In
```
```
alabama_mask = city.isin(['Birmingham', 'Montgomery'])
alabama_mask
```

```
Out
```
```
INSTNM
Alabama A & M University                               False
University of Alabama at Birmingham                     True
Amridge University                                      True
University of Alabama in Huntsville                    False
Alabama State University                                True
                                                        ...
SAE Institute of Technology  San Francisco             False
Rasmussen College - Overland Park                      False
National Personal Training Institute of Cleveland      False
Bay Area Medical Academy - San Jose Satellite Location False
Excel Learning Center-San Antonio South                False
Name: CITY, Length: 7535, dtype: bool
```

In

city[alabama_mask] ◄—— 用剛剛的布林 Series 篩選出對應到 True 值的大學

··

Out

INSTNM
University of Alabama at Birmingham   Birmingham
Amridge University   Montgomery
Alabama State University   Montgomery
Auburn University at Montgomery   Montgomery
Birmingham Southern College   Birmingham
                                          ...
Fortis Institute-Birmingham   Birmingham
Hair Academy   Montgomery
Brown Mackie College-Birmingham   Birmingham
Nunation School of Cosmetology   Birmingham
Troy University-Montgomery Campus   Montgomery
Name: CITY, Length: 26, dtype: object

成功篩選出了位於
Birmingham 或
Montgomery 的大學

有 26 所大學符合我們的條件

了解更多

在處理 Series 時，可以使用 Python 的 [ ] 算符來選取資料。依照選取的方式，可能會得到不同類型的輸出。如果使用純量來進行選取，將傳回純量值。如果使用串列或切片來進行選取，則將傳回一個 Series。

從範例中可以看到，直接對 Series 使用 [ ] 算符似乎是比較好的選擇，因為你可以同時按位置或標籤來選取資料。不過，建議讀者盡可能避免使用這種方式。《The Zen of Python》這篇文章就指出：Explicit is better than implicit（明確表示優於隱諱暗示），而直接對 Series 使用 [ ] 算符並不是明確的（**編註**：允許按位置或標籤來選取資料，做法不明確），請見以下的程式範例：

🖥 **In**

```
s = pd.Series([10, 20, 35, 28], index=[5,2,3,1]) ◄──┐
```
　　　　　　　　創建一個 Series，其索引標籤為整數值

```
s
```

·······································

Out

```
5 10
2 20
3 35
1 28
dtype: int64
```

🖥 **In**

```
s[0:4] ◄──── 此處是按照位置選取資料
```

·······································

Out

```
5 10
2 20
3 35
1 28
dtype: int64
```

🖥 **In**

```
s[5] ◄──── 此處是按照標籤選取資料，選取索引標籤為『5』的資料
```

·······································

Out

```
10
```

🖥 **In**

　　　　假設我們想選取位置為 1 的資料（即 20），但結果
```
s[1] ◄──
```
　　　　卻會傳回索引標籤為『1』的資料（即 28）

·······································

Out

```
28
```

從以上程式輸出可見，若你的 Series 或 DataFrame 使用整數值做為索引標籤時，會與 Python 的索引位置（也是以整數表示）產生衝突。因此，我們建議使用 loc 和 iloc 來選取資料，因為 loc 一定是以標籤進行選取；而 iloc 一定是以位置進行選取。

透過使用 loc 或 iloc，還可以直接對原始的 DataFrame 執行本節的所有範例（不用先從 college 中取出 CITY 欄位的資料，再對傳回的 Series 進行處理）。我們可以傳入一個不帶括號的 tuple，代表索引與欄位的標籤或位置：

🖥 In

```
college.loc['Alabama A & M University', 'CITY']  ◀━┓
```
　　　　　　　　　　　　　　傳入索引標籤與欄位名稱，中間以逗號進行分隔

....

Out

```
'Normal'
```

🖥 In

```
college.iloc[0, 0]  ◀━━ 傳入索引與欄位的位置數字，中間以逗號分隔
```

....

Out

```
'Normal'
```

🖥 In

```
college.loc[['Alabama A & M University', 'Alabama State University'], 'CITY']  ◀━┓
```
　　　　　　　　　　　　　　　　　　同時選取兩所大學的 CITY 欄位資料

....

Out

```
INSTNM
Alabama A & M University      Normal
Alabama State University      Montgomery
Name: CITY, dtype: object
```

📟 **In**

college.iloc[[0, 4], 0] ◄—— 透過位置選取資料，進而得到相同的輸出

....

Out

INSTNM
Alabama A & M University   Normal
Alabama State University   Montgomery
Name: CITY, dtype: object

📟 **In**

college.loc['Alabama A & M University': 'Alabama State University', 'CITY'] ◄—┐
利用索引標籤進行切片操作

....

Out

INSTNM
Alabama A & M University   Normal
University of Alabama at Birmingham   Birmingham
Amridge University   Montgomery
University of Alabama in Huntsville   Huntsville
Alabama State University   Montgomery
Name: CITY, dtype: object

📟 **In**

college.iloc[0:5, 0] ◄—— 利用位置進行切片操作

....

Out

INSTNM
Alabama A & M University   Normal
University of Alabama at Birmingham   Birmingham
Amridge University   Montgomery
University of Alabama in Huntsville   Huntsville
Alabama State University   Montgomery
Name: CITY, dtype: object

使用 loc 來進行切片操作時需格外小心：如果起始標籤的位置在結束標籤之後，則會傳回一個空的 Series，卻不會引發**例外**（exception）來提醒你：

```
In
city.loc['Alabama State University':
        'University of Alabama at Birmingham']
```

```
Out
Series([], Name: CITY, dtype: object)
```

6.2 選取 DataFrame 的列

要選取 DataFrame 中的列，最直接的方法同樣是使用 iloc 和 loc。以下的範例將說明如何使用這兩者來選取資料。

🔧 **動手做**

01 讀入大學資料集，並將 INSTNM 欄位設為索引：

```
In
college = pd.read_csv('data/college.csv', index_col='INSTNM')
college.head()
```

Out

	CITY	STABBR	...	MD_EARN_WNE_P10	GRAD_DEBT_MDN_SUPP
INSTNM					
Alabama A & M University	Normal	AL	...	30300	33888

University of Alabama at Birmingham	Birmingham	AL	...	39700	21941.5
Amridge University	Montgomery	AL	...	40100	23370
University of Alabama in Huntsville	Huntsville	AL	...	45500	24097
Alabama State University	Montgomery	AL	...	26600	33118.5

02 我們可以用 iloc[索引位置] 來取得特定的列資料：

In

```
college.iloc[0]   ◄—— 選取首列的資料
```

Out

```
CITY                 Normal
STABBR                   AL
HBCU                      1
MENONLY                   0
WOMENONLY                 0
                       ...
PCTPELL             0.7356
PCTFLOAN            0.8284
UG25ABV             0.1049
MD_EARN_WNE_P10      30300
GRAD_DEBT_MDN_SUPP   33888
Name: Alabama A & M University, Length: 26, dtype: object
```

03 我們也可用 loc[索引標籤] 來傳回與上一步相同的結果：

```
In
college.loc['Alabama A & M University']
```

```
Out
CITY                 Normal
STABBR                   AL
HBCU                      1
MENONLY                  0
WOMENONLY                0
                       ...
PCTPELL              0.7356
PCTFLOAN             0.8284
UG25ABV              0.1049
MD_EARN_WNE_P10       30300
GRAD_DEBT_MDN_SUPP    33888
Name: Alabama A & M University, Length: 26, dtype: object
```

04 如果要同時選取多個列的資料，請將不同列的位置（多個整數）以串列表示，並傳遞給 iloc：

```
In
college.iloc[[60, 99, 3]]
```

Out

INSTNM	CITY	STABBR	...	MD_EARN_WNE_P10	GRAD_DEBT_MDN_SUPP
University of Alaska Anchorage	Anchorage	AK	...	42500	19449.5
International Academy of Hair Design	Tempe	AZ	...	22200	10556
University of Alabama in Huntsville	Huntsville	AL	...	45500	24097

因為我們傳入了代表多個
列位置的整數串列，所以
會傳回一個 DataFrame。

05 將不同大學機構的名稱存進串列並傳遞給 loc，可以得到與步驟 4 相同
的 DataFrame：

```
In

labels = ['University of Alaska Anchorage',
          'International Academy of Hair Design',
          'University of Alabama in Huntsville']
college.loc[labels]
```

```
Out
```

	CITY	STABBR	...	MD_EARN_WNE_P10	GRAD_DEBT_MDN_SUPP
INSTNM					
University of Alaska Anchorage	Anchorage	AK	...	42500	19449.5
International Academy of Hair Design	Tempe	AZ	...	22200	10556
University of Alabama in Huntsville	Huntsville	AL	...	45500	24097

06 使用 iloc[切片表示法] 來選取連續的列資料：

```
college.iloc[99:102]
```

	CITY	STABBR	...	MD_EARN_WNE_P10	GRAD_DEBT_MDN_SUPP
INSTNM					
International Academy of Hair Design	Tempe	AZ	...	22200	10556
GateWay Community College	Phoenix	AZ	...	29800	7283
Mesa Community College	Mesa	AZ	...	35200	8000

07 切片表示法也可與 loc 一起使用（注意！搭配 loc 時，Pandas 使用的是 closed interval）：

```
start = 'International Academy of Hair Design'
stop = 'Mesa Community College'  ◀── 傳回結果會包含結束標籤的值
college.loc[start:stop]
```

	CITY	STABBR	...	MD_EARN_WNE_P10	GRAD_DEBT_MDN_SUPP
INSTNM					
International Academy of Hair Design	Tempe	AZ	...	22200	10556
GateWay Community College	Phoenix	AZ	...	29800	7283
Mesa Community College	Mesa	AZ	...	35200	8000

 從以上程式輸出可見，如果 [ ] 中傳遞的是單一的純量值（整數或標籤名稱），會傳回一個 Series。如果傳遞的是串列或切片，則將傳回一個 DataFrame。

6.3 同時選取 DataFrame 的列與欄位

若想同時選取列與欄位，可將列與欄位的位置（或標籤名稱）以逗號分隔的形式傳遞給 iloc 或 loc，如下所示：

🖥 In

```
df.iloc[row_idxs, column_idxs]    ◀── 傳入列與欄位的位置
df.loc[row_names, column_names]   ◀── 傳入列與欄位的標籤名稱
```

⚠ 列的資訊放在逗號左邊；欄位的資訊放在逗號右邊。

其中，row_idxs 和 column_idxs 可以是單一整數、整數串列或整數切片，而 row_names 和 column_names 可以是單一名稱、名稱串列或名稱切片（row_names 也可以是 Boolean 串列）。在下面的範例中，我們將使用 iloc 和 loc 來同時選取列和欄位。

🔧 **動手做**

01 讀入大學資料集，並將索引標籤設為 INSTNM 欄位。接著，使用切片表示法選取前 3 列和前 4 欄位的資料：

🖥 In

```
college = pd.read_csv('data/college.csv', index_col='INSTNM')
college.iloc[:3, :4]    ◀── 按位置進行選取
```

....

Out

	CITY	STABBR	HBCU	MENONLY
INSTNM				
Alabama A & M University	Normal	AL	1.0	0.0
University of Alabama at Birmingham	Birmingham	AL	0.0	0.0
Amridge University	Montgomery	AL	0.0	0.0

```
college.loc[:'Amridge University', :'MENONLY']
```

按索引標籤和欄位標籤（即欄位名稱）進行選取

Out

	CITY	STABBR	HBCU	MENONLY
INSTNM				
Alabama A & M University	Normal	AL	1.0	0.0
University of Alabama at Birmingham	Birmingham	AL	0.0	0.0
Amridge University	Montgomery	AL	0.0	0.0

02 底下分別用位置及標籤來選取 DataFrame 中的兩個欄位，並選取所有列：

In

```
college.iloc[:, [4, 6]].head()
```

選取所有列 ─── 選取位置為 4 和 6 的欄位

Out

	WOMENONLY	SATVRMID
INSTNM		
Alabama A & M University	0.0	424.0
University of Alabama at Birmingham	0.0	570.0
Amridge University	0.0	NaN
University of Alabama in Huntsville	0.0	595.0
Alabama State University	0.0	425.0

```
In
```

```
college.loc[:, ['WOMENONLY', 'SATVRMID']].head()
```

使用標籤來選取特定欄位

```
Out
```

	WOMENONLY	SATVRMID
INSTNM		
Alabama A & M University	0.0	424.0
University of Alabama at Birmingham	0.0	570.0
Amridge University	0.0	NaN
University of Alabama in Huntsville	0.0	595.0
Alabama State University	0.0	425.0

03 選取特定列和欄位的資料，進而傳回一個純量值：

```
In
```

```
college.iloc[5, -4]
```

倒數第 4 個欄位

```
Out
```

```
0.401
```

```
In
```

```
college.loc['The University of Alabama', 'PCTFLOAN']
```

```
Out
```

```
0.401
```

04 對列資料進行切片操作並選取單一欄位：

🖥 In

```
college.iloc[10:20:2, 5]
```

——— 選取位置為 5 的欄位

選取位置從 10 到 20 的列，間隔為 2

Out

```
INSTNM
Birmingham Southern College            1
Concordia College Alabama              1
Enterprise State Community College     0
Faulkner University                    1
New Beginning College of Cosmetology   0
Name: RELAFFIL, dtype: int64
```

🖥 In

```
start = 'Birmingham Southern College'
stop = 'New Beginning College of Cosmetology'
college.loc[start:stop:2, 'RELAFFIL']
```

◀—— 改用索引標籤進行選取

Out

```
INSTNM
Birmingham Southern College            1
Concordia College Alabama              1
Enterprise State Community College     0
Faulkner University                    1
New Beginning College of Cosmetology   0
Name: RELAFFIL, dtype: int64
```

了解更多

如果在 [ ] 中省略逗號及其後面的欄位選取範圍，則預設會選取所有欄位。但我們也可以在 [ ] 中用『：』來選取所有欄位，因此以下二行的效果是一樣的（ 編註 ：注意！在選取所有列時不可以省略『：』）：

```
In
college.iloc[:10]
college.iloc[:10, :]
```

6.4 混用位置與標籤來選取資料

　　有時，我們希望能混用 iloc 和 loc 的功能，同時透過位置和標籤來選取資料。在早期的 Pandas 版本中，ix 可以支援混用位置和標籤來選取資料。儘管這在特定情況下很方便，但是它常會讓人感到困惑（ 編註：若 Series 或 DataFrame 的索引標籤為整數編號，就會和整數的位置發生衝突，這個在本章稍早討論過了）。因此，ix 後來就被捨棄了。

　　在 Pandas 棄用 ix 前，可以使用 college.ix[：5, 'UGDS_WHITE'：'UGDS_UNKN'] 選取 UGDS_WHITE 到 UGDS_UNKN 欄位中的前 5 列資料（ 編註：此處同時按位置和標籤來選取資料）。新版 Pandas 已不能使用 ix，也無法直接使用 loc 或 iloc 來完成上述運算，而需要分階段地進行。以下示範如何先求出欄位的整數位置，然後再使用 iloc 來完成資料選取。

🔧 動手做

01 讀入大學資料集，並指定 INSTNM（大學機構名稱）為索引：

```
In
college = pd.read_csv('data/college.csv', index_col='INSTNM')
```

02 串連 columns 屬性和 get_loc() 求出所需欄位的整數位置。底下分別求出起始欄位和結束欄位的整數位置，以用於稍後的切片操作：

```
col_start = college.columns.get_loc('UGDS_WHITE')
```
求出 UGDS_WHITE 欄位的位置數字

```
col_end = college.columns.get_loc('UGDS_UNKN') + 1
```
求出 UGDS_UNKN 欄位的位置數字，並將傳回的結果加上 1（因為按位置選取資料時，Pandas 使用的是 half-closed interval）

```
col_start, col_end
```

Out

(10, 19)

03 使用 col_start 與 col_end，搭配 iloc 來選取資料：

In

```
college.iloc[:5, col_start:col_end]
```

Out

	UGDS_WHITE	UGDS_BLACK	...	UGDS_NRA	UGDS_UNKN
INSTNM					
Alabama A & M University	0.0333	0.9353	...	0.0059	0.0138
University of Alabama at Birmingham	0.5922	0.2600	...	0.0179	0.0100
Amridge University	0.2990	0.4192	...	0.0000	0.2715
University of Alabama in Huntsville	0.6988	0.1255	...	0.0332	0.0350
Alabama State University	0.0158	0.9208	...	0.0243	0.0137

了解更多

　　同樣的，我們也可以先使用位置數字來求出相應的標籤，然後改用 loc 來選取：

```
🖵 In
row_start = college.index[10]   ◀── 求出『位置為 10 的列』所對應到的索引標籤
row_end = college.index[15]     ◀── 求出『位置為 15 的列』所對應到的索引標籤
row_start, row_end
```

```
Out
('Birmingham Southern College', 'James H Faulkner State Community College')
```

```
🖵 In
college.loc[row_start:row_end, 'UGDS_WHITE':'UGDS_UNKN']
```

```
Out
```

INSTNM	UGDS_WHITE	UGDS_BLACK	...	UGDS_NRA	UGDS_UNKN
Birmingham Southern College	0.7983	0.1102	...	0.0000	0.0051
Chattahoochee Valley Community College	0.4661	0.4372	...	0.0000	0.0139
Concordia College Alabama	0.0280	0.8758	...	0.0466	0.0000
South University-Montgomery	0.3046	0.6054	...	0.0019	0.0326
Enterprise State Community College	0.6408	0.2435	...	0.0012	0.0069
James H Faulkner State Community College	0.6979	0.2259	...	0.0007	0.0009

若使用已廢棄的 ix 進行相同的運算，語法看起來會如下所示（Pandas 1.0 之後已不再支援 ix，因此以下程式將出現錯誤訊息）：

```
🖵 In
college.ix[10:16, 'UGDS_WHITE': 'UGDS_UNKN']
```

雖然可以串連 loc 和 iloc 來混用位置和標籤，但這樣做並不是一個好方法。除了效率較差之外，你也無法確定這一種方法傳回的是**視圖**（view）還是**拷貝**（copy），這在需要更新資料時會造成問題，還可能出現 SettingWithCopyWarning 的警告：

```
college.iloc[10:16].loc[:,'UGDS_WHITE': 'UGDS_UNKN']
```

Out

INSTNM	UGDS_WHITE	UGDS_BLACK	...	UGDS_NRA	UGDS_UNKN
Birmingham Southern College	0.7983	0.1102	...	0.0000	0.0051
Chattahoochee Valley Community College	0.4661	0.4372	...	0.0000	0.0139
Concordia College Alabama	0.0280	0.8758	...	0.0466	0.0000
South University-Montgomery	0.3046	0.6054	...	0.0019	0.0326
Enterprise State Community College	0.6408	0.2435	...	0.0012	0.0069
James H Faulkner State Community College	0.6979	0.2259	...	0.0007	0.0009

6.5 按標籤的字母順序進行切片

前幾節介紹的 loc 屬性，是根據確切的字串標籤來選取資料。不過，它也允許我們依照標籤的字母順序來選取資料，但這只在索引標籤已排序的情況下才有效。

在下面的範例中，我們會先對索引標籤進行排序，接著再用字母順序來進行切片選取。

🔧 動手做

01 讀入大學資料集，並指定 INSTNM (大學機構名稱) 為索引：

🖥 In

```
college = pd.read_csv('data/college.csv', index_col='INSTNM')
```

02 選取索引標籤在『Sp』和『Su』之間的大學：

🖥 In

```
college.loc['Sp': 'Su']
```

Out

```
Traceback (most recent call last):
...
ValueError: index must be monotonic increasing or decreasing
During handling of the above exception, another exception
occurred:
Traceback (most recent call last):
...
KeyError: 'Sp'
```

在索引未排序的狀況下，loc 只能根據傳遞給它的確切標籤來選取資料。當 DataFrame 索引中找不到這些標籤時，會觸發 KeyError 的警告。

03 現在讓我們使用 sort_index() 來排序索引標籤：

🖥 In

```
college = college.sort_index()
```

04 接著，重新執行步驟 2 的程式：

In

```
college.loc['Sp': 'Su']
```

Out

	CITY	STABBR	...	MD_EARN_ WNE_P10	GRAD_DEBT_ MDN_SUPP
INSTNM					
Spa Tech Institute-Ipswich	Ipswich	MA	...	21500	6333
Spa Tech Institute-Plymouth	Plymouth	MA	...	21500	6333
Spa Tech Institute-Westboro	Westboro	MA	...	21500	6333
Spa Tech Institute-Westbrook	Westbrook	ME	...	21500	6333
Spalding University	Louisville	KY	...	41700	25000
...	...	...	...	...	...
Studio Academy of Beauty	Chandler	AZ	...	NaN	6333
Studio Jewelers	New York	NY	...	PrivacyS...	PrivacyS...
Stylemaster College of Hair Design	Longview	WA	...	17000	13320
Styles and Profiles Beauty College	Selmer	TN	...	PrivacyS...	PrivacyS...
Styletrends Barber and Hairstyling Academy	Rock Hill	SC	...	PrivacyS...	9495.5

了解更多

　　若想選取名稱開頭為字母 D 到 S 的大學，不能使用 college.loc ['D'：'S']（這樣只會取到 S，不會包含其它 S 開頭的資料），而必須使用 college.loc['D','T']。這樣的切片是封閉（closed）的，所以會包含結束索引所對應到的資料。因此，以上程式的傳回結果會包含名稱為『T』的大學（如果有這所大學的話）。

> **小編補充** college.loc ['D'：'T'] 會包含『D、Dxx…、S、Sxx、T』，但不包含 Txx。

即使索引標籤按相反方向排序,該切片方式也能適用。你可以使用索引的 is_monotonic_increasing 或 is_monotonic_decreasing 屬性來判斷索引的排序方向。在以下的程式碼中,**我們把 ascending 參數**設成 False,將索引標籤從 Z 到 A 進行逆向排序:

🖥 **In**

```
college = college.sort_index(ascending=False)
college.index.is_monotonic_decreasing
```

Out

True

🖥 **In**

```
college.loc['E': 'B']  ⬅
```
編註:可選出『E、Dxx、D…、Bxx、B』,但不包含 Exx,因 Exx 排在 E 的前面

Out

INSTNM	CITY	STABBR	...	MD_EARN_WNE_P10	GRAD_DEBT_MDN_SUPP
Dyersburg State Community College	Dyersburg	TN	...	26800	7475
Dutchess Community College	Poughkee...	NY	...	32500	10250
Dutchess BOCES-Practical Nursing Program	Poughkee...	NY	...	36500	9500
Durham Technical Community College	Durham	NC	...	27200	11069.5
Durham Beauty Academy	Durham	NC	...	PrivacyS...	15332
...	...	...	...	...	...
Bacone College	Muskogee	OK	...	29700	26350
Babson College	Wellesley	MA	...	86700	27000
BJ's Beauty & Barber College	Auburn	WA	...	NaN	PrivacyS...
BIR Training Center	Chicago	IL	...	PrivacyS...	15394
B M Spurr School of Practical Nursing	Glen Dale	WV	...	PrivacyS...	PrivacyS...

M E M O

用布林陣列篩選
特定的資料

篩選資料是很常見的運算，Pandas 提供了許多使用**布林選取**（Boolean selection）技巧來篩選資料（或提取子集）的方法。布林選取也稱為**布林索引**（Boolean indexing），就是用**布林陣列**來篩選資料的方法。布林陣列則是由 False 或 True 所組成的陣列，而在 Pandas 中，布林陣列通常是一個**布林 Series**（一個與要進行資料篩選的 DataFrame 有著相同索引標籤的 Series，其值均為 False 或 True）。

接下來，我們會先用條件判斷式來建立布林陣列並計算其統計資訊，然後介紹如何設定更複雜的條件來建立布林陣列，最後再介紹各種使用布林陣列來過濾資料的方法。

7.1 計算布林陣列的統計資訊

計算布林陣列的基本統計資料能給我們很多有用的訊息。布林陣列中的不同值（True 或 False）分別對應到 1 或 0，因此所有處理數值的 Series 方法（method）也適用於布林陣列。

在本節的範例中，我們會先對 DataFrame 的其中一個欄位進行**條件判斷**，進而得到一個布林陣列。然後，再從中計算摘要統計資訊。

🔧 動手做

01 讀入電影資料集並設定 movie title 欄位為索引，同時列印出 duration 欄位（**編註**：記錄電影時長）前 10 列的資料：

```
💻 In

import pandas as pd
import numpy as np
movie = pd.read_csv('data/movie.csv', index_col='movie_title')
movie[['duration']].head(10)
```

Out

	duration
movie_title	
Avatar	178.0
Pirates of the Caribbean: At World's End	169.0
Spectre	148.0
The Dark Knight Rises	164.0
Star Wars: Episode VII - The Force Awakens	NaN
John Carter	132.0
Spider-Man 3	156.0
Tangled	100.0
Avengers: Age of Ultron	141.0
Harry Potter and the Half-Blood Prince	153.0

02 現在，我們想知道哪些電影的時長大於 2 小時。最簡單的做法，就是利用『>（大於）』算符對 duration 欄位進行比較（ 編註 ：duration 欄位是以**分鐘**為單位），進而傳回一個布林陣列：

In
```
movie_2_hours = movie['duration'] > 120 ←── 編註 ：除了使用『>』算符外，也可使用
movie_2_hours.head(10)                        gt() 來比較大小，詳見步驟 5
```

Out
```
movie_title
Avatar                                        True
Pirates of the Caribbean: At World's End      True
Spectre                                       True
The Dark Knight Rises                         True
Star Wars: Episode VII - The Force Awakens    False
John Carter                                   True
Spider-Man 3                                  True
Tangled                                       False
Avengers: Age of Ultron                       True
Harry Potter and the Half-Blood Prince        True
Name: duration, dtype: bool
```

該 Series 的索引與原本的 DataFrame 相同，True 代表電影時長超過 2 小時

03 由於布林陣列中的 True 和 False 分別對應到 1 和 0，因此我們可以用 sum() 算出時長超過 2 小時的電影數量：

```
🖥 In
movie_2_hours.sum()
```

```
Out
1039
```

04 若要算出時長超過 2 小時的電影所佔的百分比，請使用 mean() 並將傳回的結果乘上 100：

```
🖥 In
movie_2_hours.mean() * 100
```

```
Out
21.13506916192026
```

05 不幸的是，以上的輸出並不正確，因為 duration 欄位中**存在缺失值**（在步驟 1 的輸出中，就看到其中一列的資料為 NaN）。因此，我們需要先刪除缺失值，然後再重新執行上述運算：

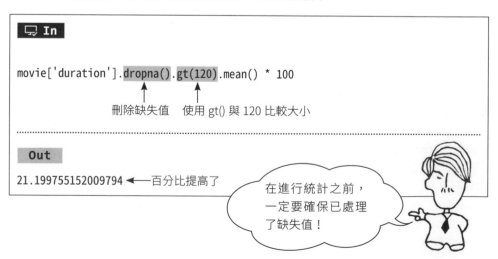

```
🖥 In

movie['duration'].dropna().gt(120).mean() * 100

         刪除缺失值   使用 gt() 與 120 比較大小
```

```
Out
21.199755152009794 ◀── 百分比提高了
```

在進行統計之前，一定要確保已處理了缺失值！

06 將 describe() 套用在剛剛的布林陣列上，進而輸出摘要統計資訊。請注意，在布林 Series 上套用 describe() 會傳回非缺失值數量、相異資料數等資訊 (和 object 型別欄位一樣)：

💻 **In**

```
movie_2_hours.describe()
```

....

Out

```
count        4916
unique          2
top         False
freq         3877
Name: duration, dtype: object
```

---

07 如果想利用 describe() 傳回**分位數** (quantile) 的資訊 (編註：就類似將 describe() 套用在數值型別欄位的結果)，可以先利用 astype() 將以上的布林 Series 轉換為整數型別：

💻 **In**

```
movie_2_hours.astype(int).describe()
```

....

Out

```
count    4916.000000
mean        0.211351
std         0.408308
min         0.000000
25%         0.000000
50%         0.000000
75%         0.000000
max         1.000000
Name: duration, dtype: float64
```

如果想比照 mean() 傳回 True 值所佔的百分比，可以使用 value_counts 找出非缺失值的數量，同時將 **normalize 參數**設為 True。該做法將傳回 True 值和 False 值所佔的百分比：

```
In

movie['duration'].dropna()
                 .gt(120)
                 .value_counts(normalize=True)
```

```
Out

False 0.788002
True  0.211998  ◄── 將該數字乘以 100，就可以得到和步驟 5 相同的結果
Name: duration, dtype: float64
```

此外，我們也可以透過比較同一 DataFrame 的兩個欄位來生成布林 Series。假設我們想知道演員 1 出演的電影中，有多少百分比的電影按讚數比演員 2 來得高，可以直接利用大於算符（＞）來進行比較，最後再計算出平均值：

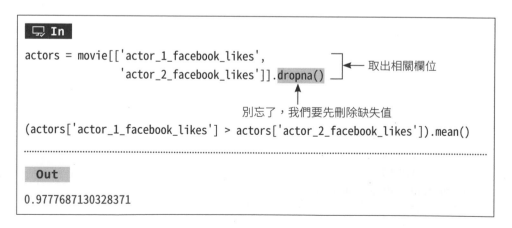

```
In

actors = movie[['actor_1_facebook_likes',
                'actor_2_facebook_likes']].dropna()   ◄── 取出相關欄位

                                          ▲
                          別忘了，我們要先刪除缺失值
(actors['actor_1_facebook_likes'] > actors['actor_2_facebook_likes']).mean()
```

```
Out

0.9777687130328371
```

7.2 設定多個布林條件

在 Python 中，**布林運算式**（boolean expression）可以使用內建的**邏輯算符**（and、or 及 not）來組合，例如 a>2 and b<3。不過這些算符並不適用於 Pandas 中的布林陣列，我們必須改用位元算符，例如：『**&**，代表and』、『**|**，代表 or』及『**~**，代表 not』。此外，在結合多個布林運算式時，要把每個布林運算式用小括號括起來，否則會因為算符的優先順序而引發錯誤（ **編註**：算符的優先順序：位元算符 > 比較算符 > 邏輯算符，稍後會再詳細說明）。

> ✅ **小編補充**　為何不使用邏輯算符而要改用位元算符呢？這是因為邏輯運算的傳回值應是『單一的布林值』，而不應是『有多個布林值』的布林陣列（這會與 Python 的原始定義衝突），所以只好改用位元算符，將布林陣列中的布林值當成數值（0 或 1）來進行位元的邏輯運算。

布林運算式所傳回的布林陣列也稱為**過濾器**（filter），我們可用它來篩選出所需要的資料。在進行比較複雜的篩選時，我們經常會用 &、|、~來結合多個布林運算式或過濾器。在下面的範例中，將結合多個過濾器來找出所有 imdb_score 大於 8、content_rating 為 PG-13、且 title_year 在2000 年之前或 2009 年之後的電影。

🔧 **動手做**

01 讀入電影資料集並指定 movie title 欄位為索引：

🖵 **In**

```
movie = pd.read_csv('data/movie.csv', index_col='movie_title')
```

02 利用布林運算式建構多個過濾器，並儲存成不同的變數：

```
In
criteria1 = movie.imdb_score > 8
criteria2 = movie.content_rating == 'PG-13'
criteria3 = ((movie.title_year < 2000) | (movie.title_year > 2009))  ◄──
                        若想要結合兩個布林運算式，則需將個別運算式用括號包起來
```

03 將所有過濾器整合成單一的布林陣列：

```
In
criteria_final = criteria1 & criteria2 & criteria3  ◄── 利用『&』結合多個過濾器
criteria_final.head()
```

```
Out
movie_title
Avatar                                          False
Pirates of the Caribbean: At World's End        False
Spectre                                         False
The Dark Knight Rises                            True
Star Wars: Episode VII - The Force Awakens      False
dtype: bool
```

了解更多

　　Pandas 使用位元算符（＆、│ 和 ～）來取代邏輯算符，會造成它們和比較算符（＜、＞、＝等）的優先性發生變化。在 Python 中，比較算符的優先性高於邏輯算符，但低於位元算符。因此，我們需加上括號來避免發生一些問題。以下將分別用 Python 和 Pandas 的例子來進行說明：

```
In
5 < 10 and 3 > 4
```

```
Out
False
```

在 Python 中，比較算符的優先性較高，因此會先處理『5 < 10』，再處理『3 > 4』，最後才是處理『and』的判斷：

讓我們看一下，如果步驟 2 中 criteria3 的運算式用以下寫法（編註：不加括號）會發生什麼事：

```
In
movie.title_year < 2000 | movie.title_year > 2009
```

```
Out
Traceback (most recent call last):
...
TypeError: ufunc 'bitwise_or' not supported for the input types, and the
inputs could not be safely coerced to any supported types according to
the casting rule ''safe''
During handling of the above exception, another exception occurred:
Traceback (most recent call last):
...
TypeError: cannot compare a dtyped [float64] array with a scalar of type [bool]
```

由於位元算符的優先性高於比較算符，因此『2000 | movie.title_year』會先進行運算。該運算是不合理的，而且會引發錯誤。因此，我們需要用括號來改變運算的優先順序，如步驟 2 所示。

7.3 以布林陣列來進行過濾

　　Series 和 DataFrame 都可以把布林陣列做為過濾器，進而篩選出特定資料。以下將示範如何為電影資料集的不同列分別建立過濾器。第一個過濾器會篩選出 imdb_score 大於 8、content_rating 為 PG-13 以及 title_year 在 2000 年之前或 2009 年之後的電影。第二個過濾器則過濾出 imdb_score 小於 5、content_rating 為 R 以及 title_year 在 2000 到 2010 之間的電影。最後，我們會將這兩個過濾器結合在一起。

🔧 動手做

01 讀入電影資料集並指定 movie_title 欄位為索引，然後設定第一個過濾器。該過濾器是由 3 個布林條件所構成，我們需用『&』來結合多個條件式：

🖥 In
```
movie = pd.read_csv('data/movie.csv', index_col='movie_title')
crit_a1 = movie.imdb_score > 8
crit_a2 = movie.content_rating == 'PG-13'
crit_a3 = (movie.title_year < 2000) | (movie.title_year > 2009)
final_crit_a = crit_a1 & crit_a2 & crit_a3
```

 事實上，我們不一定要單獨處理每個布林運算式，並將結果指定給不同的變數（如步驟 1 中的 crit_a1、crit_a2 及 crit_a3），只要利用『&』將多個布林條件整合為單一運算式即可。不過，這樣做會讓程式的可讀性變差，同時不利於除錯。

02 設定第二個過濾器：

🖥 In
```
crit_b1 = movie.imdb_score < 5
crit_b2 = movie.content_rating == 'R'
crit_b3 = ((movie.title_year >= 2000) & (movie.title_year <= 2010))
final_crit_b = crit_b1 & crit_b2 & crit_b3
```

03 使用 Pandas 的『|』結合上述兩個過濾器。這將產生一個布林陣列，
若電影的資料符合兩個過濾器條件中的**其中一個**，就會輸出 True：

```
🖥 In
final_crit_all = final_crit_a | final_crit_b
final_crit_all.head()
```

```
Out
movie_title
Avatar                                         False
Pirates of the Caribbean: At World's End       False
Spectre                                        False
The Dark Knight Rises                           True
Star Wars: Episode VII - The Force Awakens     False
dtype: bool
```

04 建立好最終的布林陣列後，用它來篩選出符合條件的電影：

```
🖥 In
movie[final_crit_all].head()
```

Out

movie_title	color	director_name	...	aspect_ratio	movie_facebook_likes
The Dark Knight Rises	Color	Christop...	...	2.35	164000
The Avengers	Color	Joss Whedon	...	1.85	123000
Captain America: Civil War	Color	Anthony ...	...	2.35	72000
Guardians of the Galaxy	Color	James Gunn	...	2.35	96000
Interstellar	Color	Christop...	...	2.35	349000

05 我們也可以用 **loc 屬性**生成相同結果：

```
In
movie.loc[final_crit_all].head()
```

```
Out
```

	color	director_name	...	aspect_ratio	movie_facebook_likes
movie_title					
The Dark Knight Rises	Color	Christop...	...	2.35	164000
The Avengers	Color	Joss Whedon	...	1.85	123000
Captain America: Civil War	Color	Anthony ...	...	2.35	72000
Guardians of the Galaxy	Color	James Gunn	...	2.35	96000
Interstellar	Color	Christop...	...	2.35	349000

06 另外，我們還可以使用 loc 屬性來指定要輸出跟篩選條件相關的欄位，以檢查結果是否有符合我們一開始所設定的條件：

```
In
cols = ['imdb_score', 'content_rating', 'title_year']
movie_filtered = movie.loc[final_crit_all, cols]
movie_filtered.head(10)
```

```
Out
```

	imdb_score	content_rating	title_year
movie_title			
The Dark Knight Rises	8.5	PG-13	2012.0
The Avengers	8.1	PG-13	2012.0

Captain America: Civil War	8.2	PG-13	2016.0
Guardians of the Galaxy	8.1	PG-13	2014.0
Interstellar	8.6	PG-13	2014.0
Inception	8.8	PG-13	2010.0
The Martian	8.1	PG-13	2015.0
Town & Country	4.4	R	2001.0
Sex and the City 2	4.3	R	2010.0
Rollerball	3.0	R	2002.0

了解更多

請注意，**iloc 屬性**並不支援布林 Series！如果你將一個布林 Series 傳遞給它，會觸發異常警告。

In

```
movie.iloc[final_crit_all]
```

Out

```
Traceback (most recent call last):
...
ValueError: iLocation based boolean indexing cannot use an indexable
as a mask
```

由於 iloc 屬性支援 NumPy 陣列，因此可以利用 to_numpy() 先將布林 Series 轉換成 NumPy 陣列：

```
movie.iloc[final_crit_all.to_numpy()]
```

Out

	color	director_name	...	aspect_ratio	movie_facebook_likes
movie_title					
The Dark Knight Rises	Color	Christop...	...	2.35	164000
The Avengers	Color	Joss Whedon	...	1.85	123000
Captain America: Civil War	Color	Anthony ...	...	2.35	72000
Guardians of the Galaxy	Color	James Gunn	...	2.35	96000
Interstellar	Color	Christop...	...	2.35	349000
...	...	...	... ...		...
The Young Unknowns	Color	Catherin...	...	NaN	4
Bled	Color	Christop...	...	1.85	128
Hoop Dreams	Color	Steve James	...	1.33	0
Death Calls	Color	Ken Del ...	...	1.85	16
The Legend of God's Gun	Color	Mike Bruce	...	2.35	13

7.4 布林選取 vs 索引選取

　　我們也可以利用 Series 或 DataFrame 的**索引選取**（即直接用索引標籤取值），來達到與**布林選取**（或稱布林索引，就是使用布林陣列來選取資料）相同的效果。在接下來的範例中，我們將沿用大學資料集，並分別透過布林選取和索引選取來選出德州（TX）的所有大學，然後比較這兩個做法的優劣。

🔧 **動手做**

01 讀入大學資料集,並使用布林選取來選出德州 (TX) 的所有大學機構:

💻 **In**

```
college = pd.read_csv('data/college.csv')
college[college['STABBR'] == 'TX'].head()
```
⤷ 該欄位存有大學機構所在的州屬

Out

	INSTNM	CITY	...	MD_EARN_WNE_P10	GRAD_DEBT_MDN_SUPP
3610	Abilene ...	Abilene	...	40200	25985
3611	Alvin Co...	Alvin	...	34500	6750
3612	Amarillo...	Amarillo	...	31700	10950
3613	Angelina...	Lufkin	...	26900	PrivacyS...
3614	Angelo S...	San Angelo	...	37700	21319.5

02 若要改用索引選取來進行以上的運算,請將 STABBR 欄位設定為索引。然後,我們可以用 loc 屬性來選出索引標籤為 TX 的列:

💻 **In**

```
college2 = college.set_index('STABBR')
college2.loc['TX'].head()
```

Out

	INSTNM	CITY	...	MD_EARN_WNE_P10	GRAD_DEBT_MDN_SUPP
STABBR					
TX	Abilene ...	Abilene	...	40200	25985
TX	Alvin Co...	Alvin	...	34500	6750
TX	Amarillo...	Amarillo	...	31700	10950
TX	Angelina...	Lufkin	...	26900	PrivacyS...
TX	Angelo S...	San Angelo	...	37700	21319.5

03 讓我們比較以上兩種方法的執行時間：

🖥 **In**

```
%timeit college[college['STABBR'] == 'TX']
```
◀── 使用 %timeit 測量布林選取的用時

....

Out

```
1.75 ms ± 187 μs per loop (mean ± std. dev. of 7 runs, 1000 loops each)
```

🖥 **In**

```
%timeit college2.loc['TX']
```
◀── 使用 %timeit 測量索引選取的用時

....

Out

```
882 μs ± 69.3 μs per loop (mean ± std. dev. of 7 runs, 1000 loops each)
```

---

04 從結果可見，布林選取的用時是索引選取的兩倍。不過在索引選取中，設定索引標籤也需要花時間，因此該同時考慮這一部分的時間：

🖥 **In**

```
%timeit college2 = college.set_index('STABBR')
```
◀── 計算將 STABBR 欄位設定為索引的時間

....

Out

```
2.01 ms ± 107 μs per loop (mean ± std. dev. of 7 runs, 100 loops each)
```

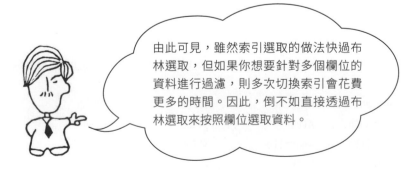

由此可見，雖然索引選取的做法快過布林選取，但如果你想要針對多個欄位的資料進行過濾，則多次切換索引會花費更多的時間。因此，倒不如直接透過布林選取來按照欄位選取資料。

了解更多

我們現在要來示範如何選取多個州，即德州（TX）、加州（CA）和紐約（NY）的大學機構資料：

```
🖥 In
states = ['TX', 'CA', 'NY']  ◀—— 創建一個串列，內有我們要選取的州屬名稱
college[college['STABBR'].isin(states)]  ◀—— 使用 isin() 會傳回一個布林陣列
```

```
Out
        INSTNM      CITY        ...  MD_EARN_WNE_P10   GRAD_DEBT_MDN_SUPP
192     Academy ... San Fran... ...  36000             35093
193     ITT Tech... Rancho C... ...  38800             25827.5
194     Academy ... Oakland     ...  NaN               PrivacyS...
195     The Acad... Huntingt... ...  28400             9500
196     Avalon S... Alameda     ...  21600             9860
...     ...         ...         ...  ...               ...
7528    WestMed ... Merced      ...  NaN               15623.5
7529    Vantage ... El Paso     ...  NaN               9500
7530    SAE Inst... Emeryville  ...  NaN               9500
7533    Bay Area... San Jose    ...  NaN               PrivacyS...
7534    Excel Le... San Antonio ...  NaN               12125
```

```
🖥 In
college2.loc[states]  ◀—— 在使用索引選取時，直接將串列傳遞給 loc() 即可
```

```
Out
         INSTNM      CITY        ...  MD_EARN_WNE_P10   GRAD_DEBT_MDN_SUPP
STABBR
TX       Abilene ... Abilene     ...  40200             25985
TX       Alvin Co... Alvin       ...  34500             6750
TX       Amarillo... Amarillo    ...  31700             10950
```

```
TX        Angelina...    Lufkin        ...  26900        PrivacyS...
TX        Angelo S...    San Angelo    ...  37700        21319.5
...       ...            ...           ...  ...          ...
NY        Briarcli...    Patchogue     ...  38200        28720.5
NY        Jamestow...    Salamanca     ...  NaN          12050
NY        Pratt Ma...    New York      ...  40900        26691
NY        Saint Jo...    Patchogue     ...  52000        22143.5
NY        Franklin...    Brooklyn      ...  20000        PrivacyS...
```

7.5 用唯一或已排序的索引標籤來選取資料

當索引標籤是唯一（ **編註**：即沒有重複的索引標籤）或已排序時，索引選取的效能會大大提高。之前的例子使用了包含重複項的未排序索引標籤，所以選取速度相對較慢。

在這個範例中，我們將對索引標籤進行排序，以提高索引選取的效能。同時，也會繼續與布林選取進行效能上的比較。

🔧 動手做

01 讀入大學資料集並指定 STABBR 欄位為索引。我們可以使用 is_monotonic 檢查索引是否已排序：

> 💻 **In**
```
college = pd.read_csv('data/college.csv')
college2 = college.set_index('STABBR')
college2.index.is_monotonic
```

> **Out**

False ◀── 傳回結果為 False，代表未經過排序

02 若索引沒有排序，Pandas 需要檢查每個索引標籤以做出正確的選擇。當索引經過排序後，Pandas 會利用**二分搜尋法**（binary search）來提高搜尋效能，這一點可通過步驟 3 來驗證。現在，讓我們先排序 college2 中的索引標籤，並將排序後的結果儲存成 college3 變數：

```
In
college3 = college2.sort_index()  ◀── 排序索引標籤
college3.index.is_monotonic
```

```
Out
True
```

03 利用不同做法（布林選取和索引選取）來選出德州的大學，並計算所需的時間：

```
In
%timeit college[college['STABBR'] == 'TX']  ◀── 使用布林選取
```

```
Out
1.75 ms ± 187 µs per loop (mean ± std. dev. of 7 runs, 1000 loops each)
```

```
In
%timeit college2.loc['TX']  ◀── 使用索引選取

       此處使用的是索引未排序的 DataFrame
```

```
Out
1.09 ms ± 232 µs per loop (mean ± std. dev. of 7 runs, 1000 loops each)
```

```
In
%timeit college3.loc['TX']  ←—— 使用索引選取

此處使用的是索引已排序過的 DataFrame
```

```
Out
304 μs ± 17.8 μs per loop (mean ± std. dev. of 7 runs, 1000 loops each)
```

04 在索引已排序過的 DataFrame 上進行索引選取，比布林選取的速度快了近 5 倍。現在，我們來測試**索引標籤不重複**的情形。這次，我們使用 INSTNM（機構名稱）為索引，因為其內部的資料是不重複的：

```
In
college_unique = college.set_index('INSTNM')
college_unique.index.is_unique  ←—— 使用 is_unique() 來檢查索引標籤是否不重複
```

```
Out
True
```

05 讓我們用布林選取來選出『Stanford University』的資料。注意，這會傳回一個 DataFrame：

```
In
college[college['INSTNM'] == 'Stanford University']
```

```
Out
        INSTNM      CITY      ...  MD_EARN_WNE_P10   GRAD_DEBT_MDN_SUPP
4217    Stanford... Stanford  ...  86000             12782
```

06 讓我們改用索引選取的做法。注意，這會傳回一個 Series：

```
In
college_unique.loc['Stanford University']
```

```
Out
CITY                  Stanford
STABBR                      CA
HBCU                       0.0
MENONLY                    0.0
WOMENONLY                  0.0
                         ...
PCTPELL                 0.1556
PCTFLOAN                0.1256
UG25ABV                 0.0401
MD_EARN_WNE_P10          86000
GRAD_DEBT_MDN_SUPP       12782
Name: Stanford University, Length: 26, dtype: object
```

07 如果我們想要的是 DataFrame 而不是 Series，則需要將索引標籤放進串列，再傳遞到 loc[] 中：

```
In
college_unique.loc[['Stanford University']]
```

```
Out
```

	CITY	STABBR	...	MD_EARN_WNE_P10	GRAD_DEBT_MDN_SUPP
INSTNM					
Stanford University	Stanford	CA	...	86000	12782

08 步驟 5 和步驟 7 會產生同樣的 DataFrame，但做法不同（步驟 5 使用布林選取，步驟 7 則使用索引選取）。讓我們計算不同做法所花費的時間：

In

```
%timeit college[college['INSTNM'] == 'Stanford University']
```

Out

```
1.92 ms ± 396 µs per loop (mean ± std. dev. of 7 runs, 1000 loops each)
```

In

```
%timeit college_unique.loc[['Stanford University']]
```

Out

```
988 µs ± 122 µs per loop (mean ± std. dev. of 7 runs, 1000 loops each)
```
比布林選取快了近 1 倍

當索引標籤不重複時，Pandas 會利用**雜湊表**（hash table）來儲存標籤，讓我們能更快地選取資料。關於各種搜尋演算法及其效能比較，歡迎參考旗標出版的《白話演算法！培養程式設計的邏輯思考》一書。

了解更多

　　由於可以對多個欄位設定篩選條件，因此布林選取似乎比索引選取具有更大的靈活性。在上面的範例中，我們的做法是先將 INSTNM 欄位設為索引，並針對此欄位進行索引選取。事實上，你也可以將多個欄位設為索引，然後針對這些欄位設定篩選條件：

```
In
```

```
college.index = college['CITY'] + ', ' + college['STABBR']  ←
college = college.sort_index()
college.head()
```

將 CITY 欄位和 STABBR 欄位的字串名稱
連接在一起，並指定為 college 的索引

```
Out
```

索引標籤同時包含了 CITY 欄位
和 STABBR 欄位的資訊

	INSTNM	CITY	...	MD_EARN_WNE_P10	GRAD_DEBT_MDN_SUPP
ARTESIA, CA	Angeles ...	ARTESIA	...	NaN	16850
Aberdeen, SD	Presenta...	Aberdeen	...	35900	25000
Aberdeen, SD	Northern...	Aberdeen	...	33600	24847
Aberdeen, WA	Grays Ha...	Aberdeen	...	27000	11490
Abilene, TX	Hardin-S...	Abilene	...	38700	25864

現在，我們可以同時根據 CITY 欄位和 STABBR 欄位來選取資料了。讓我們選擇佛羅里達州（FL）和邁阿密市（Miami）的所有大學：

```
In
```

```
college.loc['Miami, FL'].head()
```

```
Out
```

	INSTNM	CITY	...	MD_EARN_WNE_P10	GRAD_DEBT_MDN_SUPP
Miami, FL	New Prof...	Miami	...	18700	8682
Miami, FL	Manageme...	Miami	...	PrivacyS...	12182
Miami, FL	Strayer ...	Miami	...	49200	36173.5
Miami, FL	Keiser U...	Miami	...	29700	26063
Miami, FL	George T...	Miami	...	38600	PrivacyS...

我們可以將這種進階的索引選取與布林選取進行比較，前者的速度幾乎比後者快了 10 倍：

```
💻 In
%%timeit
crit1 = college['CITY'] == 'Miami'
crit2 = college['STABBR'] == 'FL'
college[crit1 & crit2]
```

```
Out
3.05 ms ± 66.4 µs per loop (mean ± std. dev. of 7 runs, 100 loops each)
```

```
💻 In
%timeit college.loc['Miami, FL']
```

```
Out
369 µs ± 130 µs per loop (mean ± std. dev. of 7 runs, 1000 loops each)
```

7.6 利用 Pandas 實現 SQL 中的功能

很多 Pandas 使用者都有使用 SQL（Structured Query Language）的經驗。SQL 是定義、操作和控制資料庫的標準語言。

對資料科學家而言，SQL 是個很重要的語言。世界上的許多資料都儲存在可用 SQL 來檢索和操作的資料庫中。由於 SQL 的語法易學易用，目前已廣泛應用在各大公司（例如 Oracle、Microsoft 及 IBM 等國際知名公司）的資料庫產品中。它們的基本語法都相同，但在進階實作上會有一些差異。

在 SQL 的 **SELECT 語法**中，WHERE 是用來過濾資料的子句。接下來，我們將以員工資料集（檔名為 employee.csv）為例，示範如何用等效於 SQL 語法的 Pandas 程式碼來選擇資料集的特定子集。

　　假設現在有這麼一項任務：找出所有在警察或消防部門工作，同時基本年薪在 8 萬美元到 12 萬美元之間的女性員工。我們可用以下的 SQL 程式來找出答案：

```sql
SELECT
    UNIQUE_ID,
    DEPARTMENT,
    GENDER,
    BASE_SALARY
FROM
    EMPLOYEE
WHERE
    DEPARTMENT IN ('Houston Police Department-HPD',
                   'Houston Fire Department (HFD)') AND
    GENDER = 'Female' AND
    BASE_SALARY BETWEEN 80000 AND 120000;
```

　　接著將示範如何用 Pandas 來完成上述的任務。

🔧 **動手做**

01 讀入員工資料集：

🖥 **In**

```python
employee = pd.read_csv('data/employee.csv')
```

02 在過濾資料前，對資料集做一些手動調查非常重要，因為這有助於決定如何建立過濾器：

🖥 **In**

```python
employee.dtypes  ◀── 查看 employee 資料集中，各欄位的資料型別
```

Out

```
UNIQUE_ID            int64
POSITION_TITLE       object
```

```
DEPARTMENT           object
BASE_SALARY          float64
RACE                 object
EMPLOYMENT_TYPE      object
GENDER               object
EMPLOYMENT_STATUS    object
HIRE_DATE            object
JOB_DATE             object
dtype: object
```

In

```
employee.DEPARTMENT.value_counts().head()  ◄── 查看不同部門的確切名稱及其出現的次數
```

Out

```
Houston Police Department-HPD      638
Houston Fire Department (HFD)      384
Public Works & Engineering-PWE     343
Health & Human Services            110
Houston Airport System (HAS)       106
Name: DEPARTMENT, dtype: int64
```

In

```
employee.GENDER.value_counts()  ◄── 查看不同性別的員工人數
```

Out

```
Male      1397
Female     603
Name: GENDER, dtype: int64
```

In

```
employee.BASE_SALARY.describe()  ◄── 查看員工的基本年薪分佈狀況
```

Out

```
count    1886.000000
```

```
mean      55767.93...
std       21693.70...
min       24960.00...
25%       40170.00...
50%       54461.00...
75%       66614.00...
max       275000.0...
Name: BASE_SALARY, dtype: float64
```

03 利用不同的條件來建立過濾器 (布林陣列)：

🖥 In

```
depts = ['Houston Police Department-HPD', 'Houston Fire Department (HFD)']
```
將欲選出的部門名稱存進 depts 串列中

```
criteria_dept = employee.DEPARTMENT.isin(depts)
```
利用 isin() 找出在特定部門任職的員工，其效果與 SQL 中的 IN 相同

```
criteria_gender = employee.GENDER == 'Female'
criteria_sal = ((employee.BASE_SALARY >= 80000) & (employee.BASE_SALARY <= 120000))
```

04 結合所有的過濾器：

🖥 In

```
criteria_final = (criteria_dept &
                  criteria_gender &
                  criteria_sal)
```

05 使用最終的過濾器來選出符合的列，同時檢視其中的幾個欄位，以確定結果符合我們設定的條件：

🖥 In

```
select_columns = ['UNIQUE_ID', 'DEPARTMENT',
                  'GENDER', 'BASE_SALARY']
```
設定要查看的欄位

```
employee.loc[criteria_final, select_columns].head()
```

	UNIQUE_ID	DEPARTMENT	GENDER	BASE_SALARY
61	61	Houston ...	Female	96668.0
136	136	Houston ...	Female	81239.0
367	367	Houston ...	Female	86534.0
474	474	Houston ...	Female	91181.0
513	513	Houston ...	Female	81239.0

了解更多

在步驟 3 的最後一行程式，我們結合了兩個布林運算式來建立與『基本年薪』有關的過濾器（criteria_sal）。其實 Pandas 也有與 SQL 相似的 between()，可以用更簡潔的程式碼來達到相同效果。

🖥 In

```
criteria_sal = employee.BASE_SALARY.between(80_000, 120_000)
```
在數字中可以加底線以利閱讀，這是 Python 允許的寫法

另一個有用的技巧是步驟 3 中，isin() 所需的串列參數有時可以使用程式來產生，省去人工準備的麻煩。例如使用以下方式刪除**不是**任職於『最常出現的 5 個部門』的員工資料。

🖥 In

```
top_5_depts = employee.DEPARTMENT.value_counts().index[:5]
```
找出最常出現的 5 個部門

```
criteria = ~employee.DEPARTMENT.isin(top_5_depts)
employee[criteria]
```

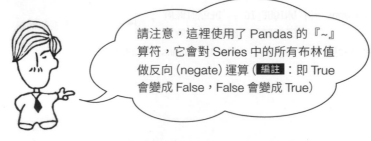

請注意，這裡使用了 Pandas 的『~』算符，它會對 Series 中的所有布林值做反向（negate）運算（編註：即 True 會變成 False，False 會變成 True）

Out

	UNIQUE_ID	POSITION_TITLE	...	HIRE_DATE	JOB_DATE
0	0	ASSISTAN...	...	2006-06-12	2012-10-13
1	1	LIBRARY ...	...	2000-07-19	2010-09-18
4	4	ELECTRICIAN	...	1989-06-19	1994-10-22
18	18	MAINTENA...	...	2008-12-29	2008-12-29
32	32	SENIOR A...	...	1991-02-11	2016-02-13
...	...	...	...	...	...
1976	1976	SENIOR S...	...	2015-07-20	2016-01-30
1983	1983	ADMINIST...	...	2006-10-16	2006-10-16
1985	1985	TRUCK DR...	...	2013-06-10	2015-08-01
1988	1988	SENIOR A...	...	2013-01-23	2013-03-02
1990	1990	BUILDING...	...	1995-10-14	2010-03-20

以上動作在 SQL 中的對應語法如下所示：

```
SELECT *
    FROM
        EMPLOYEE
    WHERE
        DEPARTMENT not in
        (
          SELECT
            DEPARTMENT
FROM (SELECT
DEPARTMENT,
            COUNT(1) as CT
          FROM
            EMPLOYEE
          GROUP BY
            DEPARTMENT
          ORDER BY
            CT DESC
          LIMIT 5
) );
```

7.7 使用 query 方法提高布林選取的可讀性

如果你想要把複雜的過濾器以一行程式來表示，布林選取並不是最好的做法。Pandas 透過 DataFrame 的 query()，提供了另一種使用查詢字串且可讀性更佳的資料選取方法。

接下來，我們會使用 DataFrame 的 query() 來解決上一節的問題：找到所有在警察或消防部門工作，同時基本年薪在 8 萬美元到 12 萬美元之間的女性員工。

🔧 動手做

01 讀入員工資料集並指定所選的部門，同時將與篩選條件有關的欄位名稱存進 select_columns 串列中：

💻 In

```python
employee = pd.read_csv('data/employee.csv')
depts = ['Houston Police Department-HPD',
         'Houston Fire Department (HFD)']
select_columns = ['UNIQUE_ID', 'DEPARTMENT',
                  'GENDER', 'BASE_SALARY']
```

02 建立 query 字串並執行 query()：

💻 In

```python
qs = "DEPARTMENT in @depts "\
                                          ← 建立 query 字串
     " and GENDER == 'Female' "\
     " and 80000 <= BASE_SALARY <= 120000"
emp_filtered = employee.query(qs)  ← 將 query 字串傳入 query() 方法進行查詢
emp_filtered[select_columns].head()  ← 列出前 5 筆資料的特定欄位內容
```

可以用 at 符號 (@) 來引用 Python 變數

Out

	UNIQUE_ID	DEPARTMENT	GENDER	BASE_SALARY
61	61	Houston ...	Female	96668.0
136	136	Houston ...	Female	81239.0
367	367	Houston ...	Female	86534.0
474	474	Houston ...	Female	91181.0
513	513	Houston ...	Female	81239.0

了解更多

　　有時，我們也可以透過程式來自動建立條件所需的資料串列。現在，我們想找出『不在前 10 大部門中』的女性員工：

In

```
top10_depts = (employee.DEPARTMENT.value_counts()
                           .index[:10].tolist()
              )
qs = "DEPARTMENT not in @top10_depts and GENDER == 'Female'"
employee_filtered2 = employee.query(qs)
employee_filtered2.head()
```

利用程式自動建立『前 10 大部門名稱』的串列

建立 query 字串

引用通過程式自動建立的部門名稱串列

查看前 5 筆資料

Out

	UNIQUE_ID	POSITION_TITLE	...	HIRE_DATE	JOB_DATE
0	0	ASSISTAN...	...	2006-06-12	2012-10-13
73	73	ADMINIST...	...	2011-12-19	2013-11-23
96	96	ASSISTAN...	...	2013-06-10	2013-06-10
117	117	SENIOR A...	...	1998-03-20	2012-07-21
146	146	SENIOR S...	...	2014-03-17	2014-03-17

7.8 使用 where() 維持 Series 的大小

使用布林陣列來過濾資料後，傳回的 Series 或 DataFrame 通常比原始資料集來的小。如果你想維持 Series 或 DataFrame 的大小，可以考慮使用 where() 方法。該方法將不符合條件的值設為缺失值或其他值，而非直接將它們丟棄。在使用該方法時，可用 **other 參數**來指定當條件不符時所要替換的值。

在以下的範例中，我們會將布林條件傳入 where()，並為電影資料集中 actor_1_facebook_likes 的值設定上下限。

🔧 動手做

01 讀入電影資料集並指定 movie_title 欄位為索引，然後刪除 actor_1_facebook_likes 欄位中的缺失值：

🖥 In

```
movie = pd.read_csv('data/movie.csv', index_col='movie_title')
fb_likes = movie['actor_1_facebook_likes'].dropna()  ◀── 刪除缺失值
fb_likes.head()
```

 注意！刪除缺失值的步驟是必要的，否則 where() 會在之後的步驟中，將缺失值替換為有效的數字。

Out

```
movie_title
Avatar                                      1000.0
Pirates of the Caribbean: At World's End   40000.0
Spectre                                    11000.0
The Dark Knight Rises                       27000.0
Star Wars: Episode VII - The Force Awakens    131.0
Name: actor_1_facebook_likes, dtype: float64
```

02 讓我們使用 describe() 來了解資料的分佈情形：

🖵 In

```
fb_likes.describe()
```

··

Out

```
count    4909.000000
mean     6494.488491
std      15106.98...
min         0.000000
25%       607.000000
50%       982.000000
75%     11000.00...
max    640000.0...
Name: actor_1_facebook_likes, dtype: float64
```

---

03 另外，我們可以視覺化資料的分佈情形：

🖵 In

```
import matplotlib.pyplot as plt
fig, ax = plt.subplots(figsize=(10, 8))
fb_likes.hist(ax=ax)
```

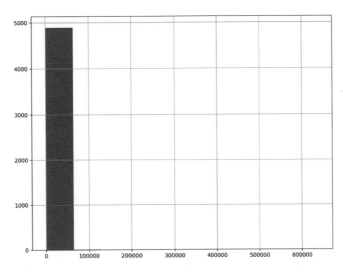

圖 7.1
利用 matplotlib
來視覺化資料的
分佈情況。

04 以上的視覺化結果（所有資料聚集到一個 bin）很難看出資料分佈情況。另一方面，步驟 2 中的摘要統計訊息透露了我們的資料有**往右傾斜的**問題（平均數比中位數大了一個位數）。讓我們看看 fb_likes 中，有多少百分比的值少於 20,000：

```
In
criteria_high = fb_likes < 20_000   ◀── criteria_high 為一布林陣列，其中的 True
criteria_high.mean()*100                 中對應到 fb_likes 中值小於 20000 的項目
```

```
Out
90.85353432470971
```

05 從輸出可見，fb_likes 中大約有 91%的值少於 20,000。接下來我們使用 where() 並傳入步驟 4 的 criteria_high 布林陣列，此時預設會傳回與原始 Series 大小相同的 Series，且對應到 False 的資料都會替換成缺失值（NaN）：

```
In
fb_likes.where(criteria_high).head()
```

```
Out
movie_title
Avatar                                        1000.0
Pirates of the Caribbean: At World's End         NaN ┐
Spectre                                       11000.0 │  ◀── 這兩筆資料的原始
The Dark Knight Rises                            NaN ┘      值大於 20000
Star Wars: Episode VII - The Force Awakens     131.0
Name: actor_1_facebook_likes, dtype: float64
```

06 where() 的 **other 參數**允許我們設定用來替換 False 的值，讓我們將所有 False 值替換為 20000 （编註：等同於將 fb_likes 的上限設定為 20000）：

In

```
fb_likes.where(criteria_high, other=20000).head()
```

將不符條件的值替換為 20000

Out

```
movie_title
Avatar                                       1000.0
Pirates of the Caribbean: At World's End     20000.0
Spectre                                      11000.0
The Dark Knight Rises                        20000.0
Star Wars: Episode VII - The Force Awakens     131.0
Name: actor_1_facebook_likes, dtype: float64
```

07 同樣的，我們可以為 fb_likes 中的值設定下限。現在，我們來串連另一個 where() 並將低於 300 的值替換為 300：

In

```
criteria_low = fb_likes > 300
fb_likes_cap = (fb_likes
              .where(criteria_high, other=20_000)
              .where(criteria_low, 300) ◀── 第 2 個參數也可省略 "other="
              )
fb_likes_cap.head()
```

Out

```
movie_title
Avatar                                       1000.0
Pirates of the Caribbean: At World's End     20000.0
Spectre                                      11000.0
The Dark Knight Rises                        20000.0
Star Wars: Episode VII - The Force Awakens     300.0
Name: actor_1_facebook_likes, dtype: float64
```

08 檢查原始的 Series 與修改後的 Series 是否長度相同：

> **In**

```
len(fb_likes), len(fb_likes_cap)
```

Out

```
(4909, 4909)
```

09 讓我們使用修改後的 Series 來建立直方圖。當我們為資料範圍設定上下限後，即可畫出更符合資料分佈情形的結果圖：

> **In**

```
fig, ax = plt.subplots(figsize=(10, 8))
fb_likes_cap.hist(ax=ax)
```

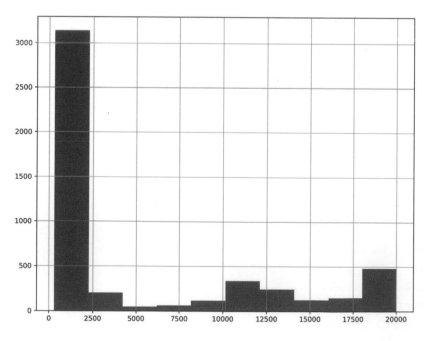

圖 7.2 對資料範圍進行調整後，所畫出的圖更容易觀察資料分佈狀況。

了解更多

Pandas 內建的 clip() 方法也可以實現此處用 where() 做到的功能，它是透過 **lower 參數**和 **upper 參數**來設定上下限：

```
In
fb_likes_cap2 = fb_likes.clip(lower=300, upper=20000)
fb_likes_cap2.equals(fb_likes_cap)  ◀── 檢查輸出結果是否與步驟 7 的輸出相同
..............................................................................

Out
True
```

7.9　對 DataFrame 的列進行遮罩

Pandas 中有另一個名為 mask() 的方法，可用來填補 where() 的不足。在預設情況下，mask() 會將 True 的項目改成缺失值（**編註**：就相當於把條件為 True 的項目遮掉）。

在以下的例子中，我們想遮掉資料集中所有 title_year 在 2010 年之後，或 title_year 為缺失值的列。

🔧 動手做

01 讀入電影資料集並將 movie_title 欄位設為索引，同時設定遮罩條件：

```
In
movie = pd.read_csv('data/movie.csv', index_col='movie_title')
c1 = movie['title_year'] >= 2010 ┐
c2 = movie['title_year'].isna()  ├◀── 選出 title_year >=2010 或為缺失值的列
criteria = c1 | c2               ┘
```

02 將剛剛建立的 criteria 布林陣列傳給 mask()，進而遮罩 title_year 在 2010 年之後、或 title_year 為缺失值的電影資料：

In

```
movie.mask(criteria).head()
```

Out

	color	director_name	...	aspect_ratio	movie_facebook_likes
movie_title					
Avatar	Color	James Ca...	...1.78		33000.0
Pirates of the Caribbean: At World's End	Color	Gore Ver...	...2.35		0.0
Spectre	NaN	NaN	... NaN		NaN
The Dark Knight Rises	NaN	NaN	... NaN		NaN
Star Wars: Episode VII - The Force Awakens	NaN	NaN	... NaN		NaN

03 上一步驟輸出的 DataFrame 中，有數個列的全部欄位都是缺失值。因此，我們串連 dropna() 來刪除所有欄位值都缺失的列：

In

```
movie_mask = movie.mask(criteria).dropna(how='all')
movie_mask.head()
```
← 刪除所有欄位值都缺失的列

✓ 小編補充　若指定 how 參數的值為『any』，則某列中只要有任意欄位的值缺失，就會刪除掉這個列。

Out

	color	director_name	...	aspect_ratio	movie_facebook_likes
movie_title					
Avatar	Color	James Ca...	... 1.78		33000.0
Pirates of the Caribbean: At World's End	Color	Gore Ver...	... 2.35		0.0
Spider-Man 3	Color	Sam Raimi	... 2.35		0.0
Harry Potter and the Half-Blood Prince	Color	David Yates	... 2.35		10000.0
Superman Returns	Color	Bryan Si...	... 2.35		0.0

04　現在，我們用 [ ] 算符來執行相同的程序，同時檢查不同做法的結果是否一致：

🖥 **In**

```
movie_boolean = movie[movie['title_year'] < 2010]  ◀—— 使用 [ ] 算符來建立布林陣列
movie_mask.equals(movie_boolean) ◀——
                                    │
                    檢查剛剛的 movie_mask 是否輸出了相同的布林陣列
```

Out

```
False
```

05　結果顯示它們並不相等，代表有地方出錯了。讓我們進行更完整的檢查，首先確認它們的 shape 是否相同：

🖥 **In**

```
movie_mask.shape == movie_boolean.shape
```

Out

```
True
```

06　由於 mask() 會生成許多缺失值，而缺失值的資料型別為**浮點數**，因此任何具有缺失值的整數型別欄位都會轉換為浮點數型別。如果欄位的資料型別不同，即使有著相同的資料值，equals() 也會傳回 False（換句話說，equals() 會同時檢查資料值和資料型別）。讓我們檢查 movie_mask 及 movie_boolean 中，各欄位的資料型別是否相等：

🖥 **In**

```
movie_mask.dtypes == movie_boolean.dtypes
```

Out

```
color                   True
director_name           True
num_critic_for_reviews  True
duration                True
```

```
director_facebook_likes          True
                                  ...
title_year                       True
actor_2_facebook_likes           True
imdb_score                       True
aspect_ratio                     True
movie_facebook_likes             False
Length: 27, dtype: bool
```

07 由此可知，有一些欄位（movie_facebook_likes）的資料型別並不相同，這也就是步驟 4 的 equals() 傳回 False 的原因。除了以上做法，Pandas 也提供了一個 **testing 模組**（主要供開發人員使用），可用來檢查 Series 或 DataFrame 的資料相等性，而無需同時檢查型別相等性：

🖵 In

```
from pandas.testing import assert_frame_equal
assert_frame_equal(movie_boolean, movie_mask,
                   check_dtype=False)
```
↑ 省略檢查資料型別的步驟

若兩個 DataFrame 的資料內容相等，以上程式不會顯示任何輸出（傳回 None），反之則會引發例外並顯示錯誤訊息。

了解更多

讓我們比較『遮罩並刪除有缺失值的列』與『使用布林陣列進行過濾』之間的速度差異。以目前的情況來說，後者的速度大約快了 10 倍：

> **In**

```
%timeit movie.mask(criteria).dropna(how='all')
```

> **Out**

```
11.2 ms ± 144 µs per loop (mean ± std. dev. of 7 runs, 100 loops each)
```

> **In**

```
%timeit movie[movie['title_year'] < 2010]
```

> **Out**

```
1.07 ms ± 34.9 µs per loop (mean ± std. dev. of 7 runs, 1000 loops each)
```

7.10 以布林陣列、位置數字和標籤選擇資料

之前我們介紹了利用 iloc 和 loc 屬性來選擇資料子集的例子，這兩者分別是透過整數位置和標籤來進行選擇。在以下的範例中，我們將使用 iloc 和 loc 屬性來過濾列和欄位。

動手做

01 讀入電影資料集並指定 movie_title 欄位為索引。接下來，建立一個布林陣列來篩選 content_rating 為 G 且 IMDB 分數小於 4 的電影：

> **In**

```
movie = pd.read_csv('data/movie.csv', index_col='movie_title')
c1 = movie['content_rating'] == 'G'
c2 = movie['imdb_score'] < 4
criteria = c1 & c2
```

02 將 criteria 傳遞給 loc 來過濾列：

```
In
movie_loc = movie.loc[criteria]
movie_loc.head()
```

```
Out
```

	color	director_name	...	aspect_ratio	movie_facebook_likes
movie_title					
The True Story of Puss'N Boots	Color	Jérôme D...	...	NaN	90
Doogal	Color	Dave Bor...	...	1.85	346
Thomas and the Magic Railroad	Color	Britt Al...	...	1.85	663
Barney's Great Adventure	Color	Steve Gomer	...	1.85	436
Justin Bieber: Never Say Never	Color	Jon M. Chu	...	1.85	62000

03 檢查步驟 2 輸出的 movie_loc 跟直接由 [] 算符所生成的 DataFrame 是否相等：

```
In
movie_loc.equals(movie[criteria])
```
　　　　　　　　　　↑── 直接由 [] 算符來生成 DataFrame

```
Out
True
```

04 現在，讓我們用 iloc 進行相同的布林索引：

```
In
movie_iloc = movie.iloc[criteria]
```

```
 Out 
Traceback (most recent call last):
...
ValueError: iLocation based boolean indexing cannot use an
indexable as a mask
```

05 由於布林陣列具有索引，因此無法直接傳遞給 iloc。只要我們利用 **to_numpy()** 將 criteria 轉換為 NumPy 陣列，便可以使用 iloc 來選取資料了：

```
 In 
movie_iloc = movie.iloc[criteria.to_numpy()]
movie_iloc.equals(movie_loc)
```

```
 Out 
True
```

06 儘管不是很常見，但我們可以使用布林索引來選取特定的欄位（編註：在前幾個小節中，我們都是選取特定的列）。在這裡，我們選擇所有資料型別為 64 位元整數的欄位：

```
 In 
criteria_col = movie.dtypes == np.int64
criteria_col.head()
```

```
 Out 
color                     False
director_name             False
num_critic_for_reviews    False
duration                  False
director_facebook_likes   False
dtype: bool
```

```
In
```
```
movie.loc[:, criteria_col].head()
```
└─── 選取 criteria_col 中，值為 True 的欄位

```
Out
```

	num_voted_users	cast_total_facebook_likes	movie_facebook_likes
movie_title			
Avatar	886204	4834	33000
Pirates of the Caribbean: At World's End	471220	48350	0
Spectre	275868	11700	85000
The Dark Knight Rises	1144337	106759	164000
Star Wars: Episode VII - The Force Awakens	8	143	0

07 由於 criteria_col 是一個 Series（帶有索引），因此必須先轉為 ndarray（即 NumPy 陣列）才能與 iloc 一起使用。使用 iloc 生成的結果與步驟 6 相同：

```
In
```
```
movie.iloc[:, criteria_col.to_numpy()].head()
```

```
Out
```

	num_voted_users	cast_total_facebook_likes	movie_facebook_likes
movie_title			
Avatar	886204	4834	33000
Pirates of the Caribbean: At World's End	471220	48350	0
Spectre	275868	11700	85000
The Dark Knight Rises	1144337	106759	164000
Star Wars: Episode VII - The Force Awakens	8	143	0

08 在使用 loc 時，可以用布林陣列來選擇列，並且用標籤串列（list of labels）來指定所需的欄位。請記得要在列與欄位選擇之間加上逗號。讓我們用相同的列條件，選擇 content_rating、imdb_score、title_year 和 gross 欄位：

💻 **In**

```
cols = ['content_rating', 'imdb_score', 'title_year', 'gross']
movie.loc[criteria, cols].sort_values('imdb_score')   ← 輸出結果會依 imdb_
                                                        score 從小到大排列
```
　　　　　　要在列與欄位選擇之間加上逗號

Out

	content_rating	imdb_score	title_year	gross
movie_title				
Justin Bieber: Never Say Never	G	1.6	2011.0	73000942.0
Sunday School Musical	G	2.5	2008.0	NaN
Doogal	G	2.8	2006.0	7382993.0
Barney's Great Adventure	G	2.8	1998.0	11144518.0
The True Story of Puss'N Boots	G	2.9	2009.0	NaN
Thomas and the Magic Railroad	G	3.6	2000.0	15911333.0

---

09 我們也可以使用 iloc 來執行相同的運算，不過要先使用 get_loc() 來取得欄位的位置數字：

💻 **In**

```
col_index = [movie.columns.get_loc(col) for col in cols]
col_index
```

Out

```
[20, 24, 22, 8]
```

```
movie.iloc[criteria.to_numpy(), col_index].sort_values('imdb_score')
```

↑

將不同欄位的整數位置傳給 iloc

Out

	content_rating	imdb_score	title_year	gross
movie_title				
Justin Bieber: Never Say Never	G	1.6	2011.0	73000942.0
Sunday School Musical	G	2.5	2008.0	NaN
Doogal	G	2.8	2006.0	7382993.0
Barney's Great Adventure	G	2.8	1998.0	11144518.0
The True Story of Puss'N Boots	G	2.9	2009.0	NaN
Thomas and the Magic Railroad	G	3.6	2000.0	15911333.0

了解更多

　　iloc 和 loc 屬性都支援使用布林陣列來進行資料過濾（若使用 iloc 屬性，請記得先把布林 Series 轉換成 NumPy 的 ndarray）。讓我們將步驟 1 的 criteria（布林 Series）轉換成 1 軸的 ndarray：

In

```
a = criteria.to_numpy()
a[:5]
```

Out

```
array([False, False, False, False, False])
```

In

```
len(a), len(criteria)
```

Out

(4916, 4916) ◀── 轉換後的陣列長度與原始的 Series 長度相同

在步驟 6 中，我們示範了如何選出型別為 64 位元整數的欄位，實際上有一種更簡單的方法，即透過 select_dtypes() 來進行選擇：

In

```
movie.select_dtypes(int)
```

Out

```
movie_title
Avatar
Pirates of the Caribbean: At World's End
Spectre
The Dark Knight Rises
Star Wars: Episode VII - The Force Awakens
...
Signed Sealed Delivered
The Following
A Plague So Pleasant
Shanghai Calling
My Date with Drew
```

MEMO

索引對齊與尋找欄位最大值

在結合多個 Series 或 DataFrame 做運算時，資料會先在每個**軸**
（axis，即索引軸和欄位軸）上自動對齊，接著才開始進行運算。自動對齊
的功能增加了操作時的靈活性。本章會先探討之前提過的 **Index 物件**，然
後再介紹自動對齊給我們帶來的好處。

8.1 檢驗 Index 物件

第 6 章曾提過，Series 和 DataFrame 的每個軸都有一個用於標記資
料值的 Index 物件（ **編註**：以索引軸來說就是**索引標籤**、欄位軸來說就
是**欄位名稱**）。Index 物件有許多種類，但它們的性質都是相同的。除了
MultiIndex，所有 Index 物件都是一維資料結構，同時具備了 **Python 集
合**（set）和 **NumPy 陣列**（ndarrays）的功能。

接下來，我們將檢視大學資料集中，存放欄位名稱的 Index 物件，並
探索其功能。

🔧 **動手做**

01 讀入資料集，同時建立一個 columns 變數來存放欄位名稱的資訊：

```
💻 In

import pandas as pd
import numpy as np

college = pd.read_csv('data/college.csv')
columns = college.columns  ◄── 取得 college 的欄位名稱
columns
```

```
Out
```

```
Index(['INSTNM', 'CITY', 'STABBR', 'HBCU', 'MENONLY', 'WOMENONLY', 'RELAFFIL',
       'SATVRMID', 'SATMTMID', 'DISTANCEONLY', 'UGDS', 'UGDS_WHITE',
       'UGDS_BLACK', 'UGDS_HISP', 'UGDS_ASIAN', 'UGDS_AIAN', 'UGDS_NHPI',
       'UGDS_2MOR', 'UGDS_NRA', 'UGDS_UNKN', 'PPTUG_EF', 'CURROPER', 'PCTPELL',
       'PCTFLOAN', 'UG25ABV', 'MD_EARN_WNE_P10', 'GRAD_DEBT_MDN_SUPP'],
      dtype='object')
```

欄位名稱存在一個 Index 物件內

02 使用 to_numpy() 將 Index 物件轉換為 NumPy 陣列:

```
In
```

```
columns.to_numpy()
```

```
Out
```

```
array(['INSTNM', 'CITY', 'STABBR', 'HBCU', 'MENONLY', 'WOMENONLY',
       'RELAFFIL', 'SATVRMID', 'SATMTMID', 'DISTANCEONLY', 'UGDS',
       'UGDS_WHITE', 'UGDS_BLACK', 'UGDS_HISP', 'UGDS_ASIAN', 'UGDS_AIAN',
       'UGDS_NHPI', 'UGDS_2MOR', 'UGDS_NRA', 'UGDS_UNKN', 'PPTUG_EF',
       'CURROPER', 'PCTPELL', 'PCTFLOAN', 'UG25ABV', 'MD_EARN_WNE_P10',
       'GRAD_DEBT_MDN_SUPP'], dtype=object)
```

03 利用**純量**、**串列**或**切片表示法**,根據**位置**取出 Index 物件中的特定項目:

```
In
```

```
columns[5]  ◀── 使用純量 (單一數字)
```

```
Out
```

```
'WOMENONLY'
```

```
In
```

```
columns[[1, 8, 10]]  ◀—— 使用串列
```

```
Out
```

```
Index(['CITY', 'SATMTMID', 'UGDS'], dtype='object')
```

```
In
```

```
columns[-7:-4]  ◀—— 使用切片表示法
Out
Index(['PPTUG_EF', 'CURROPER', 'PCTPELL'], dtype='object')
```

04 Index 物件有許多與 Series 和 DataFrame 相同的**方法**（method）：

```
In
columns.isna().sum()  ◀—— 以相同方法取得缺失值的總數
```

```
Out
```

```
0
```

05 此外，也可在 Index 物件使用基本的運算或比較算符（operators）：

```
In
columns + '_A'  ◀—— 利用『+』算符在每個欄位名稱後面加上『_A』字串
```

```
Out
```

```
Index(['INSTNM_A', 'CITY_A', 'STABBR_A', 'HBCU_A', 'MENONLY_A', 'WOMENONLY_A',
       'RELAFFIL_A', 'SATVRMID_A', 'SATMTMID_A', 'DISTANCEONLY_A', 'UGDS_A',
       'UGDS_WHITE_A', 'UGDS_BLACK_A', 'UGDS_HISP_A', 'UGDS_ASIAN_A',
       'UGDS_AIAN_A', 'UGDS_NHPI_A', 'UGDS_2MOR_A', 'UGDS_NRA_A',
       'UGDS_UNKN_A', 'PPTUG_EF_A', 'CURROPER_A', 'PCTPELL_A', 'PCTFLOAN_A',
       'UG25ABV_A', 'MD_EARN_WNE_P10_A', 'GRAD_DEBT_MDN_SUPP_A'],
      dtype='object')
```

```
In
```

```
columns > 'G'
```
利用『>』算符判斷欄位名稱是否以『G』或之後的字母開頭，若符合條件則傳回 True

```
Out
```

```
array([ True, False,  True,  True,  True,  True,  True,  True,  True,
       False,  True,  True,  True,  True,  True,  True,  True,
        True,  True,  True, False,  True,  True,  True,  True,  True])
```

06 Index 物件是**不可變的**（immutable），一旦建立就無法更改其中的內容。這一點與 Pandas Series 或 NumPy 陣列有所差異：

```
In
```

```
columns[1] = 'city'
```
嘗試將位置為 1 的欄位名稱改為 city，將會產生錯誤訊息

```
Out
```

```
Traceback (most recent call last):

TypeError: Index does not support mutable operations
```

了解更多

　　Index 物件具有許多與 Python 集合相同的運算，支援集合運算中的**聯集**（union）、**交集**（intersection）和**差集**（difference）等：

```
In
```

```
c1 = columns[:4]
```
取出 columns 中的前 4 個元素，做為集合 c1
```
c1
```

```
Out
```

```
Index(['INSTNM', 'CITY', 'STABBR', 'HBCU'], dtype='object')
```

```
 In

c2 = columns[2:6]  ◀—— 取出 columns 中索引從 2 到 5 的 4 個元素，做為集合 c2
c2
```

```
 Out

Index(['STABBR', 'HBCU', 'MENONLY', 'WOMENONLY'], dtype='object')
```

```
 In

c1.union(c2)  ◀—— 取得 c1 和 c2 的聯集（功能等同於『c1|c2』）
```

```
 Out

Index(['CITY', 'HBCU', 'INSTNM', 'MENONLY', 'STABBR', 'WOMENONLY'],
      dtype='object')
```

此外，Index 物件同樣是用**雜湊表**（hash tables）來實作，因此從 DataFrame 中選擇列或行時的存取速度非常快。由於同一原因，Index 物件內的資料必須是不可變的型別，例如 string、integer 或 tuple，而這與 Python **字典**（dictionary）中的 keys 相同。

雖然 Index 物件支援重複項（ 編註 ：例如有重複的欄位名稱），但出現重複項時，就無法再用雜湊表來實作，進而導致存取速度大大降低。

8.2 笛卡兒積

當 2 個 Series 或 DataFrame 相互進行運算時，它們內部的 Index 物件（索引標籤和欄位名稱）都會在運算開始前先對齊（ 編註 ：就是相同名稱進行配對後再做運算）。當 Index 物件中有重複的項目時（例如 ['a','a','b']，則 'a' 有重複），除非 2 邊的 Index 物件完全相同（例如都是 ['a','a','b']），否則在運算重複項目時會產生**笛卡兒積**（Cartesian product）。

　　笛卡兒積是通常出現在**集合論**（set theory）中的數學術語。兩個集合的笛卡兒積，是兩集合元素間的所有可能組合。例如，撲克牌中的 52 張牌代表 13 種大小（A、2、3、…、Q、K）和 4 種花色（♠、♥、♦、♣）之間的笛卡兒積。

　　在大部分情況下，我們並不想得到笛卡兒積（**編註**：在下一節會說明其原因），因此我們必須了解其何時與如何發生，以免產生意想不到的後果。在接下來的範例中，我們會先把兩個索引不相同的 Series 相加，並觀察會產生什麼結果。

🔧 動手做

01 創建兩個具有不同索引的 Series：

🖵 In

```
s1 = pd.Series(index=list('aaab'), data=np.arange(4))
```
　　　　　　　　　⬆—— 透過 index 參數來指定索引
```
s1
```

Out

```
a    0
a    1
a    2
b    3
dtype: int32
```

🖵 In

```
s2 = pd.Series(index=list('aabbbc'), data=np.arange(6))
s2
```

Out

```
a    0
a    1
b    2
```

```
b    3
b    4
c    5
dtype: int32
```

02 將這兩個 Series 相加，進而產生笛卡兒積。s1 中每一個索引標籤為 a 的值，會與 s2 中每一個索引標籤為 a 的值相加（順序為：s1 中第一個索引標籤為 a 的值與 s2 中所有索引標籤為 a 的值依次相加，接著便是 s1 中第 2 個索引標籤為 a 的值與 s2 中所有索引標籤為 a 的值依次相加，以此類推⋯），同樣的邏輯也一併套用在其餘的索引標籤上：

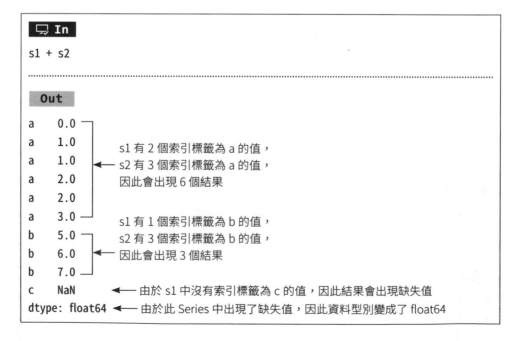

✅ **小編補充** 在 s1 和 s2 中，將索引標籤為 a 的值相加的結果示意圖如右：

```
        s1              s2
      a  0           a  0
      a  1           a  1
      a  2           b  2
      b  3           b  3
                     b  4
                     c  5
```

🖵 **In**

```
s1 + s2
```

Out

```
a    0.0
a    1.0
a    1.0
a    2.0
a    2.0
a    3.0
b    5.0
b    6.0
b    7.0
c    NaN
dtype: float64
```

s1 有 2 個索引標籤為 a 的值，s2 有 3 個索引標籤為 a 的值，因此會出現 6 個結果

s1 有 1 個索引標籤為 b 的值，s2 有 3 個索引標籤為 b 的值，因此會出現 3 個結果

由於 s1 中沒有索引標籤為 c 的值，因此結果會出現缺失值

由於此 Series 中出現了缺失值，因此資料型別變成了 float64

型別轉換對目前這個小資料集來說影響不大，但如果你處理的是很大的資料集，則可能
會對記憶體用量造成顯著影響。

了解更多

當兩個 Series 包含相同且順序一致的索引時，則不會產生笛卡兒積。
請注意，以下兩個 Series 中的元素會按照原有位置進行相加，同時輸出
Series 的資料型別仍然是 int32（ 編註 ：代表沒有缺失值）：

```
In
s1 = pd.Series(index=list('aaabb'), data=np.arange(5))
s2 = pd.Series(index=list('aaabb'), data=np.arange(5))
s1
```

```
Out
a    0
a    1
a    2
b    3
b    4
dtype: int32
```

```
In
s2
```

```
Out
a    0
a    1
a    2
b    3
b    4
dtype: int32
```

```
🖥 In
```

```
s1+s2
```

```
Out
```

```
a    0
a    2
a    4
b    6
b    8
dtype: int32
```

如果兩個 Series 的索引項目相同，但順序不同而無法一一對應時，就會產生笛卡兒積。在以下程式中，我們更改了 s2 中的索引順序，然後再將其與 s1 相加：

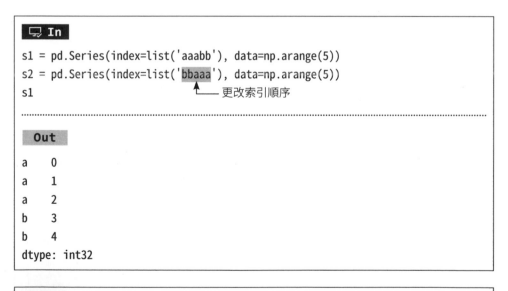

```
🖥 In
```

```
s1 = pd.Series(index=list('aaabb'), data=np.arange(5))
s2 = pd.Series(index=list('bbaaa'), data=np.arange(5))
s1                              ⌐—— 更改索引順序
```

```
Out
```

```
a    0
a    1
a    2
b    3
b    4
dtype: int32
```

```
🖥 In
```

```
s2
```

```
Out
```

```
b    0
b    1
```

```
a    2
a    3
a    4
dtype: int32
```

🖥 In

```
s1 + s2
```

....

Out

```
a    2
a    3
a    4
a    3
a    4
     ..
a    6
b    3
b    4
b    4
b    5
Length: 13, dtype: int32
```

兩個 Series 中，分別有 3 個索引標籤為 a
的值和 2 個索引標籤為 b 的值，因此輸出
結果中會有 (3×3) + (2×2) =13 個值

最後，我們創建兩個索引相同且不重複的 Series。雖然兩者的索引順序不盡相同，但它們可以一一對應，因此相加後並不會產生笛卡兒積：

🖥 In

```
s3 = pd.Series(index=list('ab'), data=np.arange(2))
s4 = pd.Series(index=list('ba'), data=np.arange(2))
s3 + s4
```

....

Out

```
a    1
b    1
dtype: int32
```

8.3 索引爆炸

當我們的資料集非常大時，笛卡兒積會造成嚴重的後果：**索引爆炸**。在接下來的範例中，我們會把兩個較大的 Series 進行相加。這二者的索引標籤相同但順序不同，且索引中有許多重複值，導致輸出 Series 中的索引標籤數目爆炸。

🔧 動手做

01 讀入員工資料集並將 RACE 欄位 (存有員工種族的資料) 設為索引：

In
```
employee = pd.read_csv('data/employee.csv', index_col='RACE')
employee.head()
```

Out

	UNIQUE_ID	POSITION_TITLE	...	HIRE_DATE	JOB_DATE
RACE					
Hispanic/Latino	0	ASSISTAN...	...	2006-06-12	2012-10-13
Hispanic/Latino	1	LIBRARY ...	...	2000-07-19	2010-09-18
White	2	POLICE O...	...	2015-02-03	2015-02-03
White	3	ENGINEER...	...	1982-02-08	1991-05-25
White	4	ELECTRICIAN	...	1989-06-19	1994-10-22

02 從 employee 選出 BASE_SALARY 欄位的資料，並存放到兩個不同的 Series 中。我們要先確認這兩個 Series 是否指向不同的物件：

In
```
salary1 = employee['BASE_SALARY']
salary2 = employee['BASE_SALARY']
salary1 is salary2  ◄── is 可用來確認兩個變數是否指向同一個物件
```

> `Out`
>
> True ◄── 代表 salary1 和 salary2 指向同一個物件

 技術上來説，employee['BASE_SALARY'] 運算會建立一個**視圖**（view），而不是全新的
copy。在 Pandas 中，視圖並不是一個新物件，只是某一個已有物件的 reference，通常是
某個 DataFrame 的子集。

03 從輸出可見，salary1 和 salary2 指向同一物件，因此當我們修改其中
一個 Series 的內容時，另一個 Series 的內容也會變動。若不想發生這
種情況，可用 **copy()** 來解決：

> `💻 In`
>
> ```
> salary2 = employee['BASE_SALARY'].copy()
> salary1 is salary2
> ```
>
> ....
>
> `Out`
>
> False ◄── 使用 copy() 後，salary1 和 salary2 指向了不同的物件

04 利用 **sort_index()** 從 A 到 Z 排序 salary1 的索引，使其索引順序與
salary2 的不同（但兩者包含的索引標籤是相同的）：

> `💻 In`
>
> ```
> salary1 = salary1.sort_index()
> salary1.head() ◄── 查看 salary1 首 5 列的索引標籤及資料
> ```
>
> ....
>
> `Out`
>
> ```
> RACE
> American Indian or Alaskan Native     78355.0
> American Indian or Alaskan Native     26125.0
> American Indian or Alaskan Native     98536.0
> American Indian or Alaskan Native         NaN
> American Indian or Alaskan Native     55461.0
> Name: BASE_SALARY, dtype: float64
> ```

```
    In
salary2.head()  ◀── 查看 salary2 首 5 列的索引標籤及資料
·····························································································

    Out
RACE
Hispanic/Latino     121862.0
Hispanic/Latino      26125.0
White                45279.0
White                63166.0
White                56347.0
Name: BASE_SALARY, dtype: float64
```

05 把 salary1 和 salary2 加起來，輸出結果似乎並沒有什麼問題：

```
    In
salary_add = salary1 + salary2
salary_add.head()
·····························································································

    Out
RACE
American Indian or Alaskan Native    138702.0
American Indian or Alaskan Native    156710.0
American Indian or Alaskan Native    176891.0
American Indian or Alaskan Native    159594.0
American Indian or Alaskan Native    127734.0
Name: BASE_SALARY, dtype: float64
```

06 透過檢查 salary1、salary2 和 salary_add 的**索引長度**，來比較相加前後的差異。由於 salary1 和 salary2 的索引具有重複項，且順序也不相同，因此會產生笛卡兒積，進而造成索引爆炸，讓傳回 Series 的長度爆增：

In

```
len(salary1.index), len(salary2.index), len(salary_add.index)
```

....

Out

```
(2000, 2000, 1175424)
```

進行相加後，輸出 Series 的索引長度超過了 100 萬，發生了索引爆炸的問題

原始 Series 的索引長度為 2000

了解更多

我們可以利用一些數學運算來驗證步驟 6 中，salary_add 的索引長度值。由於笛卡兒積會在所有**相同的索引標籤間**發生，因此只要計算個別索引標籤出現的次數，並計算其**平方和**，理論上就可以得到步驟 6 中的結果：

 注意！索引中的缺失值（NaN）也會與對應的缺失值產生笛卡兒積！

In

```
index_vc = salary1.index.value_counts(dropna=False)  ◄
index_vc                                計算個別索引標籤出現的次數
```

....

Out

```
Black or African American            700
White                                665
Hispanic/Latino                      480
Asian/Pacific Islander               107
NaN                                   35
American Indian or Alaskan Native     11
Others                                 2
Name: RACE, dtype: int64
```

```
In
index_vc.pow(2).sum()  ◄──── 計算 700²+665²+…+11²+2² 的結果
..................................................................................................
Out
1175424 ◄──── 和步驟 6 中 salary_add 的索引長度一致
```

接下來，我們會利用各種技巧來對齊索引，再進行各種運算。首先，從填補缺失值開始。

8.4 填補缺失值

當我們將兩個索引不相等（即：某些索引標籤只出現在其中一個 Series 中）的 Series 相加時，輸出結果中會出現缺失值（NaN）。在以下範例中，我們使用 **add() 方法**搭配 **fill_value 參數**來相加兩個索引不相等的 Series，由此方法產生的結果中不會有缺失值。

🔧 動手做

01 讀入不同年份（2014 年、2015 年和 2016 年）的棒球資料集，並將 playerID 欄位設為索引：

```
In
baseball_14 = pd.read_csv('data/baseball14.csv', index_col='playerID')
baseball_15 = pd.read_csv('data/baseball15.csv', index_col='playerID')
baseball_16 = pd.read_csv('data/baseball16.csv', index_col='playerID')
baseball_14.head()
```

```
Out
```

	yearID	stint	...	SF	GIDP
playerID					
altuvjo01	2014	1	...	5.0	20.0
cartech02	2014	1	...	4.0	12.0
castrja01	2014	1	...	3.0	11.0
corpoca01	2014	1	...	2.0	3.0
dominma01	2014	1	...	7.0	23.0

02 在索引上使用 difference() 來查看只存在於在 baseball_14 中的索引標籤（**編註**：輸出結果為將兩個資料集相加後，會出現缺失值的索引標籤）：

```
In
baseball_14.index.difference(baseball_15.index)  ◀──┐
                   看看哪些索引標籤只存在於 baseball_14，而不存在於 baseball_15
```

```
Out
Index(['corpoca01', 'dominma01', 'fowlede01', 'grossro01', 'guzmaje01',
       'hoeslj01', 'krausma01', 'preslal01', 'singljo02'],
      dtype='object', name='playerID')
```

```
In
baseball_15.index.difference(baseball_14.index)  ◀── 反之亦然
```

```
Out
Index(['congeha01', 'correca01', 'gattiev01', 'gomezca01', 'lowrije01',
       'rasmuco01', 'tuckepr01', 'valbulu01'],
      dtype='object', name='playerID')
```

03 現在，讓我們找出這 3 年內，每位選手的安打數（資料存放於名為 H 的欄位中）：

```
In
hits_14 = baseball_14['H']  ◀── 2014 年的安打數資料
hits_15 = baseball_15['H']  ◀── 2015 年的安打數資料
hits_16 = baseball_16['H']  ◀── 2016 年的安打數資料
hits_14.head()
```

```
Out
playerID
altuvjo01    225
cartech02    115
castrja01    103
corpoca01     40
dominma01    121
Name: H, dtype: int64
```

```
In
hits_15.head()
```

```
Out
playerID
altuvjo01    200
cartech02     78
castrja01     71
congeha01     46
correca01    108
Name: H, dtype: int64
```

```
In
hits_16.head()
```

```
Out
playerID
altuvjo01    216
bregmal01     53
castrja01     69
```

```
correca01     158
gattiev01     112
Name: H, dtype: int64
```

04 利用『+』算符加總 14 年和 15 年的安打數資料：

🖵 In

```
(hits_14 + hits_15).head()
```

....

Out

```
playerID
altuvjo01     425.0
cartech02     193.0
castrja01     174.0
congeha01      NaN  ┐←── 這 2 個標籤分別只出現在 15、14 年
corpoca01      NaN  ┘     的資料中，因此相加結果為缺失值
Name: H, dtype: float64
```

05 若不想讓結果中出現缺失值，可以改用 **add() 方法**來進行加總，同時用
fill_value 參數來指定無對應值時、或對應值為缺失值時的預設值：

🖵 In

```
hits_14.add(hits_15, fill_value=0).head()
                     ↑
               用 0 做為預設值
```

....

Out

```
playerID
altuvjo01     425.0
cartech02     193.0
castrja01     174.0
congeha01      46.0 ←── 直接傳回 hits_15 中的數值，視 hits_14 中 congeha01 的值為 0
corpoca01      40.0 ←── 直接傳回 hits_14 中的數值，視 hits_15 中 corpoca01 的值為 0
Name: H, dtype: float64
```

06 接著，再次串連 add() 來加入 2016 年的安打資料：

```
In
```
```
hits_total = (hits_14.add(hits_15, fill_value=0)
                        .add(hits_16, fill_value=0))

hits_total.head()
```

```
Out
```
```
playerID
altuvjo01     641.0
bregmal01      53.0
cartech02     193.0
castrja01     243.0
congeha01      46.0
Name: H, dtype: float64
```

07 檢查結果中是否存在缺失值：

```
In
```
```
hits_total.hasnans
```

```
Out
```
False ◀──── 輸出 Series 中不存在缺失值

了解更多

　　add() 與『+』算符的運作原理相似，但它可以利用 fill_value 參數來指定無對應值時、或對應值為缺失值時的預設值，從而提供更靈活的操作。

　　但如果進行相加的 Series 中，某個索引標籤在二邊都是缺失值，那麼進行相加後仍會是缺失值（無論是否使用 fill_value 參數）。為了確認這一點，請看以下的範例：

In

```python
s = pd.Series(index=['a', 'b', 'c', 'd'],
              data=[np.nan, 3, np.nan, 1])
s
```

Out

```
a    NaN
b    3.0      ◄──── a 和 c 為缺失值
c    NaN
d    1.0
dtype: float64
```

In

```python
s1 = pd.Series(index=['a', 'b', 'c'],
               data=[np.nan, 6, 10])
s1
```

Out

```
a     NaN    ◄── a 為缺失值
b     6.0
c    10.0
dtype: float64
```

In

```python
s.add(s1, fill_value=5)
```

Out

```
a     NaN    ◄── 即使用了 fill_value 參數,輸出中的 a 依然為缺失值
b     9.0
c    15.0    ◄── 索引標籤為 c 的項目可以相加 (缺失值先用 5 取代再相加)
d     6.0
dtype: float64
```

除了 Series，我們也可將 DataFrame 加在一起。若要相加兩個 DataFrame，就要在運算之前對齊索引和欄位，並為缺少的索引標籤插入缺失值。讓我們從 2014 年的棒球資料集中同時選取多個欄位的資料，進而得到一個 DataFrame：

```
In
df_14 = baseball_14[['G', 'AB', 'R', 'H']]  ◀── 同時選取 G、AB、R 及 H 欄位
df_14.head()
```

```
Out
              G      AB     R     H
playerID
altuvjo01    158    660    85    225
cartech02    145    507    68    115
castrja01    126    465    43    103
corpoca01     55    170    22     40
dominma01    157    564    51    121
```

同樣的，也從 base_15 中選取多個欄位的資料：

```
In
df_15 = baseball_15[['AB', 'R', 'H', 'HR']]  ◀── 此處選取 AB、R、H 和 HR 欄位
df_15.head()
```

```
Out
              AB     R     H     HR
playerID
altuvjo01    638    86    200    15
cartech02    391    50     78    24
castrja01    337    38     71    11
congeha01    201    25     46    11
correca01    387    52    108    22
```

當兩個 DataFrame 相加時，如果有無法對齊的索引或欄位，則其相加的結果將會是缺失值。我們可以串聯 **style 屬性**和 **highlight_null() 方法**，將缺失值以灰底標識出來：

```
💻 In
(df_14 + df_15).head(10).style.highlight_null('lightgrey')
```

```
Out
```

playerID	AB	G	H	HR	R
altuvjo01	1298.000000	nan	425.000000	nan	171.000000
cartech02	898.000000	nan	193.000000	nan	118.000000
castrja01	802.000000	nan	174.000000	nan	81.000000
congeha01	nan	nan	nan	nan	nan
corpoca01	nan	nan	nan	nan	nan
correca01	nan	nan	nan	nan	nan
dominma01	nan	nan	nan	nan	nan
fowlede01	nan	nan	nan	nan	nan
gattiev01	nan	nan	nan	nan	nan
gomezca01	nan	nan	nan	nan	nan

從以上輸出可見，只有同時出現在兩個 DataFrame 中的索引標籤和欄位才不會出現缺失值。即使我們改用 add() 並指定 fill_value 參數，輸出結果中仍然可能有缺失值，這是因為在原始資料集中，某些索引標籤和欄位名稱的組合可能在二邊都不存在。例如底下 congeha01、G 的值為 NaN，是因為 congeha01 只存在於 2015 的資料集中，但該資料集中並沒有 G 欄位，而 2014 年的資料集雖然有 G 欄位，但沒有 congeha01 索引：

```
(df_14.add(df_15, fill_value=0)
    .head(10)
    .style.highlight_null('lightgrey')
)
```

	AB	G	H	HR	R
playerID					
altuvjo01	1298.000000	158.000000	425.000000	15.000000	171.000000
cartech02	898.000000	145.000000	193.000000	24.000000	118.000000
castrja01	802.000000	126.000000	174.000000	11.000000	81.000000
congeha01	201.000000	nan	46.000000	11.000000	25.000000
corpoca01	170.000000	55.000000	40.000000	nan	22.000000
correca01	387.000000	nan	108.000000	22.000000	52.000000
dominma01	564.000000	157.000000	121.000000	nan	51.000000
fowlede01	434.000000	116.000000	120.000000	nan	61.000000
gattiev01	566.000000	nan	139.000000	27.000000	66.000000
gomezca01	149.000000	nan	36.000000	4.000000	19.000000

8.5 從不同的 DataFrame 增加欄位

所有 DataFrame 都可以在自身增加新的欄位。不過若要透過另一個 DataFrame 或 Series 來增加新欄位時,則會先做索引對齊,然後才建立新欄位。在以下範例中,我們將說明如何在員工資料集中新增一個欄位,其中包含不同部門的最高薪水。

🔧 **動手做**

01 讀入員工資料集並選取 DEPARTMENT 和 BASE_SALARY 欄位,然後將它們存在 dept_sal 中:

```
🖥 In
employee = pd.read_csv('data/employee.csv')
dept_sal = employee[['DEPARTMENT', 'BASE_SALARY']]
dept_sal
```

```
Out

       DEPARTMENT          BASE_SALARY
0      Municipa...         121862.0
1      Library             26125.0
2      Houston ...         45279.0
3      Houston ...         63166.0
4      General ...         56347.0
...    ...                 ...
1995   Houston ...         43443.0
1996   Houston ...         66523.0
1997   Houston ...         43443.0
1998   Houston ...         55461.0
1999   Houston ...         51194.0
```

02 先將 dept_sal 中的資料按部門名稱 (DEPARTMENT 欄位) 從 A 到 Z 進行排序，並針對各部門中的員工薪水 (BASE_SALARY 欄位) 從大到小進行排序：

```
🖥 In
dept_sal = dept_sal.sort_values(['DEPARTMENT', 'BASE_SALARY'],
                        ascending=[True, False],)
                                  利用串列來表示不同欄位的排序規則
dept_sal
```

	DEPARTMENT	BASE_SALARY
1494	Admn. & ...	140416.0
237	Admn. & ...	130416.0
1679	Admn. & ...	103776.0
988	Admn. & ...	72741.0
693	Admn. & ...	66825.0
...	...	...
1140	Solid Wa...	30410.0
1243	Solid Wa...	30410.0
387	Solid Wa...	28829.0
57	Solid Wa...	27622.0
536	Solid Wa...	26499.0

03 使用 drop_duplicates() 刪除同部門的其他資料，只保留每個部門的首列資料（ 編註 ：如此一來，我們就可取得存有每個部門最高薪水的 DataFrame）：

In

```python
max_dept_sal = dept_sal.drop_duplicates(subset='DEPARTMENT')
max_dept_sal.head()
```

Out

	DEPARTMENT	BASE_SALARY
1494	Admn. & ...	140416.0
149	City Con...	64251.0
236	City Cou...	100000.0
647	Conventi...	38397.0
1500	Dept of ...	89221.0

04 下一步，將 DEPARTMENT 欄位（ 編註 ：已刪除同部門的其它資料，欄位資料不會重複）同時設為 max_dept_sal 和 employee（原始的員工資料集）的索引：

💻 **In**

```
max_dept_sal = max_dept_sal.set_index('DEPARTMENT')
employee = employee.set_index('DEPARTMENT')
```

05 將兩個 DataFrame 的索引標籤對齊後，便可以利用 max_dept_sal 中的 BASE_SALARY 欄位資料，在 employee 中新增一個 MAX_DEPT_ SALARY 欄位：

💻 **In**

```
employee = employee.assign(MAX_DEPT_SALARY=max_dept_sal['BASE_SALARY'])
employee
```

Out

	UNIQUE_ID	POSITION_TITLE	...	JOB_DATE	MAX_DEPT_SALARY
DEPARTMENT					
Municipal Courts Department	0	ASSISTAN...	...	2012-10-13	121862.0
Library	1	LIBRARY ...	...	2010-09-18	107763.0
Houston Police Department-HPD	2	POLICE O...	...	2015-02-03	199596.0
Houston Fire Department (HFD)	3	ENGINEER...	...	1991-05-25	210588.0
General Services Department	4	ELECTRICIAN	...	1994-10-22	89194.0
...	...	...	...	...	...
Houston Police Department-HPD	1995	POLICE O...	...	2015-06-09	199596.0
Houston Fire Department (HFD)	1996	COMMUNIC...	...	2013-10-06	210588.0
Houston Police Department-HPD	1997	POLICE O...	...	2015-10-13	199596.0
Houston Police Department-HPD	1998	POLICE O...	...	2011-07-02	199596.0
Houston Fire Department (HFD)	1999	FIRE FIG...	...	2010-07-12	210588.0

06 我們可以使用 **query()** 來檢查 employee 的資料，看看 BASE_
SALARY 欄位中是否有資料大於 MAX_DEPT_SALARY 欄位的資料：

In

```
employee.query('BASE_SALARY > MAX_DEPT_SALARY')
```

Out

```
         UNIQUE_ID   POSITION_TITLE  ...  JOB_DATE   MAX_DEPT_SALARY
DEPARTMENT
```

傳回結果為一個空的 DataFrame，代表沒有任何一列符合我們的條件。換言
之，剛剛新增的 MAX_DEPT_SALARY 中確實儲存了各部門的最高薪水。

07 我們可將以上各步驟的程式碼串連起來：

In

```
employee = pd.read_csv('data/employee.csv')
max_dept_sal = (employee[['DEPARTMENT', 'BASE_SALARY']]
                .sort_values(['DEPARTMENT', 'BASE_SALARY'],
                              ascending=[True, False])          步驟 2
                .drop_duplicates(subset='DEPARTMENT')           到步驟 4
                .set_index('DEPARTMENT'))
(employee.set_index('DEPARTMENT')                               步驟 4 和
        .assign(MAX_DEPT_SALARY=max_dept_sal['BASE_SALARY']))   步驟 5
```

Out

	UNIQUE_ID	POSITION_TITLE	...	JOB_DATE	MAX_DEPT_SALARY
DEPARTMENT					
Municipal Courts Department	0	ASSISTAN...	...	2012-10-13	121862.0
Library	1	LIBRARY ...	...	2010-09-18	107763.0

Houston Police Department-HPD	2	POLICE O...	...	2015-02-03	199596.0
Houston Fire Department (HFD)	3	ENGINEER...	...	1991-05-25	210588.0
General Services Department	4	ELECTRICIAN	...	1994-10-22	89194.0
...	...	...	... ...		...
Houston Police Department-HPD	1995	POLICE O...	...	2015-06-09	199596.0
Houston Fire Department (HFD)	1996	COMMUNIC...	...	2013-10-06	210588.0
Houston Police Department-HPD	1997	POLICE O...	...	2015-10-13	199596.0
Houston Police Department-HPD	1998	POLICE O...	...	2011-07-02	199596.0
Houston Fire Department (HFD)	1999	FIRE FIG...	...	2010-07-12	210588.0

了解更多

在以上範例中，由於 max_dept_sal 這個 DataFrame 的索引不含重複項（ 編註 ：我們只保留了 DEPARTMENT 欄位的首列資料，並將該欄位設為索引），因此在 employee 中新增欄位時可以正確地對齊索引（而且 employee 中的很多列會對應到 max_dept_sal 中的某一列）。

反之，若 max_dept_sal 的索引有重複項，則 employee 中的某些列可能會對應到 max_dept_sal 中的多列，造成笛卡爾積並發生錯誤（ 編註 ：在對應時只能『一對一』或『多對一』，也可以『一對無』（會填入缺失值），但不能有『一對多』的狀況）。現在，我們嘗試新增一個具有重複索引標籤的欄位，看看會產生什麼結果。我們使用 **sample() 方法**隨機從步驟 2 的 dept_sal 中選擇 10 列資料：

```
random_salary = (dept_sal.sample(n=10, random_state=42)
                    .set_index('DEPARTMENT'))  ◀──── 此處一樣將 DEPARTMENT
random_salary                                         欄位設為索引
```

	BASE_SALARY
DEPARTMENT	
Public Works & Engineering-PWE	34861.0
Houston Airport System (HAS)	29286.0
Houston Police Department-HPD	31907.0
Houston Police Department-HPD	66614.0
Houston Police Department-HPD	42000.0
Houston Police Department-HPD	43443.0
Houston Police Department-HPD	66614.0
Public Works & Engineering-PWE	52582.0
Finance	93168.0
Houston Police Department-HPD	35318.0

請注意：此處的索引中有幾個重複的標籤（如：Houston Police Department-HPD）。假設我們嘗試利用該 DataFrame 來建立新欄位，將會發生錯誤並提醒我們索引軸中包含重複項：

```
employee['RANDOM_SALARY'] = random_salary['BASE_SALARY']  ◀──┐
                                    嘗試建立一個名為 RANDOM_SALARY 的新欄位
```

```
Traceback (most recent call last):

ValueError: cannot reindex from a duplicate axis
```

此外，在對齊過程中，如果 DataFrame 的索引沒有可以對齊的對象，則會產生缺失值。以下提供這種情況的範例，我們只使用 max_dept_sal 的前 3 列來新增欄位：

```
📺 In
max_dept_sal['BASE_SALARY'].head(3)  ◀── 查看 max_dept_sal 中前 3 列的資料
```

```
Out
DEPARTMENT
Admn. & Regulatory Affairs      140416.0
City Controller's Office         64251.0
City Council                    100000.0
Name: BASE_SALARY, dtype: float64
```

```
📺 In
(employee.set_index('DEPARTMENT')
        .assign(MAX_SALARY2=max_dept_sal['BASE_SALARY'].head(3))  ◀──┐
                    使用 max_dept_sal 的前 3 列資料來新增一個 MAX_SALARY2 欄位
        .MAX_SALARY2
        .value_counts(dropna=False)  ◀── 計算 MAX_SALARY2 中不同資料出現的次數
)
```

```
Out
NaN           1955  ◀── 缺失值有 1955 筆
140416.0        29
100000.0        11
64251.0          5
Name: MAX_SALARY2, dtype: int64
```

雖然程式成功執行，但只有 3 個部門的 MAX_SALARY2 中有確切值。那些未在 max_dept_sal 前 3 列中出現的其他部門皆對應到了缺失值。

另外，我們可以結合使用 groupby() 與 transform()，進而取代步驟 7 的做法。同時，該做法的程式碼可讀性更高，也可省去重新設定索引的麻煩：

```
max_sal = (employee.groupby('DEPARTMENT')
                .BASE_SALARY
                .transform('max')
)
employee.assign(MAX_DEPT_SALARY=max_sal)
```

我們將在第 10 章對
groupby() 和 transform()
進行進一步的說明

Out

	UNIQUE_ID	POSITION_TITLE	...	JOB_DATE	MAX_DEPT_SALARY
0	0	ASSISTAN...	...	2012-10-13	121862.0
1	1	LIBRARY ...	...	2010-09-18	107763.0
2	2	POLICE O...	...	2015-02-03	199596.0
3	3	ENGINEER...	...	1991-05-25	210588.0
4	4	ELECTRICIAN	...	1994-10-22	89194.0
...	...	...	...	...	...
1995	1995	POLICE O...	...	2015-06-09	199596.0
1996	1996	COMMUNIC...	...	2013-10-06	210588.0
1997	1997	POLICE O...	...	2015-10-13	199596.0
1998	1998	POLICE O...	...	2011-07-02	199596.0
1999	1999	FIRE FIG...	...	2010-07-12	210588.0

8.6 凸顯每一欄位的最大值

　　大學資料集中有許多數值型別欄位，描述了每所學校的不同指標（如：不同種族所佔的百分比或 SAT 分數等）。有時候，我們想知道在特定指標中，數值最高的學校。因此在以下的範例中，我們將嘗試找出每個數值型別欄位中，具有最大值的學校，並將其凸顯出來。

🔧 **動手做**

01 讀入大學資料集並將 INSTNM 欄位 (存有大學機構的名稱) 設為索引:

> 🖥 **In**

```
college = pd.read_csv('data/college.csv', index_col='INSTNM')
college.head()
```

> **Out**

	CITY	STABBR	...	MD_EARN_WNE_P10	GRAD_DEBT_MDN_SUPP
INSTNM					
Alabama A & M University	Normal	AL	...	30300	33888
University of Alabama at Birmingham	Birmingham	AL	...	39700	21941.5
Amridge University	Montgomery	AL	...	40100	23370
University of Alabama in Huntsville	Huntsville	AL	...	45500	24097
Alabama State University	Montgomery	AL	...	26600	33118.5

02 只有數值欄位的最大值才有意義,而看起來,似乎只有 CITY 欄位和 STABBR 欄位不是數值欄位。為了確認這一點,我們可以用 **dtypes 屬性**來檢查各欄位的資料型別:

> 🖥 **In**

```
college.dtypes   ← 查看各欄位的資料型別
```

> **Out**

```
CITY          object
STABBR        object
HBCU          float64
MENONLY       float64
WOMENONLY     float64
              ...
```

```
PCTPELL                 float64
PCTFLOAN                float64
UG25ABV                 float64
MD_EARN_WNE_P10          object
GRAD_DEBT_MDN_SUPP       object
Length: 26, dtype: object
```

我們意外地發現：MD_EARN_WNE_P10 和 GRAD_DEBT_MDN_SUPP 欄位的型別為 object。讓我們來檢查這兩個欄位中的一些資料樣本：

> **In**

```
college.MD_EARN_WNE_P10.sample(10, random_state=42)
```

....

> **Out**

```
INSTNM
Career Point College                                    20700
Ner Israel Rabbinical College                        PrivacyS...
Reflections Academy of Beauty                            NaN
Capital Area Technical College                          26400
West Virginia University Institute of Technology        43400
Mid-State Technical College                             32000
Strayer University-Huntsville Campus                    49200
National Aviation Academy of Tampa Bay                  45000
University of California-Santa Cruz                     43000
Lexington Theological Seminary                           NaN
Name: MD_EARN_WNE_P10, dtype: object
```

> **In**

```
college.GRAD_DEBT_MDN_SUPP.sample(10, random_state=42)
```

....

> **Out**

```
INSTNM
Career Point College                                    14977
Ner Israel Rabbinical College                        PrivacyS...
Reflections Academy of Beauty                        PrivacyS...
```

```
Capital Area Technical College                          PrivacyS...
West Virginia University Institute of Technology           23969
Mid-State Technical College                                 8025
Strayer University-Huntsville Campus                      36173.5
National Aviation Academy of Tampa Bay                     22778
University of California-Santa Cruz                        19884
Lexington Theological Seminary                          PrivacyS...
Name: GRAD_DEBT_MDN_SUPP, dtype: object
```

03 由於這兩個欄位中包含字串資料 (值為 PrivacyS…),因此欄位的型別被歸類為 object。接下來,我們利用 value_counts() 查看 MD_EARN_WNE_P10 欄位和 GRAD_DEBT_MDN_SUPP 欄位中有多少筆字串資料:

🖥 In

```
college.MD_EARN_WNE_P10.value_counts()
```

....

Out

```
PrivacySuppressed    822  ◀── 有 822 筆字串資料
38800                151
21500                 97
49200                 78
27400                 46
                    ...
67700                  1
89100                  1
70100                  1
11300                  1
73900                  1
Name: MD_EARN_WNE_P10, Length: 598, dtype: int64
```

```
In
college.GRAD_DEBT_MDN_SUPP.value_counts()
```

```
Out
PrivacySuppressed    1510  ◄──── 有 1510 筆字串資料
9500                  514
27000                 306
25827.5               136
25000                 124
                      ...
10150                   1
26604                   1
23438                   1
29874.5                 1
17515.5                 1
Name: GRAD_DEBT_MDN_SUPP, Length: 2038, dtype: int64
```

04 從輸出可見，這兩個欄位中大部分資料為『PrivarySuppressed』字串，這或許和隱私方面的考量有關。若要強制將這些欄位轉換為數值欄位，可使用 Pandas 的 **to_numeric() 函式**。不過該函式預設只會將包含數值字元的字串（如：『123456』）強制轉換為數值資料型別，若字串中包含非數值字元（如：『1a』）則會發生錯誤。此時可將該函式的 **errors 參數**設為『coerce』，就能將這些字串資料轉換為 NaN：

```
In
cols = ['MD_EARN_WNE_P10', 'GRAD_DEBT_MDN_SUPP']
for col in cols:
    college[col] = pd.to_numeric(college[col], errors='coerce')
college.GRAD_DEBT_MDN_SUPP.sample(10, random_state=42)  ◄─┐
                              再次檢查 GRAD_DEBT_MDN_SUPP 欄位中的一些資料樣本
```

```
Out
INSTNM
Career Point College                              14977.0
```

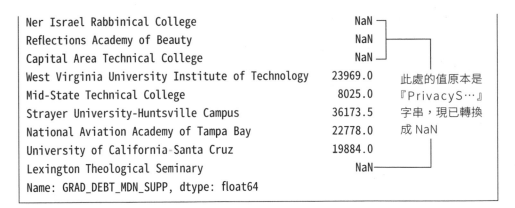

```
Ner Israel Rabbinical College                           NaN ┐
Reflections Academy of Beauty                           NaN │
Capital Area Technical College                          NaN ┘
West Virginia University Institute of Technology     23969.0
Mid-State Technical College                           8025.0
Strayer University-Huntsville Campus                 36173.5
National Aviation Academy of Tampa Bay               22778.0
University of California-Santa Cruz                  19884.0
Lexington Theological Seminary                          NaN
Name: GRAD_DEBT_MDN_SUPP, dtype: float64
```

此處的值原本是『PrivacyS…』字串,現已轉換成 NaN

In

```
college.dtypes.loc[cols]
```
← 進行轉換後,再檢查這兩個欄位的資料型別

Out

```
MD_EARN_WNE_P10        float64 ┐
GRAD_DEBT_MDN_SUPP     float64 ┘
dtype: object
```
← 欄位型別已轉換成 float64

05 現在,我們用 select_dtypes() 來選取數值欄位。別忘了,這個範例的目的是找出每個欄位中的最大值,而最大值對於非數值欄位 (如存有州屬資訊的 STABBR 欄位) 來說是沒有意義的,因此可予以省略:

In

```
college_n = college.select_dtypes('number')
college_n.head()
```
← 選取數值欄位

Out

	HBCU	MENONLY	...	MD_EARN_WNE_P10	GRAD_DEBT_MDN_SUPP
INSTNM					
Alabama A & M University	1.0	0.0	...	30300.0	33888.0
University of Alabama at Birmingham	0.0	0.0	...	39700.0	21941.5

Amridge University	0.0	0.0	...	40100.0	23370.0
University of Alabama in Huntsville	0.0	0.0	...	45500.0	24097.0
Alabama State University	1.0	0.0	...	26600.0	33118.5

06 有一些欄位只有二元資料值 (0 或 1，編註：例如用 0 來代表國立大學，用 1 來代表私立大學)，而它們的最大值也沒有意義。若要找出這些欄位，可以使用 nunique() 來找出相異資料數為 2 的所有欄位，進而建立一個布林陣列來篩選資料 (如第 7 章的做法)：

In

```
binary_only = college_n.nunique() == 2
binary_only.head()
```

Out

```
HBCU          True
MENONLY       True
WOMENONLY     True
RELAFFIL      True
SATVRMID      False
dtype: bool
```

07 使用前面的布林陣列來篩選出存有二元資料的欄位名稱，並存進串列中：

In

```
binary_cols = binary_only[binary_only].index.tolist()
binary_cols
```

Out

```
['HBCU', 'MENONLY', 'WOMENONLY', 'RELAFFIL', 'DISTANCEONLY', 'CURROPER']
```

08 接著，使用 **drop()** 刪除存有二元資料的欄位：

🖵 In

```
college_n2 = college_n.drop(columns=binary_cols)
college_n2.head()
```

....

Out

	SATVRMID	SATMTMID	...	MD_EARN_WNE_P10	GRAD_DEBT_MDN_SUPP
INSTNM					
Alabama A & M University	424.0	420.0	...	30300.0	33888.0
University of Alabama at Birmingham	570.0	565.0	...	39700.0	21941.5
Amridge University	NaN	NaN	...	40100.0	23370.0
University of Alabama in Huntsville	595.0	590.0	...	45500.0	24097.0
Alabama State University	425.0	430.0	...	26600.0	33118.5

---

09 現在，我們可以用 **idxmax()** 來找出每一欄位中，最大值所對應到的索引標籤，並傳回一個 Series。該 Series 的索引為原始資料集中的欄位名稱，儲存的資料為特定欄位中，具有最大值的學校名稱：

🖵 In

```
max_cols = college_n2.idxmax()
max_cols
```

....

Out

```
SATVRMID          Californ...
SATMTMID          Californ...
UGDS              Universi...
UGDS_WHITE        Mr Leon'...
UGDS_BLACK        Velvatex...
                     ...
```

```
PCTPELL                 MTI Busi...
PCTFLOAN                ABC Beau...
UG25ABV                 Dongguk ...
MD_EARN_WNE_P10         Medical ...
GRAD_DEBT_MDN_SUPP      Southwes...
Length: 18, dtype: object
```

10 在 max_cols 上呼叫 **unique()** 來傳回出現在 max_cols 中的學校名稱
（若某學校重複出現，則只傳回一次），並把前 5 筆資料顯示出來：

🖥 In

```
unique_max_cols = max_cols.unique()    ◀── unique() 會傳回一個 NumPy 陣列
unique_max_cols[:5]    ◀── 顯示該 NumPy 陣列的前 5 筆資料
```

Out

```
array(['California Institute of Technology',
       'University of Phoenix-Arizona',
       'Mr Leon's School of Hair Design-Moscow',
       'Velvatex College of Beauty Culture',
       'Thunderbird School of Global Management'], dtype=object)
```

11 將 unique_max_cols 傳入 loc() 來篩選出在任一欄位有最大值的學校，
然後用 **style 屬性**來凸顯這些最大值（**編註**：就是將每一欄位中的最大
值以黃底顯示）：

🖥 In

```
college_n2.loc[unique_max_cols].style.highlight_max(color='lightgrey')
```

```
Out
```

INSTNM	SATVRMID	SATMTMID	...	MD_EARN_WNE_P10	GRAD_DEBT_MDN_SUPP
California Institute of Technology	765.000000	785.000000	...	77800.000000	11812.500000
University of Phoenix-Arizona	nan	nan	...	nan	33000.000000
Mr Leon's School of Hair Design-Moscow	nan	nan	...	nan	15710.000000
Velvatex College of Beauty Culture	nan	nan	...	nan	nan
Thunderbird School of Global Management	nan	nan	...	118900.000000	nan
Cosmopolitan Beauty and Tech School	nan	nan	...	nan	nan
Haskell Indian Nations University	430.000000	440.000000	...	22800.000000	nan
Palau Community College	nan	nan	...	24700.000000	nan
LIU Brentwood	nan	nan	0.533300	44600.000000	25499.000000
California University of Management and Sciences	nan	nan	...	nan	nan
Le Cordon Bleu College of Culinary Arts-San Francisco	nan	nan	...	34000.000000	12931.000000
MTI Business College Inc	nan	nan	...	23000.000000	9500.000000

ABC Beauty College Inc	nan	nan	...	nan	16500.000000
Dongguk University-Los Angeles	nan	nan	...	nan	nan
Medical College of Wisconsin	nan	nan	...	233100.000000	nan
Southwest University of Visual Arts-Tucson	nan	nan	...	27200.000000	49750.000000

12 最後，我們重新建構程式碼以增加其可讀性（輸出結果與步驟 11 的相同，此處便不再展示了）：

🖥 **In**

```python
def remove_binary_cols(df):
    binary_only = df.nunique() == 2          ┐ 該函式可移除存有
    cols = binary_only[binary_only].index.tolist()  │ 二元資料的欄位
    return df.drop(columns=cols)             ┘


def select_rows_with_max_cols(df):    ┐ 該函式可找出所有
    max_cols = df.idxmax()            │ 包含最大值的列
    unique = max_cols.unique()        │
    return df.loc[unique]             ┘


(college
    .assign(
        MD_EARN_WNE_P10=pd.to_numeric(
            college.MD_EARN_WNE_P10, errors='coerce'),
        GRAD_DEBT_MDN_SUPP=pd.to_numeric(
            college.GRAD_DEBT_MDN_SUPP, errors='coerce'))
    .select_dtypes('number')
    .pipe(remove_binary_cols)
    .pipe(select_rows_with_max_cols)
    .style.highlight_max()
)
```

了解更多

步驟 11 的 highlight_max() 預設會突顯**每個欄位的最大值**，但我們也可以加入 **axis 參數**來改為突顯**每一列**的最大值。接下來，我們將以資料集中的種族百分比欄位（名稱中包含『UGDS_』的欄位）為例，示範如何找出每一列（即：每一所學校）中，所佔百分比最大的種族：

🖥 In

```
college = pd.read_csv('data/college.csv', index_col='INSTNM')
college_ugds = college.filter(like='UGDS_').head() ◄── 取出各種族所佔百分比的欄位
college_ugds.style.highlight_max(axis='columns',color='lightgrey') ◄──┐
```

當 axis 參數為『columns』時，會針對同一列中的不同欄位進行比較，找出其中的最大值

- -

Out

	UGDS_WHITE	UGDS_BLACK	⋯	UGDS_NRA	UGDS_UNKN
INSTNM					
Alabama A & M University	0.033300	0.935300	⋯	0.005900	0.013800
University of Alabama at Birmingham	0.592200	0.260000	⋯	0.017900	0.010000
Amridge University	0.299000	0.419200	⋯	0.000000	0.271500
University of Alabama in Huntsville	0.698800	0.125500	⋯	0.033200	0.035000
Alabama State University	0.015800	0.920800	⋯	0.024300	0.013700

8.7 串連方法來實現 idxmax() 的功能

自行嘗試實作出 DataFrame 內建的進階方法是很好的練習，能讓你對基本的 Pandas 方法有更深入的了解。在接下來的範例中，我們會串連多個基本方法，進而實作出上一節所用的 idxmax() 方法。

🔧 動手做

01 讀入資料集並篩選出數值型別欄位 (做法與上一範例中的步驟 12 類似)：

🖥 In

```
def remove_binary_cols(df):
    binary_only = df.nunique() == 2                    ◄── 該函式可移除存有
    cols = binary_only[binary_only].index.tolist()          二元制資料的欄位
    return df.drop(columns=cols)


college_n = (
    college
    .assign(
        MD_EARN_WNE_P10=pd.to_numeric(
            college.MD_EARN_WNE_P10, errors='coerce'),
        GRAD_DEBT_MDN_SUPP=pd.to_numeric(
            college.GRAD_DEBT_MDN_SUPP, errors='coerce'))
    .select_dtypes('number')
    .pipe(remove_binary_cols))
```

02 使用 max() 找出每個欄位中的最大值：

🖥 In

```
college_n.max().head()
```

Out

```
SATVRMID          765.0
```

```
SATMTMID          785.0
UGDS           151558.0
UGDS_WHITE          1.0
UGDS_BLACK          1.0
dtype: float64
```

03 DataFrame 中有一個名為 **eq()** 的方法，可以將上一步驟傳回的最大值，與各欄位中的值進行相等性比較：

In

```
college_n.eq(college_n.max()).head()
```

Out

	SATVRMID	SATMTMID	...	MD_EARN_WNE_P10	GRAD_DEBT_MDN_SUPP
INSTNM					
Alabama A & M University	False	False	...	False	False
University of Alabama at Birmingham	False	False	...	False	False
Amridge University	False	False	...	False	False
University of Alabama in Huntsville	False	False	...	False	False
Alabama State University	False	False	...	False	False

04 只要某列包含 True 值，就代表其具有至少一個欄位最大值。讓我們用 any() 來尋找具有至少一個 True 值的列：

In

```
has_row_max = (college_n.eq(college_n.max())
                        .any(axis='columns'))
has_row_max.head()
```

```
Out
INSTNM
Alabama A & M University              False    ◄─── False 就代表該學校沒有
University of Alabama at Birmingham   False          任何一個欄位最大值
Amridge University                    False
University of Alabama in Huntsville   False
Alabama State University              False
dtype: bool
```

05 由於 college_n 中只有 18 個欄位，因此理論上 has_row_max 最多只會有 18 個 True 值。我們可用以下程式進行檢查：

 In

college_n.shape ◄─── 檢查 college_n 的大小

Out

(7535, 18)

列數　欄位數

 In

has_row_max.sum() ◄─── 計算 has_row_max 中的 True 值總數

Out

401

06 結果有點出乎意料，has_row_max 中的 True 值總數（401）遠遠大於 college_n 的欄位數（18）。經研究發現，有些欄位中的許多列**同時具有最大值**，例如：在百分比欄位中，可能出現多筆值為 1 的資料。讓我們稍微退一步，將步驟 4 中的 any()，改為串連 cumsum() 來對 True 值進行累加：

✅ **小編補充**　cumsum() 可將欄位中的值由上往下累加，例如：

🖥 In

```
s = pd.Series([0, 1, 0, 1, 0])  ◄── 先創建一個 Series
s.cumsum()
```

....

Out

```
0    0 ┐
1    1 │
2    1 │ ◄── cumsum() 會將資料值進行累加
3    2 │
4    2 ┘
dtype: int64
```

🖥 In

```
college_n.eq(college_n.max()).cumsum()
```

會傳回一個布林陣列 ──────┘　　對每個欄位的 True 值進行累加

....

Out

INSTNM	SATVRMID	SATMTMID	...	MD_EARN_WNE_P10	GRAD_DEBT_MDN_SUPP
Alabama A & M University	0	0	...	0	0
University of Alabama at Birmingham	0	0	...	0	0
Amridge University	0	0	...	0	0
University of Alabama in Huntsville	0	0	...	0	0
Alabama State University	0	0	...	0	0
...	...	...	...	...	...

SAE Institute of Technology San Francisco	1	1	... 1	2
Rasmussen College - Overland Park	1	1	... 1	2
National Personal Training Institute of Cleveland	1	1	... 1	2
Bay Area Medical Academy - San Jose Satellite Location	1	1	... 1	2
Excel Learning Center-San Antonio South	1	1	... 1	2

07 從輸出可見，有些欄位只出現了一次最大值（例如：SATVRMID 和 SATMTMID），而 GRAD_DEBT_MDN_SUPP 欄位則出現了 2 次最大值。如果我們再串連 cumsum() 一次，則每個欄位中只會出現一次值為 1 的資料：

In

```
college_n.eq(college_n.max()).cumsum().cumsum()
```

Out

INSTNM	SATVRMID	SATMTMID	...	MD_EARN_WNE_P10	GRAD_DEBT_MDN_SUPP
Alabama A & M University	0	0	... 0		0
University of Alabama at Birmingham	0	0	... 0		0
Amridge University	0	0	... 0		0

University of Alabama in Huntsville	0	0	... 0	0
Alabama State University	0	0	... 0	0
...	...	...	... ...	...
SAE Institute of Technology San Francisco	7305	7305	... 3445	10266
Rasmussen College - Overland Park	7306	7306	... 3446	10268
National Personal Training Institute of Cleveland	7307	7307	... 3447	10270
Bay Area Medical Academy - San Jose Satellite Location	7308	7308	... 3448	10272
Excel Learning Center-San Antonio South	7309	7309	... 3449	10274

08 我們現在可以用 eq() 來測試 DataFrame 中的每一筆資料是否為 1，然後用 any() 找出具有至少有一個 True 值的列：

🖥 **In**
```
has_row_max2 = (college_n.eq(college_n.max()).cumsum()
                                   .cumsum()
                                   .eq(1)
                                   .any(axis='columns'))
```

```
In
has_row_max2.head()
```

```
Out
INSTNM
Alabama A & M University                False
University of Alabama at Birmingham     False
Amridge University                      False
University of Alabama in Huntsville      False
Alabama State University                 False
dtype: bool
```

09 檢查 has_row_max2 中的 True 值總數，看看其是否小於或等於 college_n 的欄位數 18（如果有學校同時在多個欄位中有最大值，True 值總數就會小於總欄位數）：

```
In
has_row_max2.sum()
```

```
Out
16
```

10 若想得到 has_row_max2 中對應到 True 值的大學機構，可以使用布林選取：

```
In
idxmax_cols = has_row_max2[has_row_max2].index
idxmax_cols
```

```
Out
Index(['Thunderbird School of Global Management',
       'Southwest University of Visual Arts-Tucson', 'ABC Beauty College Inc',
       'Velvatex College of Beauty Culture',
       'California Institute of Technology',
```

```
   'Le Cordon Bleu College of Culinary Arts-San Francisco',
   'MTI Business College Inc', 'Dongguk University-Los Angeles',
   'Mr Leon's School of Hair Design-Moscow',
   'Haskell Indian Nations University', 'LIU Brentwood',
   'Medical College of Wisconsin', 'Palau Community College',
   'California University of Management and Sciences',
   'Cosmopolitan Beauty and Tech School', 'University of Phoenix-Arizona'],
   dtype='object', name='INSTNM')
```

11 以上的大學機構至少有一個欄位為最大值，我們可以檢查該結果是否
與 idxmax() 的結果相同：

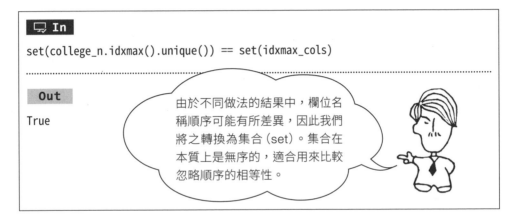

```
💻 In
set(college_n.idxmax().unique()) == set(idxmax_cols)
```

```
Out
True
```

> 由於不同做法的結果中，欄位名稱順序可能有所差異，因此我們將之轉換為集合（set）。集合在本質上是無序的，適合用來比較忽略順序的相等性。

12 最後，重新建構一個名為 idx_max 的函式，其效果與 Pandas 內建的
idx_max() 相同：

```
💻 In
def idx_max(df):
    has_row_max = (df.eq(df.max())
                     .cumsum()
                     .cumsum()
                     .eq(1)
                     .any(axis='columns'))
    return has_row_max[has_row_max].index
idx_max(college_n)
```

```
Index(['Thunderbird School of Global Management',
       'Southwest University of Visual Arts-Tucson', 'ABC Beauty College Inc',
       'Velvatex College of Beauty Culture',
       'California Institute of Technology',
       'Le Cordon Bleu College of Culinary Arts-San Francisco',
       'MTI Business College Inc', 'Dongguk University-Los Angeles',
       'Mr Leon's School of Hair Design-Moscow',
       'Haskell Indian Nations University', 'LIU Brentwood',
       'Medical College of Wisconsin', 'Palau Community College',
       'California University of Management and Sciences',
       'Cosmopolitan Beauty and Tech School', 'University of Phoenix-Arizona'],
      dtype='object', name='INSTNM')
```

了解更多

我們可以將步驟 10 中的 has_row_max2[has_row_max2]，改用 [ ] 搭配**匿名函式**（底下程式中 [lambda…] 的部份）來銜接前後串連的方法，進而將以上範例以單一的長串敘述來表達。底下範例是要計算 Pandas 內建的 idxmax() 與手動創建的 idx_max() 之間的用時差異：

```
In
def idx_max(df):
    has_row_max = (df.eq(df.max()))
                    .cumsum()
                    .cumsum()
                    .eq(1)
                    .any(axis='columns')   ←─── 此方法會傳回布林陣列
                    [lambda df_: df_]      ←─── 使用 [ 匿名函式 ] 完成步驟 10
                    .index                       的操作 ( 詳見下面的小編補充 )
    )
    return has_row_max

%timeit college_n.idxmax().values
```

Out
1.12 ms ± 28.4 µs per loop (mean ± std. dev. of 7 runs, 1000 loops each)

> 🖵 **In**
>
> ```
> %timeit idx_max(college_n)
> ```
>
> **Out**
>
> ```
> 5.35 ms ± 55.2 µs per loop (mean ± std. dev. of 7 runs, 100 loops each)
> ```

✅ **小編補充**　Pandas 允許我們在 [ ] 中呼叫函式或匿名函式，在執行時會先將 [ ] 前面的 DataFrame 或 Series 當做參數來呼叫函式，然後再以函式的傳回值來索引取值。因此放在 [ ] 中的函式固定要有一個參數，而傳回值則必須是 [ ] 可用來索引取值的資料。例如 s[lambda p: 5] 會先將 s 做為參數呼叫匿名函式，而匿名函式會傳回 5，因此最後會傳回 s[5] 的執行結果。

由於本例是要將所有方法串連在一起，而步驟 10 的 has_row_max2[has_row_max2] 是 Series 自己用自己的布林資料取值，因此無法直接用在串連式中。假設前面 .any(axis='columns') 傳回的 Series 為 s，那麼要如何在串連式中執行 s[s] 呢？也就是 .any(axis='columns')[??] 中的 ?? 要填什麼呢？

這時可在 [ ] 中放入匿名函式『lambda df_: df』，此函式會將傳入的參數直接傳回，因此 s[lambda df_: df] 就相當於執行 s[s]，如此就解決前述的問題了。此方法在動態的索引取值時很有用，但缺點是可讀性較差。

8.8 尋找最常見的欄位最大值

　　大學資料集包含超過 7500 所大學中，8 個不同種族大學生的數量百分比。在了解整個資料集的分佈狀況後，我們也許可以回答這樣的問題：『有多少大學的白人學生比其他種族的學生來得多？』

　　在以下範例中，我們使用 idxmax() 尋找每所大學中，所佔百分比最高的種族。然後，我們便可以進一步找出所有大學中，最大種族的分佈狀況。

01 讀入資料集並選擇包含種族百分比資訊的欄位（名稱中包含『UGDS_』的欄位）：

```
🖥 In
college = pd.read_csv('data/college.csv', index_col='INSTNM')
college_ugds = college.filter(like='UGDS_')
college_ugds.head()
```

```
Out
```

	UGDS_WHITE	UGDS_BLACK	...	UGDS_NRA	UGDS_UNKN
INSTNM					
Alabama A & M University	0.0333	0.9353	...	0.0059	0.0138
University of Alabama at Birmingham	0.5922	0.2600	...	0.0179	0.0100
Amridge University	0.2990	0.4192	...	0.0000	0.2715
University of Alabama in Huntsville	0.6988	0.1255	...	0.0332	0.0350
Alabama State University	0.0158	0.9208	...	0.0243	0.0137

02 使用 idxmax() 來取得每一所大學中，百分比最高的種族：

```
🖥 In
highest_percentage_race = college_ugds.idxmax(axis='columns')
highest_percentage_race.head()
```

```
Out
INSTNM
Alabama A & M University               UGDS_BLACK
University of Alabama at Birmingham    UGDS_WHITE
Amridge University                     UGDS_BLACK
University of Alabama in Huntsville    UGDS_WHITE
Alabama State University               UGDS_BLACK
dtype: object
```

03 使用 value_counts() 搭配 **normalize 參數**，使其傳回**相對頻率**（relative frequency，編註：我們將會得到在所有大學中，某個種族為最大種族的百分比）：

```
In
highest_percentage_race.value_counts(normalize=True)
```

```
Out
UGDS_WHITE    0.670352   ◀── 在 67% 的大學中，白人為最大的種族
UGDS_BLACK    0.151586
UGDS_HISP     0.129473
UGDS_UNKN     0.023422
UGDS_ASIAN    0.012074
UGDS_AIAN     0.006110
UGDS_NRA      0.004073
UGDS_NHPI     0.001746
UGDS_2MOR     0.001164
dtype: float64
```

了解更多

我們可以進一步探索並回答以下問題：對於那些黑人為最大種族的學校，其第 2 大種族的分佈為何？

```
In
(college_ugds
    [highest_percentage_race == 'UGDS_BLACK']   ◀── 選出黑人為最大種族的學校
    .drop(columns='UGDS_BLACK')   ◀── 先刪除代表黑人學生百分比的欄位
    .idxmax(axis='columns')   ◀── 取得黑人以外最大的種族
    .value_counts(normalize=True)
)
```

```
UGDS_WHITE    0.661228
UGDS_HISP     0.230326
UGDS_UNKN     0.071977
UGDS_NRA      0.018234
UGDS_ASIAN    0.009597
UGDS_2MOR     0.006718
UGDS_AIAN     0.000960
UGDS_NHPI     0.000960
dtype: float64
```

透過分組來進行
聚合、過濾和轉換

在資料分析中，最基本的工作就是先將資料分組，再對各組進行組內資料的運算（例如加總、計數、取平均值等）。這種機制已經存在很久，被稱為 split-apply-combine（拆開 - 套用 - 合併）。本章將介紹強大的 **groupby() 方法**（method），它允許使用者以不同方式來分組資料，然後套用各種類型的函式做分組運算。

在開始解釋這些例子前，我們需要先了解一些術語。所有的 groupby 運算都基於**分組欄位**（grouping column），也就是針對這些欄位內的資料來進行分組，語法如下所示：

```
df.groupby('color')          ◀── 根據單一欄位（color 欄位）來分組
df.groupby(['color', 'car']) ◀── 根據 color 欄位和 car 欄位來分組
```

> **✔ 小編補充** 　假設 color 欄位中有 white 和 black 兩種資料，car 欄位中有 SUV 和 truck 兩種資料，若根據這兩個欄位分組，將會產生 4 個組別，分別是 (white, SUV)、(white, truck)、(black, SUV) 和 (black, truck)。

呼叫 groupby() 會得到一個 groupby 物件，該物件是驅動本章所有運算的引擎。groupby() 最常見的用途是執行**聚合**（aggregation）**運算**。什麼是聚合？當我們彙總或合併一序列的資料，並傳回單一輸出值時，就是在進行聚合運算。例如：計算某一數值欄位的總和或找出其中的最大值，就屬於聚合運算的一種。

除了剛剛定義的分組欄位外，大多數聚合還需要另外兩個元素：**聚合欄位**（aggregating columns）與**聚合函式**（aggregating functions）。聚合欄位是要進行聚合的欄位，而聚合函式則是聚合的方法，包括：sum()、min()、max()、mean()、count()、variance()、std() 等等。

> **✔ 小編補充**　**分組欄位、聚合欄位與聚合函式的關係**
>
> 使用 groupby() 方法一定會遇到上述提及的分組欄位、聚合欄位與聚合函式等概念。這三者的關係用文字不好交代，此處我們用一個表格來協助讀者理解：

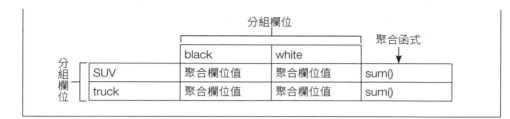

9.1 進行簡單的分組及聚合運算

在以下範例中，我們將檢視航班資料集（flights.csv），並對其進行簡單的的聚合操作，以找出不同航空公司的**平均延誤時間**。本次的操作僅涉及單一的分組欄位、聚合欄位與聚合函式。Pandas 提供不同做法來實現聚合，在底下的範例中會一一說明。

🔧 動手做

01 讀入航班資料集：

🖥 In

```
import pandas as pd
import numpy as np
flights = pd.read_csv('data/flights.csv')
flights.head()
```

Out

	MONTH	DAY	...	DIVERTED	CANCELLED
0	1	1	...	0	0
1	1	1	...	0	0
2	1	1	...	0	0
3	1	1	...	0	0
4	1	1	...	0	0

02 定義分組欄位（AIRLINE，存有航空公司的名字）、聚合欄位（ARR_
DELAY，存有不同航空公司的延誤時間）與聚合函式（mean()）。將分
組欄位傳入 groupby()，然後用 Python 字典（key 為聚合欄位，value
為聚合函式）傳入 agg() 來執行聚合操作，進而傳回一個 DataFrame：

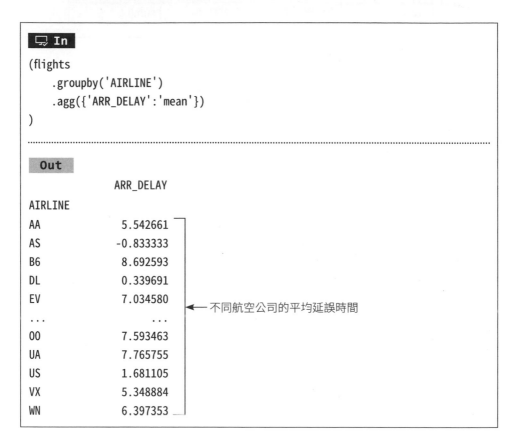

```
🖥 In
(flights
    .groupby('AIRLINE')
    .agg({'ARR_DELAY':'mean'})
)
```

```
Out
            ARR_DELAY
AIRLINE
AA           5.542661
AS          -0.833333
B6           8.692593
DL           0.339691
EV           7.034580  ◄─── 不同航空公司的平均延誤時間
...               ...
OO           7.593463
UA           7.765755
US           1.681105
VX           5.348884
WN           6.397353
```

03 你也可以將聚合欄位放到中括號（[ ]，Python 索引算符）中，就像前幾
章從 DataFrame 中選擇欄位的方式一樣。然後，將聚合函式的名稱以
字串傳入 agg()，這會傳回一個 Series：

```
🖥 In
(flights
    .groupby('AIRLINE')
    ['ARR_DELAY']  ◄─── 把聚合欄位放入中括號
    .agg('mean')   ◄─── 將聚合函式的名稱以字串傳入 agg()
)
```

```
Out
AIRLINE
AA    5.542661
AS   -0.833333
B6    8.692593
DL    0.339691
EV    7.034580
        ...
OO    7.593463
UA    7.765755
US    1.681105
VX    5.348884
WN    6.397353
Name: ARR_DELAY, Length: 14, dtype: float64
```

04 我們也可以直接把 NumPy 的聚合函式（例如：np.mean）傳遞給
agg()，進而得到和上一步驟相同的輸出：

```
In
(flights
    .groupby('AIRLINE')
    ['ARR_DELAY']
    .agg(np.mean)
)
```

```
Out
AIRLINE
AA    5.542661
AS   -0.833333
B6    8.692593
DL    0.339691
EV    7.034580
        ...
OO    7.593463
UA    7.765755
US    1.681105
VX    5.348884
WN    6.397353
Name: ARR_DELAY, Length: 14, dtype: float64
```

05 如果只會用到一個聚合函式，也可以跳過 agg() 方法，直接對 groupby 物件套用聚合函式，並得到相同的結果：

```
In
(flights
    .groupby('AIRLINE')
    ['ARR_DELAY']
    .mean()  ← 直接套用聚合函式
)
```

```
Out
AIRLINE
AA      5.542661
AS     -0.833333
B6      8.692593
DL      0.339691
EV      7.034580
        ...
OO      7.593463
UA      7.765755
US      1.681105
VX      5.348884
WN      6.397353
Name: ARR_DELAY, Length: 14, dtype: float64
```

了解更多

　　如果我們傳入 agg() 的不是聚合函式，就會引發異常警告。來看看將 NumPy 的平方根函式（np.sqrt）應用於 agg() 時會發生什麼事：

```
In
(flights
    .groupby('AIRLINE')
    ['ARR_DELAY']
    .agg(np.sqrt)
)
```

```
Out
```

```
Traceback (most recent call last):
...
ValueError: function does not reduce
```

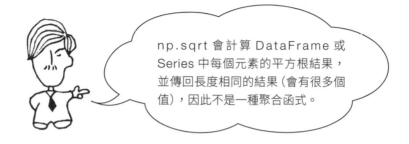

> np.sqrt 會計算 DataFrame 或 Series 中每個元素的平方根結果，並傳回長度相同的結果（會有很多個值），因此不是一種聚合函式。

9.2 對多個欄位執行分組及聚合運算

在本節，我們會對**多個欄位**進行分組和聚合，其做法與上一節略有不同。在接下來的範例中，我們將利用 groupby() 來查詢以下結果：

1. 每家航空公司在禮拜一到禮拜天所取消的航班數量。

2. 每家航空公司在禮拜一到禮拜天所取消與更改的航班數量和百分比。

3. 根據不同出發地和目的地，找出航班總數、取消的航班數量和百分比，以及飛行時間的平均數和變異數。

🔧 動手做

01 讀入航班資料集並定義分組欄位（AIRLINE、WEEKDAY）、聚合欄位（CANCELLED）與聚合函式（sum()）來取得每家航空公司在禮拜一到禮拜天所取消的航班數量：

```
🖥 In

(flights
    .groupby(['AIRLINE', 'WEEKDAY'])  ◄── 同時對 AIRLINE 及 WEEKDAY 欄位執行分組
    ['CANCELLED']  ┐
    .agg('sum'))   ┘◄── 加總各組別內的 CANCELLED 欄位資料
```

```
Out

AIRLINE  WEEKDAY
AA       1          41  ◄── AA 航空公司在禮拜一所取消的航班總數
         2           9
         3          16
         4          20
         5          18
                    ..
WN       3          18
         4          10
         5           7
         6          10
         7           7  ◄── WN 航空公司在禮拜天所取消的航班總數
Name: CANCELLED, Length: 98, dtype: int64
```

02 利用串列來指定多個分組欄位、聚合欄位和聚合函式,進而找出每家航空公司在禮拜一到禮拜天所取消與更改(DIVERTED)的航班數量和百分比:

```
🖥 In

(flights
    .groupby(['AIRLINE', 'WEEKDAY'])  ◄── 對 AIRLINE 及 WEEKDAY 欄位進行分組
    ['CANCELLED', 'DIVERTED']  ┐
    .agg(['sum', 'mean']))     ┘◄── 分別計算不同分組中,CANCELLED 和
                                    DIVERTED 欄位值為 1 的資料總數與百分比
```

> 由於這兩個欄位內儲存的是二元資料(由 0 和 1 組成,1 代表有取消或更改的航班),因此使用 mean 即可知道有異動的航班所佔之百分比。

```
Out
```

		CANCELLED		DIVERTED	
		sum	mean	sum	mean
AIRLINE	WEEKDAY				
AA	1	41	0.032106	6	0.004699
	2	9	0.007341	2	0.001631
	3	16	0.011949	2	0.001494
	4	20	0.015004	5	0.003751
	5	18	0.014151	1	0.000786
...	...	...	...	...	...
WN	3	18	0.014118	2	0.001569
	4	10	0.007911	4	0.003165
	5	7	0.005828	0	0.000000
	6	10	0.010132	3	0.003040
	7	7	0.006066	3	0.002600

03 你可以使用字典將『特定的聚合欄位』映射到『多個聚合函式』。現在，將字典傳入 agg() 來回答前面的第 3 個問題：根據不同出發地和目的地，找出航班總數（由 CANCELLED 欄位的 size 取得）、取消的航班數量和百分比（可由 CANCELLED 欄位的 sum 和 mean 取得），以及飛行時間的平均數和變異數（可由 AIRTIME 欄位的 mean 和 var 取得）：

```
In
(flights
    .groupby(['ORG_AIR', 'DEST_AIR'])
    .agg({'CANCELLED':['sum', 'mean', 'size'],
          'AIR_TIME':['mean', 'var']})
)
                              針對 CANCELLED 和 AIR_TIME 欄位使用多個聚合函式
```

```
Out
```

		CANCELLED		...	AIR_TIME	
		sum	mean	...	mean	var
ORG_AIR	DEST_AIR					
ATL	ABE	0	0.000000	...	96.387097	45.778495
	ABQ	0	0.000000	...	170.500000	87.866667
	ABY	0	0.000000	...	28.578947	6.590643
	ACY	0	0.000000	...	91.333333	11.466667
	AEX	0	0.000000	...	78.725000	47.332692
...	...	...	...	...	...	...
SFO	SNA	4	0.032787	...	64.059322	11.338331
	STL	0	0.000000	...	198.900000	101.042105
	SUN	0	0.000000	...	78.000000	25.777778
	TUS	0	0.000000	...	100.200000	35.221053
	XNA	0	0.000000	...	173.500000	0.500000

04 在 Pandas 0.25 之後，可以使用 **named aggregation 物件**來建立非階層式（non-hierarchical）欄位，以讓輸出結果更好閱讀（**編註**：步驟 3 輸出的 DataFrame 中，CANCELLED 欄位底下又有 sum 和 mean 欄位，這就屬於階層式欄位）：

> ✔ **小編補充** 我們可以用 pd.NamedAgg() 來創建 named aggregation 物件，它的第一個參數（column 參數）為欲進行聚合的欄位名稱，第二個參數（aggfunc 參數）為聚合函式的名稱，如 sum、mean、size 等。實際的程式語法，請參考以下的範例。

🖵 **In**

```
(flights
    .groupby(['ORG_AIR', 'DEST_AIR'])  ◄── 針對這兩個欄位進行分組
    .agg(sum_cancelled=pd.NamedAgg(column='CANCELLED', aggfunc='sum'),
        mean_cancelled=pd.NamedAgg(column='CANCELLED', aggfunc='mean'),
        size_cancelled=pd.NamedAgg(column='CANCELLED', aggfunc='size'),
        mean_air_time=pd.NamedAgg(column='AIR_TIME', aggfunc='mean'),
        var_air_time=pd.NamedAgg(column='AIR_TIME', aggfunc='var'))
)
```

利用關鍵字參數來傳入多個 named aggregation 物件

Out

ORG_AIR	DEST_AIR	sum_cancelled	mean_cancelled	...	mean_air_time	var_air_time
ATL	ABE	0	0.000000	...	96.387097	45.778495
	ABQ	0	0.000000	...	170.500000	87.866667
	ABY	0	0.000000	...	28.578947	6.590643
	ACY	0	0.000000	...	91.333333	11.466667
	AEX	0	0.000000	...	78.725000	47.332692
...	...	...	...	...	...	...
SFO	SNA	4	0.032787	...	64.059322	11.338331
	STL	0	0.000000	...	198.900000	101.042105
	SUN	0	0.000000	...	78.000000	25.777778
	TUS	0	0.000000	...	100.200000	35.221053
	XNA	0	0.000000	...	173.500000	0.500000

了解更多

若想**扁平化**（flatten）步驟 3 輸出之欄位（ 編註 ：即不要讓欄位名稱出現階層關係），可以使用 **to_flat_index()**（適用於 Pandas 0.24 之後的版本）：

```
res = (flights.groupby(['ORG_AIR', 'DEST_AIR'])
          .agg({'CANCELLED':['sum', 'mean', 'size'],
                'AIR_TIME':['mean', 'var']})
)
res.columns
```

Out

```
MultiIndex([('CANCELLED',  'sum'),
            ('CANCELLED', 'mean'),
            ('CANCELLED', 'size'),
            ( 'AIR_TIME', 'mean'),
            ( 'AIR_TIME',  'var')],)
```

原本的欄位名稱是存放在 MultiIndex 物件中

MultiIndex 物件常用來儲存階層式的欄位名稱或索引標籤（編註：我們會在接下來的小節中對 MultiIndex 物件進行更深入的說明及操作）。

In

```
res_flat_column = res.columns.to_flat_index()
res_flat_column
```

Out

```
Index([('CANCELLED', 'sum'), ('CANCELLED', 'mean'), ('CANCELLED', 'size'),
```
使用 to_flat_index() 後，欄位名稱改為存放在一般的 Index 物件中
```
      ('AIR_TIME', 'mean'),  ('AIR_TIME', 'var')],
     dtype='object')
```

🖥 In

```
res.columns = ['_'.join(x) for x in res_flat_column]
res
```
使用 join() 將以上輸出中，tuple 的
元素連接起來，做為新的欄位名稱

. . . .

Out

		CANCELLED _sum	CANCELLED _mean	...	AIR_TIME _mean	AIR_TIME _var
ORG_ AIR	DEST_ AIR					
ATL	ABE	0	0.000000	...	96.387097	45.778495
	ABQ	0	0.000000	...	170.500000	87.866667
	ABY	0	0.000000	...	28.578947	6.590643
	ACY	0	0.000000	...	91.333333	11.466667
	AEX	0	0.000000	...	78.725000	47.332692
...	...	...	...	...	...	...
SFO	SNA	4	0.032787	...	64.059322	11.338331
	STL	0	0.000000	...	198.900000	101.042105
	SUN	0	0.000000	...	78.000000	25.777778
	TUS	0	0.000000	...	100.200000	35.221053
	XNA	0	0.000000	...	173.500000	0.500000

　　以上做法看起來較為繁瑣，我們可改用**串連運算**（chain operation）來
簡化。在以下程式中，我們先定義一個可扁平化欄位名稱的 flatten_cols()
函式，再將其串連至 agg() 後方：

```
🖥 In
def flatten_cols(df):
    df.columns = ['_'.join(x) for x in df.columns.to_flat_index()]
    return df
res = (flights
    .groupby(['ORG_AIR', 'DEST_AIR'])
    .agg({'CANCELLED':['sum', 'mean', 'size'],
        'AIR_TIME':['mean', 'var']})
    .pipe(flatten_cols)
)
res
```

Out

ORG_AIR	DEST_AIR	CANCELLED_sum	CANCELLED_mean	...	AIR_TIME_mean	AIR_TIME_var
ATL	ABE	0	0.000000	...	96.387097	45.778495
	ABQ	0	0.000000	...	170.500000	87.866667
	ABY	0	0.000000	...	28.578947	6.590643
	ACY	0	0.000000	...	91.333333	11.466667
	AEX	0	0.000000	...	78.725000	47.332692
...	...	...	...	...	...	...
SFO	SNA	4	0.032787	...	64.059322	11.338331
	STL	0	0.000000	...	198.900000	101.042105
	SUN	0	0.000000	...	78.000000	25.777778
	TUS	0	0.000000	...	100.200000	35.221053
	XNA	0	0.000000	...	173.500000	0.500000

　　如前所述，在針對多個欄位進行分組時，Pandas 會建立一個 MultiIndex 物件。若我們進行分組的其中一個欄位是分類型別（category），那麼 Pandas 會為每個層級的所有組合建立笛卡兒積。此時若欄位內的相異資料數非常多，就可能會出現組合數目爆炸的問題。在底下的範例中，會將所有的出發地和目的地做配對，不論該配對是否實際存在（沒有時會全部以 NaN 表示）：

```
💻 In
res = (flights
    .assign(ORG_AIR=flights.ORG_AIR.astype('category'))  ◀━━┓
                                          將 ORG_AIR 的欄位型別轉換成 category
    .groupby(['ORG_AIR', 'DEST_AIR'])
    .agg({'CANCELLED':['sum', 'mean', 'size'],
          'AIR_TIME':['mean', 'var']})
)
res
```

```
Out
```

		CANCELLED		...	AIR_TIME	
		sum	mean	...	mean	var
ORG_AIR	DEST_AIR					
ATL	ABE	0.0	0.0	...	96.387097	45.778495
	ABI	NaN	NaN	...	NaN	NaN
	ABQ	0.0	0.0	...	170.500000	87.866667
	ABR	NaN	NaN	...	NaN	NaN
	ABY	0.0	0.0	...	28.578947	6.590643
...	...	...	...	...	...	...
SFO	TYS	NaN	NaN	...	NaN	NaN
	VLD	NaN	NaN	...	NaN	NaN
	VPS	NaN	NaN	...	NaN	NaN
	XNA	0.0	0.0	...	173.500000	0.500000
	YUM	NaN	NaN	...	NaN	NaN

為了解決此問題,可將 groupby() 的 observed 參數設為 True。這使得 groupby 是利用字串型別來分組,並且只輸出真實存在的(或觀察得到的)組合,而非笛卡兒積:

```
res = (flights
    .assign(ORG_AIR=flights.ORG_AIR.astype('category'))
    .groupby(['ORG_AIR', 'DEST_AIR'], observed=True)
    .agg({'CANCELLED':['sum', 'mean', 'size'],
          'AIR_TIME':['mean', 'var']})
)
res
```

		CANCELLED		...	AIR_TIME	
		sum	mean	...	mean	var
ORG_AIR	DEST_AIR					
LAX	ABQ	1	0.018182	...	89.259259	29.403215
	ANC	0	0.000000	...	307.428571	78.952381
	ASE	1	0.038462	...	102.920000	102.243333
	ATL	0	0.000000	...	224.201149	127.155837
	AUS	0	0.000000	...	150.537500	57.897310
...	...	...	...	...	...	...
MSP	TTN	1	0.125000	...	124.428571	57.952381
	TUL	0	0.000000	...	91.611111	63.075163
	TUS	0	0.000000	...	176.000000	32.000000
	TVC	0	0.000000	...	56.600000	10.300000
	XNA	0	0.000000	...	90.642857	115.939560

9.3 分組後刪除 MultiIndex

　　當我們使用 groupby() 對多個欄位進行分組運算時，Pandas 就會建立具有多個層級的 MultiIndex 物件。索引標籤或欄位名稱都有可能是 MultiIndex 物件。帶有 MultiIndex 的 DataFrame 較難操作，而且時常會令人感到困惑。前一節最後已稍微示範過解決方法，本節會做更深入的探討。

> ☑ **小編補充**　對多個欄位進行分組時會產生多層級的索引標籤，對同一欄位
> 進行多個聚合運算時則會產生多層級的欄位名稱。

　　接下來我們會對多個欄位執行聚合，進而建立一個 DataFrame（其
index 屬性和 columns 屬性都是 MultiIndex 物件）。然後，我們操作索引
以讓其僅具有單一層級（扁平化），並同時確保欄位名稱是具代表性的（易
讀易辨識）。

🔧 **動手做**

01 讀入航班資料集，找出禮拜一到禮拜天中，每家航空公司飛行的總里
程數與平均里程數，以及航班的最大與最小延誤時間：

🖥 **In**
```
flights = pd.read_csv('data/flights.csv')
airline_info = (flights
    .groupby(['AIRLINE', 'WEEKDAY'])
    .agg({'DIST':['sum', 'mean'],          ← 找出總里程數及平均里程數
          'ARR_DELAY':['min', 'max']})     ← 找出延誤時間的最小及最大值
    .astype(int)
)
airline_info
```

Out

		DIST		ARR_DELAY	
		sum	mean	min	max
AIRLINE	WEEKDAY				
AA	1	1455386	1139	-60	551
	2	1358256	1107	-52	725
	3	1496665	1117	-45	473
	4	1452394	1089	-46	349
	5	1427749	1122	-41	732
...	...	...	...	...	...

WN	3	997213	782	-38	262
	4	1024854	810	-52	284
	5	981036	816	-44	244
	6	823946	834	-41	290
	7	945679	819	-45	261

02 目前，索引標籤和欄位名稱都是具有兩個層級的 MultiIndex 物件。讓我
們將它們都扁平化成單一層級，現在先來處理欄位名稱的部分。在使用
to_flat_index() 方法前，可先透過 get_level_values() 來查看個別層級的內
容，其參數為要查看的層級編號，從 0（代表最外層）算起。接著，我們
將兩個層級的內容連接（concatenate）在一起，並指定新的欄位名稱：

🖵 **In**

```
airline_info.columns.get_level_values(0)   ◀── 顯示第一層級（最上層）的欄位名稱
```
....

Out

```
Index(['DIST', 'DIST', 'ARR_DELAY', 'ARR_DELAY'], dtype='object')
```

🖵 **In**

```
airline_info.columns.get_level_values(1)   ◀── 顯示次一層的欄位名稱
```
....

Out

```
Index(['sum', 'mean', 'min', 'max'], dtype='object')
```

✅ **小編補充**　此處兩個層級的欄位名稱，只要跟步驟 1 的輸出結果比對一下
就一目瞭然了。

```
🖵 In
airline_info.columns.to_flat_index()  ◄── 扁平化欄位名稱
```
....
```
Out
Index([('DIST', 'sum'), ('DIST', 'mean'), ('ARR_DELAY', 'min'),
       ('ARR_DELAY', 'max')],dtype='object')
       ▲

變成 Index 物件了
```

```
🖵 In
airline_info.columns = ['_'.join(x) for x in ┐
    airline_info.columns.to_flat_index()]    ┘ ◄── 將不同層級的欄位名稱連接在一起


airline_info
```
....
```
Out
```

		DIST_sum	DIST_mean	ARR_DELAY_min	ARR_DELAY_max
AIRLINE	WEEKDAY				
AA	1	1455386	1139	-60	551
	2	1358256	1107	-52	725
	3	1496665	1117	-45	473
	4	1452394	1089	-46	349
	5	1427749	1122	-41	732
...	...	...	...	...	...
WN	3	997213	782	-38	262
	4	1024854	810	-52	284
	5	981036	816	-44	244
	6	823946	834	-41	290
	7	945679	819	-45	261

03 對於多層級的索引標籤，我們可以使用 reset_index() 來將其扁平化，也就是重置為預設的整數索引，並將原始的多層級索引內容全部轉為欄位：

🖥 In

```
airline_info.reset_index()
```

···

Out

原本是索引標籤的部分，現在變成了欄位

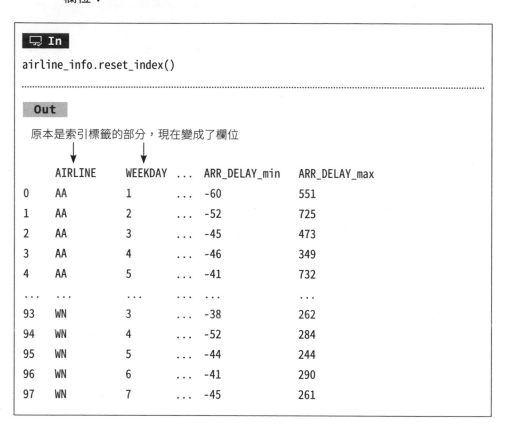

	AIRLINE	WEEKDAY	...	ARR_DELAY_min	ARR_DELAY_max
0	AA	1	...	-60	551
1	AA	2	...	-52	725
2	AA	3	...	-45	473
3	AA	4	...	-46	349
4	AA	5	...	-41	732
...	...	...	...	...	...
93	WN	3	...	-38	262
94	WN	4	...	-52	284
95	WN	5	...	-44	244
96	WN	6	...	-41	290
97	WN	7	...	-45	261

---

04 重新整理程式碼以增加其可讀性，此處我們選用 NamedAgg() 來創建扁平化的欄位：

🖥 In

```
(flights
    .groupby(['AIRLINE', 'WEEKDAY'])
    .agg(dist_sum=pd.NamedAgg(column='DIST', aggfunc='sum'),
         dist_mean=pd.NamedAgg(column='DIST', aggfunc='mean'),
         arr_delay_min=pd.NamedAgg(column='ARR_DELAY', aggfunc='min'),
         arr_delay_max=pd.NamedAgg(column='ARR_DELAY', aggfunc='max')))
```

扁平化並自訂欄位名稱

```
        .astype(int)
        .reset_index()
)
```

Out

這是我們自訂的欄位名稱

	AIRLINE	WEEKDAY	...	arr_delay_min	arr_delay_max
0	AA	1	...	-60	551
1	AA	2	...	-52	725
2	AA	3	...	-45	473
3	AA	4	...	-46	349
4	AA	5	...	-41	732
...	...	...	...	...	...
93	WN	3	...	-38	262
94	WN	4	...	-52	284
95	WN	5	...	-44	244
96	WN	6	...	-41	290
97	WN	7	...	-45	261

了解更多

在 groupby() 運算結束後，Pandas 預設會將進行分組的欄位名稱都放到索引軸中，如以上範例中的 AIRLINE 和 WEEKDAY 欄位。你可以透過將 groupby() 的 **as_index 參數** 設置為 False 來避免這個動作（編註：效果跟 reset_index() 是一樣的）。在下面的例子中，我們想查詢每家航空公司的平均航班飛行距離：

In

```
(flights
    .groupby(['AIRLINE'], as_index=False)
    ['DIST']
    .agg('mean')    ←— 計算里程數 (DIST 欄位) 的平均值
    .round(0)
)
```

此時，AIRLINE 欄位不會移到索引軸的位置

```
        AIRLINE      DIST
0       AA           1114.0
1       AS           1066.0
2       B6           1772.0
3       DL           866.0
4       EV           460.0
...     ...          ...
9       OO           511.0
10      UA           1231.0
11      US           1181.0
12      VX           1240.0
13      WN           810.0
```

Pandas 會自動對分組欄位的內容進行排序（ 編註 ：如以上的結果，是依照 AIRLINE 欄位從 A 到 Z 重新排序過了 ）。這是因為 groupby() 中的 **sort 參數**預設為 True，因此你也可以將其設為 False 來維持原始資料集中的順序。事實上，不排序資料可帶來效能上的些許提升。

9.4 使用自訂的聚合函式來分組

Pandas 提供了許多可用於 groupby 物件的聚合函式，但有時候，你可能需要編寫自訂的聚合函式。在以下的範例中，我們將使用大學資料集來計算每個州屬中，大學生人數的平均數和標準差，再從中找出各州屬中偏離最大的相對數值。我們必須使用自訂的函式搭配以上資訊，才能進一步求出複雜的統計結果。

🔧 **動手做**

01 讀入大學資料集，找出各州大學生人數的平均數和標準差：

⌨ **In**
```
college = pd.read_csv('data/college.csv')
(college
    .groupby('STABBR')  ←── 根據州屬 (STABBR 欄位) 進行分組
    ['UGDS']  ←── UGDS 欄位中存有不同大學的學生數量
    .agg(['mean', 'std'])
    .round(0)
)
```

Out

```
            mean        std
STABBR
AK          2493.0      4052.0
AL          2790.0      4658.0
AR          1644.0      3143.0
AS          1276.0      NaN    ←── 該州屬中只有一所大學，無法計算
AZ          4130.0      14894.0      標準差，因此會傳回缺失值
...         ...         ...
VT          1513.0      2194.0
WA          2271.0      4124.0
WI          2655.0      4615.0
WV          1758.0      5957.0
WY          2244.0      2745.0
```

02 由於各州屬的學生人數狀況分佈不一，很難直接比較，因此這裡我們要運用統計中**標準化** (standardization) 的技巧，先將『每所大學人數減去該州屬之平均學生人數後，再除以標準差』，進而從得到的數值中取出各州屬偏離平均值最遠的數字（不分正負），以下會將此數字稱為**標準分數**。Pandas 並沒有提供這一系列運算的函式，因此我們需要建立一個自訂函式：

> ✅ **小編補充**　上述運算在統計上稱為 Z- 轉換 (Z-transformation)，而轉換後的結果稱為 Z- 分數 (Z-score)，Z- 分數所代表的是觀測值（此處為某大學的學生人數）距離母體平均值（此處為該州屬的大學平均學生人數），有多少個標準差。即使各州屬的標準差並不一樣，也可經由 Z- 分數得知某大學在該州屬的相對位置，這樣就算是不同州屬也可以比較出距離均值最遠的數字了。由於是比較『距離』因此我們會取絕對值。關於 Z-score 與相關的統計細節，可以參考旗標出版的《機器學習的統計基礎》一書。

🖥 **In**

```
def max_deviation(s): ◀── 該函式可找出 s 內各組別中的最大標準分數
    std_score = (s - s.mean()) / s.std()
    return std_score.abs().max()
```

03 接著，將自訂好的函式傳給 agg() 以執行聚合運算：

🖥 **In**

```
(college
    .groupby('STABBR')
    ['UGDS']
    .agg(max_deviation) ◀──────────── Pandas 會把 UGDS 欄位當成 Series，
                                       然後傳入 max_deviation() 中
    .round(1) ◀── 取至小數後 1 位
)
```

Out

```
STABBR
AK    2.6
AL    5.8
AR    6.3
AS    NaN
```

```
AZ    9.9
      ...
VT    3.8
WA    6.6
WI    5.8
WV    7.2
WY    2.8
Name: UGDS, Length: 59, dtype: float64
```

了解更多

我們可將自訂的 max_deviation() 應用於多個欄位，不過此函式只能用在數值欄位上，請讀者多加留意：

```
In
(college
    .groupby('STABBR')
    ['UGDS', 'SATVRMID', 'SATMTMID']  ←── 將 max_deviation() 函式應用在多個欄位上
    .agg(max_deviation)
    .round(1)  ←── 近似至小數後 1 位
)
```

```
Out
```

	UGDS	SATVRMID	SATMTMID
STABBR			
AK	2.6	NaN	NaN
AL	5.8	1.6	1.8
AR	6.3	2.2	2.3
AS	NaN	NaN	NaN
AZ	9.9	1.9	1.4
...	...	...	...
VT	3.8	1.9	1.9
WA	6.6	2.2	2.0
WI	5.8	2.4	2.2
WV	7.2	1.7	2.1
WY	2.8	NaN	NaN

我們還可以將自訂的聚合函式，搭配內建的函式一起使用：

```
In
(college
    .groupby(['STABBR'])
    ['UGDS']
    .agg([max_deviation, 'mean', 'std'])    ◄── 混合使用自訂與內建的聚合函式
    .round(1))
```

```
Out
            max_deviation    mean        std
STABBR
AK          2.6              2493.2      4051.7
AL          5.8              2789.9      4657.9
AR          6.3              1644.1      3142.8
AS          NaN              1276.0      NaN
AZ          9.9              4130.5      14893.6
...         ...              ...         ...
VT          3.8              1512.6      2193.6
WA          6.6              2271.2      4123.7
WI          5.8              2655.5      4615.5
WV          7.2              1758.1      5957.2
WY          2.8              2244.4      2744.7
```

請注意，Pandas 會使用**函式名稱**做為傳回的欄位名稱。我們可以直接修改函式的 **__name__ 屬性**來更改欄位名稱：

```
In
max_deviation.__name__    ◄── 查看 max_deviation 函式的 __name__ 屬性
```

```
Out
'max_deviation'
```

🖥 **In**

```
max_deviation.__name__ = 'Max Deviation'  ←── 更改 __name__ 屬性
(college
    .groupby(['STABBR', 'RELAFFIL'])
    ['UGDS', 'SATVRMID', 'SATMTMID']
    .agg([max_deviation, 'mean', 'std'])
    .round(1)
)
```

Out

欄位名稱已改成 Max Deviation

		UGDS		...	SATMTMID	
		Max Deviation	mean	...	mean	std
STABBR	RELAFFIL					
AK	0	2.1	3508.9	...	NaN	NaN
	1	1.1	123.3	...	503.0	NaN
AL	0	5.2	3248.8	...	515.8	56.7
	1	2.4	979.7	...	485.6	61.4
AR	0	5.8	1793.7	...	503.6	39.0
...	...	...	...	...	...	...
WI	0	5.3	2879.1	...	591.2	85.7
	1	3.4	1716.2	...	526.6	42.5
WV	0	6.9	1873.9	...	480.0	27.7
	1	1.3	716.4	...	484.8	17.7
WY	0	2.8	2244.4	...	540.0	NaN

9.5 可接收多個參數的自訂聚合函式

在呼叫自訂聚合函式時，Pandas 會將要聚合的欄位以 Series 傳遞給該函式。除了這個 Series 參數外，有時候我們需要傳遞更多的參數給自訂函式。因此，我們需要了解如何將任意數量的參數傳遞給函式。

agg() 函式的**簽章**（signature）是 agg(func, *args, **kwargs)。其中，func 參數可以接受以下物件：

- 聚合函式本身（函式物件）

- 聚合函式的名稱（字串）

- 由多個聚合函式組成的串列

- 將『欄位名稱』映射到『函式或函式串列』的字典

- 9.2 節介紹過的 named aggregation 物件

如果傳入的聚合函式需要使用額外的參數，則可透過 *args 和 **kwargs 參數來進行傳遞。我們可以使用 *args 將任意數量的**位置參數**傳遞給自訂函式而 **kwargs 允許我們傳遞任意數量的**關鍵字參數**（例如 drop=True）。

在接下來的範例中，我們將根據 STABBR 欄位（代表大學所在的州屬）和 RELAFFIL 欄位（代表某所大學是否為宗教學校，0 代表不是，1 代表是）分組，並找出學生人數在一定區間內的大學百分比。

🔧 **動手做**

01 定義一個可傳回『學生人數在 1000 到 3000 之間的學校百分比』的函式，它只接受傳入一個 Series，不接受任何額外的參數：

🖵 **In**

```
def pct_between_1_3k(s):
    return (s.between(1_000, 3_000)
            .mean()* 100)
```

02 根據 STABBR 欄位和 RELAFFIL 欄位分組，並將剛剛定義的函式傳入 agg()，對 UGDS 欄位 (包含學生人數資訊) 進行運算：

```
🖥 In

(college.groupby(['STABBR', 'RELAFFIL'])
        ['UGDS']
        .agg(pct_between_1_3k)
        .round(1))
```

```
Out

STABBR  RELAFFIL
AK      0              14.3  ◀── 在 AK 州的非宗教學校中，學生人數介於
                                    1000 到 3000 的學校百分比為 14.3%

        1               0.0
AL      0              23.6
        1              33.3
AR      0              27.9
                       ...
WI      0              13.8
        1              36.0
WV      0              24.6
        1              37.5
WY      0              54.5
Name: UGDS, Length: 112, dtype: float64
```

03 美中不足的是，剛剛的函式無法讓使用者指定人數的上下限 (而只能是固定的 1000 和 3000)，現在來建立一個可讓使用者調整人數上下限的新函式：

```
🖥 In

def pct_between(s, low, high):  ◀── 增加了 low 和 high 參數，用來設定學生人數的上下限
    return s.between(low, high).mean() * 100
```

04 現在，我們可以用位置參數 s 的形式，將 1_000 和 10_000 一併傳遞給 agg()，Pandas 會進一步將它們分別傳遞給 pct_between() 的 low 和 high 參數：

```
💻 In

(college
    .groupby(['STABBR', 'RELAFFIL'])
    ['UGDS']
    .agg(pct_between, 1_000, 10_000)  ◄─── 查詢人數介於 1000 和 10000 的大學百分比
    .round(1)
)
```

```
Out

STABBR  RELAFFIL
AK      0            42.9
        1             0.0
AL      0            45.8
        1            37.5
AR      0            39.7
                     ...
WI      0            31.0
        1            44.0
WV      0            29.2
        1            37.5
WY      0            72.7
Name: UGDS, Length: 112, dtype: float64
```

我們也可以明確地使用關鍵字參數來產生相同的結果：

```
💻 In

(college
    .groupby(['STABBR', 'RELAFFIL'])
    ['UGDS']
    .agg(pct_between, low=1_000, high=10_000)
    .round(1)
)
```

了解更多

如果我們現在想呼叫多個聚合函式，而它們中只有自訂的聚合函式需要額外參數時，可以利用 Python 的**閉包功能**（closure functionality），在我們的自訂函式中創建一個子函式。該子函式只接收一個 Series 參數，並且會在自訂函式被呼叫時才動態建立並傳回給 Pandas：

```
In
def between_n_m(n, m):      ◄── 自訂的外部函式
    def wrapper(ser):      ◄── 內部動態建立的子函式（只接收一個參數）
        return pct_between(ser, n, m)   ◄── 在新函式中可以使用外層函式的參數 n、m
    wrapper.__name__ = f'between_{n}_{m}'
    return wrapper   ◄── 傳回子函式的函式物件給其他程式使用

(college.groupby(['STABBR', 'RELAFFIL'])
        ['UGDS']
        .agg([between_n_m(1_000, 10_000), 'max', 'mean'])
                         ▲── 此函式會先被執行，在函式中會動
                            態建立 wrapper(ser) 函式並傳回給
        .round(1))          Pandas 做為聚合函式
```

```
Out
```

		between_1000_10000	max	mean
STABBR	RELAFFIL			
AK	0	42.9	12865.0	3508.9
	1	0.0	275.0	123.3
AL	0	45.8	29851.0	3248.8
	1	37.5	3033.0	979.7
AR	0	39.7	21405.0	1793.7
...	...	...	...	...
WI	0	31.0	29302.0	2879.1
	1	44.0	8212.0	1716.2
WV	0	29.2	44924.0	1873.9
	1	37.5	1375.0	716.4
WY	0	72.7	9910.0	2244.4

9.6 深入了解 groupby 物件

　　對 DataFrame 執行 groupby() 會傳回 groupby 物件。通常，我們會直接在此物件上進行串連運算（就像前幾節所示），而無需將它儲存成額外的變數。在以下範例中，我們會建立變數來儲存 groupby 物件，同時檢視該物件的內容。

動手做

01　根據大學資料集中的 STABBR 欄位和 RELAFFIL 欄位來分組，接著將結果存成變數並確認其型別：

In

```
college = pd.read_csv('data/college.csv')
grouped = college.groupby(['STABBR', 'RELAFFIL'])
type(grouped)
```

Out

```
pandas.core.groupby.generic.DataFrameGroupBy
```
◀── 為一 groupby 物件

02 使用 dir() 來查看 groupby 物件的屬性：

```
🖥 In
print([attr for attr in dir(grouped) if not
    attr.startswith('_')])
```

```
Out
['CITY', 'CURROPER', 'DISTANCEONLY', 'GRAD_DEBT_MDN_SUPP', 'HBCU', 'INSTNM',
'MD_EARN_WNE_P10', 'MENONLY', 'PCTFLOAN', 'PCTPELL', 'PPTUG_EF', 'RELAFFIL',
'SATMTMID', 'SATVRMID', 'STABBR', 'UG25ABV', 'UGDS', 'UGDS_2MOR', 'UGDS_AIAN',
'UGDS_ASIAN', 'UGDS_BLACK', 'UGDS_HISP', 'UGDS_NHPI', 'UGDS_NRA', 'UGDS_UNKN',
'UGDS_WHITE', 'WOMENONLY', 'agg', 'aggregate', 'all', 'any', 'apply',
'backfill', 'bfill', 'boxplot', 'corr', 'corrwith', 'count', 'cov', 'cumcount',
'cummax', 'cummin', 'cumprod', 'cumsum', 'describe', 'diff', 'dtypes',
'expanding', 'ffill', 'fillna', 'filter', 'first', 'get_group', 'groups', 'head',
'hist', 'idxmax', 'idxmin', 'indices', 'last', 'mad', 'max', 'mean', 'median',
'min', 'ndim', 'ngroup', 'ngroups', 'nth', 'nunique', 'ohlc', 'pad', 'pct_
change', 'pipe', 'plot', 'prod', 'quantile', 'rank', 'resample', 'rolling',
'sem', 'shift', 'size', 'skew', 'std', 'sum', 'tail', 'take', 'transform',
'tshift', 'var']
```

03 利用 **ngroups 屬性**查看 grouped 中的組別數量：

```
🖥 In
grouped.ngroups
```

```
Out
112
```

04 你可以使用 **groups 屬性**來取得每個組別的索引標籤。由於我們是按照兩個欄位分組，所以它們的標籤會是一個內含兩個元素的 tuple。該 tuple 中的首個值代表 STABBR 欄位，另一個則代表 RELAFFIL 欄位。現在，我們來印出前 6 個組別的標籤：

```
💻 In
groups = list(grouped.groups)
groups[:6]
```

```
Out
[('AK', 0), ('AK', 1), ('AL', 0), ('AL', 1), ('AR', 0), ('AR', 1)]
```

05 將代表特定組別的索引標籤傳入 **get_group()**，進而提取該組別內的資料。例如，要取得佛羅里達州 (STABBR 欄位值為 FL) 的所有宗教學校 (RELAFFIL 欄位值為 1)，請執行以下程式：

```
💻 In
grouped.get_group(('FL', 1))
```

```
Out
```

	INSTNM	CITY	...	MD_EARN_WNE_P10	GRAD_DEBT_MDN_SUPP
712	The Bapt...	Graceville	...	30800	20052
713	Barry Un...	Miami	...	44100	28250
714	Gooding ...	Panama City	...	NaN	PrivacyS...
715	Bethune-...	Daytona ...	...	29400	36250
724	Johnson ...	Kissimmee	...	26300	20199
...	...	...	...	...	...
7486	Strayer ...	Coral Sp...	...	49200	36173.5
7487	Strayer ...	Fort Lau...	...	49200	36173.5
7488	Strayer ...	Miramar	...	49200	36173.5
7489	Strayer ...	Miami	...	49200	36173.5
7490	Strayer ...	Miami	...	49200	36173.5

06 由於 groupby 物件是可迭代的，因此你可以查看其中每個組別的資料。在 Jupyter Notebook 中，可以利用 **display() 函式**來顯示每個組別的資料 (否則 Jupyter Notebook 只會傳回最後一個組別的資料)：

🖥 **In**

```
from IPython.display import display
for name, group in grouped:    ◄── 迭代 grouped 中的每個項目
    print(name)
    display(group.head(3))    ◄── 查看每個組別的前 3 筆資料
```

Out

('AK', 0)

	INSTNM	CITY	...	MD_EARN_WNE_P10	GRAD_DEBT_MDN_SUPP
60	Universi...	Anchorage	...	42500	19449.5
62	Universi...	Fairbanks	...	36200	19355
63	Universi...	Juneau	...	37400	16875

('AK', 1)

	INSTNM	CITY	...	MD_EARN_WNE_P10	GRAD_DEBT_MDN_SUPP
61	Alaska B...	Palmer	...	NaN	PrivacyS...
64	Alaska P...	Anchorage	...	47000	23250
5417	Alaska C...	Soldotna	...	NaN	PrivacyS...

('AL', 0)

	INSTNM	CITY	...	MD_EARN_WNE_P10	GRAD_DEBT_MDN_SUPP
0	Alabama ...	Normal	...	30300	33888
1	Universi...	Birmingham	...	39700	21941.5
3	Universi...	Huntsville	...	45500	24097

...

如果只想檢視某個組別的資料，可以使用步驟 5 的方法。但有時候可能不知道組別的名稱，這時就可以參考以下的做法來查詢。我們將會得到一個 tuple（該組別的索引標籤）及一個 DataFrame（該組別的內容）：

```
In
for name, group in grouped:
    print(name)
    display(group)
    break ◀── 此處先檢視頭一組的標籤和內容就好，然後便跳出迴圈
```

··

```
Out
```

('AK', 0) ◀── 取得各組標籤後，就可以用步驟 5 的方法查看資料

	INSTNM	CITY		MD_EARN_WNE_P10	GRAD_DEBT_MDN_SUPP
60	Universi...	Anchorage	...	42500	19449.5
62	Universi...	Fairbanks	...	36200	19355
63	Universi...	Juneau	...	37400	16875
65	AVTEC-Al...	Seward	...	33500	PrivacyS...
66	Charter ...	Anchorage	...	39200	13875
67	Alaska C...	Anchorage	...	28700	8994
5171	Ilisagvi...	Barrow	...	24900	PrivacyS...

07 我們還可以在 groupby 物件上呼叫 head(1)，將每個組別的首列資料放進同一個 DataFrame 中：

```
In
grouped.head(1)
```

··

```
Out
```

	INSTNM	CITY		MD_EARN_WNE_P10	GRAD_DEBT_MDN_SUPP
0	Alabama ...	Normal	...	30300	33888
1	Universi...	Birmingham	...	39700	21941.5
2	Amridge ...	Montgomery	...	40100	23370
10	Birmingh...	Birmingham	...	44200	27000
43	Prince I...	Elmhurst	...	PrivacyS...	20992

```
          INSTNM        CITY        ...  MD_EARN_WNE_P10   GRAD_DEBT_MDN_SUPP
...       ...           ...         ...  ...               ...
5289      Pacific ...   Mangilao    ...  PrivacyS...       PrivacyS...
6439      Touro Un...   Henderson   ...  NaN               PrivacyS...
7352      Marinell...   Henderson   ...  21200             9796.5
7404      Universi...   St. Croix   ...  31800             15150
7419      Computer...   Las Cruces  ...  21300             14250
```

了解更多

對於步驟 2 傳回的 groupby 物件，Pandas 還提供了許多有用的方法。以 nth() 為例，當我們傳入一個整數串列時，可以從每個組別中選出特定的列。在以下程式中，我們將 [1,-1] 傳入 nth()，進而得到每個組別中的**首列及最後一列資料**：

In

```
grouped.nth([1, -1])
```

Out

		INSTNM	CITY	...	MD_EARN_WNE_ P10	GRAD_DEBT_MDN_ SUPP
STABBR	RELAFFIL					
	0	Universi...	Fairbanks	...	36200	19355
AK	0	Ilisagvi...	Barrow	...	24900	PrivacyS...
	1	Alaska P...	Anchorage	...	47000	23250
	1	Alaska C...	Soldotna	...	NaN	PrivacyS...
AL	0	Universi...	Birmingham	...	39700	21941.5
...	...	...	...	...	...	...
	0	BridgeVa...	South C...	...	NaN	9429.5
WV	1	Appalach...	Mount Hope	...	28700	9300
	1	West Vir...	Nutter Fort	...	16700	19258
WY	0	Central ...	Riverton	...	25200	8757
	0	CollegeA...	Cheyenne	...	25600	27235.5

9.7 過濾特定的組別

之前我們示範了使用**布林陣列**（Boolean arrays）來過濾資料的範例。在使用 groupby() 時，我們可以用類似的方式來過濾特定的組別。groupby 物件的 **filter() 方法**可接受一個會傳回『以 True 或 False 來表示是否保留對應組別』的函式。

⚠️ 在 2.2 節中，我們介紹了應用於 DataFrame 的 filter() 方法，它與 groupby 物件的 filter() 完全不同，不可混為一談。DataFrame 的 filter() 是利用欄位名稱來過濾欄位（或用索引標籤來過濾資料列），而 groupby 物件的 filter() 則是用來過濾組別，它會將各組的資料一一傳給我們指定的自訂函式，並依其傳回的 True 或 False 來決定是否保留該組別。

接下來，我們要找出在大學資料集中，非白人大學生多於白人大學生的州。換句話說，我們想保留『多數學生為少數民族的州』的大學資料。

🔧 **動手做**

01 讀入大學資料集並按州屬（STABBR 欄位）進行分組。同時，利用 ngroups 屬性查詢組別的總數，傳回的結果應該與用 Series 的 **nunique() 方法**所得到的結果相同：

🖥 In
```
college = pd.read_csv('data/college.csv', index_col='INSTNM')
grouped = college.groupby('STABBR')
grouped.ngroups ◀── 查詢組別的總數
```

Out

59 ◀── 資料集中的大學分別位於 59 個不同的州屬

```
🖵 In
college['STABBR'].nunique()
```

```
Out
59 ◀── 傳回的結果是相同的
```

02 讓我們定義一個函式來檢查某州的所有大學中，非白人的百分比是否
超過特定閾值。首先，我們算出該州屬內的非白人大學生總數（針對
不同大學，將非白人學生的百分比乘上校內的學生總數，再用 sum()
加總所有大學的結果）。接著，我們再算出該州屬內，所有大學的學
生總數。

有了非白人的學生總數和州屬內的學生總數（包含白人 + 非白人），我們便可
得到非白人學生的百分比。如果該百分比大於我們定義的閾值（在程式中以
threshold 表示），就傳回 True，反之則傳回 False：

```
🖵 In
def check_minority(df, threshold):        ◀── df 為某一州（組別）的所有大學資料
    minority_pct = 1 - df['UGDS_WHITE']   ◀── 計算每個大學中，非白人學生的百分比
    total_minority = (df['UGDS'] * minority_pct).sum() ◀──┐
                                           加總每個大學的非白人學生數量
    total_ugds = df['UGDS'].sum()   ◀── 計算州屬內的大學生總數
    total_minority_pct = total_minority / total_ugds ◀──┐
                                           計算州屬內非白人學生所佔的百分比
    return total_minority_pct > threshold
```

03 下一步，將 check_minority() 函式傳入 filter()，同時將閾值設定為
50%。該函式會接受每個組別（別忘了，我們是以大學所在的州屬來
分組）的 DataFrame，並傳回一個布林值。只有結果為 True 的組別會
保留下來，因此我們可以篩選出非白人學生佔比較高的州屬，並保留
這些州屬內的大學資料：

```
college_filtered = grouped.filter(check_minority, threshold=.5)
college_filtered
```

Out

INSTNM	CITY	STABBR	...	MD_EARN_WNE_P10	GRAD_DEBT_MDN_SUPP
Everest College-Phoenix	Phoenix	AZ	...	28600	9500
Collins College	Phoenix	AZ	...	25700	47000
Empire Beauty School-Paradise Valley	Phoenix	AZ	...	17800	9588
Empire Beauty School-Tucson	Tucson	AZ	...	18200	9833
Thunderbird School of Global Management	Glendale	AZ	...	118900	PrivacyS...
...	...	...	... ...	...	...
WestMed College - Merced	Merced	CA	...	NaN	15623.5
Vantage College	El Paso	TX	...	NaN	9500
SAE Institute of Technology San Francisco	Emeryville	CA	...	NaN	9500
Bay Area Medical Academy - San Jose Satellite Location	San Jose	CA	...	NaN	PrivacyS...
Excel Learning Center-San Antonio South	San Antonio	TX	...	NaN	12125

04 最後來比較篩選前後 DataFrame 的 shape。結果顯示我們過濾了約 60% 的資料，僅剩下 3028 所大學符合要求，而它們分別來自 20 個不同的州屬：

In

```
college.shape
```

Out

```
(7535, 26)
```

```
🖵 In
```

```
college_filtered.shape
```

```
Out
```

(3028, 26)　◀── 資料列變少了，但欄位數不會改變

```
🖵 In
```

```
college_filtered['STABBR'].nunique()
```

```
Out
```

20 ◀── 篩選後的結果分屬 20 個不同州屬

了解更多

　　步驟 2 中定義的 check_minority() 是很有彈性的，我們可以自行調整閾值來得到不同的篩選結果。現在，將 threshold 調成 0.2 和 0.7，看看會產生什麼結果：

```
🖵 In
```

```
college_filtered_20 = grouped.filter(check_minority, threshold=.2)
college_filtered_20.shape
```

```
Out
```

(7461, 26)

```
🖵 In
```

```
college_filtered_20['STABBR'].nunique()
```

```
Out
```

57 ◀── 調低閾值後，幾乎所有的州都被保留（總共有 59 州，可由步驟 1 得知）

```
college_filtered_70 = grouped.filter(check_minority, threshold=.7)
college_filtered_70.shape
```

Out

```
(957, 26)
```

In

```
college_filtered_70['STABBR'].nunique()
```

Out

10 ◀━━ 將閾值調高至 0.7 後，僅有 10 個州被保留

9.8 分組轉換特定欄位的資料

　　想要加強減肥動力的一種方法是與其他人打賭。接下來，我們要分析兩個人在 4 個月內的體重資料。在每個月的月底時我們會進行比較，當月體重下降百分比最高的人，就是當月的獲勝者。為此，我們要按月份與人名來分組資料，然後使用 transform() 來對體重欄的資料進行分組轉換（ 編註：就是將各組中第 1 至 4 週的體重資料，轉換為各週體重與第 1 週體重的差距。例如某一組的資料為 [60,59,58,58]，則會轉出 [0,-1,-2,-2]）。

🔧 動手做

01 讀入資料集（weight_loss.csv），其中包含了 Amy 與 Bob 兩人的體重資料（共 4 個月的資料，每週會測量一次體重，一個月共 4 次）。現在，我們使用 **query()** 來取出一月份的資料：

```
In
weight_loss = pd.read_csv('data/weight_loss.csv')
weight_loss.query('Month == "Jan"')  ←── 關於 query() 的細節，請回顧 7.7 節的介紹
```

```
Out
```

	Name	Month	Week	Weight
0	Bob	Jan	Week 1	291
1	Amy	Jan	Week 1	197
2	Bob	Jan	Week 2	288
3	Amy	Jan	Week 2	189
4	Bob	Jan	Week 3	283
5	Amy	Jan	Week 3	189
6	Bob	Jan	Week 4	283
7	Amy	Jan	Week 4	190

02 若想確定每個月的獲勝者，只需比較當月第一週與最後一週的體重資料。當然，我們也可以取得每週的體重變化資料 (比較當週的體重與當月第一週的體重)。讓我們建立一個能夠計算每週資料的函式，它會接受一個內含每週體重的 Series，並傳回一個長度相同的體重變化百分比 Series：

```
In
def percent_loss(s):                    算出每一週的體重與首週的體重百分比變化
    return ((s - s.iloc[0]) / s.iloc[0]) * 100 ←──┘

存有某個月份體重資料的 Series    當月份中，首週的體重資料
```

03 將以上函式套用在 Bob 一月份的體重資料上：

```
In
(weight_loss
    .query('Name=="Bob" and Month=="Jan"')
    ['Weight']
    .pipe(percent_loss)
)
```

```
Out
0     0.000000
2    -1.030928
4    -2.749141
6    -2.749141
Name: Weight, dtype: float64
```

04 第二週 Bob 的體重減輕了 1%，第三週繼續減輕但最後一週則沒有變化。我們可以將此函式應用於每個人名與月份的組合。要做到這點，我們需要按名稱（Name 欄位）和月份（Month 欄位）分組資料，然後將剛剛定義的函式傳入 transform()：

⚠️ 傳入 transform() 的函式需能保留原始索引，且要能傳回與原始 Series 長度一致的 Series，否則將會觸發異常警告。

```
In
(weight_loss
    .groupby(['Name', 'Month'])
    ['Weight']
    .transform(percent_loss)
)
```

```
Out
0     0.000000   ◀── 偶數索引標籤對應到 Bob 的體重變化百分比
1     0.000000   ◀── 奇數索引標籤對應到 Amy 的體重變化百分比
2    -1.030928
```

```
3    -4.060914
4    -2.749141
          ...
27   -3.529412
28   -3.065134
29   -3.529412
30   -4.214559
31   -5.294118
Name: Weight, Length: 32, dtype: float64
```

05 我們通常會用 transform() 來取得組別內資料的評比資訊（編註：例如每一週的體重百分比變化），並在原始的 DataFrame 中新增該資訊的欄位。底下先將體重百分比變化的資訊新增到 percent_loss 欄位中，然後列出 Bob 在前兩個月中，每週的體重百分比變化：

🖵 In

```
(weight_loss
    .assign(percent_loss=(weight_loss
        .groupby(['Name', 'Month'])
        ['Weight']
        .transform(percent_loss)
        .round(1)))
    .query('Name=="Bob" and Month in ["Jan", "Feb"]')
)
```

Out

	Name	Month	...	Weight	percent_loss
0	Bob	Jan	...	291	0.0
2	Bob	Jan	...	288	-1.0
4	Bob	Jan	...	283	-2.7
6	Bob	Jan	...	283	-2.7
8	Bob	Feb	...	283	0.0 ◄
10	Bob	Feb	...	275	-2.8
12	Bob	Feb	...	268	-5.3
14	Bob	Feb	...	268	-5.3

一旦到了新的月份，percent_loss 欄位內的資訊就會重置歸零

06 一旦到了新的月份，體重百分比變化的資訊就會歸零，這有助於我們找到新月份的獲勝者。讓我們先來看看每個月份中，Bob 和 Amy 最後一週的體重百分比變化（最後一週的資料可以決定獲勝者）：

```
In
(weight_loss
    .assign(percent_loss=(weight_loss
        .groupby(['Name', 'Month'])
        ['Weight']
        .transform(percent_loss)
        .round(1)))
    .query('Week == "Week 4"')
)
```

```
Out

      Name    Month   ...   Weight    percent_loss
6     Bob     Jan     ...   283       -2.7
7     Amy     Jan     ...   190       -3.6
14    Bob     Feb     ...   268       -5.3
15    Amy     Feb     ...   173       -8.9
22    Bob     Mar     ...   261       -2.6
23    Amy     Mar     ...   170       -1.7
30    Bob     Apr     ...   250       -4.2
31    Amy     Apr     ...   161       -5.3
```

07 下一步，使用 **pivot()** 來重塑此資料集，並列呈現 Bob 和 Amy 的體重百分比變化（編註：有關 pivot() 的更多說明及操作方法，請參考下一章的內容）：

```
In
(weight_loss
    .assign(percent_loss=(weight_loss
        .groupby(['Name', 'Month'])
        ['Weight']
```

```
        .transform(percent_loss)
        .round(1)))
    .query('Week == "Week 4"')
    .pivot(index='Month', columns='Name',
        values='percent_loss')
)
```

Out

```
Name      Amy       Bob
Month
Apr      -5.3      -4.2
Feb      -8.9      -5.3
Jan      -3.6      -2.7
Mar      -1.7      -2.6
```

08 我們可以進一步使用 NumPy 的 where() 來找出每個月的勝利者，同時
新增一個 winner 欄位來存放獲勝者的名字：

In

```
(weight_loss
    .assign(percent_loss=(weight_loss
        .groupby(['Name', 'Month'])
        ['Weight']
        .transform(percent_loss)
        .round(1)))
    .query('Week == "Week 4"')
    .pivot(index='Month', columns='Name',
        values='percent_loss')
    .assign(winner=lambda df_:
        np.where(df_.Amy < df_.Bob, 'Amy', 'Bob'))  ←
```
判斷獲勝者，並將獲勝者名字放進 winner 欄位
```
)
```

```
Out
```

Name	Amy	Bob	winner
Month			
Apr	-5.3	-4.2	Amy
Feb	-8.9	-5.3	Amy
Jan	-3.6	-2.7	Amy
Mar	-1.7	-2.6	Bob

在 Jupyter Notebook 中，可以使用 **style** 屬性來突顯獲勝的百分比數值：

```
In
(weight_loss
    .assign(percent_loss=(weight_loss
        .groupby(['Name', 'Month'])
        ['Weight']
        .transform(percent_loss)
        .round(1)))
    .query('Week == "Week 4"')
    .pivot(index='Month', columns='Name',
        values='percent_loss')
    .assign(winner=lambda df_:
            np.where(df_.Amy < df_.Bob, 'Amy', 'Bob'))
    .style.highlight_min(axis=1,color='lightgrey')  ◀── 突顯獲勝的百分比數值
)
```

```
Out
```

Name	Amy	Bob	winner
Month			
Apr	-5.300000	-4.200000	Amy
Feb	-8.900000	-5.300000	Amy
Jan	-3.600000	-2.700000	Amy
Mar	-1.700000	-2.600000	Bob

09 使用 value_counts() 傳回 Bob 和 Amy 各自的獲勝次數：

```
🖥 In
(weight_loss
    .assign(percent_loss=(weight_loss
        .groupby(['Name', 'Month'])
        ['Weight']
        .transform(percent_loss)
        .round(1)))
    .query('Week == "Week 4"')
    .pivot(index='Month', columns='Name',
           values='percent_loss')
    .assign(winner=lambda df_:
            np.where(df_.Amy < df_.Bob, 'Amy', 'Bob'))
    .winner  ◄── winner 是上面 assign(…) 所新增的欄位
    .value_counts()
)
```

```
Out
Amy    3
Bob    1
Name: winner, dtype: int64
```

了解更多

在步驟 7 的 DataFrame 輸出中，Month 欄位內是按照月份的字母順序來排列。我們可以透過將 Month 欄位改成分類（category）型別來解決這個問題：

```
(weight_loss
    .assign(percent_loss=(weight_loss
        .groupby(['Name', 'Month'])
        ['Weight']
        .transform(percent_loss)
        .round(1)),
            Month=pd.Categorical(weight_loss.Month, ◄─── 轉換 Month 欄位的型別
                categories=['Jan', 'Feb', 'Mar', 'Apr'], ◄──┐
                                將月份按照時間順序進行排列，並做為 categories 參數的值
                ordered=True))
    .query('Week == "Week 4"')
    .pivot(index='Month', columns='Name',
        values='percent_loss')
)
```

```
Name      Amy      Bob
Month
Jan       -3.6     -2.7
Feb       -8.9     -5.3
Mar       -1.7     -2.6
Apr       -5.3     -4.2
```

9.9 使用 apply() 計算加權平均數

　　groupby 物件有 4 個較為常見的方法，分別是前面已經介紹過的 agg()、filter()、transform()，以及本節要介紹的 apply()。

　　這 4 個方法都會接受一個或多個自訂函式來對每個組別做運算。其中，前面 3 個方法所接受的自訂函式都必須傳回特定類型的資料：agg() 必

須傳回一個純量值、filter() 必須傳回一個布林值,而 transform() 必須傳回具有相同長度的 Series 或 DataFrame。相反的,apply() 的傳回值則沒有特別的限制,因此它非常彈性。

接下來,我們會針對大學資料集,計算每個州在數學和語言 SAT 分數的加權平均數(以州內各個學校的 SAT 分數為原始值、該校的學生人數為權重)。

🔧 動手做

01 讀入大學資料集,並刪除 UGDS(學生人數)、SATMTMID(SAT 數學分數)及 SATVRMID(SAT 語言分數)欄位中的缺失值。如果不刪除缺失值,在計算加權平均數時將會得到錯誤的結果:

💻 In

```python
college = pd.read_csv('data/college.csv')
subset = ['UGDS', 'SATMTMID', 'SATVRMID']
college2 = college.dropna(subset=subset)
college.shape
```

Out

(7535, 27) ◄── 未刪除缺失值前,有 7535 列的資料

💻 In

```python
college2.shape
```

Out

(1184, 27) ◄── 刪除缺失值後,僅剩下 1184 列的資料

02 接下來，自行定義一個函式來計算 SAT 數學分數的加權平均。在這裡，我們使用學校的學生人數作為權重：

> **⟐ In**
```
def weighted_math_average(df): ◄── 編註：df 為要計算加權平均的所有大學資料
    weighted_math = df['UGDS'] * df['SATMTMID'] ◄── 利用學校的學生人數來進行加權
    return int(weighted_math.sum() / df['UGDS'].sum()) ◄── 計算平均值
```

03 利用 groupby() 並按照 STABBR 欄位（存有州屬資訊）來分組，同時在後方串連 apply()。這時，weighted_math_average() 接收到的是某一分組（州）的各大學資料，傳回的則是單一純量值（即 SATMTMID 欄位的加權平均數）。apply() 會將各分組的完整資料一一傳入 weighted_math_average()，並將其傳回的加權平均數重組成一個 Series：

> **⟐ In**
```
college2.groupby('STABBR').apply(weighted_math_average)
```

> **Out**
```
STABBR
AK    503
AL    536
AR    529
AZ    569
CA    564
      ...
VT    566
WA    555
WI    593
WV    500
WY    540
Length: 53, dtype: int64
```

04 我們的每個組別都成功傳回了一個純量值。讓我們試著把相同的函式傳給 agg() (該方法會逐一用每組的單一欄位資料來呼叫函式)，看看會產生什麼結果：

```
In
(college2
    .groupby('STABBR')
    .agg(weighted_math_average)
)
```

```
Out
Traceback (most recent call last):
...
KeyError: 'UGDS'
```

05 結果顯示，直接用 agg() 來取代 apply() 是不行的，因為在 weighted_math_average() 中會使用到 2 個欄位的資料 (UGDS 和 SATMTMID)，而 agg() 傳給它的參數中只有單一欄位的資料。所以即使只取出 SATMTMID 欄位來呼叫 agg() (如同底下的程式)，也同樣會發生錯誤 (因為傳入 weighted_math_average() 的資料中仍然缺少 UGDS 欄位)。由此可知，在自訂函式中若要對多欄位進行運算，最佳的方法是使用 apply()。

> **✔ 小編補充**　簡單來說，agg() 適用於單一欄位的分組彙總，例如用 SATMTMID 欄的資料來計算每個分組的平均值；而 apply() 則適用於多欄位的分組彙總，例如用 UGDS 和 SATMTMID 來計算每個分組的加權平均數。

```
In
(college2
    .groupby('STABBR')
    ['SATMTMID']
    .agg(weighted_math_average)
)
```

```
Out
Traceback (most recent call last):
...
KeyError: 'UGDS'
```

06 讓我們修改之前的函式，算出不同科目 SAT 分數的加權平均數和算術
平均數，以及每個組別（即州屬）中的大學數量。最後，將這 5 個值以
Series 的形式傳回：

```
In
def weighted_average(df):
    weight_m = df['UGDS'] * df['SATMTMID']
    weight_v = df['UGDS'] * df['SATVRMID']
    wm_avg = weight_m.sum() / df['UGDS'].sum()    ← 數學科的 SAT 加權平均分數
    wv_avg = weight_v.sum() / df['UGDS'].sum()    ← 語言科的 SAT 加權平均分數
    data = {'w_math_avg': wm_avg,
            'w_verbal_avg': wv_avg,
            'math_avg': df['SATMTMID'].mean(),    ← 數學科的 SAT 算術平均分數
            'verbal_avg': df['SATVRMID'].mean(),  ← 語言科的 SAT 算術平均分數
            'count': len(df)}
    return pd.Series(data)
```

以 Series 的形式轉回 5 個彙總數值

> **小編補充** 以上的 weighted_average() 會傳回一個 Series，例如若直接
> 將 college2 傳給 weighted_average()，則會傳回包含 5 個彙總值的 Series：

```
In
```

```
weighted_average(college2)
```

```
Out
```

```
w_math_avg       559.408812
w_verbal_avg     542.989462
math_avg         530.958615
verbal_avg       522.775338
count           1184.000000
dtype: float64
```

 apply () 有一個很好的特性，就是可以用自訂函式傳回的 Series 來建立包含多個欄位的 DataFrame，而欄位名稱就是傳回 Series 的索引標籤。請看底下程式：

```
In
```

```
(college2
    .groupby('STABBR')
    .apply(weighted_average)
    .astype(int)
)
```

```
Out
```

	w_math_avg	w_verbal_avg	...	verbal_avg	count
STABBR					
AK	503	555	...	555	1
AL	536	533	...	508	21
AR	529	504	...	491	16
AZ	569	557	...	538	6
CA	564	539	...	549	72
...	...	...	...	...	...
VT	566	564	...	527	8
WA	555	541	...	548	18
WI	593	556	...	516	14
WV	500	487	...	473	17
WY	540	535	...	535	1

在前面的例子中，apply() 會將每個分組的資料一一傳入所套用的自訂函式，並將自訂函式所傳回的 Series，變成最後結果中的一橫列資料（有 5 個欄位）。我們也可讓自訂函式傳回一個 DataFrame，那麼該資料就會成為最後結果中的多列資料（**編註**：也就是將傳回的 Dataframe，放到最後結果中該分組所對應的橫列位置內，請看底下範例即可明白）。

除了找出算術和加權平均數外，我們也可以針對 SAT 分數算出幾何平均數與調和平均數，並將結果以 DataFrame 傳回。該 DataFrame 的索引標籤為平均數的類型（Arithmetic、Weighted、Geometric、Harmonic），欄位名稱則是 SAT 的科目與學校數（SATMTMID、SATVRMID、count）。為了方便起見，我們使用 NumPy 的 average() 來計算加權平均數，並使用 SciPy 的函式 gmean() 和 hmean() 來取得幾何平均數與調和平均數：

🖥 In

```
from scipy.stats import gmean, hmean
def calculate_means(df):
    df_means = pd.DataFrame(index=['Arithmetic', 'Weighted',
                                   'Geometric', 'Harmonic'])
    cols = ['SATMTMID', 'SATVRMID']
    for col in cols:
        arithmetic = df[col].mean()   ◀── 利用 mean() 得到算術平均數
        weighted = np.average(df[col], weights=df['UGDS'])
        geometric = gmean(df[col])
        harmonic = hmean(df[col])
        df_means[col] = [arithmetic, weighted, geometric, harmonic]
    df_means['count'] = len(df)
    return df_means.astype(int)
(college2
    .groupby('STABBR')
    .apply(calculate_means)
)
```

```
Out
```

		SATMTMID	SATVRMID	count
STABBR				
AK	Arithmetic	503	555	1
	Weighted	503	555	1
	Geometric	503	555	1
	Harmonic	503	555	1
AL	Arithmetic	504	508	21
...	...	...	...	...
WV	Harmonic	480	472	17
WY	Arithmetic	540	535	1
	Weighted	540	535	1
	Geometric	540	534	1
	Harmonic	540	535	1

9.10 以連續變化的數值進行分組

在 Pandas 中分組資料時，通常是使用具有**離散重複值**（discrete repeating values）的欄位（ 編註 ：如大學資料集中，存有大學所在州屬的欄位）。如果進行分組的欄位沒有重複的值，那麼分組將毫無意義，因為每一列資料都會被分為一組。連續數值的欄位（如：各城市的房價）通常很少有重複值，因此基本上不會用來分組。

不過，如果將連續數值放進不同的區間（bin），進而將連續欄位轉換為離散欄位，那麼用它們來分組就有意義了。在接下來的範例中，我們將探索航班資料集中，航空公司在飛行距離上的分佈狀況。有了該分佈，我們就能知道在飛行距離為 500 到 1000 英里的區間中，飛行次數最多的航空公司等資訊。

01 讀入航班資料集：

```
💻 In
flights = pd.read_csv('data/flights.csv')
flights
```

```
Out
```

	MONTH	DAY	...	DIVERTED	CANCELLED
0	1	1	...	0	0
1	1	1	...	0	0
2	1	1	...	0	0
3	1	1	...	0	0
4	1	1	...	0	0
...	...	...	...	...	...
58487	12	31	...	0	0
58488	12	31	...	0	0
58489	12	31	...	0	0
58490	12	31	...	0	0
58491	12	31	...	0	0

02 如果我們想找到在一定範圍的飛行距離內，航空公司的分佈狀況，需先將 DIST（飛行距離）欄位的資料分別放到離散的區間中。讓我們用 Pandas 的 **cut() 函式**將 DIST 欄位的資料分成 5 個不同的區間。我們可以使用 NumPy 的 np.inf（無窮值）來確保所有的資料都會被納入處理：

```
💻 In
bins = [-np.inf, 200, 500, 1000, 2000, np.inf]
cuts = pd.cut(flights['DIST'], bins=bins)
cuts
```

```
Out
```

```
0          (500.0, 1000.0]  ◄──── 該趟飛行的距離落在 500 英里到 1000 英里的區間內
1         (1000.0, 2000.0]
2          (500.0, 1000.0]
3         (1000.0, 2000.0]
4         (1000.0, 2000.0]
                ...
58487     (1000.0, 2000.0]
58488       (200.0, 500.0]
58489       (200.0, 500.0]
58490      (500.0, 1000.0]
58491      (500.0, 1000.0]
Name: DIST, Length: 58492, dtype: category
Categories (5, interval[float64]): [(-inf, 2... < (200.0, ... < (500.0, ... <
(1000.0,... < (2000.0,...]
```

03 cuts 變數是一個包含 5 種分類資料的 Series，我們可以使用 value_counts 查看不同分類的分佈狀況：

```
🖥 In
```

```
cuts.value_counts()
```

```
Out
```

```
(500.0, 1000.0]      20659
(200.0, 500.0]       15874
(1000.0, 2000.0]     14186
(2000.0, inf]         4054
(-inf, 200.0]         3719
Name: DIST, dtype: int64
```

04 現在，我們可以根據 cuts 來分組資料。將 cuts 傳入 flights. groupby()，然後取出 groupby 物件的 AIRLINE 欄位來呼叫 value_ counts()，以找出每個距離區間的航空公司分佈（別忘了，要將 normalize 參數設成 True 來標準化資料，進而將輸出結果以百分比的形式呈現）：

```
In

(flights
    .groupby(cuts)      ←── 編註：用區間分組
    ['AIRLINE']         ←── 編註：取出分組後的航空公司欄位
    .value_counts(normalize=True) ←──┐
    .round(3)           編註：在每一分組中計算各航空公司出現的相對頻率
)
```

```
Out

DIST            AIRLINE
(-inf, 200.0]   OO      0.326
                EV      0.289
                MQ      0.211
                DL      0.086
                AA      0.052
                        ...
(2000.0, inf]   WN      0.046
                HA      0.028
                NK      0.019
                AS      0.012
                F9      0.004
Name: AIRLINE, Length: 57, dtype: float64
```

了解更多

根據 cuts 來分組時，我們還可以找出更多有用的資訊。例如，我們可以找到每個距離區間內，第 25、50 與 75 百分位數的飛行時間（相關資訊存在 AIR_TIME 欄位中）。以下程式將傳回一個帶有 MultiIndex 物件的 Series：

```
In

(flights
    .groupby(cuts)
    ['AIR_TIME']
    .quantile(q=[.25, .5, .75])
```

```
      .div(60)  ◄── 將分鐘數除以 60 來轉換成小時數
      .round(2)
)
```

Out
```
DIST
(-inf, 200.0]     0.25    0.43
                  0.50    0.50
                  0.75    0.57
(200.0, 500.0]    0.25    0.77
                  0.50    0.92
                          ...
(1000.0, 2000.0]  0.50    2.93
                  0.75    3.40
(2000.0, inf]     0.25    4.30
                  0.50    4.70
                  0.75    5.03
Name: AIR_TIME, Length: 15, dtype: float64
```

9.11 案例演練：
計算城市之間的航班總數

在航班資料集中，我們有出發地和目的地機場的資料。因此，我們可以輕易地找出從休斯頓起飛，並在亞特蘭大降落的航班數量。不過若要找出兩個城市之間的雙向航班總數，就不是那麼容易了。

為了達到這個目的，我們按字母來排序出發地和目的地機場，並按照排序後的新欄位來分組，同時計算不同組別的數量。

🔧 動手做

01 讀入航班資料集，按照 ORG_AIR 欄位（出發地機場）和 DEST_AIR 欄位（目的地機場）來分組，同時找出共有多少種出發地和目的地的組合：

```
flights = pd.read_csv('data/flights.csv')
flights_ct = flights.groupby(['ORG_AIR', 'DEST_AIR']).size()
flights_ct
```

Out

```
ORG_AIR  DEST_AIR
ATL      ABE          31
         ABQ          16
         ABY          19
         ACY           6
         AEX          40
                     ...
SFO      SNA         122
         STL          20
         SUN          10
         TUS          20
         XNA           2
Length: 1130, dtype: int64
```

02 使用 loc() 選出休斯頓 (IAH) 和亞特蘭大 (ATL) 之間的雙向航班總數，結果會傳回具有 MultiIndex 的 Series：

In

```
flights_ct.loc[[('ATL', 'IAH'), ('IAH', 'ATL')]]
```

用 tuple 從 MulitIndex 的 Series 中選擇列資料 (要選擇多列時，需將相關 tuple 放入串列中)

Out

```
ORG_AIR  DEST_AIR
ATL      IAH         121
IAH      ATL         148
dtype: int64
```

03 我們可以直接把上面的數字相加，進而算出這兩個城市之間的航班總數為 269。在以上做法中，我們是透過加總往返的 2 筆資料來算出航班總數，但其實還有一個更高效的做法，可以一次算出所有地點的往返航班總數。首先，調整每一列中的出發地與目的地，使出發地的字母順序要小於目的地，例如 (B, A) 要調整為 (A,B)，如此一來，原來為 (A,B) 或 (B, A) 的資料在分組時都會分到 (A,B) 這組，然後我們再做分組計數即可算出 A 與 B 之間的航班總數了。接著就讓我們按字母來排序 ORG_AIR 欄位與 DEST_AIR 欄位的資料（即 ORG_AIR 欄位的字母要小於 DEST_AIR 欄位的字母）：

> ✓ **小編補充** 以休斯頓（IAH）和亞特蘭大（ATL）這兩個機場為例，它們之間的雙向航班原本放在以兩種索引標籤表示的不同列中，即 ('ATL', 'IAH') 和 ('IAH', 'ATL')。經過排序後，(IAH', 'ATL') 這個索引標籤會變成 ('ATL', 'IAH')。換句話說，('ATL', 'IAH') 和（'IAH', 'ATL') 這兩個標籤內的資料會整合在一起，因此我們可以直接用 ('ATL', 'IAH') 這個標籤來取得休斯頓（IAH）和亞特蘭大（ATL）的雙向航班總數。

🖥 **In**

```
f_part3 = (flights
    [['ORG_AIR', 'DEST_AIR']]      編註：注意這裡是使用 DataFrame
                                    （而非 groupby 物件）來呼叫 apply()
    .apply(lambda ser:
        ser.sort_values().reset_index(drop=True),
        axis='columns') )     指定要沿著欄位方向，將每一列資料一一傳給 lambda
                              函式做處理（此參數預設為 axis='rows'，會沿著列方向
f_part3                       將每一欄位的資料一一傳給 lambda 函式做處理）
```

Out

	0	1
0	LAX	SLC
1	DEN	IAD
2	DFW	VPS
3	DCA	DFW
4	LAX	MCI

apply() 在合併每個 lambda 函式的傳回值時，
會以傳回資料中的索引標籤做為欄名

第 1 次呼叫 lambda 函式的傳回值

第 2 次呼叫 lambda 函式的傳回值，後面以此類推

...	...	...
58487	DFW	SFO
58488	LAS	SFO
58489	SBA	SFO
58490	ATL	MSP
58491	BOI	SFO

✅ 小編補充　每次傳入 lambda 函式的資料共有 2 筆，其索引標籤為來源資料集的欄名 ORG_AIR 和 DEST_AIR，在排序時索引標籤會跟著資料一起移動，因此在排序後還必須依當時的資料順序重建索引 (會變成 0、1)，以免因 apply() 在合併每個 lambda 函式的傳回值時，會對齊索引標籤來合併，而造成無效的排序 (欄位內容都沒變，等於沒排序)。

執行 reset_index() 重建索引時，預設會將原來的索引內容轉換成新的欄位，因此必須加 drop=True 參數來指定要將原索引刪除。

04 現在，我們已成功排序每一列的出發地和目的地機場名稱，然而輸出 DataFrame 之欄位名稱並不好理解。讓我們重新將其命名成更易讀的名稱，然後再次找出所有城市之間的航班總數：

In

```
rename_dict = {0:'AIR1', 1:'AIR2'}  ←── 重新命名欄位名稱
(flights
  [['ORG_AIR', 'DEST_AIR']]
  .apply(lambda ser:
          ser.sort_values().reset_index(drop=True),
          axis='columns')
  .rename(columns=rename_dict)
  .groupby(['AIR1', 'AIR2'])
  .size()
)
```

Out

```
AIR1  AIR2
ABE   ATL        31
```

```
         ORD     24
ABI      DFW     74
ABQ      ATL     16
         DEN     46
                ...
SFO      SNA    122
         STL     20
         SUN     10
         TUS     20
         XNA      2
Length: 1085, dtype: int64
```

05 讓我們選擇亞特蘭大和休斯頓之間的所有航班，並驗證結果是否與步驟 2 中的輸出值相符：

🖵 In

```
(flights
    [['ORG_AIR', 'DEST_AIR']]
    .apply(lambda ser:
        ser.sort_values().reset_index(drop=True),
        axis='columns')
    .rename(columns=rename_dict)
    .groupby(['AIR1', 'AIR2'])
    .size()
    .loc[('ATL', 'IAH')]    ◀─── 這一次，亞特蘭大和休斯頓之間的所有航班都屬於同一個標籤
)
```

....

Out

269 ◀── 結果與步驟 2 的輸出相等

---

06 若我們嘗試選擇從休斯頓出發，且在亞特蘭大降落的航班，則會出現錯誤 (**編註**：這是因為前者的字母順序較後者大，('IAH', 'ATL') 這組合不存在於排序後的資料中)：

了解更多

步驟 3 到 6 是運算量較大的操作，需要好幾秒鐘才能完成。此處只運算大約 60000 列的資料，如果要處理更大的資料集，以上的操作或許就不合適了。在 apply() 中使用 axis='columns'（或 axis=1）是 Pandas 中效能最低的運算之一。Pandas 需要對每一列進行運算，並且沒有任何來自 NumPy 的加速方法。如果可能，請避免這樣做。

我們可以利用 NumPy 的 **sort() 函式**來大幅提升運算的速度，它預設對每一列進行排序：

In

```
data_sorted = np.sort(flights[['ORG_AIR', 'DEST_AIR']])
data_sorted[:10]
```

Out

```
array([['LAX', 'SLC'],
```

```
         ['DEN', 'IAD'],
         ['DFW', 'VPS'],
         ['DCA', 'DFW'],
         ['LAX', 'MCI'],
         ['IAH', 'SAN'],
         ['DFW', 'MSY'],
         ['PHX', 'SFO'],
         ['ORD', 'STL'],
         ['IAH', 'SJC']], dtype=object)
```

以上程式會傳回一個 2 維的 NumPy 陣列。由於要做分組運算，所以我們使用 DataFrame 的建構子來建立新的 DataFrame，並檢查它是否等於步驟 3 中的 DataFrame：

🖥 In

```
flights_sort2 = pd.DataFrame(data_sorted, columns=['AIR1', 'AIR2'])
flights_sort2.equals(f_part3.rename(columns={0:'AIR1', 1:'AIR2'}))
```

Out

True ◀── 傳回的 DataFrame 是相同的

以上做法會傳回相同的 DataFrame，我們可以進一步比較不同方法的花費時間：

🖥 In

```
%%timeit
flights_sort = (flights
    [['ORG_AIR', 'DEST_AIR']]
    .apply(lambda ser:
            ser.sort_values().reset_index(drop=True),
            axis='columns')
)
```

Out

```
1min 5s ± 2.67 s per loop (mean ± std. dev. of 7 runs, 1 loop each)
```

```
%%timeit
data_sorted = np.sort(flights[['ORG_AIR', 'DEST_AIR']])
flights_sort2 = pd.DataFrame(data_sorted, columns=['AIR1', 'AIR2'])
```

Out

```
14.6 ms ± 173 µs per loop (mean ± std. dev. of 7 runs, 100 loops each)
```

由此可見，NumPy 的做法比起 apply() 快了約 4000 多倍。

9.12 案例演練：
尋找航班的連續準時記錄

　　對航空公司來說，用來評估優劣的重要指標之一是航班的準時率。根據美國聯邦航空管理局的定義，航班延誤的定義是比預定時間晚了超過 15 分鐘。透過 Pandas，我們可以輕鬆算出每家航空公司的準時航班總數及所佔的百分比。雖然這是一個重要指標，但還有其他也很有趣的同類資訊，例如：算出每家航空公司的準時航班連續紀錄。在以下的例子中，我們將嘗試算出每家航空公司中，航班準時抵達的最長連續紀錄。

🔧 動手做

01 讓我們先用簡單的 Series 練習如何找出資料的連續記錄（此處想知道的是，Series 中的『1』連續出現了幾次）：

In

```
s = pd.Series([0, 1, 1, 0, 1, 1, 1, 0])
s
```

Out

```
0  0
```

```
1 1
2 1
3 0
4 1
5 1
6 1
7 0
dtype: int64
```

02 首先，我們使用 cumsum() 來處理以上的 Series，進而得知『1』在
Series 中出現的累積次數：

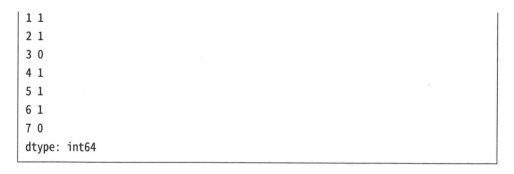

```
In
s1 = s.cumsum()
s1
```

```
Out
0 0
1 1
2 2 ←──『1』累積出現了 2 次
3 2 ←── 本列沒增加，表示連續中斷了
4 3
5 4
6 5 ←──『1』累積出現了 5 次
7 5 ←── 本列沒增加，表示連續中斷了
dtype: int64
```

03 將輸出的 Series 乘上原始的 Series：

```
In
s.mul(s1)
```

```
Out
0 0
1 1
```

```
2 2
3 0
4 3
5 4
6 5
7 0
dtype: int64
```

04 在步驟 3 輸出的 Series 中,只有原始值為 1 的地方才會有非零值。這和我們想要的結果很接近了,接著只需讓每個連續的區段都由 1 開始起算(**編註**:就是 [0,1,2,0,1,2,3,0])。讓我們串連 diff(),該方法預設會傳回當前值和上一個值之間的差值:

⌨ In

s.mul(s1).diff()

Out

0 NaN ◄────── 沒有上一個值,因此傳回缺失值
1 1.0
2 1.0
3 -2.0
4 3.0
5 1.0
6 1.0
7 -5.0
dtype: float64

05 負值表示連續紀錄的結束。我們需要用這些負值來減去步驟 2 中,多餘的累進運算(**編註**:例如將 3+(-2) 變成 1、4+(-2) 變成 2…等)。要達到此目的,我們使用 where() 將所有非負值變成缺失值(NaN):

In

```
(s.mul(s.cumsum())
  .diff()
  .where(lambda x: x < 0))
```
◀── 只保留負值的項目

Out

```
0 NaN
1 NaN
2 NaN
3 -2.0
4 NaN
5 NaN
6 NaN
7 -5.0
dtype: float64
```

06 接著再用 ffill() 填補缺失值（ **編註**：缺失值會被換成上一列的值）：

In

```
(s.mul(s.cumsum())
  .diff()
  .where(lambda x: x < 0)
  .ffill())
```

Out

```
0 NaN ─┐
1 NaN  ├──── 之前沒有出現過非缺失值，因此此處仍然是缺失值
2 NaN ─┘
3 -2.0
4 -2.0 ◀── 原本為缺失值，會以上一列的資料來代替
5 -2.0
6 -2.0
7 -5.0
dtype: float64
```

07 最後，我們可以將這個 Series 與 s.cumsum() 的輸出相加，讓所有連續記錄從 1 開始計數：

```
In
(s.mul(s.cumsum())
  .diff()
  .where(lambda x: x < 0)
  .ffill()                    ── 將缺失值以 0 代替
  .add(s.cumsum(), fill_value=0))
```

```
Out
0 0.0
1 1.0
2 2.0
3 0.0
4 1.0
5 2.0
6 3.0
7 0.0
dtype: float64
```

08 現在，我們已經有了一個可用的連續準時到達計數器了，接著來讀入航班資料集並建立一個欄位來表示準時到達的航班：

```
In
flights = pd.read_csv('data/flights.csv')
(flights.assign(ON_TIME=flights['ARR_DELAY'].lt(15).astype(int))

                利用 ARR_DELAY 欄位 (存有航班延誤的時間) 來建立 ON_TIME 欄位

    [['AIRLINE', 'ORG_AIR', 'ON_TIME']])
```

✔ **小編補充** 在以上的程式中，我們使用 lt() 來比較『15』和 ARR_DELAY 欄位的值，進而產生一個布林欄位 (ON_TIME)，其中的 1 代表準時到達的航班，0 則代表誤點 (延誤時間超過 15 分鐘) 的航班。

```
Out
```

	AIRLINE	ORG_AIR	ON_TIME
0	WN	LAX	0
1	UA	DEN	1
2	MQ	DFW	0
3	AA	DFW	1
4	WN	LAX	0
...	...	...	...
58487	AA	SFO	1
58488	F9	LAS	1
58489	OO	SFO	1
58490	WN	MSP	0
58491	OO	SFO	1

09 根據前面的流程定義一個函式，它可傳回某個給定的 Series 中，『1』連續出現的最大次數：

```
In
def max_streak(s):
    s1 = s.cumsum()
    return (s.mul(s1)
            .diff()
            .where(lambda x: x < 0)
            .ffill()
            .add(s1, fill_value=0)
            .max())    ◀── 傳回最長的連續記錄
```

10 根據每家航空公司及出發地機場，找出準時到達航班的最大連續紀錄，以及航班總數和準時到達的百分比：

```
 In
(flights
    .assign(ON_TIME=flights['ARR_DELAY'].lt(15).astype(int))
    .sort_values(['MONTH', 'DAY', 'SCHED_DEP'])  ◀── 先根據日期和出發時間進行排序
    .groupby(['AIRLINE', 'ORG_AIR'])
    ['ON_TIME']
    .agg(['mean', 'size', max_streak])  ◀──
                                │
                    分別計算出準時到達航班之百分比、總數及最大連續記錄
    .round(2)
)
```

Out

AIRLINE	ORG_AIR	mean	size	max_streak
AA	ATL	0.82	233	15
	DEN	0.74	219	17
	DFW	0.78	4006	64
	IAH	0.80	196	24
	LAS	0.79	374	29
...	...	...	...	...
WN	LAS	0.77	2031	39
	LAX	0.70	1135	23
	MSP	0.84	237	32
	PHX	0.77	1724	33
	SFO	0.76	445	17

將資料重塑成
整齊的形式

在前面幾章中，我們都是直接對原始資料集進行運算，幾乎沒有對這些資料集的架構做更動。事實上，許多原始資料集在分析之前，需要先進行結構重整。

資料科學家創造了許多用於描述『資料重整過程』的術語，其中常用的是 tidy data（中文直譯為：整齊的資料）。tidy data 是 Hadley Wickham 創造的一個術語，用來描述有利於資料分析的資料格式。本章將介紹 Hadley 提出的許多想法以及如何使用 Pandas 實現它們。想要了解有關 tidy data 的更多資訊，請參考 Hadley 的論文（https://vita.had.co.nz/papers/tidy-data.pdf）。

什麼是整齊的資料？Hadley 提出了 3 個準則（編註：下一頁會針對這 3 個準則進行更深入的說明）：

● 每種**變數**（variable）形成一個欄位。

● 每筆**觀察結果**（observation）形成一列。

● 每種類型的**觀察單位**（observational unit）形成一個表格。

任何不符合這些準則的資料集就會被認為是混亂的。現在，來看一個混亂資料集的例子：

Name	Category	Value
Jill	Bank	2,300
Jill	Color	Red
John	Bank	1,100
Jill	Age	40
John	Color	Purple

以下則是調整為整齊資料的例子：

Name	Age	Bank	Color
Jill	40	2,300	Red
John	38	1,100	Purple

接下來，我們需要知道什麼是變數、觀察結果和觀察單位。

此處的變數並非 Python 變數，而是資料本身的內容。我們要先瞭解一下**變數名稱**（variable name）和**變數值**（variable value）之間的區別。變數名稱可以理解為**標籤**（label），例如性別、種族、薪水和職位。變數值則是會隨著觀察結果而改變的東西，例如男性、女性或其他性別（ 編註 ：以 10-2 頁整齊資料的表格來說，Name 就是變數名稱，而 Jill 和 John 則是變數值）。

若想理解何為觀察單位，請先想像現在有一家零售店，其具有員工、客戶、商品和商店本身的資料。這些資料中的任何一個都可以視為一個觀察單位，而且都需要一個自己的表格。把員工資料（例如：工作小時數）與客戶資料（例如：花費的金額）合併在同一個表格中會破壞前文提到的準則（每種類型的觀察單位形成一個表格）。

處理混亂資料的第一步就是把破壞準則的資料找出來。混亂資料的類型有無限多種，Hadley 明確提到了 5 種最常見的類型：

● 欄位名稱為變數值，而不是變數名稱。

● 把多種變數儲存在同一個欄位中。

● 將變數同時儲存在列與欄位中。

● 把多種類型的觀察單位儲存在同一表格中。

● 將單一觀察單位儲存在多個表格中。

請注意！資料整理通常不會變動資料集內部的值、填補缺失值或進行任何形式的分析。資料整理包括改變資料集的形狀或結構以滿足整齊的準則。整齊的資料類似於將所有工具都放在工具箱中，而不是隨機散落在房屋各處。這讓你可以輕鬆完成其他的所有任務，一旦資料的形式正確，進一步分析時就會變得方便許多。

一旦發現混亂的資料，就可以使用 Pandas 來進行整理。可用來整理資料的主要工具包括 stack()、melt()、unstack() 和 pivot() 等 DataFrame **方法**（method）。更複雜的整理包括拆分文字，這就需要使用 **str() 方法**來處理。此外，還有一些其他的輔助方法，例如 rename()、rename_axis()、reset_index() 和 set_index() 等，它們有助於對整齊資料進行最後的細節調整。

10.1 使用 stack() 整理『欄位名稱為變數值』的資料

為了進一步區分整齊和混亂的資料，讓我們觀察底下的表格：

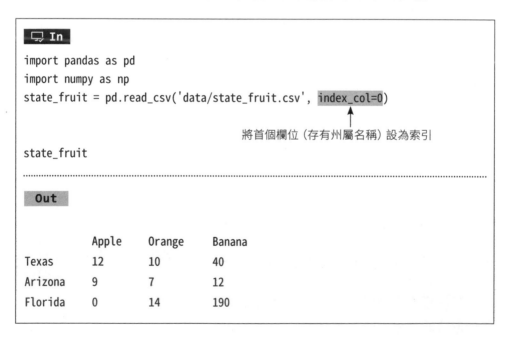

乍看之下，這個表格並不混亂，而且資料似乎很容易處理。不過依照準則，它並不整齊，因為它的每個欄位名稱都是一個變數值。同時，DataFrame 中找不到任何的變數名稱。

　　若想把混亂的資料轉換為整齊的資料，首先要找出所有的變數。在上面的資料集中，州屬和水果種類都是變數。另外，資料集中的數值資料意義不明，我們可以將這些數值變數標記為『weight』或其它合理的名字。

　　在下面的例子中，我們會使用 stack() 將 DataFrame 重組成整齊的樣子。

🔧 **動手做**

01 在讀入 CSV 檔案時，把存有州屬名稱的欄位設定為索引，這樣州屬名稱就會以垂直方式排列，不需要再進行重組。之前提過，該資料集的問題在於欄位名稱都是變數值。因此，我們使用 stack() 將所有欄位名稱旋轉成索引。

請注意，剛剛創建的 state_fruit 有 9 個數值。在使用 stack() 後，該 DataFrame 會被轉換為元素數量相等的 Series。其中，原先第一列的資料變成傳回 Series 中的前 3 個值：

```
In
state_fruit.stack()   ◄── 編註：注意！轉換後會變成 Series，因此沒有欄位名稱了
```

```
Out
```
stack() 預設會將原有的欄位名稱旋轉成最內層的索引

```
Texas     Apple      12
          Orange     10
          Banana     40
Arizona   Apple       9
          Orange      7
          Banana     12
Florida   Apple       0
          Orange     14
          Banana    190
dtype: int64
```

02
請注意，我們現在有一個具 MultiIndex 的 Series（索引中有兩個**層級**）。原始索引已被推至左側，右側（內層）索引則為水果名稱（也是原有的欄位名稱）。使用這個指令後，我們已經有了整齊的資料。每個變數（州屬、水果種類和重量）的資料都呈垂直排列。讓我們使用 reset_index() 來重置索引（**編註**：目的是將索引軸中的變數值拉出來，單獨形成欄位）。

重置索引後，Pandas 預設會將由索引轉出的 2 個欄位分別命名為 level_0 與 level_1（Pandas 會在名稱尾端用變數來標示多層級的索引，以 0 開始從外到內進行標示），而原 Series 資料所在的欄位則命名為以 0 開始的整數編號：

```
💻 In
(state_fruit
    .stack()
    .reset_index()
)
```

```
Out

    level_0     level_1     0
0   Texas       Apple       12
1   Texas       Orange      10
2   Texas       Banana      40
3   Arizona     Apple       9
4   Arizona     Orange      7
5   Arizona     Banana      12
6   Florida     Apple       0
7   Florida     Orange      14
8   Florida     Banana      190
```

03
現在的結構是正確的，但欄位名稱卻沒甚麼意義。讓我們將字典傳入 rename() 的 **columns 參數**，為 DataFrame 加上適當的欄位名稱：

```
🖥 In
(state_fruit
    .stack()
    .reset_index()
    .rename(columns={'level_0':'state',
                     'level_1': 'fruit',
                     0: 'weight'}))  ◀━┐
```

編註：注意！0 為整數型別而非字串，不可寫成 '0'

```
Out

    state      fruit      weight
0   Texas      Apple      12
1   Texas      Orange     10
2   Texas      Banana     40
3   Arizona    Apple      9
4   Arizona    Orange     7
5   Arizona    Banana     12
6   Florida    Apple      0
7   Florida    Orange     14
```

04 除了 rename() 外，也可改用另一個較不常見的 Series 方法：rename_axis()。在使用 reset_index() 前，我們可用該方法先設定索引層級的名稱，這些名稱就會成為接下來（步驟 5）輸出 DataFrame 的欄位名稱：

```
In
```

```
(state_fruit
    .stack()
    .rename_axis(['state', 'fruit'])
)
```

```
Out
```

索引層級的名稱已成功設定

```
state    fruit
Texas    Apple     12
         Orange    10
         Banana    40
Arizona  Apple      9
         Orange     7
         Banana    12
Florida  Apple      0
         Orange    14
         Banana   190
dtype: int64
```

05 接著再串連 reset_index() 並搭配 **name 參數**以重現步驟 3 的輸出：

```
In
```

```
(state_fruit
    .stack()
    .rename_axis(['state', 'fruit'])
    .reset_index(name='weight')        ◀── 利用 name 參數來指定原始
)                                          Series 中，唯一一個欄位的名稱
```

⚠ 所有 Series 都有一個 name 屬性，可以使用 rename() 來設定或更改其值。若某 Series 的 name 屬性已設定過，在使用 reset_index() 時就會將此屬性值做為新的欄位名稱。

Out

	state	fruit	weight
0	Texas	Apple	12
1	Texas	Orange	10
2	Texas	Banana	40
3	Arizona	Apple	9
4	Arizona	Orange	7
5	Arizona	Banana	12
6	Florida	Apple	0
7	Florida	Orange	14
8	Florida	Banana	190

了解更多

使用 stack() 的關鍵之一，是在轉換前先將不希望被轉換的所有欄位都放到索引中。在本例中，我們希望保留**州屬名稱欄位**，因此在讀入資料集時就先將該欄位設為索引。讓我們看看如果沒有這麼做會發生什麼事：

In

```
state_fruit2 = pd.read_csv('data/state_fruit2.csv')
```
直接讀入資料集，沒有指定州屬名稱欄位為索引
```
state_fruit2
```

Out

	State	Apple	Orange	Banana
0	Texas	12	10	40
1	Arizona	9	7	12
2	Florida	0	14	190

由於州屬名稱不是存放於索引軸中，因此使用 stack() 會將州屬名稱欄位和水果重量欄位一併重塑，進而產生一個更『長』的 Series：

```
In
state_fruit2.stack()
```

```
Out
0   State      Texas
    Apple         12
    Orange        10
    Banana        40
1   State    Arizona
             ...
    Banana        12
2   State    Florida
    Apple          0
    Orange        14
    Banana       190
Length: 12, dtype: object
```

這個指令重塑了所有的欄位，包括州屬名稱，而這根本不是我們需要的。若要正確地重塑上面載入的資料，可以先使用 **set_index()** 將所有不想進行重塑的欄位放入索引中，然後再使用 stack()。以下的程式碼會產生與步驟 1 類似的結果：

```
In
state_fruit2.set_index('State').stack()  ◀── 先將 State 欄位放至索引軸
```

```
Out
State
Texas    Apple      12
         Orange     10
         Banana     40
```

```
Arizona   Apple       9
          Orange      7
          Banana     12
Florida   Apple       0
          Orange     14
          Banana    190
dtype: int64
```

10.2 使用 melt() 整理『欄位名稱為 變數值』的資料

　　與多數大型的 Python 函式庫一樣，Pandas 提供了同一任務的不同做法，差異通常在於可讀性和效能。DataFrame 有另一個名為 melt() 的方法，其功能類似於上一節的 stack()，不過該方法的靈活性相對來說更高。

🔧 動手做

01 讀入剛剛的資料集：

🖵 In

```
state_fruit2 = pd.read_csv('data/state_fruit2.csv')
state_fruit2
```

Out

	State	Apple	Orange	Banana
0	Texas	12	10	40
1	Arizona	9	7	12
2	Florida	0	14	190

02 在使用 melt() 前，我們要先知道該方法中很重要的兩個參數：id_vars 和 value_vars。這兩個參數有助於我們正確地重塑資料：

- id_vars 是一個欄位名稱的串列，用來指定不要進行重塑的欄位

- value_vars 也是一個欄位名稱的串列，用來指定要將哪些欄位重塑成單一欄位

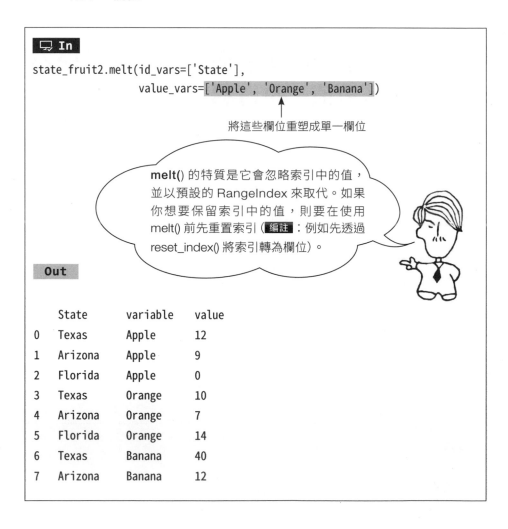

```
state_fruit2.melt(id_vars=['State'],
                  value_vars=['Apple', 'Orange', 'Banana'])
```

將這些欄位重塑成單一欄位

melt() 的特質是它會忽略索引中的值，並以預設的 RangeIndex 來取代。如果你想要保留索引中的值，則要在使用 melt() 前先重置索引 (編註：例如先透過 reset_index() 將索引轉為欄位)。

Out

	State	variable	value
0	Texas	Apple	12
1	Arizona	Apple	9
2	Florida	Apple	0
3	Texas	Orange	10
4	Arizona	Orange	7
5	Florida	Orange	14
6	Texas	Banana	40
7	Arizona	Banana	12

03 使用 melt() 後，我們得到了整齊的資料。melt() 預設會將 value_vars
參數中的欄位名稱放入 variable 欄位，而其相應值則放入 value 欄位
（見步驟 2 的輸出）。此外，melt() 還有兩個額外的參數，var_name 和
value_name，可用來重新命名欄位名稱：

🖥 In

```
state_fruit2.melt(id_vars=['State'],
                  value_vars=['Apple', 'Orange', 'Banana'],
                  var_name='Fruit',   ◀── 重新命名 variable 欄位
                  value_name='Weight')  ◀── 重新命名 value 欄位
```

Out

這兩個欄位已改成較直觀的名稱了

	State	Fruit	Weight
0	Texas	Apple	12
1	Arizona	Apple	9
2	Florida	Apple	0
3	Texas	Orange	10
4	Arizona	Orange	7
5	Florida	Orange	14
6	Texas	Banana	40
7	Arizona	Banana	12
8	Florida	Banana	190

了解更多

melt() 的所有參數都是非強制的，如果你想要把所有資料重塑成一
個欄位（value 欄位），並把所有的欄位名稱放入另一個欄位（variable 欄
位），可以不傳入參數而直接呼叫 melt()：

```
In

state_fruit2.melt()
```

```
Out

     variable   value
0    State      Texas
1    State      Arizona
2    State      Florida
3    Apple      12
4    Apple      9
...  ...        ...
7    Orange     7
8    Orange     14
9    Banana     40
10   Banana     12
11   Banana     190
```

此外，若你想重塑的欄位很多而不想重塑的欄位很少，可以只指定 id_vars。按以下方式呼叫 melt() 會產生與步驟 2 中相同的結果。由於不想重塑的欄位只有一個，因此可以直接傳入字串：

```
In

state_fruit2.melt(id_vars='State')
                           └──此處傳入字串，而非像步驟 2 一樣傳入串列
```

```
Out

     State     variable   value
0    Texas     Apple      12
1    Arizona   Apple      9
2    Florida   Apple      0
3    Texas     Orange     10
4    Arizona   Orange     7
5    Florida   Orange     14
6    Texas     Banana     40
7    Arizona   Banana     12
8    Florida   Banana     190
```

10.3 同時堆疊多組變數

　　一些資料集使用了多組變數作為欄位名稱，需要同時將它們堆疊到各自的欄位中（**編註**：在前面的例子中，我們是將水果名稱的變數堆疊成單一欄位）。接下來會以電影資料集為例，首先來選出包含電影名稱、演員姓名及演員 FB 讚數的欄位：

🖥 In

```
movie = pd.read_csv('data/movie.csv')
actor = movie[['movie_title', 'actor_1_name',
               'actor_2_name', 'actor_3_name',
               'actor_1_fb_likes',
               'actor_2_fb_likes',
               'actor_3_fb_likes']]
actor.head()
```

Out

	movie_title	actor_1_name	...	actor_2_fb_likes	actor_3_fb_likes
0	Avatar	CCH Pounder	...	936.0	855.0
1	Pirates ...	Johnny Depp	...	5000.0	1000.0
2	Spectre	Christop...	...	393.0	161.0
3	The Dark...	Tom Hardy	...	23000.0	23000.0
4	Star War...	Doug Walker	...	12.0	NaN

　　如果我們將變數區分成電影名稱、演員名稱和 FB 讚數，那麼我們需要堆疊兩組欄位（**編註**：見以下的小編補充），而這無法只透過呼叫 stack() 或 melt() 來達成。

✔ 小編補充　　電影名稱已經單獨形成一個欄位，不需要再做任何重塑的動作。我們需要做的是，將存有演員名稱的不同欄位（actor_1_name、actor_2_name 等）堆疊成單獨欄位，用來儲存所有演員的名稱。同時，將存有演員 FB 讚數的不同欄位（actor_1_fb_likes、actor_2_fb_likes 等）堆疊成另一個單獨的欄位，用來儲存所有 FB 讚數的資訊。

　　接下來，我們將使用 **wide_to_long()** 同時堆疊以上的兩組欄位。

01 若要使用 wide_to_long()，需要先修改欲進行堆疊的欄位名稱，讓名稱尾端為一數字。由於手動更改欄位名稱太費功夫，因此我們定義了一個函式，可以自動將欄位名稱轉換為合適的格式：

In

```
def change_col_name(col_name):
    col_name = col_name.replace('_name', '')    將欄位名稱中的『_name』字串
    if 'fb' in col_name:                        替換為空字串，如『actor_1_
        fb_idx = col_name.find('fb')            name』會變成『actor_1』
        col_name = (col_name[:5] + col_name[fb_idx - 1:]    找出 'fb' 的位置
                + col_name[5:fb_idx-1])
    return col_name
```

將欄位名稱中的數字移到最後面（例如 actor_3_
fb_likes 會改成 actor_fb_likes_3）

02 將此函式傳遞給 rename() 來轉換欄位名稱：

In

```
actor2 = actor.rename(columns=change_col_name)
actor2
```

Out

	movie_title	actor_1	...	actor_fb_likes_2	actor_fb_likes_3
0	Avatar	CCH Pounder	...	936.0	855.0
1	Pirates ...	Johnny Depp	...	5000.0	1000.0
2	Spectre	Christop...	...	393.0	161.0
3	The Dark...	Tom Hardy	...	23000.0	23000.0
4	Star War...	Doug Walker	...	12.0	NaN
...	...	...	...	...	...
4911	Signed S...	Eric Mabius	...	470.0	318.0
4912	The Foll...	Natalie Zea	...	593.0	319.0
4913	A Plague...	Eva Boehnke	...	0.0	0.0
4914	Shanghai...	Alan Ruck	...	719.0	489.0
4915	My Date ...	John August	...	23.0	16.0

03 使用 wide_to_long() 同時堆疊存有演員名稱和 FB 讚數的欄位。該方法的主要參數是 **stubnames**，可接受一個字串串列，其中每個字串代表要堆疊的欄位名稱開頭 (actor 和 actor_fb_likes，不含最後的底線及數字)，所有以相同字串開頭的欄位都將堆疊在一起。

要堆疊的欄位名稱需以數字結尾，以做為不同堆疊間的配對之用，例如 actor_1 會和 actor_fb_likes_1 配對 (**編註**：即它們的值會對應到相同的索引標籤)。此數字在堆疊後也會成為內層索引 (見底下執行結果的 actor_num 索引)，我們可用 **j 參數**來指定其名稱。**i 參數**則是用來指定識別欄位，也就是不要堆疊的欄位，它們在處理完畢後會變成索引。最後，因本例是使用底線來分隔 stubnames 與結尾的數字，所以會再使用 **sep 參數**來指定分隔符號：

🖥 **In**

```
stubs = ['actor', 'actor_fb_likes']  ◀── 分別堆疊後的欄位名稱
actor2_tidy = pd.wide_to_long(actor2,
    stubnames=stubs,
    i=['movie_title'],  ◀── 用來指定不進行堆疊的欄位
    j='actor_num',  ◀── 儲存原始堆疊欄位名稱中的結尾數字
    sep='_')
actor2_tidy.head()
```

Out

movie_title	actor_num	actor	actor_fb_likes
Avatar	1	CCH Pounder	1000.0
Pirates of the Caribbean: At World's End	1	Johnny Depp	40000.0
Spectre	1	Christop...	11000.0
The Dark Knight Rises	1	Tom Hardy	27000.0
Star Wars: Episode VII - The Force Awakens	1	Doug Walker	131.0

wide_to_long () 還包含一個 **suffix 參數**，可指定欄位名稱結尾的表達方式。該參數預設為 r'\d+' 的常規表達式，可搜尋任意數量的數字。\d 是用來匹配數字 0-9 的特殊標記，加號 + 則用來指定 \d（數字）可以有 1 個或多個（**編註**：除了 + 外，* 可表示 0 或多個、? 表示 0 或 1 個、{m} 表示要有 m 個）。

了解更多

即使欄位不以數字結尾時，仍然可以使用 wide_to_long() 來堆疊多個欄位（透過指定前文提到的 suffix 參數）。讓我們檢視以下的資料集：

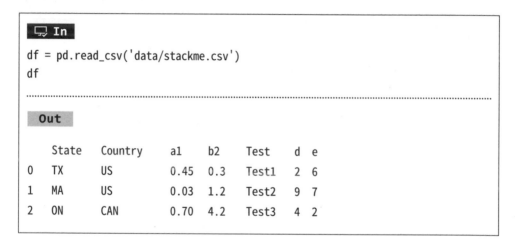

現在，我們想分別堆疊 a1 和 b2 欄位，以及 d 和 e 欄位。此外，我們還想使用 a1 和 b2 做為結尾數字。為此，我們需要重新命名欄位，將欄位名稱的結尾改成 a1 或 b2：

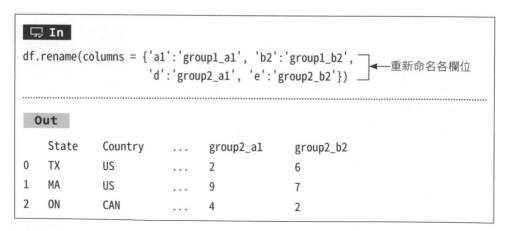

接下來，我們需要修改 suffix 參數，它預設為 r'\d+'，可用來搜尋任意數量的數字。現在，將其改成可找出任意數量字元（character）的表達式：

```
💻 In
pd.wide_to_long(
    df.rename(columns = {'a1':'group1_a1',
             'b2':'group1_b2',
             'd':'group2_a1', 'e':'group2_b2'}),
    stubnames=['group1', 'group2'],
    i=['State', 'Country', 'Test'],
    j='Label',
    suffix='.+',      ⬅── 修改 suffix 參數，使其可找出任意數量的字元
    sep='_')
```

```
Out

                                   group1    group2

State   Country    Test    Label
TX      US         Test1   a1       0.45      2
                           b2       0.30      6

MA      US         Test2   a1       0.03      9
                           b2       1.20      7

ON      CAN        Test3   a1       0.70      4
                           b2       4.20      2
```

10.4 欄位堆疊的反向操作

在本章的前 2 節，我們介紹了 stack() 和 melt()，它們可將水平的欄位名稱堆疊為垂直的索引標籤或資料值。DataFrame 可以分別使用 unstack() 和 pivot() 來反向操作這兩個運算，在底下範例中，我們會先在資料集上呼叫 stack() 和 melt()，然後再使用 unstack() 和 pivot() 來反向操作。

01 讀入大學資料集並設定 INSTNM 欄位 (存有大學機構名稱) 為索引。同時,選取與種族百分比相關的欄位 (欄位名稱以 UGDS_ 開頭)。此處我們傳遞一個函式給 read_csv 的 **usecols 參數**,根據該函式的定義來選取欄位:

🖥 In

```
usecol_func = lambda x: 'UGDS_' in x or x == 'INSTNM'
```
　　　　　　檢查欄位名稱是否包含 UGDS_ 或者等於 INSTNM,以篩選我們需要的欄位
```
college = pd.read_csv('data/college.csv',
                      index_col='INSTNM',
                      usecols=usecol_func)
college
```
　　　　　　　　　　　　　　　usecols 參數也可接受
　　　　　　　　　　　　　　　欲選取的欄位名稱串列

⚠ usecol_func 函式會為每個欄位名稱傳回一個布林值,這種選取欄位的方式 (布林選取) 有時可以節省許多記憶體。

Out

INSTNM	UGDS_WHITE	UGDS_BLACK	...	UGDS_NRA	UGDS_UNKN
Alabama A & M University	0.0333	0.9353	...	0.0059	0.0138
University of Alabama at Birmingham	0.5922	0.2600	...	0.0179	0.0100
Amridge University	0.2990	0.4192	...	0.0000	0.2715
University of Alabama in Huntsville	0.6988	0.1255	...	0.0332	0.0350
Alabama State University	0.0158	0.9208	...	0.0243	0.0137
...	...	...	...	...	...
SAE Institute of Technology San Francisco	NaN	NaN	...	NaN	NaN
Rasmussen College - Overland Park	NaN	NaN	...	NaN	NaN
National Personal Training Institute of Cleveland	NaN	NaN	...	NaN	NaN
Bay Area Medical Academy - San Jose Satellite Location	NaN	NaN	...	NaN	NaN
Excel Learning Center-San Antonio South	NaN	NaN	...	NaN	NaN

7535 rows × 9 columns

02 使用 stack() 將所有欄位名稱放入最內層的索引層級，並傳回一個
Series：

```
In
college_stacked = college.stack()
college_stacked
```

```
Out
INSTNM
Alabama A & M University        UGDS_WHITE    0.0333
                               UGDS_BLACK    0.9353
                               UGDS_HISP     0.0055
                               UGDS_ASIAN    0.0019
                               UGDS_AIAN     0.0024
                                              ...
Coastal Pines Technical College UGDS_AIAN    0.0034
                               UGDS_NHPI     0.0017
                               UGDS_2MOR     0.0191
                               UGDS_NRA      0.0028
                               UGDS_UNKN     0.0056
Length: 61866, dtype: float64
```

03 使用 unstack() 獲取最內層索引層級中的所有值，將它們轉換回欄位名
稱來進行反向操作：

```
In
college_stacked.unstack()
```

```
Out
                          UGDS_WHITE   UGDS_BLACK   ...   UGDS_NRA   UGDS_UNKN
INSTNM
Alabama A & M University  0.0333       0.9353       ...   0.0059     0.0138
University of Alabama at  0.5922       0.2600       ...   0.0179     0.0100
Birmingham
Amridge University        0.2990       0.4192       ...   0.0000     0.2715
```

University of Alabama in Huntsville	0.6988	0.1255	... 0.0332	0.0350
Alabama State University	0.0158	0.9208	... 0.0243	0.0137
...	...	...	... ...	...
Hollywood Institute of Beauty Careers-West Palm Beach	0.2182	0.4182	... 0.0182	0.0909
Hollywood Institute of Beauty Careers-Casselberry	0.1200	0.3333	... 0.0000	0.0667
Coachella Valley Beauty College-Beaumont	0.3284	0.1045	... 0.0000	0.0000
Dewey University-Mayaguez	0.0000	0.0000	... 0.0000	0.0000
Coastal Pines Technical College	0.6762	0.2508	... 0.0028	0.0056

6874 rows × 9 columns

 請注意,步驟 1 和步驟 3 的 DataFrame 大小不同 (編註:少了 661 列)。這是因為步驟 2 的 stack() 預設會丟棄缺失值,若不想這麼做,可以將 stack() 的 dropna 參數設為 False。

04 我們也可以使用 melt() 和 pivot() 來完成類似 stack() 和 unstack() 的運算。與前面不同的是,此處不使用 INSTNM 欄位為索引,因為 melt() 無法存取索引:

🖵 In

```
college2 = pd.read_csv('data/college.csv', usecols=usecol_func)
college2
```

Out

	INSTNM	UGDS_WHITE	...	UGDS_NRA	UGDS_UNKN
0	Alabama ...	0.0333	...	0.0059	0.0138
1	Universi...	0.5922	...	0.0179	0.0100
2	Amridge ...	0.2990	...	0.0000	0.2715
3	Universi...	0.6988	...	0.0332	0.0350
4	Alabama ...	0.0158	...	0.0243	0.0137
...	...	...	...	...	...

7530	SAE Inst...	NaN	... NaN	NaN
7531	Rasmusse...	NaN	... NaN	NaN
7532	National...	NaN	... NaN	NaN
7533	Bay Area...	NaN	... NaN	NaN
7534	Excel Le...	NaN	... NaN	NaN

05 使用 melt() 將 INSTNM 以外的所有欄位轉置為單一欄位，並命名為 Race。此處我們沒有指定 value_vars 參數 (其預設值為 None)，因此只要沒有出現在 id_vars 中的欄位都會一併進行轉置：

In

```
college_melted = college2.melt(id_vars='INSTNM',
                               var_name='Race',
                               value_name='Percentage')
college_melted
```

Out

	INSTNM	Race	Percentage
0	Alabama ...	UGDS_WHITE	0.0333
1	Universi...	UGDS_WHITE	0.5922
2	Amridge ...	UGDS_WHITE	0.2990
3	Universi...	UGDS_WHITE	0.6988
4	Alabama ...	UGDS_WHITE	0.0158
...	...	...	...
67810	SAE Inst...	UGDS_UNKN	NaN
67811	Rasmusse...	UGDS_UNKN	NaN
67812	National...	UGDS_UNKN	NaN
67813	Bay Area...	UGDS_UNKN	NaN
67814	Excel Le...	UGDS_UNKN	NaN

06 使用 pivot() 反轉上一步驟的結果。該方法有 3 個參數，index、columns 和 values。它們可接受單一的欄位名稱字串（其中，values 參數還可以接受欄位名稱串列）。index 參數所指定的欄位會保持垂直排列並成為新索引。columns 參數所指定的欄位，其欄位值會成為欄位名稱。values 參數所指定的欄位則會展開成資料，以便與索引標籤和欄位名稱的交集相對應：

```
⌨ In
melted_inv = college_melted.pivot(index='INSTNM',
                                  columns='Race',
                                  values='Percentage')
melted_inv
```

Out

Race	UGDS_2MOR	UGDS_AIAN	...	UGDS_UNKN	UGDS_WHITE
INSTNM					
A & W Healthcare Educators	0.0000	0.0000	...	0.0000	0.0000
A T Still University of Health Sciences	NaN	NaN	...	NaN	NaN
ABC Beauty Academy	0.0000	0.0000	...	0.0000	0.0000
ABC Beauty College Inc	0.0000	0.0000	...	0.0000	0.2895
AI Miami International University of Art and Design	0.0018	0.0000	...	0.4644	0.0324
...	...	...	... ...	...
Yukon Beauty College Inc	0.0000	0.1200	...	0.0000	0.8000
Z Hair Academy	0.0211	0.0000	...	0.0105	0.9368
Zane State College	0.0218	0.0029	...	0.2399	0.6995
duCret School of Arts	0.0976	0.0000	...	0.0244	0.4634
eClips School of Cosmetology and Barbering	0.0000	0.0000	...	0.0000	0.1446

07 請注意，INSTNM 欄位現在移到了索引軸中，同時欄位內資料的順序與原始不同。此外，欄位名稱也沒有按其原始順序排列。若想變回步驟 4 中的原始 DataFrame，請使用 **loc 算符**並按照原始 DataFrame 的欄位名稱順序來進行排列。最後再重置索引，把 INSTNM 欄位從索引軸拉出來，形成單一欄位：

```
 In
college2_replication = (melted_inv.loc[college2['INSTNM'],
                                       college2.columns[1:]] ◀──
                           按照原始 DataFrame 的欄位名稱順序來進行排列
                        .reset_index())
college2.equals(college2_replication)
```

```
 Out
True
```

了解更多

為了進一步理解 stack() 和 unstack()，我們嘗試用它們來轉置步驟 1 輸出的 DataFrame（名稱為 college）。此處，我們使用矩陣轉置的精確數學定義：生成的列是原始矩陣的欄位。

當我們查看步驟 2 的輸出後，會注意到其具有兩個索引層級。unstack() 方法預設會使用最內層的索引作為新的欄位名稱。索引層級以 0 開始，從外至內進行編號。unstack() 的 **level 參數**預設為 -1，指的是最內層的索引。我們可以改用 level=0 來使用最外層的索引為新的欄位名稱：

```
college.stack().unstack(level=0)
```
↑————— 使用最外層的索引為新的欄位名稱

Out

INSTNM	Alabama A & M University	University of Alabama at Birmingham	...	Dewey University-Mayaguez	Coastal Pines Technical College
UGDS_WHITE	0.0333	0.5922	...	0.0	0.6762
UGDS_BLACK	0.9353	0.2600	...	0.0	0.2508
UGDS_HISP	0.0055	0.0283	...	1.0	0.0359
UGDS_ASIAN	0.0019	0.0518	...	0.0	0.0045
UGDS_AIAN	0.0024	0.0022	...	0.0	0.0034
UGDS_NHPI	0.0019	0.0007	...	0.0	0.0017
UGDS_2MOR	0.0000	0.0368	...	0.0	0.0191
UGDS_NRA	0.0059	0.0179	...	0.0	0.0028
UGDS_UNKN	0.0138	0.0100	...	0.0	0.0056

你也可以使用 transpose() 方法或 T 屬性來達成同樣的效果：

In

```
college.T
college.transpose()
```

Out

INSTNM	Alabama A & M University	University of Alabama at Birmingham	...	Bay Area Medical Academy - San Jose Satellite Location	Excel Learning Center-San Antonio South
UGDS_WHITE	0.0333	0.5922	...	NaN	NaN
UGDS_BLACK	0.9353	0.2600	...	NaN	NaN
UGDS_HISP	0.0055	0.0283	...	NaN	NaN
UGDS_ASIAN	0.0019	0.0518	...	NaN	NaN

UGDS_AIAN	0.0024	0.0022	... NaN	NaN
UGDS_NHPI	0.0019	0.0007	... NaN	NaN
UGDS_2MOR	0.0000	0.0368	... NaN	NaN
UGDS_NRA	0.0059	0.0179	... NaN	NaN
UGDS_UNKN	0.0138	0.0100	... NaN	NaN

10.5 在彙總資料後進行反堆疊操作

在上一章，我們介紹過利用 groupby 進行分組並套用各種聚合（aggregation）函式。按照單欄位對資料進行分組，並對單個欄位執行彙總運算後，所傳回的結果不難觀察或處理。然而，在按多個欄位分組時，產生的彙總結果則可能很難觀察或處理。由於 groupby 運算預設將進行分組的各欄位都放在索引中，因此我們可以使用 unstack() 來重新排列資料（ 編註：將某個索引層級中的值，反堆疊為欄位名稱 ），進而將結果以更容易解釋的方式呈現。

在以下的例子中，我們會按員工資料集的多個欄位來分組，然後執行聚合運算。接著，我們使用 unstack() 將結果重塑成『方便比較各組別』的格式。

🔧 動手做

01 讀入員工資料集並按照種族進行分組，然後找出不同種族的平均薪水：

⌨ In

```
employee = pd.read_csv('data/employee.csv')
(employee
    .groupby('RACE') ◄── 按照種族 (RACE 欄位) 進行分組
```

```
    ['BASE_SALARY']  ┐
    .mean()          ├── ← 對 BASE_SALARY 欄位執行聚合操作 (計算平均值)
    .astype(int)     ┘
)
```

Out

```
RACE
American Indian or Alaskan Native     60272
Asian/Pacific Islander                61660
Black or African American             50137
Hispanic/Latino                       52345
Others                                51278
White                                 64419
Name: BASE_SALARY, dtype: int32
```

02 以上的 groupby 運算會產生一個易於閱讀且無需重塑的 Series。現在來找出不同種族中，各性別的平均薪水 (**編註**：我們需先按照種族和性別欄位進行分組)，結果同樣會是一個 Series。與步驟 1 不同的是，該 Series 的索引為 MultiIndex 物件：

🖥 In

```
(employee
    .groupby(['RACE', 'GENDER'])
    ['BASE_SALARY']
    .mean()
    .astype(int)
)
```

Out

```
RACE                               GENDER
American Indian or Alaskan Native  Female    60238
                                   Male      60305
Asian/Pacific Islander             Female    63226
                                   Male      61033
Black or African American          Female    48915
                                                ...
```

```
Hispanic/Latino                Male      54782
Others                         Female    63785
                               Male      38771
White                          Female    66793
                               Male      63940
Name: BASE_SALARY, Length: 12, dtype: int32
```

03 以上的聚合操作產生了較為複雜的結果，我們可以嘗試進行反堆疊以方便理解。如果可以左右並排呈現性別資料（而非目前垂直的樣子），那麼比較起來應該會更容易。讓我們在 GENDER 索引層級上呼叫 unstack()：

In

```
(employee
    .groupby(['RACE', 'GENDER'])
    ['BASE_SALARY']
    .mean()
    .astype(int)
    .unstack('GENDER')  ←  也可以傳入該層級的整數位置 (1)，
)                           但傳入層級名稱是較為直觀的方法
```

Out

```
GENDER                               Female    Male
RACE
American Indian or Alaskan Native    60238     60305
Asian/Pacific Islander               63226     61033
Black or African American            48915     51082
Hispanic/Latino                      46503     54782
Others                               63785     38771
White                                66793     63940
```

✔ 小編補充 由於 GENDER 為最內層的索引層級，而 unstack() 預設會對最內層的索引層級進行操作，故此處也可以直接使用 unstack() 而不傳入任何參數。

In

```
(employee
    .groupby(['RACE', 'GENDER'])
    ['BASE_SALARY']
    .mean()
    .astype(int)
    .unstack('RACE')
)
```

Out

RACE	American Indian or Alaskan Native	Asian/Pacific Islander	...	Others	White
GENDER					
Female	60238	63226	...	63785	66793
Male	60305	61033	...	38771	63940

了解更多

如果對單一欄位進行多個聚合操作，則傳回的結果會是一個 Data-Frame，而非 Series：

In

```
(employee
    .groupby(['RACE', 'GENDER'])
    ['BASE_SALARY']
    .agg(['mean', 'max', 'min'])  ←── 執行多個聚合操作，找出平均值、最大值和最小值
    .astype(int)
)
```

```
Out
```

		mean	max	min
RACE	GENDER			
American Indian or Alaskan Native	Female	60238	98536	26125
	Male	60305	81239	26125
Asian/Pacific Islander	Female	63226	130416	26125
	Male	61033	163228	27914
Black or African American	Female	48915	150416	24960
...	...	...	...	...
Hispanic/Latino	Male	54782	165216	26104
Others	Female	63785	63785	63785
	Male	38771	38771	38771
White	Female	66793	178331	27955
	Male	63940	210588	26125

這時，對 GENDER 使用 unstack() 會產生具有多個層級的欄位名稱。
接下來，你可以繼續使用 unstack() 和 stack() 來交換索引與欄位的層級，
直到獲得所需的資料結構：

```
In
(employee
    .groupby(['RACE', 'GENDER'])
    ['BASE_SALARY']
    .agg(['mean', 'max', 'min'])
    .astype(int)
    .unstack('GENDER')
)
```

	mean		...	min	
GENDER	Female	Male	...	Female	Male
RACE					
American Indian or Alaskan Native	60238	60305	...	26125	26125
Asian/Pacific Islander	63226	61033	...	26125	27914
Black or African American	48915	51082	...	24960	26125
Hispanic/Latino	46503	54782	...	26125	26104
Others	63785	38771	...	63785	38771
White	66793	63940	...	27955	26125

10.6 使用 groupby 模擬 pivot_table() 的功能

　　Pandas 的 pivot_table() 方法為我們提供了一種分析資料的獨特方法。只要進行些微的更動，我們也可以用 groupby() 方法來達成相同的效果。在接下來的範例中，我們會先使用 pivot_table() 將航班資料集做成樞紐分析表（pivot table），然後再使用 groupby() 也建立相同的表格。

🔧 動手做

01 讀入航班資料集並使用 pivot_table() 尋找在不同出發機場中，每家航空公司所取消的航班總數：

💻 **In**

```
flights = pd.read_csv('data/flights.csv')
fpt = flights.pivot_table(index='AIRLINE',
```
◄─── index 參數的欄位不會進行
旋轉,其內部的值會存為輸
出 DataFrame 的索引

```
    columns='ORG_AIR',
```
◄─── 指定 ORG_AIR 欄位的值為輸出 DataFrame 之欄位名稱
```
    values='CANCELLED',
```
◄─── 指定要進行聚合的欄位
```
    aggfunc='sum',
```
◄─── 指定聚合方式 (若不指定,則預設為 'mean')
```
    fill_value=0).round(2)
```

由於某些 ORG_AIR 和 AIRLINE 的組合不存在 (缺失),因此用 0 來替換掉缺失值

```
fpt
```

Out

ORG_AIR	ATL	DEN	...	PHX	SFO
AIRLINE					
AA	3	4	...	4	2
AS	0	0	...	0	0
B6	0	0	...	0	1
DL	28	1	...	1	2
EV	18	6	...	0	0
...	...	...	...	...	...
OO	3	25	...	9	33
UA	2	9	...	3	19
US	0	0	...	7	3
VX	0	0	...	0	3
WN	9	13	...	6	25

02 若想使用 groupby() 來模擬 pivot_table() 的功能,我們需要先對 pivot_table () 中,index 參數和 columns 參數所指定的欄位 (即 AIRLINE 欄位和 ORG_AIR 欄位) 進行分組。然後,對 CANCELLED 欄位執行聚合運算:

```
In
(flights
    .groupby(['AIRLINE', 'ORG_AIR'])
    ['CANCELLED']
    .sum()
)
```

```
Out
AIRLINE  ORG_AIR
AA       ATL        3
         DEN        4
         DFW       86
         IAH        3
         LAS        3
                   ..
WN       LAS        7
         LAX       32
         MSP        1
         PHX        6
         SFO       25
Name: CANCELLED, Length: 114, dtype: int64
```

03 最後，使用 unstack() 將 ORG_AIR 索引層級轉換成欄位名稱：

```
In
fpg = (flights
    .groupby(['AIRLINE', 'ORG_AIR'])
    ['CANCELLED']
    .sum()
    .unstack('ORG_AIR', fill_value=0)
                        └──── 用 0 來替換掉缺失值
)
fpt.equals(fpg) ◀── 測試不同方法產生的結果是否一致
```

```
Out
True ◀── 不同方法產生的結果是一致的
```

了解更多

我們可以使用 groupby() 來模擬更複雜的樞紐分析表：

```
In
flights.pivot_table(index=['AIRLINE', 'MONTH'],
    columns=['ORG_AIR', 'CANCELLED'],
    values=['DEP_DELAY', 'DIST'],
    aggfunc=['sum', 'mean'],
    fill_value=0)
```

← 建立一個更複雜的樞紐分析表

```
Out
```

		sum		...	mean	
		DEP_DELAY		...	DIST	
	ORG_AIR	ATL		...	SFO	
	CANCELLED	0	1	...	0	1
AIRLINE	MONTH					
	1	-13	0	...	1860.166667	0.0
	2	-39	0	...	1337.916667	2586.0
AA	3	-2	0	...	1502.758621	0.0
	4	1	0	...	1646.903226	0.0
	5	52	0	...	1436.892857	0.0
...	...	...	...	...	...	...
	7	2604	0	...	636.210526	0.0
	8	1718	0	...	644.857143	392.0
WN	9	1033	0	...	731.578947	354.5
	11	700	0	...	580.875000	392.0
	12	1679	0	...	782.256410	0.0

要用 groupby 模擬這個操作，同樣先根據 pivot_table() 中指定給 index 和 columns 參數的所有欄位來分組，然後呼叫 unstack() 將其中兩個索引層級（ORG_AIR 及 CANCELLED）移至欄位名稱中：

```
(flights
    .groupby(['AIRLINE', 'MONTH', 'ORG_AIR', 'CANCELLED'])
    ['DEP_DELAY', 'DIST']
    .agg(['mean', 'sum'])
    .unstack(['ORG_AIR', 'CANCELLED'], fill_value=0)
    .swaplevel(0, 1, axis='columns')  ← 交換欄位層級，以方便比較資料
)
```

Out

		mean		...	sum	
		DEP_DELAY		...	DIST	
	ORG_AIR	ATL		...	SFO	
	CANCELLED	0	1	...	0	1
AIRLINE	MONTH			...		
	1	-3.250000	0.0	...	33483	0
	2	-3.000000	NaN	...	32110	2586
AA	3	-0.166667	NaN	...	43580	0
	4	0.071429	0.0	...	51054	0
	5	5.777778	0.0	...	40233	0
...	...	...	...	...	...	...
	7	21.700000	0.0	...	24176	0
	8	16.207547	0.0	...	18056	784
WN	9	8.680672	0.0	...	27800	709
	11	5.932203	NaN	...	23235	784
	12	15.691589	0.0	...	30508	0

10.7 重新命名各軸內的不同層級

　　當各軸（axis，索引軸或欄位軸）內的不同層級都有易讀的名稱時，使用 stack() 和 unstack() 來重塑資料會更容易。Pandas 允許使用者利用整數位置或名稱來命名軸內的層級。由於整數位置較不明確，因此應盡可能地使用層級名稱來進行存取。

使用多個欄位進行分組或聚合時，生成的 Pandas 物件將在一個或兩個軸上具有多個層級（之前已示範過相關案例）。接下來，我們將嘗試命名不同軸的每個層級，然後使用 stack() 和 unstack() 將資料重塑成所需的形式。

🔧 **動手做**

01 讀入大學資料集並按照 STABBR（存有大學所在州屬的資料）及 RELAFFIL（為一布林欄位，代表某所大學是否為宗教大學）欄位分組，然後針對 UGDS（存有種族百分比的資料）和 SATMTMID（存有 SAT 數學分數的資料）欄位進行多個聚合操作，進而產生各軸都具有多層級的 DataFrame：

🖥 **In**

```
college = pd.read_csv('data/college.csv')
(college
    .groupby(['STABBR', 'RELAFFIL'])
    ['UGDS', 'SATMTMID']
    .agg(['size', 'min', 'max'])
)
```

Out

外層索引 的名稱	內層索引 的名稱	UGDS		...	SATMTMID	
		size	min	...	min	max
STABBR	RELAFFIL					
AK	0	7	109.0	...	NaN	NaN
	1	3	27.0	...	503.0	503.0
AL	0	72	12.0	...	420.0	590.0
	1	24	13.0	...	400.0	560.0
AR	0	68	18.0	...	427.0	565.0
...	...	...	...	...	...	...
WI	0	87	20.0	...	480.0	680.0
	1	25	4.0	...	452.0	605.0
WV	0	65	20.0	...	430.0	530.0
	1	8	63.0	...	455.0	510.0
WY	0	11	52.0	...	540.0	540.0

請注意，兩個索引層級都已有名稱（為它們在原始 DataFrame 中的欄位名稱）。另一方面，欄位層級則沒有名稱。因此，我們使用 rename_axis() 為它們指定層級名稱（否則只能用整數位置來進行存取，這是不樂見的）：

🖥 In

```
(college
    .groupby(['STABBR', 'RELAFFIL'])
    ['UGDS', 'SATMTMID']
    .agg(['size', 'min', 'max'])
    .rename_axis(['AGG_COLS', 'AGG_FUNCS'], axis='columns') )
```

欄位軸具有多個層級，因此需傳入串列來逐一更改層級名稱

....

Out

內層欄位名稱
　　　外層欄位名稱

AGG_COLS		UGDS		...	SATMTMID	
AGG_FUNCS		size	min	...	min	max
STABBR	RELAFFIL					
AK	0	7	109.0	...	NaN	NaN
	1	3	27.0	...	503.0	503.0
AL	0	72	12.0	...	420.0	590.0
	1	24	13.0	...	400.0	560.0
AR	0	68	18.0	...	427.0	565.0
...	...	...	...	...	...	...
WI	0	87	20.0	...	480.0	680.0
	1	25	4.0	...	452.0	605.0
WV	0	65	20.0	...	430.0	530.0
	1	8	63.0	...	455.0	510.0
WY	0	11	52.0	...	540.0	540.0

03 現在，每個軸層級都有自己的名稱，這有利於我們進行資料重塑。使用 stack() 將名為 AGG_FUNCS 的欄位層級移動到索引軸：

```
🖵 In
(college
    .groupby(['STABBR', 'RELAFFIL'])
    ['UGDS', 'SATMTMID']
    .agg(['size', 'min', 'max'])
    .rename_axis(['AGG_COLS', 'AGG_FUNCS'], axis='columns')
    .stack('AGG_FUNCS')
)
```

```
Out
```

		AGG_COLS	UGDS	SATMTMID
STABBR	RELAFFIL	AGG_FUNCS		
		size	7.0	7.0
	0	min	109.0	NaN
AK		max	12865.0	NaN
		size	3.0	3.0
	1	min	27.0	503.0
...	...	...	...	...
		min	63.0	455.0
WV	1	max	1375.0	510.0
		size	11.0	11.0
WY	0	min	52.0	540.0
		max	9910.0	540.0

該欄位層級移動到了索引軸

04 在預設情況下，stack() 會將重塑的欄位層級放置在最內層的索引位置。我們可以使用 swaplevel() 將 AGG_FUNCS 從最內層移到外層：

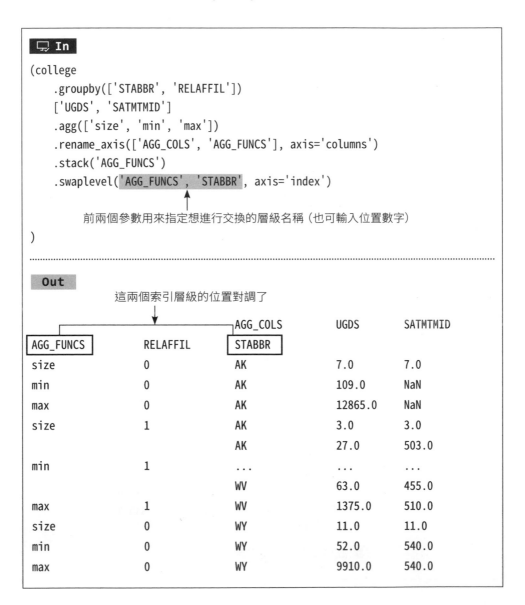

```
In
(college
    .groupby(['STABBR', 'RELAFFIL'])
    ['UGDS', 'SATMTMID']
    .agg(['size', 'min', 'max'])
    .rename_axis(['AGG_COLS', 'AGG_FUNCS'], axis='columns')
    .stack('AGG_FUNCS')
    .swaplevel('AGG_FUNCS', 'STABBR', axis='index')
```

前兩個參數用來指定想進行交換的層級名稱（也可輸入位置數字）
```
)
```

Out

這兩個索引層級的位置對調了

AGG_FUNCS	RELAFFIL	AGG_COLS STABBR	UGDS	SATMTMID
size	0	AK	7.0	7.0
min	0	AK	109.0	NaN
max	0	AK	12865.0	NaN
size	1	AK	3.0	3.0
		AK	27.0	503.0
min	1	...	...	...
		WV	63.0	455.0
max	1	WV	1375.0	510.0
size	0	WY	11.0	11.0
min	0	WY	52.0	540.0
max	0	WY	9910.0	540.0

05 我們可以將某個軸層級的名稱傳進 sort_index()，進而對該層級內的資料進行排序：

```
🖥 In
(college
    .groupby(['STABBR', 'RELAFFIL'])
    ['UGDS', 'SATMTMID']
    .agg(['size', 'min', 'max'])
    .rename_axis(['AGG_COLS', 'AGG_FUNCS'], axis='columns')
    .stack('AGG_FUNCS')
    .swaplevel('AGG_FUNCS', 'STABBR', axis='index')
    .sort_index(level='RELAFFIL', axis='index')      ← 排序 RELAFFIL 索引層級內的標籤
    .sort_index(level='AGG_COLS', axis='columns')   ←
                                                     排序 AGG_COLS 欄位層級內的名稱
)
```

```
Out
```

RELAFFIL 值為 0 的資料會先列出來 ↓   這兩個欄位的位置對調了 ↓   ↓

AGG_FUNCS	RELAFFIL	AGG_COLS STABBR	SATMTMID	UGDS
max	0	AK	NaN	12865.0
		AL	590.0	29851.0
		AR	565.0	21405.0
		AS	NaN	1276.0
		AZ	580.0	151558.0
...	...	...	...	...
size	1	VI	1.0	1.0
		VT	5.0	5.0
		WA	17.0	17.0
		WI	25.0	25.0
		WV	8.0	8.0

06 要完整重塑我們的資料，需要同時對不同欄位分別呼叫 stack() 和 unstack()：

```
In

(college
    .groupby(['STABBR', 'RELAFFIL'])
    ['UGDS', 'SATMTMID']
    .agg(['size', 'min', 'max'])
    .rename_axis(['AGG_COLS', 'AGG_FUNCS'], axis='columns')
    .stack('AGG_FUNCS')
    .unstack(['RELAFFIL', 'STABBR'])
)
```

Out

AGG_COLS	UGDS		...	SATMTMID	
RELAFFIL	0	1	...	1	0
STABBR	AK	AK	...	WV	WY
AGG_FUNCS					
size	7.0	3.0	...	8.0	11.0
min	109.0	27.0	...	455.0	540.0
max	12865.0	275.0	...	510.0	540.0

07 現在,嘗試直接在步驟 2 的輸出上堆疊所有層級的欄位,我們將得到一個 Series:

```
In

(college
    .groupby(['STABBR', 'RELAFFIL'])
    ['UGDS', 'SATMTMID']
    .agg(['size', 'min', 'max'])
    .rename_axis(['AGG_COLS', 'AGG_FUNCS'], axis='columns')
    .stack(['AGG_FUNCS', 'AGG_COLS'])
)
```

Out

STABBR	RELAFFIL	AGG_FUNCS	AGG_COLS	
AK	0	size	UGDS	7.0
			SATMTMID	7.0

```
               min      UGDS       109.0
               max      UGDS     12865.0
         1     size     UGDS         3.0
                                     ...
WY       0     size     SATMTMID    11.0
               min      UGDS        52.0
                        SATMTMID   540.0
               max      UGDS      9910.0
                        SATMTMID   540.0
Length: 640, dtype: float64
```

08 同樣的，我們也可以對步驟 2 輸出中，所有層級的索引呼叫 unstack()，此時會傳回一個非常寬的扁平 Dataframe，而在輸出時，Pandas 會改以 Series 的形式呈現：

🖥 **In**

```
(college
    .groupby(['STABBR', 'RELAFFIL'])
    ['UGDS', 'SATMTMID']
    .agg(['size', 'min', 'max'])
    .rename_axis(['AGG_COLS', 'AGG_FUNCS'], axis='columns')
    .unstack(['STABBR', 'RELAFFIL'])
)
```

Out

```
AGG_COLS  AGG_FUNCS  STABBR  RELAFFIL
UGDS      size       AK      0           7.0
                             1           3.0
                     AL      0          72.0
                             1          24.0
                     AR      0          68.0
                                         ...
SATMTMID  max        WI      1         605.0
                     WV      0         530.0
                             1         510.0
                     WY      0         540.0
                             1           NaN
Length: 708, dtype: float64
```

了解更多

如果各軸層級所代表的內容十分明顯，不需要特地用名字來進行標籤時，可透過以下程式來移除各軸的層級名稱（**編註**：讀者可將此處的輸出與步驟 2 的輸出做對比）：

In

```
(college
    .groupby(['STABBR', 'RELAFFIL'])
    ['UGDS', 'SATMTMID']
    .agg(['size', 'min', 'max'])
    .rename_axis([None, None], axis='index')      傳入值為 None 的串列
    .rename_axis([None, None], axis='columns')  ←  來移除各軸的層級名稱
)
```

Out

		UGDS		...	SATMTMID	
		size	min	...	min	max
AK	0	7	109.0	...	NaN	NaN
	1	3	27.0	...	503.0	503.0
AL	0	72	12.0	...	420.0	590.0
	1	24	13.0	...	400.0	560.0
AR	0	68	18.0	...	427.0	565.0
...	...	...	...	...	...	...
WI	0	87	20.0	...	480.0	680.0
	1	25	4.0	...	452.0	605.0
WV	0	65	20.0	...	430.0	530.0
	1	8	63.0	...	455.0	510.0
WY	0	11	52.0	...	540.0	540.0

10.8 重塑『欄位名稱包含多個變數』的資料

當欄位名稱包含多個不同的變數時，就會出現混亂的資料。舉例來說，同一個欄位名稱中內同時包含了性別和年齡變數（見以下的範例）。為了整理類似的資料集，我們必須使用 Pandas 的 **str 屬性**來操作欄位，該屬性包含用於處理字串的各種方法。

在底下的範例中，我們要先識別出所有的變數（有些變數目前連接在一起，做為同一欄位名稱）。然後，我們會重塑資料並擷取出正確的變數值。

🔧 動手做

01 讀入舉重資料集，並檢視其中的變數：

```
In
weightlifting = pd.read_csv('data/weightlifting_men.csv')
weightlifting
```

```
Out
```

編註：M 為性別，35 為年齡下限，35-39 為年齡區間

	Weight Category	M35 35-39	...	M75 75-79	M80 80+
0	56	137	...	62	55
1	62	152	...	67	57
2	69	167	...	75	60
3	77	182	...	82	65
4	85	192	...	87	70
5	94	202	...	90	75
6	105	210	...	95	80
7	105+	217	...	100	85

02 從輸出可見，該資料中有多個變數：Weight Category、性別和年齡的組合（**編註**：除了 Weight Category 以外的欄位名稱）、以及有效舉重成績（**編註**：各儲存格內的數值資料）。其中，性別和年齡變數已連接在一起，做為單一的欄位名稱。在將它們分開前，讓我們使用 melt() 方法把 Weight Category 以外的欄位名稱轉置成垂直排列的資料值：

⌨ In

```
(weightlifting
    .melt(id_vars='Weight Category',  ◄── 指定 Weight Category 不要轉置
          var_name='sex_age',
          value_name='Qual Total')
)
```

⚠ 請注意，我們不需要明確地使用 value_vars 參數來指定要堆疊的欄位。預設情況下，所有 id_vars 中未指定的欄位都會進行堆疊。

Out

	Weight Category	sex_age	Qual Total
0	56	M35 35-39	137
1	62	M35 35-39	152
2	69	M35 35-39	167
3	77	M35 35-39	182
4	85	M35 35-39	192
...	...	...	...
75	77	M80 80+	65
76	85	M80 80+	70
77	94	M80 80+	75
78	105	M80 80+	80
79	105+	M80 80+	85

03 接著選擇 sex_age 欄位，並使用其 str 屬性的 **split() 方法**將該欄位內的
資料拆開，並放置到不同的欄位中：

⚠ 預設情況下，split() 方法是利用**空格**來拆解字串（例如：『M35 35-39』會拆解成『M35』
和『35-39』）。你也可以使用 **pat 參數**來另外指定分隔的字串或常規表達式，接下來會有
相關範例。

```
🖥 In
(weightlifting
    .melt(id_vars='Weight Category',
        var_name='sex_age',
        value_name='Qual Total')
    ['sex_age']     ←── 選擇 sex_age 欄位
    .str.split(expand=True)     ←── 拆解欄位中的字串資料，並分別存進不同欄位
)
```

Out

	0	1
0	M35	35-39
1	M35	35-39
2	M35	35-39
3	M35	35-39
4	M35	35-39
...	...	...
75	M80	80+
76	M80	80+
77	M80	80+
78	M80	80+
79	M80	80+

> 當 expand 為 False 時，
> 拆開的字串會放進串列
> 中，並存進單一欄位中。

04 以上步驟傳回的 DataFrame 中，欄位名稱是沒有意義的。讓我們重新命名欄位：

```
In
(weightlifting
    .melt(id_vars='Weight Category',
        var_name='sex_age',
        value_name='Qual Total')
    ['sex_age']
    .str.split(expand=True)
    .rename(columns={0:'Sex', 1:'Age Group'}) ◀── 將欄位分別命名為 Sex 及 Age Group
)
```

```
Out

      Sex    Age Group
0     M35    35-39
1     M35    35-39
2     M35    35-39
3     M35    35-39
4     M35    35-39
...   ...    ...
75    M80    80+
76    M80    80+
77    M80    80+
78    M80    80+
79    M80    80+
```

05 走訪 Sex 欄位中的每筆字串資料，並利用 assign() 方法及 lambda 函式將 Sex 欄位內的資料改為僅保留首個字元（代表性別）：

🖵 **In**

```
(weightlifting
    .melt(id_vars='Weight Category',
          var_name='sex_age',
          value_name='Qual Total')
    ['sex_age']
    .str.split(expand=True)
    .rename(columns={0:'Sex', 1:'Age Group'})
    .assign(Sex=lambda df_: df_.Sex.str[0])
)
```

取出 Sex 欄位中，每筆字串資料的首個字元

Out

	Sex	Age Group
0	M	35-39
1	M	35-39
2	M	35-39
3	M	35-39
4	M	35-39
...	...	...
75	M	80+
76	M	80+
77	M	80+
78	M	80+
79	M	80+

我們可以更進一步，將年齡分成兩個單獨的欄位，例如 35 及 35-39，分別表示某個組別的年齡下限及年齡區間。不過在舉重比賽中，通常會直接用年齡區間來對選手分組，因此我們便直接將年齡下限刪除，只保留 Sex 欄位中的第一個字元 (代表性別)。

06 使用 concat() 函式將此 DataFrame 與步驟 2 的 Weight Category 和 Qual Total 欄位連接起來：

```
In
melted = (weightlifting.melt(id_vars='Weight Category',
                             var_name='sex_age',          ◀── 重新產生步驟 2 的輸出
                             value_name='Qual Total'))
tidy = pd.concat([melted['sex_age'].str.split(expand=True)
                                    .rename(columns={0:'Sex', 1:'Age Group'})
                                    .assign(Sex=lambda df_: df_.Sex.str[0]),
              melted[['Weight Category', 'Qual Total']]],
              axis='columns')   ◀── 沿著欄位 (水平方向) 進行連接
tidy
```

```
Out
```

	Sex	Age Group	Weight Category	Qual Total
0	M	35-39	56	137
1	M	35-39	62	152
2	M	35-39	69	167
3	M	35-39	77	182
4	M	35-39	85	192
...	...	...	...	...
75	M	80+	77	65
76	M	80+	85	70
77	M	80+	94	75
78	M	80+	105	80
79	M	80+	105+	85

07 其實也可以利用 assign() 來增加新的欄位，因此底下程式可得到和步驟 6 相同的輸出：

🖥 **In**

```
melted = (weightlifting
    .melt(id_vars='Weight Category',
        var_name='sex_age',
        value_name='Qual Total')
)
(melted
    ['sex_age']
    .str.split(expand=True)
    .rename(columns={0:'Sex', 1:'Age Group'})
    .assign(Sex=lambda df_: df_.Sex.str[0],
        Weight_Category=melted['Weight Category'],
        Quad_Total=melted['Qual Total'])
)
```

將 melted 中的值
指派給 Category 和
Total 這兩個新欄位

Out

編註：此處的欄
位名稱和步驟 6 的
不同，因為使用
assign() 所新增的
欄位名稱不可包含
空格

	Sex	Age Group	Weight_Category	Quad_Total
0	M	35-39	56	137
1	M	35-39	62	152
2	M	35-39	69	167
3	M	35-39	77	182
4	M	35-39	85	192
...	...	...	...	...
75	M	80+	77	65
76	M	80+	85	70
77	M	80+	94	75
78	M	80+	105	80
79	M	80+	105+	85

了解更多

我們也可以在不使用 split() 的情況下，透過 assign() 動態地指派新欄
位，進而取得同樣的結果：

```
In
tidy2 = (weightlifting
    .melt(id_vars='Weight Category',
        var_name='sex_age',
        value_name='Qual Total')
    .assign(Sex=lambda df_:df_.sex_age.str[0],
        **{'Age Group':(lambda df_: (df_
            .sex_age
            .str.extract(r'(\d{2}[-+](?:\d{2})?)',
                    expand=False)))})
    .drop(columns='sex_age')
)
tidy2
```

> 編註：** 可將字典轉為指名
> 參數的形式，例如 **{a:b} 會
> 轉成 a=b，因此這裡會新增一
> 個 Age Group 欄位

> 編註：使用常規表達式來擷取資料，
> 其中的意義請參見下一頁的說明

```
Out

    Weight Category    Qual Total    Sex    Age Group
0   56                 137           M      35-39
1   62                 152           M      35-39
2   69                 167           M      35-39
3   77                 182           M      35-39
4   85                 192           M      35-39
... ...                ...           ...    ...
75  77                 65            M      80+
76  85                 70            M      80+
77  94                 75            M      80+
78  105                80            M      80+
79  105+               85            M      80+
```

```
In
tidy.sort_index(axis=1).equals(tidy2.sort_index(axis=1))
```

```
Out
True
```
◄── 利用不同方法得出的 DataFrame 是相等的

　　由於不用 split()，所以我們透過 extract() 來建立 Age　Group 欄位。該方法可用複雜的常規表達式來提取字串的特定部分，前頁的常規表達式中包含了**捕捉群**（capture　group）。捕捉群是將表達式的一部分用小括號括起來而形成的（詳見底下的小編補充）。

　　前頁的常規表達式以 \d{2} 開頭，代表先搜尋兩個數字，然後是加號或減號（ 編註：搜尋如 35-39 及 80+ 的二種字串）。儘管表達式的最後一部分 (?:\d{2})? 被括號括起來，但 ?: 表示它不是捕捉群。從技術上講，它是一個非捕捉群，單純用於表示可有可無的 2 個數字。接著，我們用 drop() 來刪除 sex_age 欄位，因為它已經沒有用處了。

✔ 小編補充　　我們可將小括號括起來的**捕捉群**，視為一個要搜尋的子字串，在搜尋後可用 group() 來查詢搜到的各個群組 (子字串)，例如：

🖵 In

```
import re

                                            表達式中有 2 個捕捉群
match = re.search(r'(\d{2})-(\d{2})', 'M35 35-39')  ◄┐
print(match.group(0))                            ├◄ 顯示搜尋到的字串，以及搜尋到的第 1、2 個群組
print(match.group(1))
print(match.group(2))
```

Out

```
35-39   ◄── 搜尋到的字串
35      ◄── 第 1 個群組
39      ◄── 第 2 個群組
```

捕捉群除了可用來表達子字串外 (例如：'(ab)+' 可表示要連續出現 1 或多個 'ab')，還有許多群組功能 (這裡未用到)，如果只想表達子字串而不要群組功能，則可用 ?: 來標示，以提高執行效率。例如上例中的 r'(\d{2})-(\d{2})' 若改成 r'(\d{2})-(?:\d{2})'，則只會將第 1 個括號視為群組，而第 2 個括號則只有表達子字串的功能，因此執行到最後一行要顯示第 2 個群組時會出現錯誤。

10.9 重塑『多個變數儲存在單一欄位內』的資料

在整齊的資料集中，不同變數都應儲存單獨的欄位中。有時候，資料集中會將多個變數存在同一欄位，它們對應到的值則放在另一欄位中。接下來，我們將針對這一類的資料集進行整理。

🔧 動手做

01 讀入餐廳資料集，並將 Date 欄位的資料型別轉換為 datetime64：

```
In
inspections = pd.read_csv('data/restaurant_inspections.csv',
                          parse_dates=['Date'])
inspections
```

```
Out
```

	Name	Date	Info	Value
0	E & E Gr...	2017-08-08	Borough	MANHATTAN
1	E & E Gr...	2017-08-08	Cuisine	American
2	E & E Gr...	2017-08-08	Description	Non-food...
3	E & E Gr...	2017-08-08	Grade	A
4	E & E Gr...	2017-08-08	Score	9.0
...	...	...	...	...
495	PIER SIX...	2017-09-01	Borough	MANHATTAN
496	PIER SIX...	2017-09-01	Cuisine	American
497	PIER SIX...	2017-09-01	Description	Filth fl...
498	PIER SIX...	2017-09-01	Grade	Z
499	PIER SIX...	2017-09-01	Score	33.0

02 這個資料集有兩個存有單一變數的欄位，即 Name（餐廳名稱）和 Date（成立日期）欄位。Info 欄位則有 5 個不同的變數：Borough、Cuisine、Description、Grade 和 Score（市鎮、菜色、簡介、等級、評分），這些變數的對應值則放在 Value 欄位中。讓我們嘗試使用 10.4 節的 pivot() 來保持 Name 和 Date 欄位的現有排列，並利用 Info 欄位中的 5 個變數做為新的欄位名稱：

🖥 **In**

```
inspections.pivot(index=['Name', 'Date'],
            columns='Info',
            values='Value')
```

....

Out

	Info					
Name	Date	Borough	Cuisine	...	Grade	Score
3 STAR JUICE CENTER	2017-05-10	BROOKLYN	Juice, S...	...	A	12.0
A & L PIZZA RESTAURANT	2017-08-22	BROOKLYN	Pizza	...	A	9.0
AKSARAY TURKISH CAFE AND RESTAURANT	2017-07-25	BROOKLYN	Turkish	...	A	13.0
ANTOJITOS DELI FOOD	2017-06-01	BROOKLYN	Latin (C...	...	A	10.0
BANGIA	2017-06-16	MANHATTAN	Korean	...	A	9.0
...	...	...	...	...	...	...
VALL'S PIZZERIA	2017-03-15	STATEN I...	Pizza/It...	...	A	9.0
VIP GRILL	2017-06-12	BROOKLYN	Jewish/K...	...	A	10.0
WAHIZZA	2017-04-13	MANHATTAN	Pizza	...	A	10.0
WANG MANDOO HOUSE	2017-08-29	QUEENS	Korean	...	A	12.0
XIAOYAN YABO INC	2017-08-29	QUEENS	Korean	...	Z	49.0

---

03 除了上述方法，很有其他多種方案可以完成相同的任務。我們可以使用 unstack() 來轉置垂直排列的資料，不過這個做法僅適用於索引中的資料，因此我們先將 Name、Date 和 Info 放入索引中。

```
In
inspections.set_index(['Name','Date', 'Info'])
```

```
Out
```

			Value
Name	**Date**	**Info**	
E & E Grill House	2017-08-08	Borough	MANHATTAN
		Cuisine	American
		Description	Non-food...
		Grade	A
		Score	9.0
...	...	...	...
PIER SIXTY ONE-THE LIGHTHOUSE	2017-09-01	Borough	MANHATTAN
		Cuisine	American
		Description	Filth fl...
		Grade	Z
		Score	33.0

04 使用 unstack() 轉置 Info 欄位中的所有值，並將它們移至最內層的欄位層級中：

```
In
(inspections
    .set_index(['Name','Date', 'Info'])
    .unstack('Info')
)
```

```
Out
```

		Value				
		Info	Borough	Cuisine	... Grade	Score
Name	**Date**					
3 STAR JUICE CENTER	2017-05-10		BROOKLYN	Juice, S...	... A	12.0

A & L PIZZA RESTAURANT	2017-08-22	BROOKLYN	Pizza	...	A	9.0
AKSARAY TURKISH CAFE AND RESTAURANT	2017-07-25	BROOKLYN	Turkish	...	A	13.0
ANTOJITOS DELI FOOD	2017-06-01	BROOKLYN	Latin (C...	...	A	10.0
BANGIA	2017-06-16	MANHATTAN	Korean	...	A	9.0
...	...	...	...	...	...	...
VALL'S PIZZERIA	2017-03-15	STATEN I...	Pizza/It...	...	A	9.0
VIP GRILL	2017-06-12	BROOKLYN	Jewish/K...	...	A	10.0
WAHIZZA	2017-04-13	MANHATTAN	Pizza	...	A	10.0
WANG MANDOO HOUSE	2017-08-29	QUEENS	Korean	...	A	12.0
XIAOYAN YABO INC	2017-08-29	QUEENS	Korean	...	Z	49.0

05 請注意，當我們對 DataFrame 呼叫 unstack() 時，Pandas 會保留原始的欄位名稱（以此例來說就是 Value 欄位），同時以該欄位名稱為外層層級來建立一個 MultiIndex。

接著我們用 reset_index() 來將索引中的資料移回欄位中，但由於目前欄位是 MultiIndex（有 2 個層級），所以還必須用 col_level 參數來指定轉置到的新欄位名稱層級。新欄位名稱預設會插入最外層的欄位層級（編號為 0）。因此，我們使用 -1 來改為轉置到最內層的層級：

🖥 In
```
(inspections
    .set_index(['Name','Date', 'Info'])
    .unstack('Info')
    .reset_index(col_level=-1)
)
```

```
                                 ... Value
Info    Name            Date     ... Grade   Score
0       3 STAR J...     2017-05-10  ... A       12.0
1       A & L PI...     2017-08-22  ... A       9.0
2       AKSARAY ...     2017-07-25  ... A       13.0
3       ANTOJITO...     2017-06-01  ... A       10.0
4       BANGIA          2017-06-16  ... A       9.0
...     ...             ...         ... ...     ...
95      VALL'S P...     2017-03-15  ... A       9.0
96      VIP GRILL       2017-06-12  ... A       10.0
97      WAHIZZA         2017-04-13  ... A       10.0
98      WANG MAN...     2017-08-29  ... A       12.0
99      XIAOYAN ...     2017-08-29  ... Z       49.0
```

06 現在的資料集是整齊的，但還有一些細節要調整。讓我們使用 droplevel() 刪除最外層的欄位層級，然後將索引層級重新命名為 None（目前為 Info）：

In

```
def flatten0(df_):   ◀── 定義一個可刪除欄位層級的函式
    df_.columns = df_.columns.droplevel(0).rename(None)
                                        ↑
                          別忘了，0 代表最外層的層級

    return df_

(inspections
    .set_index(['Name','Date', 'Info'])
    .unstack('Info')
    .reset_index(col_level=-1)
    .pipe(flatten0)
)
```

Out

	Name	Date	...	Grade	Score
0	3 STAR J...	2017-05-10	...	A	12.0
1	A & L PI...	2017-08-22	...	A	9.0
2	AKSARAY ...	2017-07-25	...	A	13.0
3	ANTOJITO...	2017-06-01	...	A	10.0
4	BANGIA	2017-06-16	...	A	9.0
...	...	...	...	...	...
95	VALL'S P...	2017-03-15	...	A	9.0
96	VIP GRILL	2017-06-12	...	A	10.0
97	WAHIZZA	2017-04-13	...	A	10.0
98	WANG MAN...	2017-08-29	...	A	12.0
99	XIAOYAN ...	2017-08-29	...	Z	49.0

07 如果想避免產生類似步驟 4 中的 MultiIndex 欄位,可以使用 squeeze()
將步驟 3 中的單欄位 DataFrame 轉換為 Series。以下的程式碼會產生
與上一個步驟相同的結果:

In

```
(inspections
    .set_index(['Name','Date','Info'])
    .squeeze()  ← 這裡插入 squeeze()
    .unstack('Info')
    .reset_index()
    .rename_axis(None, axis='columns')
)
```

Out

	Name	Date	...	Grade	Score
0	3 STAR J...	2017-05-10	...	A	12.0
1	A & L PI...	2017-08-22	...	A	9.0

```
2    AKSARAY ...      2017-07-25    ... A    13.0
3    ANTOJITO...      2017-06-01    ... A    10.0
4    BANGIA           2017-06-16    ... A     9.0
...  ...              ...           ... ...   ...
95   VALL'S P...      2017-03-15    ... A     9.0
96   VIP GRILL        2017-06-12    ... A    10.0
97   WAHIZZA          2017-04-13    ... A    10.0
98   WANG MAN...      2017-08-29    ... A    12.0
99   XIAOYAN ...      2017-08-29    ... Z    49.0
```

了解更多

以上操作也可以改用之前提過的 pivot_table() 來實作，它對於 non-pivoted 的欄位數量沒有限制。它與 pivot() 的不同之處在於，對於那些 index 和 columns 參數中欄位交集所對應的值，pivot_table() 會對其進行聚合。

因為這個交集可能有多個值，因此需要傳遞一個聚合函式給 pivot_table()，以便輸出單一數值。在此處，我們使用的是名為 first 的聚合函式，它會直接傳回每個組別中的第一個值。不過在本例中，每個交集只有一個值，所以其實沒有什麼需要聚合的。但這裡如果不指定聚合函式而使用 aggfunc() 的預設值（即：mean），則會產生錯誤，因為欄位中的某些值為字串。底下為改用 pivot_table() 的範例：

```
 In
(inspections
    .pivot_table(index=['Name', 'Date'],
                 columns='Info',
                 values='Value',
                 aggfunc='first')
    .reset_index()
    .rename_axis(None, axis='columns')
)
```

```
Out

     Name            Date            ...  Grade   Score
0    3 STAR J...      2017-05-10      ...  A       12.0
1    A & L PI...      2017-08-22      ...  A       9.0
2    AKSARAY ...      2017-07-25      ...  A       13.0
3    ANTOJITO...      2017-06-01      ...  A       10.0
4    BANGIA           2017-06-16      ...  A       9.0
...  ...             ...             ... ...      ...
95   VALL'S P...      2017-03-15      ...  A       9.0
96   VIP GRILL        2017-06-12      ...  A       10.0
97   WAHIZZA          2017-04-13      ...  A       10.0
98   WANG MAN...      2017-08-29      ...  A       12.0
99   XIAOYAN ...      2017-08-29      ...  Z       49.0
```

10.10 整理『單一儲存格中包含多個值』的資料

有時候，你會看到資料集的同一儲存格中儲存了多個值。但在整齊的資料中，每個儲存格中應該只有一個值。

接下來要檢視的資料集中，有某個欄位所儲存的字串資料包含多個變數值。我們會使用 str 屬性來拆解字串中的不同變數值，並存進獨立的欄位中。

01 讀入德州的資料集：

```
In
cities = pd.read_csv('data/texas_cities.csv')
cities
```

```
Out

    City      Geolocation
0   Houston   29.7604° N, 95.3698° W
1   Dallas    32.7767° N, 96.7970° W
2   Austin    30.2672° N, 97.7431° W
```

02 該資料集中只包含兩個欄位：City 和 Geolocation。其中，City 欄位中的儲存格存放了單一變數（城市名稱），而 Geolocation（經緯度）欄位則存放了 4 個變數：latitude、latitude direction、longitude 與 longitude direction。讓我們將常規表達式傳給 split() 的 pat 參數，進而將 Geolocation 欄位的資料拆分成 4 個單獨的欄位：

> ✅ 小編補充　以 Houston 市的資料為例，Geolocation 欄位中的 4 個變數值分別為：
>
> latitude：29.7604°
>
> latitude direction：N
>
> longitude：95.3698°
>
> longitude direction：W

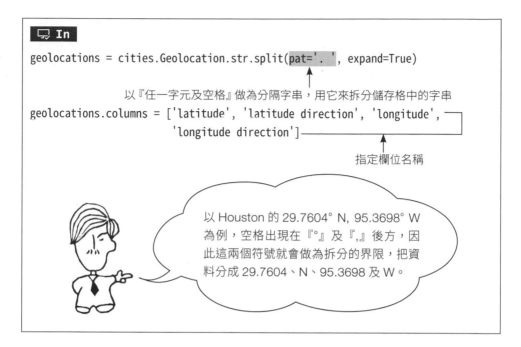

```
geolocations = cities.Geolocation.str.split(pat='. ', expand=True)
```

以『任一字元及空格』做為分隔字串，用它來拆分儲存格中的字串

```
geolocations.columns = ['latitude', 'latitude direction', 'longitude',
                        'longitude direction']
```

指定欄位名稱

以 Houston 的 29.7604° N, 95.3698° W 為例，空格出現在『°』及『,』後方，因此這兩個符號就會做為拆分的界限，把資料分成 29.7604、N、95.3698 及 W。

⚠ 事實上，我們也可以將 Geolocation 欄位拆分成 2 個值（latitude 及 longitude），並用正負號來區分方向（例如：正號代表 E/N、負號代表 W/S）。不過為了方便處理，我們會直接拆為 4 個值。

03 由於 Geolocation 的原始資料型別是 object，因此拆分後新欄位的資料型別也會是 object。讓我們將 latitude 欄位與 longitude 欄位的型別更改為浮點數：

In

```
geolocations = geolocations.astype({'latitude':'float', 'longitude':'float'})
geolocations.dtypes
```

Out

```
latitude               float64
latitude direction     object
longitude              float64
longitude direction    object
dtype: object
```

當你想同時修改多個欄位的資料型別時，利用字典是比較花時間的，這需要大量的鍵盤輸入。為此，你可以利用 to_numeric() 函式將每個欄位的型別轉換為 int64 或 float64（視輸入的資料而自動判定）：

```
In
geolocations.apply(pd.to_numeric, errors='ignore')
```

若某欄位無法改為數值型別（例如 latitude direction 欄位），則直接忽略，以避免產生錯誤訊息

```
Out

     latitude   latitude direction   longitude   longitude direction
0    29.7604    N                     95.3698     W
1    32.7767    N                     96.7970     W
2    30.2672    N                     97.7431     W
```

04 最後，我們將這些新欄位與原始的 City 欄位結合起來：

```
In
geolocations.assign(city=cities['City'])
```

```
Out

     latitude   latitude direction   ...   longitude direction   city
0    29.7604    N                     ...   W                     Houston
1    32.7767    N                     ...   W                     Dallas
2    30.2672    N                     ...   W                     Austin
```

了解更多

在以上範例中，我們用單一的常規表達式來拆分欄位資料。在某些情況中，你可能需要用多個常規表達式來拆分欄位。在使用多個表達式來代表多種分隔符號時，請用 pipe 字元（|），它代表『或』的意思。例如分隔符號可能是『。』或『，』，則可進行以下的操作：

```
In
cities.Geolocation.str.split(pat=r'° |, ', expand=True)
```

```
Out
     0          1    2          3
0    29.7604    N    95.3698    W
1    32.7767    N    96.7970    W
2    30.2672    N    97.7431    W
```

這會傳回與步驟 2 相同的 DataFrame（編註：欄位名稱有所差異）。我們可以利用『|』來加入任意數量的常規表達式。

extract() 是另一種可從儲存格中提取特定群組做為新欄位的方法。在傳入的常規表達式中，每個要提取的群組都必須放在小括號中。每個群組都會產生一個新欄位來存放資料，其他在括號外的條件則不會放在結果中。以下的程式碼會產生與步驟 2 相同的輸出：

```
In
cities.Geolocation.str.extract(r'([0-9.]+). (N|S), ([0-9.]+). (E|W)', expand=True)
```

```
Out
     0          1    2          3
0    29.7604    N    95.3698    W
1    32.7767    N    96.7970    W
2    30.2672    N    97.7431    W
```

這個常規表達式有 4 個群組。第一個群和第三個群搜索一個或多個帶小數的連續數字，並由後方為空格的字元隔開。第二個群和第四個群則搜索單一字元（N/S 及 E/W），並由逗號和空格隔開。

10.11 整理『欄位名稱及欄位值包含變數』的資料

當變數同時出現在水平方向的欄位名稱，以及垂直方向的欄位值時，就會出現形式十分混亂的資料。這一類的資料集通常不是出現在資料庫，而是來自其他人製作的摘要報告中。

在接下來的範例中，我們將使用 melt() 和 pivot_table() 來重組資料。

🔧 動手做

01 讀入感應器資料集 (sensors.csv)：

```
In
sensors = pd.read_csv('data/sensors.csv')
sensors
```

```
Out
```

	Group	Property	...	2015	2016
0	A	Pressure	...	973	870
1	A	Temperature	...	1036	1042
2	A	Flow	...	882	856
3	B	Pressure	...	806	942
4	B	Temperature	...	1002	1013
5	B	Flow	...	824	873

02 目前，只有 Group 變數已正確地垂直排列在單獨的欄位中。Property
欄位似乎具有三個獨立的變數名稱：Pressure、Temperature 與
Flow。其餘的欄位名稱本身就是變數值（代表不同的年份），我們可以
合理地將其命名為 Year。使用單一的 DataFrame 方法無法重組這種混
亂的資料。讓我們從 melt() 開始，將年份旋轉到它們自己的欄位中：

```
☐ In

sensors.melt(id_vars=['Group', 'Property'], var_name='Year')

        這兩個欄位維持原樣        其餘的欄位名稱則轉置到名為 Year 的新欄位

Out

     Group    Property      Year    value
0    A        Pressure      2012    928
1    A        Temperature   2012    1026
2    A        Flow          2012    819
3    B        Pressure      2012    817
4    B        Temperature   2012    1008
...  ...      ...           ...     ...
25   A        Temperature   2016    1042
26   A        Flow          2016    856
27   B        Pressure      2016    942
28   B        Temperature   2016    1013
29   B        Flow          2016    873
```

03 我們的其中一個問題（變數儲存在欄位名稱）解決了，接著使用 pivot_
table() 將 Property 欄位中的值轉換為新欄位的名稱。

在 index 參數中使用多於一欄位時，必須使用 pivot_table() 來旋轉
DataFrame。旋轉後，Group 和 Year 欄位會移到索引軸中，因此還要使用
reset_index() 來將它們重新轉換為欄位。pivot_table() 會保留 column 參數中
使用的欄位名稱（以此例來說，即 Property）。不過在索引重置以後，這個名字
就沒有意義了，於是我們透過 rename_axis() 來去掉它：

```
🖥 In
(sensors
    .melt(id_vars=['Group', 'Property'], var_name='Year')
    .pivot_table(index=['Group', 'Year'],
                 columns='Property',
                 values='value')
    .reset_index()
    .rename_axis(None, axis='columns')
)
```

```
Out

    Group  Year   ...  Pressure  Temperature
0   A      2012   ...  928       1026
1   A      2013   ...  873       1038
2   A      2014   ...  814       1009
3   A      2015   ...  973       1036
4   A      2016   ...  870       1042
5   B      2012   ...  817       1008
6   B      2013   ...  877       1041
7   B      2014   ...  914       1009
8   B      2015   ...  806       1002
9   B      2016   ...  942       1013
```

了解更多

　　每當解決方案涉及 melt()、pivot_table() 或 pivot() 時，你都可以利用 stack() 和 unstack() 來做為替代方案。其中的訣竅是：先將目前不要轉置的欄位移到索引軸中：

```
🖥 In
(sensors
    .set_index(['Group', 'Property'])  ◀──┐
                編註：先將這 2 個欄位移到索引軸，以便後續使用 stack()
    .stack()
    .unstack('Property')  ◀── 移動還未旋轉到索引軸中的欄位
    .rename_axis(['Group', 'Year'], axis='index')
    .rename_axis(None, axis='columns')
    .reset_index()
)
```

```
Out

    Group   Year    ...   Pressure   Temperature
0   A       2012    ...   928        1026
1   A       2013    ...   873        1038
2   A       2014    ...   814        1009
3   A       2015    ...   973        1036
4   A       2016    ...   870        1042
5   B       2012    ...   817        1008
6   B       2013    ...   877        1041
7   B       2014    ...   914        1009
8   B       2015    ...   806        1002
9   B       2016    ...   942        1013
```

MEMO

時間序列分析

Pandas 早期最主要的功能，就是用來分析金融界的時間序列資料。時間序列是隨時間收集的資料點，通常每個資料點之間的時間間隔是相同的（但可能有部份例外，或遺漏一些資料）。Pandas 支援的功能包括操作日期資料、用不同的時間單位（例如年、月、週等）做彙總或採樣等。

11.1 了解 Python 和 Pandas 日期工具的區別

使用 Pandas 之前，事先了解 Python 的日期和時間功能將會有所幫助。Python 的 **datetime 模組**包含 6 種資料型別，其中最常見的 3 種資料型別如下（剩餘的 3 種型別為 timedelta、timezone 和 tzinfo）：

- date：由年、月和日組成，例如：2022-06-07。

- time：由小時、分鐘、秒和微秒（百萬分之一秒）組成，不附加任何日期，例如： 12:30:19.463198。

- datetime：由 date 和 time 的元素共同組成，例如：2022-06-07 12:30:19.463198。

另一方面，Pandas 有一個名為 Timestamp 的物件，可用來儲存日期和時間。它源自 NumPy 的 datetime64 資料型別，具有**毫微秒**（nanosecond，十億分之一秒）的精度。

在以下的例子中，我們會先探索 Python 的 datetime 模組，然後改用 Pandas 中相應的日期工具。

🔧 動手做

01 首先，匯入 datetime 模組並分別建立 date、time 和 datetime 物件：

🖥 In

```
import datetime
date = datetime.date(year=2022, month=6, day=7)  ◄── 建立 date 物件
time = datetime.time(hour=12, minute=30, second=19, microsecond=463198) ◄──┐
                                                        建立 time 物件
dt = datetime.datetime(year=2022, month=6, day=7, hour=12, minute=30,
                       second=19, microsecond=463198)  ◄── 建立 datetime 物件
print(f'date is {date}')  ◄── 使用 Python 的 f 字串來顯示 date 物件
```

Out

```
date is 2022-06-07
```

🖥 In

```
print(f'time is {time}')
```

Out

```
time is 12:30:19.463198
```

🖥 In

```
print(f'datetime is {dt}')
```

Out

```
datetime is 2022-06-07 12:30:19.4631986
```

02 讓我們建立並印出一個 timedelta 物件，它在進行日期加減時很有用：

```
In

td = datetime.timedelta(weeks=2, days=5, hours=10, minutes=20, seconds=6.73,
                        milliseconds=99, microseconds=8)
                                                透過指定參數來建立 timedelta 物件
td
```

```
Out

datetime.timedelta(days=19, seconds=37206, microseconds=829008)
```

03 將步驟 2 的 td 分別與步驟 1 的 date 物件和 datetime 物件相加：

```
In

print(f'new date is {date+td}')
```

```
Out

new date is 2022-06-26
```

```
In

print(f'new datetime is {dt+td}')
```

```
Out

new datetime is 2022-06-26 22:50:26.292206  ←── 此處的輸出為 dt 過了 19 天後的時間
```

04 注意，我們無法把 timedelta 物件和 time 物件相加（編註：timedelta 可看成是 2 個時間點之間的差距，因此某時間點加上 timedelta 後會變成另一個時間點。但因 time 物件中沒有日期，所以不知道是哪一天，自然無法和 timedelta 相加）：

```
💻 In
```
```
time + td
```

```
Out
```
```
Traceback (most recent call last):

TypeError: unsupported operand type(s) for +: 'datetime.time' and 'datetime.
timedelta'
```

05 現在我們來建立 Pandas 中，具有毫微秒精度的 Timestamp 物件。Timestamp 建構子非常靈活，可接受多種形式的日期字串，也可如同步驟 1，直接傳入多個參數：

```
💻 In
```
```
pd.Timestamp(year=2021, month=12, day=21, hour=5, minute=10, second=8,
             microsecond=99)
```

```
Out
```
```
Timestamp('2021-12-21 05:10:08.000099')
```

```
💻 In
```
```
pd.Timestamp('2016/1/10')
```

```
Out
```
```
Timestamp('2016-01-10 00:00:00')
```

```
💻 In
```
```
pd.Timestamp('2014-5/10')
```

```
Out
```
```
Timestamp('2014-05-10 00:00:00')
```

```
In
pd.Timestamp('Jan 3, 2019 20:45.56')
```

```
Out
Timestamp('2019-01-03 20:45:33')
```

```
In
pd.Timestamp('2016-01-05T05:34:43.123456789')
```

```
Out
Timestamp('2016-01-05 05:34:43.123456789')
```

06 我們也可以將整數或浮點數傳入 Timestamp 建構子，進而傳回一個日期。該日期為 Unix 紀元 (1970 年 1 月 1 日零時) 加上剛剛傳入的數值 (該數值預設以毫微秒為單位)：

```
In
pd.Timestamp(500)
```

```
Out
Timestamp('1970-01-01 00:00:00.000000500')  ◄──
```
　　　　　　　　　　　　　　　　結果為 1970 年 1 月 1 日零時加上 500 毫微秒後的時間

```
In
pd.Timestamp(5000, unit='D')
```
把傳入數值的單位改成天，因此會傳回 1970 年 1 月 1 日加上 5000 天後的日期

```
Out
Timestamp('1983-09-10 00:00:00')
```

07 此外，Pandas 也提供了與 Timestamp 建構子功能類似的函式：to_datetime()。該函式多了一些可用來應付特殊狀況的參數，有助於將 DataFrame 中的字串欄位轉換為 Timestamp 欄位：

```
In
pd.to_datetime('2015-5-13')
```

```
Out
Timestamp('2015-05-13 00:00:00')
```

```
In
pd.to_datetime('2015-13-5', dayfirst=True)
```
　　　　　　　　　　　　↑
　　　　　指定字串中是先出現日，然後才出現月份

```
Out
Timestamp('2015-05-13 00:00:00')
```

```
In
pd.to_datetime('Start Date: Sep 30, 2017 Start Time: 1:30 pm',
               format='Start Date: %b %d, %Y Start Time: %I:%M %p')
```

 當 Pandas 無法自動辨識輸入字串的日期樣式時，可用 format 參數來指定其中的意義。在以上程式中，我們用格式指令（例如 %b）來指定輸入字串中，個別部分所代表的日期或時間元件。讀者可參考 Python 的官方文件來查詢所有指令的完整說明（http://bit.ly/2kePoRe）。

```
Out
Timestamp('2017-09-30 13:30:00')
```

```
In
```

```
pd.to_datetime(100, unit='D', origin='2013-1-1')
```

origin 參數用來指定參考時間
(reference time)，若不指定則為
Unix 紀元 (1970 年 1 月 1 日)

```
Out
```

```
Timestamp('2013-04-11 00:00:00')
```

08 此外，to_datetime() 函式能一次性將串列或 Series 內的資料 (若其中儲存的是字串或整數) 都轉換為 Timestamp 物件。由於我們更常處理 Series 或 DataFrame，而非只是單一的純量值，因此很常會使用到 to_datetime()：

```
In
```

```
s = pd.Series([10, 100, 1000, 10000])
pd.to_datetime(s, unit='D')
```

```
Out
```

```
0   1970-01-11
1   1970-04-11
2   1972-09-27
3   1997-05-19
dtype: datetime64[ns]
```

依次為 1970-01-01 加上
10 天、100 天、1000 天
和 10000 天後的日期

```
In
```

```
s = pd.Series(['12-5-2015', '14-1-2013', '20/12/2017', '40/23/2017'])
pd.to_datetime(s, dayfirst=True, errors='coerce')
```

當 errors 參數設為 coerce 時，不合理的項目將會傳回 NaT (not a time)

```
Out
```

```
0   2015-05-12
1   2013-01-14
```

```
2     2017-12-20
3              NaT  ◀─── 輸入的字串 ('40/23/2017') 有著不合理的月份和日期，因此傳回 NaT
dtype: datetime64[ns]
```

⚠️ 當輸入 to_datetime() 的字串無法正常轉換時，就要使用 **errors 參數**來決定所採取的動作。該參數的預設值為 *raise*，我們也可以將其設定為 *ignore* 或 *coerce*。當設定為 *raise* 時，就會引起異常警告並停止程式的執行。當設定為 *ignore* 時，所有項目將以原值傳回。當設定為 *coerce* 時，會用 NaT (not a time) 物件來表示有問題的項目。

🖥 **In**

```
pd.to_datetime(['Aug 3 1999 3:45:56', '10/31/2017'])  ◀─── 也可輸入字串串列
```

Out

```
DatetimeIndex(['1999-08-03 03:45:56', '2017-10-31 00:00:00'],dtype='datetime64
[ns]', freq=None)
```

09 此外，Pandas 也有能表示時間大小的 Timedelta 建構子和 to_timedelta() 函式。Timedelta 建構子和 to_timedelta() 都可以建立一個 Timedelta 物件。與 to_datetime() 一樣，to_timedelta() 也可以將整個串列或 Series 轉換為 Timedelta 物件：

🖥 **In**

```
pd.Timedelta('12 days 5 hours 3 minutes 123456789 nanoseconds')
```

Out

```
Timedelta('12 days 05:03:00.123456')
```

🖥 **In**

```
pd.Timedelta(days=5, minutes=7.34)
```

Out

```
Timedelta('5 days 00:07:20.400000')
```

```
In
```

```
pd.Timedelta(100, unit='W')
```

              ↑___ 單位為星期

```
Out
```

```
Timedelta('700 days 00:000:00')
```

```
In
```

```
pd.to_timedelta('67:15:45.454')
```

```
Out
```

```
Timedelta('2 days 19:15:45.454000')
```

```
In
```

```
s = pd.Series([10, 100])
pd.to_timedelta(s, unit='s')
```

              ↑___ 單位為秒

```
Out
```

```
0    00:00:10
1    00:01:40
dtype: timedelta64[ns]
```

```
In
```

```
time_strings = ['2 days 24 minutes 89.67 seconds', '00:45:23.6']
pd.to_timedelta(time_strings)
```

```
Out
```

```
TimedeltaIndex(['2 days 00:25:29.670000', '0 days 00:45:23.600000'],
dtype='timedelta64[ns]', freq=None)
```

10 我們可以將一個 Timestamp 加上或減去 Timedelta。此外，Timedelta 物件之間不只可以加減，還可以相除，進而傳回一個浮點數（**編註**：代表倍數）：

In
```
(pd.Timestamp('1/1/2022') + pd.Timedelta('12 days 5 hours 3 minutes') * 2)
```

Out
```
Timestamp('2022-01-25 10:06:00')
```

In
```
td1 = pd.to_timedelta([10, 100], unit='s')
td2 = pd.to_timedelta(['3 hours', '4 hours'])
td1 + td2
```

Out
```
TimedeltaIndex(['03:00:10', '04:01:40'], dtype='timedelta64[ns]', freq=None)
```

In
```
pd.Timedelta('12 days') / pd.Timedelta('3 days')
```

Out
```
4.0
```

11 Timestamp 物件和 Timedelta 物件有許多可用的屬性（attribute）和方法（method），讓我們檢視其中的一些例子：

In
```
ts = pd.Timestamp('2021-10-1 4:23:23.9')
ts.ceil('h')   ◀── 往上進位至小時
```

Out
```
Timestamp('2021-10-01 05:00:00')
```

```
ts.year, ts.month, ts.day, ts.hour, ts.minute, ts.second ◄──┐
                                                   使用屬性取得不同資訊
```

Out

```
(2021, 10, 1, 4, 23, 23)
```

```
ts.dayofweek,  ts.dayofyear,  ts.daysinmonth
                              └── 傳回該日期所在月份的天數

傳回該日期為星期幾   傳回該日期為一年內的第幾天
```

Out

```
(5, 275, 31)
```

```
ts.to_pydatetime() ◄── 將 Timestamp 物件轉換成 Python 的 datetime 物件
```

Out

```
datetime.datetime(2021, 10, 1, 4, 23, 23, 900000)
```

```
td = pd.Timedelta(125.8723, unit='h') ◄── 以小時為單位，建立一個 Timedelta 物件
td
```

Out

```
Timedelta('5 days 05:52:20.280000')
```

```
🖥 In
td.round('min')  ◀—— 近似到分鐘
```

```
Out
Timedelta('5 days 05:52:00')
```

```
🖥 In
td.components  ◀—— 檢視 td 中個別元素的資訊
```

```
Out
Components(days=5, hours=5, minutes=52, seconds=20, milliseconds=280,
microseconds=0, nanoseconds=0)
```

```
🖥 In
td.total_seconds()  ◀—— 計算 td 的總秒數
```

```
Out
453140.28
```

11.2 對時間序列切片

　　DataFrame 的資料選取與切片操作在之前已經介紹過了。當 Data-Frame 具有 DatetimeIndex（ 編註 ：即索引標籤為 datetime 物件）時，會更常需要進行資料選取和切片操作。接下來，我們將帶有 DatetimeIndex 的 DataFrame 與特定日期相匹配，進而選取資料。

01 首先，從 hdf5 檔案 (crime.h5) 讀入犯罪資料集，並輸出各欄位的資料型別。由於 hdf5 檔案會保留每一欄位的資料型別，因此可以更有效率地使用記憶體：

```
💻 In
crime = pd.read_hdf('data/crime.h5', 'crime')
crime.dtypes
```

```
Out
OFFENSE_TYPE_ID             category
OFFENSE_CATEGORY_ID         category
REPORTED_DATE        datetime64[ns]
GEO_LON                      float64
GEO_LAT                      float64
NEIGHBORHOOD_ID             category
IS_CRIME                       int64
IS_TRAFFIC                     int64
dtype: object
```

請注意，資料集裡有 3 個分類 (category) 型別欄位與一個 Timestamp (由 NumPy 的 datetime64 物件表示) 欄位。如果將分類欄位的型別轉為 object 型別，將導致記憶體的使用量增加 5 倍：

```
💻 In
mem_cat = crime.memory_usage().sum()      ◀—— 先計算原始的記憶體使用量
mem_obj = (crime
    .astype({'OFFENSE_TYPE_ID':'object',
             'OFFENSE_CATEGORY_ID':'object',   ◀—— 將相關欄位的型別轉為 object
             'NEIGHBORHOOD_ID':'object'})
    .memory_usage(deep=True)
    .sum()
)
```

```
mb = 2 ** 20
round(mem_cat / mb, 1), round(mem_obj / mb, 1)
```
使用 Mb 為記憶體使用量的單位，並近似到小數點後 1 位

Out

```
(22.9, 116.2)
```

02 接著，我們把索引設為 REPORTED_DATE 欄位，以產生帶有
DatetimeIndex 的 DataFrame：

⌨ In

```
crime = crime.set_index('REPORTED_DATE')
crime
```

Out

	OFFENSE_TYPE_ID	OFFENSE_CATEGORY_ID	...	IS_CRIME	IS_TRAFFIC
REPORTED_DATE					
2014-06-29 02:01:00	traffic-...	traffic-...	...	0	1
2014-06-29 01:54:00	vehicula...	all-othe...	...	1	0
2014-06-29 02:00:00	disturbi...	public-d...	...	1	0
2014-06-29 02:18:00	curfew	public-d...	...	1	0
2014-06-29 04:17:00	aggravat...	aggravat...	...	1	0
...	...	...	... ...	...	...
2017-09-13 05:48:00	burglary...	burglary	...	1	0
2017-09-12 20:37:00	weapon-u...	all-othe...	...	1	0
2017-09-12 16:32:00	traf-hab...	all-othe...	...	1	0
2017-09-12 13:04:00	criminal...	public-d...	...	1	0
2017-09-12 09:30:00	theft-other	larceny	...	1	0

將 REPORTED_DATE 欄位設為索引後，新索引為一 DatetimeIndex 物件：

```
In
crime.index[:2] ◀── 檢視前 2 個索引標籤
```

```
Out
```
索引為一 DatetimeIndex 物件

```
DatetimeIndex(['2014-06-29 02:01:00', '2014-06-29 01:54:00'],
dtype='datetime64[ns]', name='REPORTED_DATE', freq=None)
```

03 和之前一樣，我們可以將索引標籤（為一 datetime 物件）傳入 loc 屬性，進而選取符合條件的所有列：

```
In
crime.loc['2016-05-12 16:45:00']
```

```
Out
```

	OFFENSE_TYPE_ID	OFFENSE_CATEGORY_ID	...	IS_CRIME	IS_TRAFFIC
REPORTED_DATE					
2016-05-12 16:45:00	traffic-...	traffic-...	...	0	1
2016-05-12 16:45:00	traffic-...	traffic-...	...	0	1
2016-05-12 16:45:00	fraud-id...	white-co...	...	1	0

04 在使用 loc[ ] 時也可以只用部份的值來匹配，例如我們想選取 2016 年 5 月 5 日的所有犯罪紀錄，可以使用以下程式：

```
In
```

crime.loc['2016-05-12'] ◄── 只要某一列的索引標籤含有『2016-05-12』，就會選取其資料

```
Out
```

	OFFENSE_TYPE_ID	OFFENSE_ CATEGORY_ID	...	IS_CRIME	IS_TRAFFIC
REPORTED_DATE					
2016-05-12 23:51:00	criminal...	public-d...	...	1	0
2016-05-12 18:40:00	liquor-p...	drug-alc...	...	1	0
2016-05-12 22:26:00	traffic-...	traffic-...	...	0	1
2016-05-12 20:35:00	theft-bi...	larceny	...	1	0
2016-05-12 09:39:00	theft-of...	auto-theft	...	1	0
...	...	...	... ...		...
2016-05-12 17:55:00	public-p...	public-d...	...	1	0
2016-05-12 19:24:00	threats-...	public-d...	...	1	0
2016-05-12 22:28:00	sex-aslt...	sexual-a...	...	1	0
2016-05-12 15:59:00	menacing...	aggravat...	...	1	0
2016-05-12 16:39:00	assault-dv	other-cr...	...	1	0

05 除了選取特定日期的資料外，同樣的做法也可用來選擇特定月份、年份甚至某一小時的資料：

```
In
```

crime.loc['2016-05'].shape

```
Out
```

(8012, 7) ◄── 2016 年 5 月共有 8012 筆資料

```
In
```

crime.loc['2016'].shape

```
Out
```

(91076, 7)

```
In
```

```
crime.loc['2016-05-12 03'].shape
```

```
Out
```

```
(4, 7)
```

06 用來選取資料的字串還可以包含月份名稱：

```
In
```

```
crime.loc['Dec 2015'].sort_index()
```

         ↑
效果等同 '2015-12'

```
Out
```

	OFFENSE_TYPE_ID	OFFENSE_CATEGORY_ID	...	IS_CRIME	IS_TRAFFIC
REPORTED_DATE					
2015-12-01 00:48:00	drug-coc...	drug-alc...	...	1	0
2015-12-01 00:48:00	theft-of...	auto-theft	...	1	0
2015-12-01 01:00:00	criminal...	public-d...	...	1	0
2015-12-01 01:10:00	traf-other	all-othe...	...	1	0
2015-12-01 01:10:00	traf-hab...	all-othe...	...	1	0
...	...	...	...	...	...
2015-12-31 23:35:00	drug-coc...	drug-alc...	...	1	0
2015-12-31 23:40:00	traffic-...	traffic-...	...	0	1
2015-12-31 23:44:00	drug-coc...	drug-alc...	...	1	0
2015-12-31 23:45:00	violatio...	all-othe...	...	1	0
2015-12-31 23:50:00	weapon-p...	all-othe...	...	1	0

07 以下展示其它可行的字串模式：

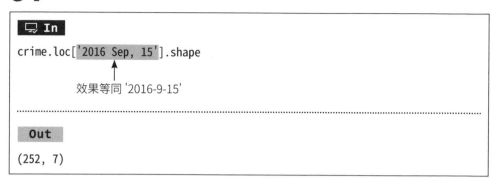

```
crime.loc['2016 Sep, 15'].shape
```

效果等同 '2016-9-15'

Out

```
(252, 7)
```

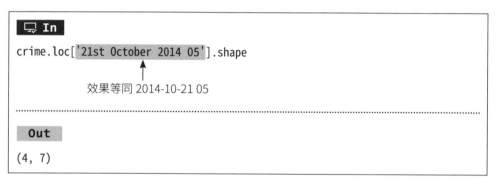

```
crime.loc['21st October 2014 05'].shape
```

效果等同 2014-10-21 05

Out

```
(4, 7)
```

⚠ 事實上，我們可以跳過 loc 屬性而改用 [ ] 算符來選取資料。舉例來說，crime.loc['21st October 2014 05'] 可以改寫為 crime['21st October 2014 05']。雖然如此，還是建議讀者在選擇列的時候使用 loc 屬性，因為該做法較明確 (6.1 節有探討過其原因)。

08 此外，你也可以使用切片來選擇一定時間範圍內的資料。現在，我們嘗試選出從 2015 年 3 月 4 日開始，直到 2016 年 1 月 1 日的所有資料：

```
💻 In
crime.loc['2015-3-4':'2016-1-1'].sort_index()
```

```
Out

                       OFFENSE_TYPE_ID   OFFENSE_      ...  IS_CRIME  IS_TRAFFIC
                                         CATEGORY_ID
REPORTED_DATE
2015-03-04 00:11:00    assault-dv        other-cr...   ...  1         0
2015-03-04 00:19:00    assault-dv        other-cr...   ...  1         0
2015-03-04 00:27:00    theft-of...       larceny       ...  1         0
2015-03-04 00:49:00    traffic-...       traffic-...   ...  0         1
2015-03-04 01:07:00    burglary...       burglary      ...  1         0
...                    ...               ...           ...  ...       ...
2016-01-01 23:15:00    traffic-...       traffic-...   ...  0         1
2016-01-01 23:16:00    traffic-...       traffic-...   ...  0         1
2016-01-01 23:40:00    robbery-...       robbery       ...  1         0
2016-01-01 23:45:00    drug-coc...       drug-alc...   ...  1         0
2016-01-01 23:48:00    drug-pos...       drug-alc...   ...  1         0
```

09 當 loc 屬性搭配標籤名稱一起使用時，會傳回包含結束日期當天的所有犯罪案件，無論這些案件發生的時間點為何。你也可以在切片的起始標籤或結束標籤中，提供更精確的時間資訊：

> **✅小編補充**　複習一下，在第 6 章曾提過，當 Pandas 以標籤（索引標籤或欄位名稱）來切片時，會包含與結束標籤相匹配的資料；但若以位置來切片，則不包含符合結束位置的資料，例如 crime.iloc[0:5] 將不包含位置數字為 5 的資料。

```
In
crime.loc['2015-3-4 22':'2016-1-1 11:22:00'].sort_index()
```

```
Out
```

	OFFENSE_TYPE_ID	OFFENSE_CATEGORY_ID	...	IS_CRIME	IS_TRAFFIC
REPORTED_DATE					
2015-03-04 22:25:00	traffic-...	traffic-...	...	0	1
2015-03-04 22:30:00	traffic-...	traffic-...	...	0	1
2015-03-04 22:32:00	traffic-...	traffic-...	...	0	1
2015-03-04 22:33:00	traffic-...	traffic-...	...	0	1
2015-03-04 22:36:00	theft-un...	white-co...	...	1	0
...	...	...	...	...	...
2016-01-01 11:10:00	theft-of...	auto-theft	...	1	0
2016-01-01 11:11:00	traffic-...	traffic-...	...	0	1
2016-01-01 11:11:00	traffic-...	traffic-...	...	0	1
2016-01-01 11:16:00	traf-other	all-othe...	...	1	0
2016-01-01 11:22:00	traffic-...	traffic-...	...	0	1

了解更多

　　雖然原始 DataFrame 的索引並沒有經過排序，但切片操作仍可正常運作。不過，預先排序索引可以大大提升效能。讓我們以步驟 8 的切片操作為例，說明排序帶來的效能提升：

```
In
%timeit crime.loc['2015-3-4':'2016-1-1']
```

```
Out
12.2 ms ± 1.93 ms per loop (mean ± std. dev. of 7 runs, 100 loops each) ◄──┐
                                                               排序前的執行時間
```

```
In
crime_sort = crime.sort_index()
%timeit crime_sort.loc['2015-3-4':'2016-1-1']
```

```
Out
1.44 ms ± 41.9 µs per loop (mean ± std. dev. of 7 runs, 100 loops each) ◀─┐
                                                  排序後的執行時間縮短了近 8 倍
```

11.3 過濾包含時間資料的欄位

上一節示範了如何過濾索引為 DatetimeIndex 的資料，但一般來說，日期資料會存放在欄位中，而把這些欄位設為索引是沒有意義的。在本節，我們要對欄位內容進行切片來重現上一節的結果。遺憾的是，切片的架構不適用於欄位內容，因此我們需要採取不同的策略。

🔧 動手做

01 首先，讀入資料集並檢查各欄位的型別：

```
In
crime = pd.read_hdf('data/crime.h5', 'crime')
crime.dtypes
```

```
Out
OFFENSE_TYPE_ID          category
OFFENSE_CATEGORY_ID      category
REPORTED_DATE            datetime...
GEO_LON                   float64
GEO_LAT                   float64
```

```
NEIGHBORHOOD_ID          category
IS_CRIME                    int64
IS_TRAFFIC                  int64
dtype: object
```

02 現在，將 REPORTED_DATE 欄位與日期字串進行比較，然後用傳回
的布林陣列來選取符合條件的所有列：

🖵 **In**

```
(crime
    [crime.REPORTED_DATE == '2016-05-12 16:45:00']  ← 將傳回一個布林陣列
)
```

Out

	OFFENSE_TYPE_ID	OFFENSE_CATEGORY_ID	...	IS_CRIME	IS_TRAFFIC
300905	traffic-...	traffic-...	...	0	1
302354	traffic-...	traffic-...	...	0	1
302373	fraud-id...	white-co...	...	1	0

03 如果我們用相等算符（==）來選擇與日期（不含時間）相匹配的所有
列，會產生一個空的 DataFrame：

🖵 **In**

```
(crime[crime.REPORTED_DATE == '2016-05-12'])
```

Out

	OFFENSE_TYPE_ID	OFFENSE_CATEGORY_ID	...	IS_CRIME	IS_TRAFFIC

當我們嘗試使用 dt.date 屬性來比較時，會產生相同的結果。這是因為該屬性
會傳回一系列 Python 的 datetime.date 物件，而它們不支援與字串的比較：

```
In
(crime
    [crime.REPORTED_DATE.dt.date == '2016-05-12']
)
```

```
Out

  OFFENSE_TYPE_ID   OFFENSE_CATEGORY_ID  ...   IS_CRIME   IS_TRAFFIC
```

04 如果我們想要進行日期匹配，可使用支援日期字串的 between() 方法。請注意：指定給 left 和 right 參數的日期會包含在結果內。舉例來說，以下程式傳回的結果將包含發生在 2016 年 5 月 13 日的案件資料：

```
In
(crime[crime.REPORTED_DATE.between(left='2016-05-12',  right='2016-05-13')])
```

```
Out
```

	OFFENSE_TYPE_ID	OFFENSE_CATEGORY_ID	...	IS_CRIME	IS_TRAFFIC
295715	criminal...	public-d...	...	1	0
296474	liquor-p...	drug-alc...	...	1	0
297204	traffic-...	traffic-...	...	0	1
299383	theft-bi...	larceny	...	1	0
299389	theft-of...	auto-theft	...	1	0
...	...	...	...	...	...
358208	public-p...	public-d...	...	1	0
358448	threats-...	public-d...	...	1	0
363134	sex-aslt...	sexual-a...	...	1	0
365959	menacing...	aggravat...	...	1	0
378711	assault-dv	other-cr...	...	1	0

05 由於 between() 支援日期字串,因此可複製上一節中大部分切片的功能:

🖥 **In**

```
(crime[crime.REPORTED_DATE.between('2016-05', '2016-06')].shape)
```

Out

```
(8012, 8)
```

🖥 **In**

```
(crime[crime.REPORTED_DATE.between('2016', '2017')].shape)
```

Out

```
(91076, 8)
```

🖥 **In**

```
(crime[crime.REPORTED_DATE.between('2016-05-12 03', '2016-05-12 04')].shape)
```

Out

```
(4, 8)
```

06 我們也可以使用其它的字串模式:

🖥 **In**

```
(crime[crime.REPORTED_DATE.between('2016 Sep, 15', '2016 Sep, 16')].shape)
```

Out

```
(252, 8)
```

```
(crime[crime.REPORTED_DATE.between('21st October 2014 05',
                                   '21st October 2014 06')].shape)
```

Out

(4, 8)

07 第 6 章曾提過，loc 在切片操作時使用的是 closed interval（傳回結果包括符合起始和結束標籤的資料），而 between() 也是一樣。不過請注意，這在使用日期字串時存在細微的差別：若要達到 loc['2015-3-4':'2016-1-1'] 的切片功能（**編註**：包含 2016/1/1 一整天的內容），需要在 between() 的結束日期中加入當天的最後時間點（23:59:59）：

In

```
(crime[crime.REPORTED_DATE.between('2015-3-4','2016-1-1 23:59:59')].shape)
```

Out

(75403, 8)

08 我們可以根據需要來調整日期字串的樣式，以上一節的步驟 9 為例：

In

```
(crime[crime.REPORTED_DATE.between('2015-3-4 22','2016-1-1 11:22:00')].shape)
```

Out

(75071, 8)

了解更多

　　由於 Pandas 無法對欄位內容進行切片操作，因此本節我們使用了 between() 方法來代替其功能。該方法的主體只有 7 行程式碼：

```
In
def between(self, left, right, inclusive=True):
    if inclusive:
        lmask = self >= left
        rmask = self <= right
    else:
        lmask = self > left
        rmask = self < right
    return lmask & rmask
```

編註：inclusive 參數可用來決定是否納入 boundary (即 left 參數和 right 參數所指定的值)

我們可以自行建立多個遮罩並進行組合，進而複製步驟 8 中 between() 的結果：

```
In
lmask = crime.REPORTED_DATE >= '2015-3-4 22'
rmask = crime.REPORTED_DATE <= '2016-1-1 11:22:00'
crime[lmask & rmask].shape
```

```
Out
(75071, 8)  ◄── shape 是相同的
```

讓我們比較『在索引上使用 loc』和『在欄位上使用 between()』來選取資料時，個別做法所花費的時間：

```
In
ctseries = crime.set_index('REPORTED_DATE')
%timeit ctseries.loc['2015-3-4':'2016-1-1']
```

```
Out
11 ms ± 3.1 ms per loop (mean ± std. dev. of 7 runs, 100 loops each)
```

```
%timeit crime[crime.REPORTED_DATE.between('2015-3-4','2016-1-1')]
```

```
20.1 ms ± 525 µs per loop (mean ± std. dev. of 7 runs, 10 loops each)
```

　　先將日期欄位設為索引,然後在索引上使用 loc 可提升一些速度。如果只想對單一日期欄位執行切片,則該做法是合理的。不過該做法也是有代價的,如果你只想進行一次切片操作,其中的 overhead(**編註**:將欄位設成索引所花的時間)會使以上兩種做法的整體時間大致相同。

11.4 僅適用於 DatetimeIndex 的方法

　　Pandas 有許多僅適用於具 DatetimeIndex 的 DataFrame 和 Series 方法。在以下的範例中,我們會先使用方法並根據時間元件(time component)來選擇列資料。接著,我們將說明強大的 DateOffset 物件及其 alias。

🔧 動手做

01 讀入資料集並將 REPORTED_DATE 欄位設為索引,同時確認索引為一個 DatetimeIndex:

In

```
crime = (pd.read_hdf('data/crime.h5', 'crime').set_index('REPORTED_DATE'))
type(crime.index)
```

Out

```
pandas.core.indexes.datetimes.DatetimeIndex
```

02 使用 between_time() 選取發生在 2 A.M. 到 5 A.M. 之間的所有案件紀錄：

🖥 **In**

```
crime.between_time('2:00', '5:00', include_end=False)
```

不會選取恰好發生在 5 A.M. 的案件記錄

⚠ 注意！傳入 between_time() 的時間字串必須至少包含小時和分鐘，有『：』才能識別其為時間資料。

......

Out

	OFFENSE_TYPE_ID	OFFENSE_CATEGORY_ID	...	IS_CRIME	IS_TRAFFIC
REPORTED_DATE					
2014-06-29 02:01:00	traffic-...	traffic-...	...	0	1
2014-06-29 02:00:00	disturbi...	public-d...	...	1	0
2014-06-29 02:18:00	curfew	public-d...	...	1	0
2014-06-29 04:17:00	aggravat...	aggravat...	...	1	0
2014-06-29 04:22:00	violatio...	all-othe...	...	1	0
...	...	...	...	...	...
2017-08-25 04:41:00	theft-it...	theft-fr...	...	1	0
2017-09-13 04:17:00	theft-of...	auto-theft	...	1	0
2017-09-13 02:21:00	assault-...	other-cr...	...	1	0
2017-09-13 03:21:00	traffic-...	traffic-...	...	0	1
2017-09-13 02:15:00	traffic-...	traffic-...	...	0	1

此外，你還可以傳入 datetime 模組的 time 物件來得到相同的結果（此處就不另外顯示程式輸出了）：

🖥 **In**

```
import datetime
crime.between_time(datetime.time(2,0), datetime.time(5,0), include_end=False)
```

03 使用 at_time() 選取特定時間點的所有記錄：

```
In
```
```
crime.at_time('5:47')
```

```
Out
```

	OFFENSE_TYPE_ID	OFFENSE_ CATEGORY_ID	...	IS_CRIME	IS_TRAFFIC
REPORTED_DATE					
2013-11-26 05:47:00	criminal...	public-d...	...	1	0
2017-04-09 05:47:00	criminal...	public-d...	...	1	0
2017-02-19 05:47:00	criminal...	public-d...	...	1	0
2017-02-16 05:47:00	aggravat...	aggravat...	...	1	0
2017-02-12 05:47:00	police-i...	all-othe...	...	1	0
...	...	...	...	...	...
2013-09-10 05:47:00	traffic-...	traffic-...	...	0	1
2013-03-14 05:47:00	theft-other	larceny	...	1	0
2012-10-08 05:47:00	theft-it...	theft-fr...	...	1	0
2013-08-21 05:47:00	theft-it...	theft-fr...	...	1	0
2017-08-23 05:47:00	traffic-...	traffic-...	...	0	1

04 first() 可搭配 offset 參數來選擇前 n 個時間單位的資料（例如前 6 個月），其中 n 為一整數。n 值及其時間單位則可用 pd.offsets 模組中的多種方法來指定（這些方法會傳回一個代表時間偏移量的 DateOffset 物件，以供 first() 或相關方法使用）。為了確保此方法有效，DataFrame 的索引必須先進行排序。現在，來選取前 6 個月的犯罪資料：

```
🖥 In

crime_sort = crime.sort_index()
crime_sort.first(offset=pd.offsets.MonthBegin(6)) ◄───┐
```

編註：以『月份的開始』做為時間區段，並選取前 6 個區段

```
Out
```

	OFFENSE_TYPE_ID	OFFENSE_CATEGORY_ID	...	IS_CRIME	IS_TRAFFIC
REPORTED_DATE					
2012-01-02 00:06:00	aggravat...	aggravat...	...	1	0
2012-01-02 00:06:00	violatio...	all-othe...	...	1	0
2012-01-02 00:16:00	traffic-...	traffic-...	...	0	1
2012-01-02 00:47:00	traffic-...	traffic-...	...	0	1
2012-01-02 01:35:00	aggravat...	aggravat...	...	1	0
...	...	...	...	...	...
2012-06-30 23:40:00	traffic-...	traffic-...	...	0	1
2012-06-30 23:44:00	traffic-...	traffic-...	...	0	1
2012-06-30 23:50:00	criminal...	public-d...	...	1	0
2012-06-30 23:54:00	traffic-...	traffic-...	...	0	1
2012-07-01 00:01:00	robbery-...	robbery	...	1	0

05 奇怪的是，步驟 4 輸出的 DataFrame 中也包含了 7 月的一筆資料。這是因為 Pandas 使用了首個索引的時間部份（以本例來說，即 00：06：00）來計算偏移的終點，進而搜索到 2012-07-01 00:06:00 為止的記錄。底下改用以每月最後一天做為時間區段的 MonthEnd()：

```
crime_sort.first(pd.offsets.MonthEnd(6))  ◄── 也可省略值指定 offset 參數的動作
```

REPORTED_DATE	OFFENSE_TYPE_ID	OFFENSE_CATEGORY_ID	...	IS_CRIME	IS_TRAFFIC
2012-01-02 00:06:00	aggravat...	aggravat...	...	1	0
2012-01-02 00:06:00	violatio...	all-othe...	...	1	0
2012-01-02 00:16:00	traffic-...	traffic-...	...	0	1
2012-01-02 00:47:00	traffic-...	traffic-...	...	0	1
2012-01-02 01:35:00	aggravat...	aggravat...	...	1	0
...	...	...	...	...	...
2012-06-29 23:01:00	aggravat...	aggravat...	...	1	0
2012-06-29 23:11:00	traffic-...	traffic-...	...	0	1
2012-06-29 23:41:00	robbery-...	robbery	...	1	0
2012-06-29 23:57:00	assault-...	other-cr...	...	1	0
2012-06-30 00:04:00	traffic-...	traffic-...	...	0	1

6/30 日只有一筆，這是因為選取的結束時間為
2012-06-30 00:06:00，它同樣有時間偏移的問題

first() 是使用 offset 參數來選取資料，它必須是 DateOffset 物件或 offset alias 字串（詳見步驟 8）。想要理解 DateOffset 物件，可以看看將某個 Timestamp 資料和它相加的結果為何（例如將某日期時間加上 pd.offsets.MonthBegin(6)）。讓我們取出索引中的首個日期，並用兩種不同方法對該日期加上 6 個月的區間：

```
first_date = crime_sort.index[0]  ◄── 先取出索引中的首個日期
first_date
```

```
Timestamp('2012-01-02 00:06:00')
```

```
🖥 In
first_date + pd.offsets.MonthBegin(6)
```

```
Out
Timestamp('2012-07-01 00:06:00') ◀──
                         使用 MonthBegin(6) 會搜尋到 2012-07-01 00:06:00 為止的資料
```

```
🖥 In
first_date + pd.offsets.MonthEnd(6)
```

```
Out
Timestamp('2012-06-30 00:06:00') ◀──
                         使用 MonthEnd(6) 會搜尋到 2012-06-30 00:06:00 為止的資料
```

MonthBegin() 和 MonthEnd() 都會傳回一個內含『偏移方式及偏移量』的 DateOffset 物件，但其中並不包含確切的日期時間點。first() 會使用 DataFrame 中第一個索引的日期時間，加上傳遞給它的 DateOffset，進而得到另一個新的日期時間。接著，就可以利用這兩個日期時間來做切片操作。因此，以下兩種操作的效果是相等的：

```
🖥 In
step4 = crime_sort.first(pd.offsets.MonthEnd(6))  ◀── 使用 first() 方法
end_dt = crime_sort.index[0] + pd.offsets.MonthEnd(6)  ┐   先找出結束日期，
step4_internal = crime_sort[:end_dt]                   ├──  再進行切片操作
step4.equals(step4_internal)                           ┘
```

```
Out
True
```

06 步驟 5 只能取得 6 月 30 日的單筆資料。那麼，要如何獲得正好 6 個月的資料呢？所有 DateOffset 物件都有一個 **normalize** 參數，當其為 True 時，在與日期時間相加後會將時間歸零（**編註**：日期照舊，但時間改為 00：00：00）。以下程式會產生非常接近我們想要的結果：

```
In
crime_sort.first(pd.offsets.MonthBegin(6, normalize=True))
```

```
Out
```

	OFFENSE_TYPE_ID	OFFENSE_ CATEGORY_ID	...	IS_CRIME	IS_TRAFFIC
REPORTED_DATE					
2012-01-02 00:06:00	aggravat...	aggravat...	...	1	0
2012-01-02 00:06:00	violatio...	all-othe...	...	1	0
2012-01-02 00:16:00	traffic-...	traffic-...	...	0	1
2012-01-02 00:47:00	traffic-...	traffic-...	...	0	1
2012-01-02 01:35:00	aggravat...	aggravat...	...	1	0
...	...	...	... ...		...
2012-06-30 23:40:00	traffic-...	traffic-...	...	0	1
2012-06-30 23:40:00	traffic-...	traffic-...	...	0	1
2012-06-30 23:44:00	traffic-...	traffic-...	...	0	1
2012-06-30 23:50:00	criminal...	public-d...	...	1	0
2012-06-30 23:54:00	traffic-...	traffic-...	...	0	1

07 至此，我們已成功取得前 6 個月的所有資料。把 normalize 設為 True 後，會一直搜索至 2012-07-01 00:00:00 的記錄。但如果有案件正好發生在最後的這個時間點，就會被納入傳回結果中。換句話說，使用 first() 無法確保只獲得 1 月至 6 月的資料。如果想取得精準的結果，其實改用以下的切片操作就好：

```
🖥 In
```
```
crime_sort.loc[:'2012-06']
```

```
Out
```

	OFFENSE_TYPE_ID	OFFENSE_CATEGORY_ID	...	IS_CRIME	IS_TRAFFIC
REPORTED_DATE					
2012-01-02 00:06:00	aggravat...	aggravat...	...	1	0
2012-01-02 00:06:00	violatio...	all-othe...	...	1	0
2012-01-02 00:16:00	traffic-...	traffic-...	...	0	1
2012-01-02 00:47:00	traffic-...	traffic-...	...	0	1
2012-01-02 01:35:00	aggravat...	aggravat...	...	1	0
...	...	...	...	...	...
2012-06-30 23:40:00	traffic-...	traffic-...	...	0	1
2012-06-30 23:40:00	traffic-...	traffic-...	...	0	1
2012-06-30 23:44:00	traffic-...	traffic-...	...	0	1
2012-06-30 23:50:00	criminal...	public-d...	...	1	0
2012-06-30 23:54:00	traffic-...	traffic-...	...	0	1

> ✔ **小編補充** 由於該資料集中沒有 2012-07-01 00:00:00 的案件記錄,因此步驟 6 和步驟 7 傳回的結果是一模一樣的。若有這筆記錄,則步驟 6 的結果中會包含該筆記錄。

08 其實還有許多可用來移動到最近偏移量的 DateOffset 物件,除了在 pd.offsets 中尋找適合的 DateOffset 物件外,你也可以改用代表功能縮寫的 offset alias 字串。例如:用 'M' 代表 MonthEnd,用 'MS' 代表 MonthBegin(Month Start)。要表示這些 offset alias 的數量,請在其前面放一個整數,例如 '6M' 的作用等同於 pd.offsets.MonthEnd (6)。若你想查詢所有 offset alias,可參考以下連結:https://pandas.pydata.org/pandas-docs/stable/user_guide/timeseries.html#timeseries-offset-aliases。現在,讓我們看看一些使用 offset alias 選取資料的範例:

```
In
crime_sort.first('5D')  ◄──── 選取前 5 天的資料
```

```
Out
                                       OFFENSE_
                  OFFENSE_TYPE_ID       CATEGORY_ID    ...  IS_CRIME  IS_TRAFFIC

REPORTED_DATE
2012-01-02 00:06:00   aggravat...       aggravat...    ... 1         0
2012-01-02 00:06:00   violatio...       all-othe...    ... 1         0
2012-01-02 00:16:00   traffic-...       traffic-...    ... 0         1
2012-01-02 00:47:00   traffic-...       traffic-...    ... 0         1
2012-01-02 01:35:00   aggravat...       aggravat...    ... 1         0
...                   ...               ...            ... ...       ...
2012-01-06 23:11:00   theft-it...       theft-fr...    ... 1         0
2012-01-06 23:23:00   violatio...       all-othe...    ... 1         0
2012-01-06 23:30:00   assault-dv        other-cr...    ... 1         0
2012-01-06 23:44:00   theft-of...       auto-theft     ... 1         0
2012-01-06 23:55:00   threats-...       public-d...    ... 1         0
```

```
In
crime_sort.first('5B')  ◄──── 選取前 5 個營業日的資料
```

```
Out
                                       OFFENSE_
                  OFFENSE_TYPE_ID       CATEGORY_ID    ...  IS_CRIME  IS_TRAFFIC

REPORTED_DATE
2012-01-02 00:06:00   aggravat...       aggravat...    ... 1         0
2012-01-02 00:06:00   violatio...       all-othe...    ... 1         0
2012-01-02 00:16:00   traffic-...       traffic-...    ... 0         1
2012-01-02 00:47:00   traffic-...       traffic-...    ... 0         1
2012-01-02 01:35:00   aggravat...       aggravat...    ... 1         0
...                   ...               ...            ... ...       ...
2012-01-08 23:46:00   theft-it...       theft-fr...    ... 1         0
2012-01-08 23:51:00   burglary...       burglary       ... 1         0
2012-01-08 23:52:00   theft-other       larceny        ... 1         0
2012-01-09 00:04:00   traffic-...       traffic-...    ... 0         1
2012-01-09 00:05:00   fraud-cr...       white-co...    ... 1         0
```

🖵 In

crime_sort.first('7W') ◄── 選取前 7 個星期的資料（各星期是以星期天為最後一天）

....

Out

	OFFENSE_TYPE_ID	OFFENSE_CATEGORY_ID	...	IS_CRIME	IS_TRAFFIC
REPORTED_DATE					
2012-01-02 00:06:00	aggravat...	aggravat...	...	1	0
2012-01-02 00:06:00	violatio...	all-othe...	...	1	0
2012-01-02 00:16:00	traffic-...	traffic-...	...	0	1
2012-01-02 00:47:00	traffic-...	traffic-...	...	0	1
2012-01-02 01:35:00	aggravat...	aggravat...	...	1	0
...	...	...	...	...	...
2012-02-18 21:57:00	traffic-...	traffic-...	...	0	1
2012-02-18 22:19:00	criminal...	public-d...	...	1	0
2012-02-18 22:20:00	traffic-...	traffic-...	...	0	1
2012-02-18 22:44:00	criminal...	public-d...	...	1	0
2012-02-18 23:27:00	theft-it...	theft-fr...	...	1	0

🖵 In

crime_sort.first('3QS') ◄── 選取前 3 季的資料

....

Out

	OFFENSE_TYPE_ID	OFFENSE_CATEGORY_ID	...	IS_CRIME	IS_TRAFFIC
REPORTED_DATE					
2012-01-02 00:06:00	aggravat...	aggravat...	...	1	0
2012-01-02 00:06:00	violatio...	all-othe...	...	1	0
2012-01-02 00:16:00	traffic-...	traffic-...	...	0	1
2012-01-02 00:47:00	traffic-...	traffic-...	...	0	1
2012-01-02 01:35:00	aggravat...	aggravat...	...	1	0
...	...	...	...	...	...
2012-09-30 23:17:00	drug-hal...	drug-alc...	...	1	0
2012-09-30 23:29:00	robbery-...	robbery	...	1	0
2012-09-30 23:29:00	theft-of...	auto-theft	...	1	0
2012-09-30 23:41:00	traffic-...	traffic-...	...	0	1
2012-09-30 23:43:00	robbery-...	robbery	...	1	0

```
💻 In
crime_sort.first('A')  ◄── 選取首個年份的資料
```

```
Out

                        OFFENSE_TYPE_ID    OFFENSE_      ...  IS_CRIME    IS_TRAFFIC
                                           CATEGORY_ID
REPORTED_DATE
2012-01-02 00:06:00     aggravat...        aggravat...   ... 1           0
2012-01-02 00:06:00     violatio...        all-othe...   ... 1           0
2012-01-02 00:16:00     traffic-...        traffic-...   ... 0           1
2012-01-02 00:47:00     traffic-...        traffic-...   ... 0           1
2012-01-02 01:35:00     aggravat...        aggravat...   ... 1           0
...                     ...                ...           ... ...         ...
2012-12-30 23:13:00     traffic-...        traffic-...   ... 0           1
2012-12-30 23:14:00     burglary...        burglary      ... 1           0
2012-12-30 23:39:00     theft-of...        auto-theft    ... 1           0
2012-12-30 23:41:00     traffic-...        traffic-...   ... 0           1
2012-12-31 00:05:00     assault-...        other-cr...   ... 1           0
```

了解更多

　　當可用的 DateOffset 物件都不符合需求時，可以建立自定義的 DateOffset 物件：

```
💻 In
dt = pd.Timestamp('2012-1-16 13:40')
dt + pd.DateOffset(months=1)
           └── 建立自定義的 DateOffset 物件
```

```
Out
Timestamp('2012-02-16 13:40:00')
```

　　以下是使用更多日期和時間偏移單位的範例：

In

```
do = pd.DateOffset(years=2, months=5, days=3, hours=8, seconds=10)
pd.Timestamp('2012-1-22 03:22') + do
```

Out

```
Timestamp('2014-06-25 11:22:10')
```

11.5 依據時間區段重新分組

本章所用的犯罪資料集非常龐大，有超過 460,000 列標有報告日期的資料。和許多的查詢目標一樣，我們可以根據時間區段來分組，進而查詢每週的犯罪次數。resample() 方法提供了一個簡單的介面，允許我們用任何時間區段來進行分組。

在以下的例子中，我們會同時使用 resample() 和 groupby() 來計算每週的犯罪數量。

🔧 **動手做**

01 讀入資料集並將索引設為 REPORTED_DATE 欄位，同時排序索引以提高運算效能：

In

```
crime_sort = (pd.read_hdf('data/crime.h5', 'crime')
                .set_index('REPORTED_DATE')
                .sort_index())
```

> 由於接下來使用的 resample()
> 預設與 DatetimeIndex 一起
> 運作，因此我們要將索引設為
> REPORTED_DATE 欄位。

_02_ 為了計算每週的犯罪數量，我們要按週來分組資料。resample() 的第一個參數（可接受 DateOffset 物件或 offset alias 字串）決定了索引中 Timestamp 的分組規則，並傳回一個可對所有組別執行運算的物件。resample() 傳回的物件與呼叫 groupby() 後產生的物件非常相似：

```
In

crime_sort.resample('W') ◀── 此處選擇將一個 offset alias 字串傳入 resample()
```

```
Out

<pandas.core.resample.DatetimeIndexResampler object at 0x10f07acf8>
```

_03_ 『W』這個 offset alias 表示我們想按週進行分組。我們可以在呼叫 resample() 後串連不同方法來傳回資料，現在嘗試串連 size() 以計算出每週的犯罪數量：

```
In

(crime_sort
    .resample('W')
    .size() ◀── 計算每週的犯罪數量
)
```

```
Out

REPORTED_DATE
2012-01-08     877
2012-01-15    1071
2012-01-22     991
2012-01-29     988
2012-02-05     888
              ...
2017-09-03    1956
2017-09-10    1733
2017-09-17    1976
2017-09-24    1839
2017-10-01    1059
Freq: W-SUN, Length: 300, dtype: int64
```

04 到目前為止，我們得到了存有每週犯罪次數的 Series，其索引標籤（為 datetime 物件）每次會增加一週。預設情況下，星期日為一週的最後一天，也是用來標記 Series 中每個元素的日期。舉例來說：首個索引 (2012-01-08) 為星期日。從步驟 3 的 Series 可見，在截至 1 月 8 日的那一週內，共發生了 877 起犯罪案件。1 月 9 日（星期一）至 1 月 15 日（星期日）這一週則發生了 1071 起犯罪案件。讓我們使用切片操作來檢查 resampling() 的結果是否正確：

```
In
len(crime_sort.loc[:'2012-1-8'])
```

```
Out
877
```

```
In
len(crime_sort.loc['2012-1-9':'2012-1-15'])
```

```
Out
1071
```

05 讓我們更改**錨定偏移量**（anchored offset）來選擇星期日以外的日子作為一週的結束日，只要在『W』後方加上短橫線，並搭配 3 個字的星期縮寫即可：

```
In
(crime_sort
    .resample('W-THU')   ◀── 以星期四為一週的結束日
    .size()
)
```

```
REPORTED_DATE
2012-01-05     462
2012-01-12    1116
2012-01-19     924
2012-01-26    1061
2012-02-02     926
               ...
2017-09-07    1803
2017-09-14    1866
2017-09-21    1926
2017-09-28    1720
2017-10-05      28
Freq: W-THU, Length: 301, dtype: int64
```

06 幾乎所有 resample() 的功能都可以透過 groupby() 重現，唯一的差別是：必須先指定 **pd.Grouper 物件**的 **freq 參數**，然後再將該物件傳入 groupby()：

```
weekly_crimes = (crime_sort.groupby(pd.Grouper(freq='W'))
                            .size())
weekly_crimes
```

```
REPORTED_DATE
2012-01-08     877
2012-01-15    1071
2012-01-22     991
2012-01-29     988
2012-02-05     888
               ...
2017-09-03    1956
2017-09-10    1733
2017-09-17    1976
2017-09-24    1839
2017-10-01    1059
Freq: W-SUN, Length: 300, dtype: int64
```

了解更多

若你想知道呼叫 resample() 後可使用的屬性和方法，可用以下程式來查看：

```
In
r = crime_sort.resample('W')
[attr for attr in dir(r) if attr[0].islower()]
```

```
Out
['agg', 'aggregate', 'apply', 'asfreq', 'ax', 'backfill', 'bfill', 'count', 'ffill',
 'fillna', 'first', 'get_group', 'groups', 'indices', 'interpolate', 'last', 'max',
 'mean', 'median', 'min', 'ndim', 'nearest', 'ngroups', 'nunique', 'obj', 'ohlc',
 'pad', 'pipe', 'plot', 'prod', 'quantile', 'sem', 'size', 'std', 'sum',
 'transform',
 'var']
```

事實上，即使不先將 Timestamp 欄位設為索引，我們也可使用 resample()。只要將 Timestamp 欄位指定給 **on 參數**，就可以取得和步驟 6 相同的結果：

```
In
crime = pd.read_hdf('data/crime.h5', 'crime')
weekly_crimes2 = crime.resample('W', on='REPORTED_DATE').size()
weekly_crimes2.equals(weekly_crimes)
```

```
Out
True
```

此外，我們也可以使用 pd.Grouper() 的 **key 參數**來選取 Timestamp 欄位：

```
In
```

```
weekly_crimes_gby2 = (crime.groupby(pd.Grouper(key='REPORTED_DATE', freq='W'))
                            .size())
weekly_crimes2.equals(weekly_crimes)
```

```
Out
```

```
True
```

只要在輸出 Series 上呼叫 plot()，就可產生每週犯罪案件數的折線圖：

```
In
```

```
import matplotlib.pyplot as plt
fig, ax = plt.subplots(figsize=(16, 4))
weekly_crimes.plot(title='All Denver Crimes', ax=ax)
```

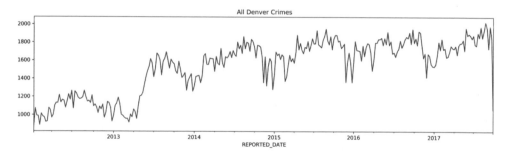

圖 **12.1** 每週犯罪案件數的折線圖。

11.6 分組彙總同一時間單位的多個欄位

　　本章所用的資料集將所有『犯罪記錄』和『交通事故紀錄』放在同一張表格中，並用二元欄位（IS_CRIME 和 IS_TRAFFIC）加以區分。resample() 可以按時間單位來分組，並分別彙總（聚合）特定的欄位。

接下來，我們將透過 resample() 並根據季度來分組，然後分別加總犯罪記錄和交通事故紀錄的數量。

🔧 **動手做**

01 讀入資料集並將索引設為 REPORTED_DATE 欄位，同時排序索引以提高運算效能：

💻 **In**

```
crime = (pd.read_hdf('data/crime.h5', 'crime')
          .set_index('REPORTED_DATE')
          .sort_index())
```

02 利用 resample() 來按照季度（offset alias 為 Q）進行分組，然後對每個組別的 IS_CRIME 和 IS_TRAFFIC 欄位分別求出總和：

💻 **In**

```
(crime
    .resample('Q')
    ['IS_CRIME', 'IS_TRAFFIC']
    .sum()
)
```

Out

	IS_CRIME	IS_TRAFFIC
REPORTED_DATE		
2012-03-31	7882	4726
2012-06-30	9641	5255
2012-09-30	10566	5003
2012-12-31	9197	4802
2013-03-31	8730	4442
...	...	...
2016-09-30	17427	6199
2016-12-31	15984	6094
2017-03-31	16426	5587
2017-06-30	17486	6148
2017-09-30	17990	6101

03 請注意，這裡的日期代表每一季的最後一天。這是因為『Q』這個 offset alias 代表每一季的結束日。讓我們改用『QS』來以每一季的起始日作為索引標籤：

```
In
(crime
    .resample('QS')
    ['IS_CRIME', 'IS_TRAFFIC']
    .sum()
)
```

```
Out
```

	IS_CRIME	IS_TRAFFIC
REPORTED_DATE		
2012-01-01	7882	4726
2012-04-01	9641	5255
2012-07-01	10566	5003
2012-10-01	9197	4802
2013-01-01	8730	4442
...	...	...
2016-07-01	17427	6199
2016-10-01	15984	6094
2017-01-01	16426	5587
2017-04-01	17486	6148
2017-07-01	17990	6101

04 讓我們使用 loc 屬性來驗證步驟 3 的結果：

```
In
(crime
    .loc['2012-4-1':'2012-6-30', ['IS_CRIME', 'IS_TRAFFIC']]
    .sum()
)
```

驗證步驟 3 輸出的第 2 列結果

Out

```
IS_CRIME      9641
IS_TRAFFIC    5255
dtype: int64
```

05 同樣的，groupby() 也可進行以上的運算：

In

```
(crime
    .groupby(pd.Grouper(freq='Q'))
    ['IS_CRIME', 'IS_TRAFFIC']
    .sum()
)
```

Out

	IS_CRIME	IS_TRAFFIC
REPORTED_DATE		
2012-03-31	7882	4726
2012-06-30	9641	5255
2012-09-30	10566	5003
2012-12-31	9197	4802
2013-03-31	8730	4442
...	...	...
2016-09-30	17427	6199
2016-12-31	15984	6094
2017-03-31	16426	5587
2017-06-30	17486	6148
2017-09-30	17990	6101

06 最後，用圖表來顯示不同紀錄隨時間的變化趨勢：

In
```
fig, ax = plt.subplots(figsize=(16, 4))
(crime.groupby(pd.Grouper(freq='Q'))
      ['IS_CRIME', 'IS_TRAFFIC']
    .sum()
    .plot(color=['black', 'lightgrey'], ax=ax,
          title='Denver Crimes and Traffic Accidents'))
```

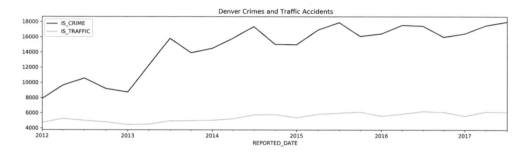

圖 12.2 不同記錄隨著季度變化的趨勢。從圖中可見，每年前 3 季的犯罪數量都會急劇增加，而交通事故紀錄似乎也有季節性因素。這兩類事故在較冷的月份（第 4 季）中數量都較少，在較溫暖的月份中則較多。

了解更多

　　在執行 sum() 時如果沒有指定要進行彙總的欄位，則會傳回所有數值欄位的聚合結果：

In
```
(crime.resample('Q')
     .sum())
```

Out

	GEO_LON	GEO_LAT	IS_CRIME	IS_TRAFFIC
REPORTED_DATE				
2012-03-31	-1.313006...	496960.2...	7882	4726

2012-06-30	-1.547274...	585656.7...	9641	5255
2012-09-30	-1.615835...	611604.8...	10566	5003
2012-12-31	-1.458177...	551923.0...	9197	4802
2013-03-31	-1.368931...	518159.7...	8730	4442
...	...	...	...	...
2016-09-30	-2.459343...	930926.4...	17427	6199
2016-12-31	-2.293628...	868233.8...	15984	6094
2017-03-31	-2.288383...	866234.2...	16426	5587
2017-06-30	-2.453857...	928864.6...	17486	6148
2017-09-30	-2.508001...	949396.3...	17990	6101

此外，不是所有企業都是以 1 月做為一年中，首個季度的開始月份。若我們想讓一年中的季度從 3 月 1 日開始計算，可以使用 QS-MAR 來更改錨定偏移量：

In

```
(crime_sort.resample('QS-MAR')
          ['IS_CRIME', 'IS_TRAFFIC']
          .sum())
```

Out

REPORTED_DATE	IS_CRIME	IS_TRAFFIC
2011-12-01	5013	3198
2012-03-01	9260	4954
2012-06-01	10524	5190
2012-09-01	9450	4777
2012-12-01	9003	4652
...	...	...
2016-09-01	16932	6202
2016-12-01	15615	5731
2017-03-01	17287	5940
2017-06-01	18545	6246
2017-09-01	5417	1931

為了得到更多面向的視覺化結果，我們可以繪製犯罪案件和交通事故的**成長率**，而非只是單純的計數。接下來，我們把所有資料都除以 crime 的首列，並重新進行繪圖：

```
🖵 In
crime_begin = (crime.resample('Q')
                     ['IS_CRIME', 'IS_TRAFFIC']         ← 取出每個季度的首列資料
                     .sum()
                     .iloc[0])

fig, ax = plt.subplots(figsize=(16, 4))
(crime.resample('Q')
     ['IS_CRIME', 'IS_TRAFFIC']
     .sum()
     .div(crime_begin)      ← 除以首列的資料
     .sub(1)
     .round(2)
     .mul(100)
     .plot.bar(color=['black', 'lightgrey'], ax=ax,
               title='Denver Crimes and Traffic Accidents % Increase'))
```

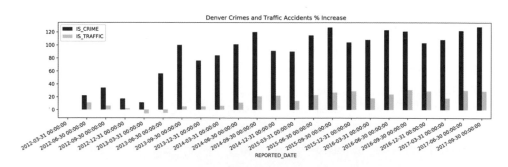

圖 12.3　各季度的犯罪及交通事故成長率。

11.7 案例演練：
以『星期幾』來統計犯罪率

　　如果要以『星期幾』來統計資料，需要找到能從 Timestamp 物件中提取『星期幾』資訊的功能。很幸運地，此功能內置於任何 Timestamp 欄位的 dt 屬性。在下面的例子中，我們會使用 dt 屬性來找出犯罪案件發生在星期幾，然後分別計數並以 Series 的形式傳回。

🔧 動手做

01 讀入資料集：

> 💻 **In**

```
crime = pd.read_hdf('data/crime.h5', 'crime')
crime
```

> **Out**

	OFFENSE_TYPE_ID	OFFENSE_CATEGORY_ID	...	IS_CRIME	IS_TRAFFIC
0	traffic-...	traffic-...	...	0	1
1	vehicula...	all-othe...	...	1	0
2	disturbi...	public-d...	...	1	0
3	curfew	public-d...	...	1	0
4	aggravat...	aggravat...	...	1	0
...	...	...	...	...	...
460906	burglary...	burglary	...	1	0
460907	weapon-u...	all-othe...	...	1	0
460908	traf-hab...	all-othe...	...	1	0
460909	criminal...	public-d...	...	1	0
460910	theft-other	larceny	...	1	0

02 所有 Timestamp 欄位都有一個特殊的 dt 屬性，可用來存取各種專門為 Timestamp 物件而設計的屬性和方法。讓我們找出 REPORTED_DATE 中每筆資料發生在星期幾（使用 dt.day_name()），然後分別計算它們出現的次數：

```
🖥 In
(crime['REPORTED_DATE']
     .dt.day_name()
     .value_counts())
```

```
Out
Monday       70024
Friday       69621
Wednesday    69538
Thursday     69287
Tuesday      68394
Saturday     58834
Sunday       55213
Name: REPORTED_DATE, dtype: int64
```

03 從結果可見，發生在週末的犯罪案件和交通事故似乎明顯地較少。讓我們按照一個星期中的順序來排列資料，然後繪製出水平長條圖：

```
🖥 In
days = ['Monday', 'Tuesday', 'Wednesday', 'Thursday', 'Friday', 'Saturday',
        'Sunday']
title = 'Denver Crimes and Traffic Accidents per Weekday'
fig, ax = plt.subplots(figsize=(6, 4))
(crime['REPORTED_DATE'].dt.day_name()
                       .value_counts()
                       .reindex(days)  ◄── 使用 reindex() 手動排列索引的順序
                       .plot.barh(title=title, ax=ax))
```

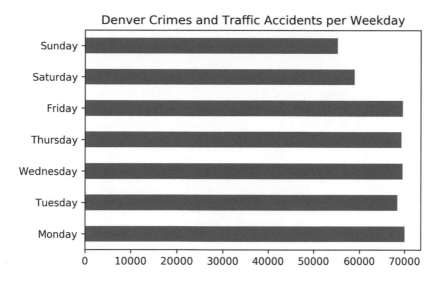

圖 12.4　一個星期中，每天的犯罪案件和交通事故數量。

除了使用 reindex()，我們也可用 loc 屬性來排序索引：

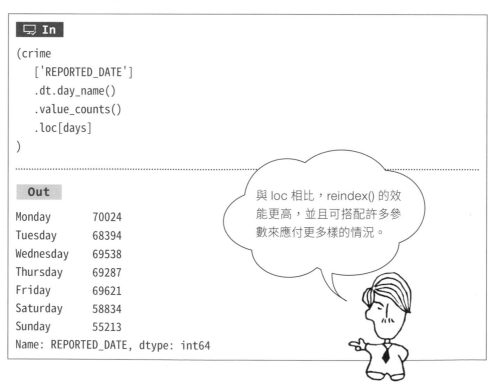

```
 In
(crime
   ['REPORTED_DATE']
   .dt.day_name()
   .value_counts()
   .loc[days]
)
```

```
 Out
Monday       70024
Tuesday      68394
Wednesday    69538
Thursday     69287
Friday       69621
Saturday     58834
Sunday       55213
Name: REPORTED_DATE, dtype: int64
```

> 與 loc 相比，reindex() 的效能更高，並且可搭配許多參數來應付更多樣的情況。

04 我們可以使用類似的方法來視覺化不同年份的案件總數：

```
In

title = 'Denver Crimes and Traffic Accidents per Year'
fig, ax = plt.subplots(figsize=(6, 4))
(crime['REPORTED_DATE'].dt.year
                    .value_counts()
                    .sort_index() ◄─────────────────┐
                    .plot.barh(title=title, ax=ax)) │
                                                     │
        此處使用的是 sort_index，因為年份可直接按照數值大小來排序
```

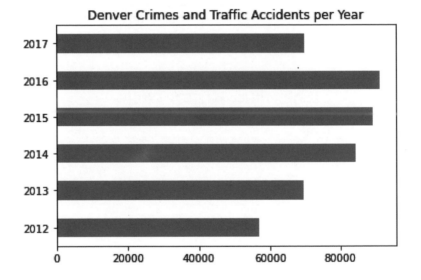

圖 12.5　不同年份的犯罪案件和交通事故數量。

05 如果需要同時根據星期幾和年份來分組，其中一種方法是在 groupby()
中使用 dt 屬性：

🖥️ **In**

```
(crime
    .groupby([crime['REPORTED_DATE'].dt.year.rename('year'),

                                使用 rename() 來命名索引層級

            crime['REPORTED_DATE'].dt.day_name().rename('day')])
    .size()
)
```

Out

```
year   day
2012   Friday       8549
       Monday       8786
       Saturday     7442
       Sunday       7189
       Thursday     8440
                     ...
2017   Saturday     8514
       Sunday       8124
       Thursday    10545
       Tuesday     10628
       Wednesday   10576
Length: 42, dtype: int64
```

06 我們已經正確彙總了資料，但輸出的 Series 不利於進行資料比較。讓
我們使用 unstack() 將 day 索引層級轉換為欄位名稱：

🖥️ **In**

```
(crime
    .groupby([crime['REPORTED_DATE'].dt.year.rename('year'),
            crime['REPORTED_DATE'].dt.day_name().rename('day')])
    .size()
    .unstack('day')   ⟵ 轉換 day 索引層級中的項目
)
```

day	Friday	Monday	...	Tuesday	Wednesday
year					
2012	8549	8786	...	8191	8440
2013	10380	10627	...	10416	10354
2014	12683	12813	...	12440	12948
2015	13273	13452	...	13381	13320
2016	14059	13708	...	13338	13900
2017	10677	10638	...	10628	10576

我們也可使用 crosstab() 產生相同的交叉表（此處就不另外顯示程式輸出了）：

```
In
(crime
    .assign(year=crime.REPORTED_DATE.dt.year,
            day=crime.REPORTED_DATE.dt.day_name())
    .pipe(lambda df_: pd.crosstab(df_.year, df_.day))
)
```

07 請注意，我們手上有關 2017 年的記錄不是完整的（**編註**：讀者可嘗試將索引設為 REPORTED_DATE 欄位，同時對索引進行排序，你將發現最後一筆資料的日期為 2017-09-29）。為了能夠進行更公平的比較，可以利用**線性外插法**（linear extrapolation）來推估 2017 年其餘日期的案件數量。讓我們先找出 2017 年中總共記錄了多少天的資料：

```
In
criteria = crime['REPORTED_DATE'].dt.year == 2017 ←┐
                          使用布林索引選擇 2017 年的犯罪紀錄
crime.loc[criteria, 'REPORTED_DATE'].dt.dayofyear.max()
```

```
Out
272 ← 2017 年中總共記錄了 272 天的資料
```

08 其中一種推估方式是：假設全年的犯罪率都一樣，並將 2017 年中每一天的案件數乘以 365/272。不過我們有更好的選擇，即查看歷史資料並計算每一年中，前 272 天發生的案件佔全年案件數的百分比中位數：

🖵 In

```
crime_pct = (crime
    ['REPORTED_DATE']
    .dt.dayofyear.le(272) ◀━┓
```
          判斷某筆資料是否在一年中的第 272 天或之前發生，進而建立一個布林 Series
```
    .groupby(crime.REPORTED_DATE.dt.year)
    .mean() ◀━ 計算前 272 天案件數所佔的百分比
    .round(3)
)

crime_pct
```

Out

```
REPORTED_DATE
2012    0.748
2013    0.725
2014    0.751
2015    0.748
2016    0.752
2017    1.000
Name: REPORTED_DATE, dtype: float64
```

🖵 In

```
crime_pct.loc[2012:2016].median() ◀━┓
```
              計算 2012 年到 2016 年，前 272 天發生的案件所佔的百分比中位數

Out

```
0.748
```

09 現在，來更新 2017 年的列資料並更改欄位順序，使其與一個星期中的順序（星期一開始，星期天結束）相匹配：

```
def update_2017(df_):
    df_.loc[2017] = (df_.loc[2017]
                            .div(.748)  ◀—— 除以步驟 8 中找到的中位數
                            .astype('int'))
    return df_

(crime
    .groupby([crime['REPORTED_DATE'].dt.year.rename('year'),
             crime['REPORTED_DATE'].dt.day_name().rename('day')])
    .size()
    .unstack('day')
    .pipe(update_2017)
    .reindex(columns=days)
)
```

Out

day	Monday	Tuesday	...	Saturday	Sunday
year					
2012	8786	8191	...	7442	7189
2013	10627	10416	...	8875	8444
2014	12813	12440	...	10950	10278
2015	13452	13381	...	11586	10624
2016	13708	13338	...	11467	10554
2017	14221	14208	...	11382	10860

10 接著，使用 Seaborn 函式庫中的熱圖來視覺化以上結果：

In

```
import seaborn as sns
fig, ax = plt.subplots(figsize=(6, 4))
table = (crime
    .groupby([crime['REPORTED_DATE'].dt.year.rename('year'),
             crime['REPORTED_DATE'].dt.day_name().rename('day')])
    .size()
```

```
    .unstack('day')
    .pipe(update_2017)
    .reindex(columns=days)
)
sns.heatmap(table, cmap='Greys', ax=ax)
```

該參數可接受數十種 colormap 名稱字串

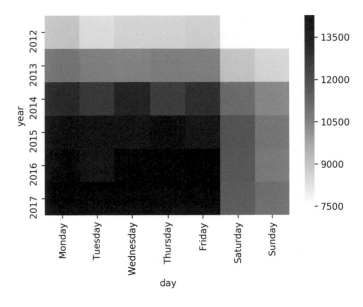

圖 **12.6**　使用熱圖來視覺化結果。

11　犯罪案件數似乎每年都在上升，不過我們目前還沒有考慮到人口的增
長因素。因此，我們現在要讀取存有丹佛人口資訊的 CSV 檔案：

> 💻 **In**

```
denver_pop = pd.read_csv('data/denver_pop.csv', index_col='Year')
denver_pop
```

```
        Population
Year
2017    705000
2016    693000
2015    680000
2014    662000
2013    647000
2012    634000
```

12 很多犯罪指標是以每 100000 名居民的比率來呈現的。讓我們將每一年的人口除以 100000（將結果存成名為 den_100k 的 DataFrame），然後將原始的犯罪案件數量（已存在名為 crime 的 DataFrame 中）除以該 DataFrame，進而得到每 100000 名居民的犯罪率。

在相除兩個 DataFrame 時，它們會對齊欄位和索引。不過在此例中，crime 和 denver_pop 並沒有相同的欄位。如果我們嘗試相除這兩個 DataFrame，則沒有任何值會對齊。為了解決這個問題，我們使用 squeeze() 將 den_100k 轉換成 Series。

```
den_100k = denver_pop.div(100_000).squeeze()
den_100k
```

```
Year
2017    7.05
2016    6.93
2015    6.80
2014    6.62
2013    6.47
2012    6.34
Name: Population, dtype: float64
```

不過，我們仍然無法直接使用『/』算符相除 crime 和 den_100k，因為相除時預設會將 DataFrame 的欄位與 Series 的索引對齊，而這種做法會產生結果皆為缺失值的 DataFrame：

```
In
(crime
    .groupby([crime['REPORTED_DATE'].dt.year.rename('year'),
              crime['REPORTED_DATE'].dt.day_name().rename('day')])
    .size()
    .unstack('day')
    .pipe(update_2017)
    .reindex(columns=days)
) / den_100k  ◀── 使用『/』算符進行相除
```

```
Out
        2012    2013    ...    Tuesday    Wednesday
year
2012    NaN     NaN     ...    NaN        NaN
2013    NaN     NaN     ...    NaN        NaN
2014    NaN     NaN     ...    NaN        NaN
2015    NaN     NaN     ...    NaN        NaN
2016    NaN     NaN     ...    NaN        NaN
2017    NaN     NaN     ...    NaN        NaN
```

正確的做法是：對齊 DataFrame 的索引和 Series 的索引。因此，我們改用 div() 來進行相除，因為該方法的 **axis** 參數可用來更改對齊方向：

```
In
normalized = (crime
    .groupby([crime['REPORTED_DATE'].dt.year.rename('year'),
              crime['REPORTED_DATE'].dt.day_name().rename('day')])
    .size()
    .unstack('day')
    .pipe(update_2017)
    .reindex(columns=days)
    .div(den_100k, axis='index')
                          ▲
                          └── 改成對齊索引
```

```
        .astype(int)
)
normalized
```

Out

day	Monday	Tuesday	...	Saturday	Sunday
2012	1385	1291	...	1173	1133
2013	1642	1609	...	1371	1305
2014	1935	1879	...	1654	1552
2015	1978	1967	...	1703	1562
2016	1978	1924	...	1654	1522
2017	2017	2015	...	1614	1540

13 考慮了人口增長的因素後，產生的熱圖與第一張熱圖幾乎相同：

💻 In

```
import seaborn as sns
fig, ax = plt.subplots(figsize=(6, 4))
sns.heatmap(normalized, cmap='Greys', ax=ax)
```

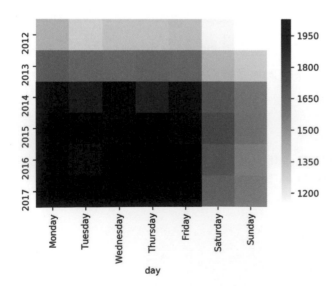

圖 12.7 即使考量了人口增長的因素，產生的熱圖也相差無幾。

了解更多

如果想查看特定類型的犯罪紀錄，可以執行以下運算：

In

```
days = ['Monday', 'Tuesday', 'Wednesday', 'Thursday',
        'Friday', 'Saturday', 'Sunday']
crime_type = 'auto-theft'  ◀── 查看類型為『auto-theft』的犯罪記錄
normalized = (crime
    .query('OFFENSE_CATEGORY_ID == @crime_type') ◀──┐
    .groupby([crime['REPORTED_DATE'].dt.year.rename('year'),
            crime['REPORTED_DATE'].dt.day_name().rename('day')])
    .size()
    .unstack('day')
    .pipe(update_2017)
    .reindex(columns=days)
    .div(den_100k, axis='index')
    .astype(int)
)
normalized
```

Out

day	Monday	Tuesday	...	Saturday	Sunday
2012	95	72	...	78	76
2013	85	74	...	68	67
2014	94	76	...	67	67
2015	108	102	...	85	78
2016	119	102	...	86	85
2017	114	118	...	91	102

11.8 使用匿名函式來分組

如前幾節所示，具有 DatetimeIndex 的 DataFrame 讓我們得以進行許多不同的新運算。接下來，我們將說明在這一類的 DataFrame 上使用 groupby() 的各種應用。

🔧 **動手做**

01 讀入資料集並將索引設為 REPORTED_DATE 欄位，以建立具有 DatetimeIndex 的 DataFrame：

```
💻 In
crime = (pd.read_hdf('data/crime.h5', 'crime')
            .set_index('REPORTED_DATE')
            .sort_index())
```

02 DatetimeIndex 物件具有許多與 Pandas 的 Timestamp 物件相同的屬性和方法，讓我們來檢視一下：

```
💻 In
common_attrs = (set(dir(crime.index)) & set(dir(pd.Timestamp)))
[attr for attr in common_attrs if attr[0] != '_']
```

```
Out
['is_month_start', 'is_quarter_start', 'dayofyear', 'is_leap_year', 'day',
 'strftime', 'second', 'to_period', 'month', 'round', 'weekofyear', 'date',
 'month_name', 'week', 'floor', 'time', 'is_quarter_end', 'weekday',
 'is_year_start', 'tz_convert', 'days_in_month', 'daysinmonth', 'year', 'ceil',
 'freqstr', 'to_pydatetime', 'normalize', 'day_name', 'to_numpy', 'tzinfo',
 'microsecond', 'min', 'max', 'nanosecond', 'quarter', 'to_julian_date',
 'is_month_end', 'hour', 'tz', 'resolution', 'dayofweek', 'minute',
 'is_year_end', 'timetz', 'tz_localize', 'freq']
```

03 我們可以透過 index 屬性來取得『星期幾』的資訊,然後使用 value_counts() 取得不同天的案件數量,進而傳回與上一節中步驟 2 相同的結果:

In

```
crime.index.day_name().value_counts()
```

Out

```
Monday       70024
Friday       69621
Wednesday    69538
Thursday     69287
Tuesday      68394
Saturday     58834
Sunday       55213
Name: REPORTED_DATE, dtype: int64
```

04 groupby() 可接受傳入一個函式,在本例中該函式的輸入為一 DatetimeIndex,而其傳回值則會用來分組。以下使用匿名函式來分組計算犯罪案件和交通事故的數量:

In

```
(crime.groupby(lambda idx: idx.day_name())    ← 傳入的 idx 為 DatetimeIndex 物件
    ['IS_CRIME', 'IS_TRAFFIC']
    .sum())
```

Out

	IS_CRIME	IS_TRAFFIC
Friday	48833	20814
Monday	52158	17895
Saturday	43363	15516
Sunday	42315	12968
Thursday	49470	19845
Tuesday	49658	18755
Wednesday	50054	19508

05 我們也可以將由不同函式組成的串列傳入 groupby()，並分別按每 2 小時和年份進行分組。然後，重新整理表格以提高其可讀性：

```
funcs = [lambda idx: idx.round('2h').hour, lambda idx: idx.year]  ◀── 建立一個函式串列
```
將每個值四捨五入到最接近的 2 小時整點

```
(crime
    .groupby(funcs)
    ['IS_CRIME', 'IS_TRAFFIC']
    .sum()
    .unstack()
)
```

Out

	IS_CRIME			...	IS_TRAFFIC		
	2012	2013	2014	...	2015	2016	2017
0	2422	4040	5649	...	1136	980	782
2	1888	3214	4245	...	773	718	537
4	1472	2181	2956	...	471	464	313
6	1067	1365	1750	...	494	593	462
8	2998	3445	3727	...	2331	2372	1828
...	...	...	...	...	...	...	...
14	4266	5698	6708	...	2840	2763	1990
16	4113	5889	7351	...	3160	3527	2784
18	3660	5094	6586	...	3412	3608	2718
20	3521	4895	6130	...	2071	2184	1491
22	3078	4318	5496	...	1671	1472	1072

06 如果是在 Jupyter Notebook 中運行程式，可以使用 style.highlight_max() 來凸顯每個欄位中的最大值。從結果可見，大部分的犯罪案件發生在下午 3 點到 5 點之間，而大多數的交通事故發生在下午 5 點到 7 點之間：

In

```python
funcs = [lambda idx: idx.round('2h').hour, lambda idx: idx.year]
(crime
    .groupby(funcs)
    ['IS_CRIME', 'IS_TRAFFIC']
    .sum()
    .unstack()  ← 編註：此處預設將內層的索引層級（年份）轉換成欄位名稱
    .style.highlight_max(color='lightgrey')
)
```

··

Out

	IS_CRIME						IS_TRAFFIC					
	2012	2013	2014	2015	2016	2017	2012	2013	2014	2015	2016	2017
0	2422	4040	5649	5649	5377	3811	919	792	978	1136	980	782
2	1888	3214	4245	4050	4091	3041	718	652	779	773	718	537
4	1472	2181	2956	2959	3044	2255	399	378	424	471	464	313
6	1067	1365	1750	2167	2108	1567	411	399	479	494	593	462
8	2998	3445	3727	4161	4488	3251	1957	1955	2210	2331	2372	1828
10	4305	5035	5658	6205	6218	4993	1979	1901	2139	2320	2303	1873
12	4496	5524	6434	6841	7226	5463	2200	2138	2379	2631	2760	1986
14	4266	5698	6708	7218	6896	5396	2241	2245	2630	2840	2763	1990
16	4113	5889	7351	7643	7926	6338	2714	2562	3002	3160	3527	2784
18	3660	5094	6586	7015	7407	6157	3118	2704	3217	3412	3608	2718
20	3521	4895	6130	6360	6963	5272	1787	1806	1994	2071	2184	1491
22	3078	4318	5496	5626	5637	4358	1343	1330	1532	1671	1472	1072

11.9 使用 Timestamp 與另一欄位來分組

resample() 只能單獨使用時間單位來分組，而 groupby() 則可以同時按時間單位及其它欄位來分組。在以下的範例中，我們將說明兩種按照 Timestamp 和另一欄位進行分組的方法。

🔧 動手做

01 讀入員工資料集，並將索引設為 HIRE_DATE 欄位以建立一個具有 DatetimeIndex 的 DataFrame：

🖥 In

```
employee = pd.read_csv('data/employee.csv',
    parse_dates=['JOB_DATE', 'HIRE_DATE'],    ◀── 先將這兩個欄位轉換為 Timestamp
    index_col='HIRE_DATE')
employee
```

Out

	UNIQUE_ID	POSITION_TITLE	...	EMPLOYMENT_STATUS	JOB_DATE
HIRE_DATE					
2006-06-12	0	ASSISTAN...	...	Active	2012-10-13
2000-07-19	1	LIBRARY ...	...	Active	2010-09-18
2015-02-03	2	POLICE O...	...	Active	2015-02-03
1982-02-08	3	ENGINEER...	...	Active	1991-05-25
1989-06-19	4	ELECTRICIAN	...	Active	1994-10-22
...	...	...	...	...	...
2014-06-09	1995	POLICE O...	...	Active	2015-06-09
2003-09-02	1996	COMMUNIC...	...	Active	2013-10-06
2014-10-13	1997	POLICE O...	...	Active	2015-10-13
2009-01-20	1998	POLICE O...	...	Active	2011-07-02
2009-01-12	1999	FIRE FIG...	...	Active	2010-07-12

02 首先，按照性別分組並找出不同性別的平均薪水：

In

```
(employee
    .groupby('GENDER')
    ['BASE_SALARY']
    .mean()
    .round(-2) ◀─── 近似到百位
)
```

Out

```
GENDER
Female    52200.0
Male      57400.0
Name: BASE_SALARY, dtype: float64
```

03 根據員工的聘僱日期（HIRE_DATE）並以 10 年的區間進行分組，然後找出不同區間的平均薪水：

In

```
(employee
    .resample('10AS')
    ['BASE_SALARY']
    .mean()
    .round(-2)
)
```

⚠ 10AS 代表以每 10 年為區間來分組。其中，A 是年份的別名，S 則代表要用某時間區間的開頭為標籤。例如：1988-01-01 這個標籤用來表示從 1988 年 1 月 1 日直到 1997 年 12 月 31 日的日期區間。

Out

```
HIRE_DATE
1958-01-01     81200.0
1968-01-01    106500.0
1978-01-01     69600.0
1988-01-01     62300.0
1998-01-01     58200.0
2008-01-01     47200.0
Freq: 10AS-JAN, Name: BASE_SALARY, dtype: float64
```

04 如果想一併使用『性別』和『10 年的時間區間』分組，可以在呼叫 groupby() 之後再呼叫 resample()：

```
In
(employee
   .groupby('GENDER')
   .resample('10AS')
   ['BASE_SALARY']
   .mean()
   .round(-2)
)
```

```
Out
GENDER  HIRE_DATE
Female  1975-01-01    51600.0
        1985-01-01    57600.0
        1995-01-01    55500.0
        2005-01-01    51700.0
        2015-01-01    38600.0
                        ...
Male    1968-01-01   106500.0
        1978-01-01    72300.0
        1988-01-01    64600.0
        1998-01-01    59700.0
        2008-01-01    47200.0
Name: BASE_SALARY, Length: 11, dtype: float64
```

05 目前已經成功對資料進行分組了，但是當我們想要比較不同性別的薪水時，並不太容易觀察。因此，我們繼續使用 unstack() 來轉換 Gender 層級的索引，並觀察其結果：

```
🖥 In
(employee
    .groupby('GENDER')
    .resample('10AS')
    ['BASE_SALARY']
    .mean()
    .round(-2)
    .unstack('GENDER')
)
```

```
Out

GENDER          Female      Male
HIRE_DATE
1958-01-01      NaN         81200.0
1968-01-01      NaN         106500.0
1975-01-01      51600.0     NaN
1978-01-01      NaN         72300.0
1985-01-01      57600.0     NaN
...             ...         ...
1995-01-01      55500.0     NaN
1998-01-01      NaN         59700.0
2005-01-01      51700.0     NaN
2008-01-01      NaN         47200.0
2015-01-01      38600.0     NaN
```

06 由步驟 4 的結果可看出，男性和女性的 10 年區間起算日並不相同（分別是 1968-01-01 和 1975-01-01），這是因為我們先按性別分組，然後才根據不同性別的僱用日期來計算 10 年區間的起算日。以下程式可用來查詢男性和女性的最早到職時間：

```
In
```

```
employee[employee['GENDER'] == 'Male'].index.min()
```

```
Out
```

```
Timestamp('1958-12-29 00:00:00')
```

```
In
```

```
employee[employee['GENDER'] == 'Female'].index.min()
```

```
Out
```

```
Timestamp('1975-06-09 00:00:00')
```

07 為了解決以上問題,我們必須同時根據日期和性別來分組,而這只能透過 groupby() 來實現:

```
In
```

```
(employee
    .groupby(['GENDER', pd.Grouper(freq='10AS')])
                        ↑── 使用 pd.Grouper 來複製 resample() 的功能
    ['BASE_SALARY']
    .mean()
    .round(-2)
)
```

```
Out
```

```
GENDER   HIRE_DATE
Female   1968-01-01        NaN
         1978-01-01    57100.0
         1988-01-01    57100.0
         1998-01-01    54700.0
         2008-01-01    47300.0
                           ...
Male     1968-01-01   106500.0
         1978-01-01    72300.0
```

```
      1988-01-01      64600.0
      1998-01-01      59700.0
      2008-01-01      47200.0
Name: BASE_SALARY, Length: 11, dtype: float64
```

08 現在我們可以用 unstack() 來轉置 GENDER 索引層級，以方便進行資料比較：

🖥 In

```
(employee
    .groupby(['GENDER', pd.Grouper(freq='10AS')])
    ['BASE_SALARY']
    .mean()
    .round(-2)
    .unstack('GENDER')
)
```

Out

```
GENDER          Female      Male
HIRE_DATE
1958-01-01      NaN         81200.0
1968-01-01      NaN         106500.0
1978-01-01      57100.0     72300.0
1988-01-01      57100.0     64600.0
1998-01-01      54700.0     59700.0
2008-01-01      47300.0     47200.0
```

了解更多

　　以局外人來說，不容易看出步驟 8 輸出中的列代表 10 年區間。因此，更好的做是同時顯示起始年份和結束年份。現在我們已經有了起始年份，只要把該年份加上 9 並連接在一起，便可成功表示一段年份區間：

```
In
```

```
sal_final = (employee
    .groupby(['GENDER', pd.Grouper(freq='10AS')])
    ['BASE_SALARY']
    .mean()
    .round(-2)
    .unstack('GENDER')
)
years = sal_final.index.year        ◄── 先取得當前索引中的年份（代表起始年份）
years_right = years + 9             ◄── 把起始年份加上 9，得到結束年份
sal_final.index = years.astype(str) + '-' + years_right.astype(str) ◄─┐
                                          把起始年份和結束年份連接在一起
sal_final
```

```
Out
```

```
GENDER          Female      Male
HIRE_DATE
1958-1967       NaN         81200.0
1968-1977       NaN         106500.0
1978-1987       57100.0     72300.0
1988-1997       57100.0     64600.0
1998-2007       54700.0     59700.0
2008-2017       47300.0     47200.0
```

此外，我們也可以先透過 cut() 函式，根據每個員工的聘僱年份建立等寬的多個區間，然後再根據這些區間進行分組統計：

```
In
```

```
cuts = pd.cut(employee.index.year, bins=5, precision=0)
                                    └──── 分成 5 個等寬區間
cuts.categories.values
```

```
Out
```

```
<IntervalArray>
[(1958.0, 1970.0], (1970.0, 1981.0], (1981.0, 1993.0], (1993.0, 2004.0],
 (2004.0, 2016.0]]
Length: 5, closed: right, dtype: interval[float64]
```

```
💻 In
```

```python
(employee
    .groupby([cuts, 'GENDER'])
    ['BASE_SALARY']
    .mean()
    .unstack('GENDER')
    .round(-2)
)
```

```
Out
```

```
GENDER              Female      Male
(1958.0, 1970.0]    NaN         85400.0
(1970.0, 1981.0]    54400.0     72700.0
(1981.0, 1993.0]    55700.0     69300.0
(1993.0, 2004.0]    56500.0     62300.0
(2004.0, 2016.0]    49100.0     49800.0
```

MEMO

12

利用 Matplotlib、
Pandas 和 Seaborn
進行資料視覺化

在**探索式資料分析**（exploratory data analysis，下文簡稱為 EDA）中，視覺化是關鍵的要素，你通常需要快速建立圖表以協助理解資料。某些視覺化不是針對使用者而做，而是為了讓你對當前的情況有更好的理解。因此，製作出來的圖表不用追求完美（ 編註：重點是要從視覺化的圖表中，察覺數字不容易呈現的資訊，因此不會在配色、版面配置等議題著墨太多）。

當你準備視覺化圖表來進行報告時，就需要注意很多小細節。 此外，你通常需要從眾多視覺化資料的選項中，選擇最能代表資料的少數幾個。良好的資料視覺化可讓觀看者享受汲取資訊的體驗。

在 Python 中，用來視覺化資料的首要函式庫是 **Matplotlib**。它始於 2000 年代初，目的是模仿 Matlab 的繪圖功能。Matplotlib 具有強大的功能，能夠繪製大多數你想像得到的圖表，並且讓使用者擁有控制**繪圖區**（plotting surface）各個元件的強大能力。

話雖如此，對於初學者來說，它並不是最友善的函式庫。幸好，我們也可以非常輕鬆地使用 Pandas 來視覺化資料。在 Pandas 中，通常只需呼叫一次繪圖**方法**（method），即可繪製出我們想要的圖表。事實上，Pandas 並非自行繪圖，而是在內部呼叫 Matplotlib 的函式來建立圖表。

Seaborn 是封裝了 Matplotlib 的另一個視覺化函式庫，它本身不做任何實際的繪圖。Seaborn 可以製作很漂亮的圖表，包含一些 Matplotlib 或 Pandas 所沒有的圖表。

儘管可以在不使用 Matplotlib 的情況下建立圖表，但有時需靠它來手動調整圖表細節。因此，本章的前 3 節會涵蓋 Matplotlib 的一些基礎知識。當我們需要使用它的時候，就能派上用場。除了這兩節的範例外，其餘的範例都將使用 Pandas 或 Seaborn 來視覺化資料。

除了 Matplotlib，也存在其他繪圖函式庫，而未來 Pandas 可能會使用 Matplotlib 以外的繪圖引擎。Bokeh 就是目前崛起的互動式視覺化函式庫，專門針對網路而設計。此外，它完全獨立於 Matplotlib，而且可以產生整個應用程式。

12.1 Matplotlib 入門

對資料科學家來說，絕大多數的繪圖指令都會使用 Pandas 或 Seaborn 來完成。然而，Pandas 和 Seaborn 都無法完全替代 Matplotlib，因此我們偶爾還是需要使用 Matplotlib。出於以上原因，本節會簡要介紹 Matplotlib 中最重要的概念。

請注意，如果你是 Jupyter Notebook 的使用者，需要在 Notebook 中輸入以下指令來指示 Matplotlib 直接在 Notebook 中繪製圖表：

```
In
%matplotlib inline
```

讓我們先從以下的 Matplotlib 圖表架構開始介紹：

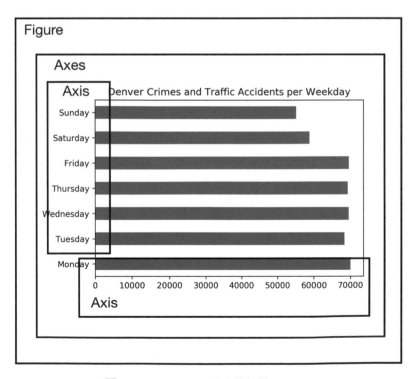

圖 12.1 Matplotlib 圖表的架構。

Matplotlib 使用物件的**階層架構**來顯示輸出中的所有繪圖項目。這種階層結構是理解 Matplotlib 的關鍵。請注意，接下來的術語指的是 Matplotlib 內的物件，而不是具有相同名稱的 Pandas 物件（這可能令人困惑）。

Figure 和 **Axes** 物件是 Matplotlib 階層結構中的兩個主要元件。Figure 物件位於階層結構的頂部，是所有繪圖項目的容器。Figure 物件中包含一個或多個 Axes 物件。在使用 Matplotlib 時，主要是與 Axes 物件進行互動，因此我們可以將其視為繪圖表面。Axes 包含 x 軸、y 軸、點、線、標記（marker）、標籤（label）、圖例（legends）以及任何在繪圖時有用的項目（編註：口語上常將 Axes 稱為子圖，這樣會比較好理解）。

請注意 Axes 與 axis（軸）之間的區別，它們是兩個完全不同的物件。在 Matplotlib 的術語中，Axes 物件並非 axis 的複數。正如前文所說，它是用來建立與控制大多數繪圖元素的物件，而 axis 則是指圖表中的 x 或 y（甚至 z）軸。

所有透過 Axes 物件建立的繪圖元素都稱為 **artists**，我們甚至可以說 Figure 和 Axes 物件本身就是 artists。區分 artists 對本書內容來說並不重要，但在處理更進階的 Matplotlib 繪圖時會很有用，尤其是在閱讀說明文件的時候。

12.2 **Matplotlib 的物件導向指南**

Matplotlib 為使用者提供了兩個不同的介面：**具狀態**（stateful）或**無狀態**（stateless）介面。具狀態介面是用 **pyplot 模組**來進行呼叫。該介面之所以叫做具狀態，是因為 Matplotlib 會在內部追蹤繪圖環境的當前狀態。在具狀態介面中建立圖表時，Matplotlib 會找出當前的 Figure 或 Axes 並對其進行更改。這種做法可以快速繪製出圖形，但在處理多個 Figure 和 Axes 時，就會顯得笨拙。

　　Matplotlib 還提供了一個無狀態（或**物件導向**，object-oriented）的介面，可以在其中明確地使用變數來指向特定的繪圖物件，每個變數都可以用來修改圖表的某些屬性。物件導向的做法是明確的，我們可以準確知道哪些物件經過了修改。

　　不幸的是，要從中二選一反而讓事情更複雜，加上 Matplotlib 本來就以難學聞名。在 Matplotlib 的說明文件中，提供了這兩種做法的範例。本書作者發現在實際應用時，將它們結合起來的效果最好。例如在 13-7 頁的範例中，作者先使用 pyplot 中的 subplots() 函式來建立 Figure 和 Axes 物件，然後在這些物件上套用不同方法。

　　如果你是 Matplotlib 的新手，可能無法辨別這兩種做法的差異。在具狀態介面中，所有指令都是在 pyplot 模組（通常會賦予『plt』的別名）上呼叫的函式。以下程式示範了如何使用該模組來繪製折線圖，並在每個軸加上一些標籤：

```
⌨ In
import matplotlib.pyplot as plt  ◄── 匯入 pyplot 模組
x = [-3, 5, 7]
y = [10, 2, 5]
fig = plt.figure(figsize=(15,3))  ◄── 呼叫 pyplot 模組的函式來建立 Figure 物件
plt.plot(x, y)
plt.xlim(0, 10)  ◄── 設定 x 軸的範圍
plt.ylim(-3, 8)  ◄── 設定 y 軸的範圍
plt.xlabel('X Axis')  ◄── 設定 x 軸的標籤
plt.ylabel('Y axis')  ◄── 設定 y 軸的標籤
plt.title('Line Plot')
plt.suptitle('Figure Title', size=20, y=1.03)
```

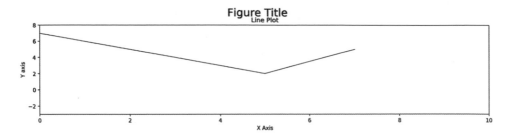

圖 **12.2** 使用具狀態介面繪製折線圖。

物件導向（無狀態介面）的做法如下所示：

🖥 **In**

```
from Matplotlib.figure import Figure
from Matplotlib.backends.backend_agg import FigureCanvasAgg as FigureCanvas
from IPython.core.display import display
fig = Figure(figsize=(15, 3))  ◀── 將建立的 Figure 物件存在 fig 變數中
FigureCanvas(fig)
ax = fig.add_subplot(1,1,1) ◀──┐
                編註：建立 1×1 的網格 (grid)，並指定其中的第一張圖表給 ax 變數
ax.plot(x, y) ◀── 直接操作 ax 變數來繪圖
ax.set_xlim(0, 10)
ax.set_ylim(-3, 8)
ax.set_xlabel('X axis')
ax.set_ylabel('Y axis')
ax.set_title('Line Plot')
fig.suptitle('Figure Title', size=20, y=1.03)
display(fig)
```

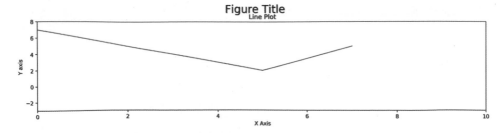

圖 **12.3** 使用物件導向介面來繪製折線圖。

實際應用時，可以結合這兩種做法，如下所示：

```
🖥 In
fig, ax = plt.subplots(figsize=(15,3))  ← 此處呼叫了 pyplot 模組的函式來建立繪圖物件
ax.plot(x, y)
ax.set(xlim=(0, 10), ylim=(-3, 8),
       xlabel='X axis', ylabel='Y axis',  ← 在繪圖物件上套用不同的方法
       title='Line Plot')
fig.suptitle('Figure Title', size=20, y=1.03)
```

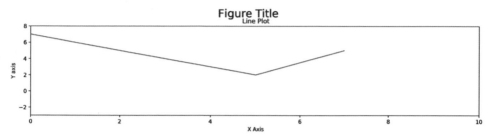

圖 12.4 使用 pyplot 模組來建立 Figure 和 Axes 物件，
然後再呼叫方法來繪製折線圖。

　　一般來說，一張圖表中可以有數百個物件。其中，每個物件都可以對圖表進行精細的調整，這在使用具狀態介面時並不容易達成。接下來，我們會建立一個空的圖表，然後修改其中的幾個基本特性。

🔧 動手做

01 先匯入 pyplot 模組：

```
🖥 In
import matplotlib.pyplot as plt
```

02 在使用物件導向的做法時，通常會建立一個 Figure 物件，以及一或多個 Axes 物件。讓我們使用 subplots() 函式來建立 Figure 物件，以及一個由 Axes 物件組成的**網格** (grid)。該函式的前兩個參數 (nrows 和 ncols) 定義了 Axes 物件的標準網格大小：

> 🖥 **In**
>
> ```
> fig, ax = plt.subplots(nrows=1, ncols=1)
> ```
> ◀── 建立由單一 Axes 物件組成的 1×1 網格

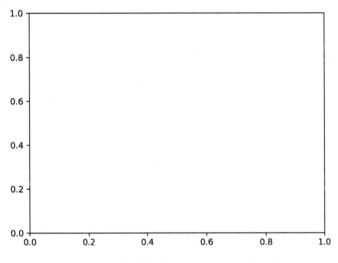

圖 **12.5** 繪製具有單一 Figure 物件的圖表。

> ✅ **小編補充** 此處由於只有一張圖，因此看不出網格的效果。在繪製多個 Axes 物件（子圖）時，每張圖會一格一格排列，並可以透過網格的位置來指定子圖。

> 🖥 **In**
>
> ```
> plot_objects = plt.subplots(nrows=1, ncols=1)
> type(plot_objects)
> ```
>
> --
>
> **Out**
>
> ```
> tuple
> ```
> ◀── 編註：輸出也會包含一張與圖 13.5 相同的圖片，此處就不另外展示了

subplots() 函式會傳回一個 tuple，其中的第一個元素是 Figure 物件，第二個元素是 Axes 物件。上面我們把該 tuple 物件拆解開來，並分別指派給 fig 與 ax 變數。如果你不習慣拆解 tuple，也可嘗試以下寫法：

```
fig = plot_objects[0]
ax = plot_objects[1]
```

如果使用 plt.subplots 建立一個以上的 Axes，則 tuple 中的第二個元素是包含了所有 Axes 物件的 NumPy 陣列。讓我們來示範一下：

```
figs, axs = plt.subplots(2, 4)   ◀── 建立由多個 Axes 物件構成的 2×4 網格
```

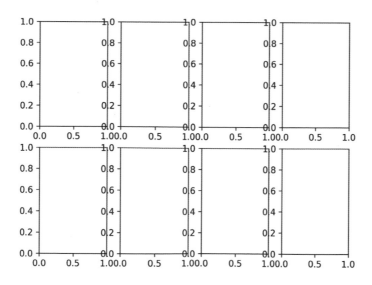

圖 12.6　繪製由多個 Axes 物件構成的網格。

此時 subplots 傳回的 tuple 中，第一個元素還是 Figure 物件，但第二個元素會變成 NumPy 陣列，我們可以檢視一下 axs 變數的內容：

```
🖥 In
axs
```

```
Out
array([[<Matplotlib.axes._subplots.AxesSubplot object at 0x000001BE19B235E0>,
        <Matplotlib.axes._subplots.AxesSubplot object at 0x000001BE18CFA310>,
        <Matplotlib.axes._subplots.AxesSubplot object at 0x000001BE18D26730>,
        <Matplotlib.axes._subplots.AxesSubplot object at 0x000001BE18D51B50>],
       [<Matplotlib.axes._subplots.AxesSubplot object at 0x000001BE18D7F0D0>,
        <Matplotlib.axes._subplots.AxesSubplot object at 0x000001BE18DB8490>,
        <Matplotlib.axes._subplots.AxesSubplot object at 0x000001BE18DD8940>,
        <Matplotlib.axes._subplots.AxesSubplot object at 0x000001BE18DE49D0>]],
      dtype=object)
```

03 在步驟 2 的一開始,我們呼叫了 subplots() 函式並傳回一個 tuple。接著,我們把該 tuple 拆解為 fig 和 ax 變數。現在來查看這兩個變數的型別:

```
🖥 In
type(fig)
```

```
Out
Matplotlib.figure.Figure ◄—— 為一 Figure 物件
```

```
🖥 In
type(ax)
```

```
Out
Matplotlib.axes._subplots.AxesSubplot ◄—— 為一 Axes 物件
```

04 從現在開始，我們將透過物件導向做法來操作剛剛建立的物件。使用該做法前要知道一個關鍵的事情，即每個繪圖元素都有 **getter 方法**和 **setter 方法**。getter 方法都以『get_』開頭，例如 ax.get_yscale() 方法會取得 y 軸所使用的比例尺類型（將傳回字串，預設為『linear』）。setter 方法則是以『set_』開頭，可用來修改特定的屬性或整組物件。

歸根究底，許多的 Matplotlib 操作都是針對某個繪圖元素，利用 getter 和 setter 方法來進行檢視與修改。接下來，我們會使用 getter 方法來取得 fig 的大小，然後使用 setter 方法來放大它：

```
💻 In
fig.get_size_inches()  ◀── 使用 getter 方法取得 fig 的大小
..........................................................................................
 Out
array([ 6., 4.])
```

 Matplotlib 預設所有 Figure 物件的寬度為 6 英寸，高度為 4 英寸。這不是它在螢幕上的實際大小，但如果你將其存成檔案（dpi 為 100），這就會是確切的大小。

```
💻 In
fig.set_size_inches(14, 4)  ◀── 使用 setter 方法來放大 fig
fig
```

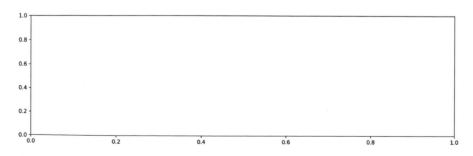

圖 12.7 更改 Figure 物件的大小。

05 在開始繪圖之前，先來檢視 Matplotlib 的階層結構。我們可以使用 **axes 屬性**來取得 fig 中的所有 axes：

```
In
fig.axes
```

```
Out
[<Matplotlib.axes._subplots.AxesSubplot at 0x112705ba8>]
```

由此可見，除了 getter 方法以外，你也可以透過繪圖物件的屬性來讀取它。一般來說，物件屬性都會有等效的 getter 方法，如下所示：

```
In
ax.xaxis == ax.get_xaxis()
```

```
Out
True
```

```
In
ax.yaxis == ax.get_yaxis()
```

```
Out
True
```

06 步驟 5 的 fig.axes 指令可傳回存放了所有 Axes 物件的串列。別忘了，我們已經將 Axes 物件儲存在 ax 變數中，可以用以下程式驗證它們是同一個物件：

```
In
fig.axes[0] is ax ◄──── fig.axes 會傳回一個串列，你需要先使用 [ ] 索引
                         算符來提取其中的元素，然後再與 ax 做比較
```

```
Out
True
```

07 許多 artists 都有一個 **facecolor 屬性**，可用來指定覆蓋其表面的顏色。Matplotlib 接受不同的顏色指定方式。我們可透過字串名稱來指定約 140 種 HTML 顏色（請參閱此列表：http://bit.ly/2y52UtO）。此外，也可以用包含從 0 到 1 的浮點數字串來表示灰階（**編註**：數字越小代表顏色越深）：

```
🖥 In

fig.set_facecolor('.7') ─┐
ax.set_facecolor('.5') ─┴─◀── 用不同的灰階程度來區分 Figure 和 Axes
fig
```

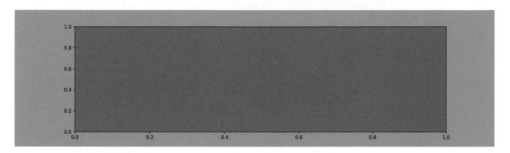

圖 12.8 透過指定 facecolor 來區分 Figure 和 Axes，其中較深色的區域為 Axes。

08 我們已經成功區分了 Figure 和 Axes，現在改用 **get_children()** 來檢視 Axes 的子物件。該指令會將 Axes 底下的所有物件以**串列**的形式傳回。我們可以從該串列選擇物件，並使用 setter 方法來修改特性。不過，更常見的做法是用屬性或 getter 方法來直接存取特定的物件：

```
🖥 In

ax_children = ax.get_children()
ax_children
```

```
Out

[<Matplotlib.spines.Spine at 0x1be19b27af0>,
 <Matplotlib.spines.Spine at 0x1be19b27cd0>,
 <Matplotlib.spines.Spine at 0x1be19b27e80>,
 <Matplotlib.spines.Spine at 0x1be19b27d00>,
```

```
<Matplotlib.axis.XAxis at 0x1be19b27eb0>,
<Matplotlib.axis.YAxis at 0x1be19b1efd0>,
Text(0.5, 1.0, ''),
Text(0.0, 1.0, ''),
Text(1.0, 1.0, ''),
<Matplotlib.patches.Rectangle at 0x1be1aa91f40>]
```

09 大多數圖表有 4 個 spines 和 2 個 axis 物件。spines 代表資料邊界，是圖 13.8 中較深色長方形（即 Axes）的 4 條邊線。x 軸和 y 軸物件則包含更多的繪圖物件，例如刻度（tick）和其標籤，以及整個軸的標籤。我們可以直接使用 **spines 屬性**來取得 spines 物件：

🖥 In

```
spines = ax.spines
spines
```

Out

```
OrderedDict([('left', <Matplotlib.spines.Spine at 0x1be19b27af0>),
             ('right', <Matplotlib.spines.Spine at 0x1be19b27cd0>),
             ('bottom', <Matplotlib.spines.Spine at 0x1be19b27e80>),
             ('top', <Matplotlib.spines.Spine at 0x1be19b27d00>)])
```

10 所有的 spines 物件會存放在**有序字典**（ordered dictionary）中。讓我們選擇左邊的 spines 並更改其位置和寬度，使其更加突出。同時，隱藏底部的 spines：

🖥 In

```
spine_left = spines['left']          ◀── 使用『left』字串選擇左邊的 spine
spine_left.set_position(('outward', -100))  ◀── 更改位置
spine_left.set_linewidth(5)          ◀── 更改寬度
spine_bottom = spines['bottom']
spine_bottom.set_visible(False)      ◀── 隱藏底部的 spines
fig
```

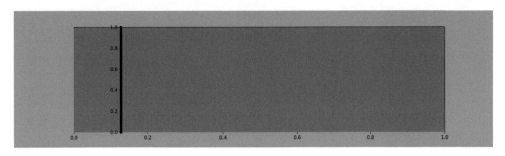

圖 12.9 移動或隱藏 spines 後的結果。

11 現在來操作 axis 物件，我們可以用 xaxis 和 yaxis 屬性來取得其內部的每個軸。axis 的某些特性（property）也適用於 Axes 物件。在以下程式中，我們會用兩種方式來更改每個軸的一些特性：

🖥 **In**

每個軸都有 major 和 minor 的刻度，在預設情況下，minor 的刻度是不顯示的，which 參數用於選擇哪種類型的刻度具有網格線

```
ax.xaxis.grid(True, which='major', linewidth=2, color='black', linestyle='--')
```

決定是否顯示網格線　　　　　　都是 Matplotlib 中 Line2D 物件的特性

```
ax.xaxis.set_ticks([.2, .4, .55, .93])
```
根據輸入的浮點數串列來決定顯示刻度的位置（若傳入空串列，則所有的刻度都會被移除）

```
ax.xaxis.set_label_text('X Axis', family='Verdana', fontsize=15)
ax.set_ylabel('Y Axis', family='Gotham', fontsize=20)
ax.set_yticks([.1, .9])
ax.set_yticklabels(['point 1', 'point 9'], rotation=45)
fig
```
用來指定 y 軸上，每個刻度的標籤

⚠ 請注意，本步驟的前 3 行程式使用 xaxis 屬性並呼叫其方法，而後 3 行程式則直接從 Axes 物件呼叫相應的方法。後 3 行的做法是 Matplotlib 所提供的一種便利的方式，可以幫你減少一些鍵盤的輸入動作。通常，大多數的物件只能設定自己的屬性，而不能設定其子物件的屬性。因此，許多 axis 層級的屬性無法從 Axes 來設定，但有些是可以的（例如此處 y 軸的標籤和刻度）。

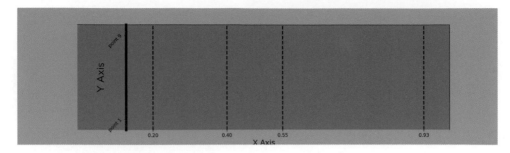

圖 **12.10** 為各軸添加刻度及標籤後所繪製出的圖表。

為了找到每個繪圖物件的所有特性，可呼叫 **properties() 方法**並將所有特性以字典來呈現。讓我們看看 axis 物件的特性列表：

```
In
ax.xaxis.properties()
```

```
Out
{'agg_filter': None,
 'alpha': None,
 'animated': False,
 ...
 'url': None,
 'view_interval': array([0., 1.]),
 'visible': True,
 'zorder': 1.5}
```

12.3 用 Matplotlib 視覺化資料

Matplotlib 有數十種繪圖方法，幾乎可以繪製任何你想像得到的圖表。折線圖、長條圖、直方圖、散佈圖、箱形圖、小提琴圖、等高線圖、圓餅圖以及其他許多圖都可使用 Axes 物件的方法來畫出。在初期，資料必須透過 NumPy 陣列或 Python 串列來傳入;直到 2015 年發布的 1.5 版,Matplotlib 才開始接受 DataFrame 的資料。

在本節,我們將視覺化 Alta 滑雪勝地的年積雪量資料。本範例中的圖表靈感來自 Trud Antzee(@Antzee_),他曾經建立了類似的挪威積雪量變化圖。

🔧 **動手做**

01 我們已經了解如何建立 Axes 物件並更改其屬性,現在開始視覺化資料吧!首先,來讀入相關資料:

💻 **In**

```
import pandas as pd
import numpy as np
alta = pd.read_csv('data/alta-noaa-1980-2019.csv')
alta
```

Out

	STATION	NAME	LATITUDE	…	WT05	WT06	WT11
0	USC00420072	ALTA, UT US	40.5905	…	NaN	NaN	NaN
1	USC00420072	ALTA, UT US	40.5905	…	NaN	NaN	NaN
2	USC00420072	ALTA, UT US	40.5905	…	NaN	NaN	NaN
3	USC00420072	ALTA, UT US	40.5905	…	NaN	NaN	NaN
4	USC00420072	ALTA, UT US	40.5905	…	NaN	NaN	NaN
…	…	…	…	…	…	…	…
14155	USC00420072	ALTA, UT US	40.5905	…	NaN	NaN	NaN
14156	USC00420072	ALTA, UT US	40.5905	…	NaN	NaN	NaN
14157	USC00420072	ALTA, UT US	40.5905	…	NaN	NaN	NaN
14158	USC00420072	ALTA, UT US	40.5905	…	NaN	NaN	NaN
14159	USC00420072	ALTA, UT US	40.5905	…	NaN	NaN	NaN

02 獲取 2018-2019 季度的資料：

```
In
```

```
data = (alta.assign(DATE=pd.to_datetime(alta.DATE))
```
└─── 將 DATE 欄位中的資料轉為 datetime 型別
```
        .set_index('DATE')  ◄── 把索引設為 DATE 欄位
        .loc['2018-09':'2019-08']  ◄── 此處設定一季是從 9 月開始，直到隔年的 8 月
        .SNWD)  ◄── 選取 SNWD 欄位（存有積雪深度的資訊）
data
```

```
Out
```

```
DATE
2018-09-01    0.0
2018-09-02    0.0
2018-09-03    0.0
2018-09-04    0.0
2018-09-05    0.0
              ...
2019-08-27    0.0
2019-08-28    0.0
2019-08-29    0.0
2019-08-30    0.0
2019-08-31    0.0
Name: SNWD, Length: 364, dtype: float64
```

03 使用 Matplotlib 視覺化步驟 2 得到的資料。我們可以使用預設的圖
表，並調整此圖表的樣子：

```
In
```

把 Figure 物件和 Axes 物件
的 facecolor 設為 blue

```
blue = '#99ddee'
white = '#ffffff'
fig, ax = plt.subplots(figsize=(12,4), linewidth=5, facecolor=blue)
ax.set_facecolor(blue)
ax.spines['top'].set_visible(False)
ax.spines['right'].set_visible(False)    ◄── 移除所有的 spines
ax.spines['bottom'].set_visible(False)
ax.spines['left'].set_visible(False)
```

```
ax.tick_params(axis='x', colors=white) ┐
ax.tick_params(axis='y', colors=white) ┘ ◄── 把標記的顏色改為白色
ax.set_ylabel('Snow Depth (in)', color=white)
ax.set_title('2018-2019', color=white, fontweight='bold')
ax.fill_between(data.index, data, color=white) ◄── 建立一個填入了資料的圖表
```

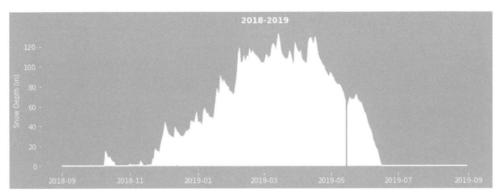

圖 12.11 繪製 2018-2019 季度的積雪量變化。

04 任何數量的圖表都可以放在單一的 Figure 中。讓我們將步驟 3 重構成一個 plot_year() 函式，然後繪製出為期 10 年的資料（**編註**：每一年的資料分別存放在不同的 Axes 物件）。在走訪年份資料的同時，我們還會追蹤最大值，以便能用 annotate() 來標註積雪量最大的 Axes 物件：

⌨ In

```
import matplotlib.dates as mdt
blue = '#99ddee'
white = '#ffffff'

def plot_year(ax, data, years): ─────────────┐
    ax.set_facecolor(blue)
    ax.spines['top'].set_visible(False)
    ax.spines['right'].set_visible(False)
    ax.spines['bottom'].set_visible(False)
    ax.spines['left'].set_visible(False)      ◄── 將步驟 3 重構成函式
    ax.tick_params(axis='x', colors=white)
    ax.tick_params(axis='y', colors=white)
    ax.set_ylabel('Snow Depth (in)', color=white)
    ax.set_title(years, color=white, fontweight='bold')
    ax.fill_between(data.index, data, color=white) ─┘
```

```
years = range(2009, 2019)
fig, axs = plt.subplots(ncols=2, nrows=int(len(years)/2), ◀── 建立 2×5 的網格
                        figsize=(16, 10), linewidth=5, facecolor=blue)
axs = axs.flatten() ◀── 扁平化 axs ( 編註 ：產生一個長度為 10 的向量)
max_val = None
max_data = None
max_ax = None
for i,y in enumerate(years): ◀── 走訪不同年份的資料
    ax = axs[i] ◀── 不同年份繪製成不同 Axes 物件
    data = (alta.assign(DATE=pd.to_datetime(alta.DATE))
               .set_index('DATE')
               .loc[f'{y}-09':f'{y+1}-08'] ◀── 選取某一年份 9 月起，
               .SNWD                            直到隔年 8 月的資料
    )
    if max_val is None or max_val < data.max():
        max_val = data.max()                    找出最大的積雪
        max_data = data                  ◀──    量及對應的年份
        max_ax = ax
    ax.set_ylim(0, 180)
    years = f'{y}-{y+1}'
    plot_year(ax, data, years)
max_ax.annotate(f'Max Snow {max_val}',
                xy=(mdt.date2num(max_data.idxmax()), max_val), ◀──
                color=white)                    指定要標註最大積雪量的座標位置

fig.suptitle('Alta Snowfall', color=white, fontweight='bold')
fig.tight_layout() ◀── 自動調整繪圖元件的位置
```

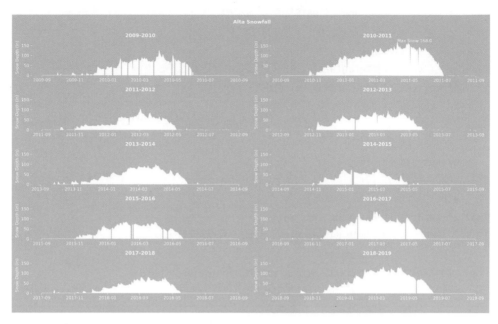

圖 12.12 視覺化 2009 年至 2019 年的積雪量資料。

了解更多

　　人類的大腦不擅長解讀表格資料，而視覺化可以幫助我們更深入地了解資料。從圖 13.12 可以發現，圖表中出現了不少空隙，表示資料中存在缺失值。在這種情況下，我們可以呼叫 interpolate() 來處理這些空隙：

```
💻 In
years = range(2009, 2019)
fig, axs = plt.subplots(ncols=2, nrows=int(len(years)/2),
                        figsize=(16, 10), linewidth=5, facecolor=blue)
axs = axs.flatten()
max_val = None
max_data = None
max_ax = None
for i,y in enumerate(years):
    ax = axs[i]
    data = (alta.assign(DATE=pd.to_datetime(alta.DATE))
```

```
                    .set_index('DATE')
                    .loc[f'{y}-09':f'{y+1}-08']
                    .SNWD
                    .interpolate())  ◄── 執行線性內插來處理缺失值
        if max_val is None or max_val < data.max():
            max_val = data.max()
            max_data = data
            max_ax = ax
        ax.set_ylim(0, 180)
        years = f'{y}-{y+1}'
        plot_year(ax, data, years)
max_ax.annotate(f'Max Snow {max_val}',
                xy=(mdt.date2num(max_data.idxmax()), max_val),
                color=white)
fig.suptitle('Alta Snowfall', color=white, fontweight='bold')
fig.tight_layout()
```

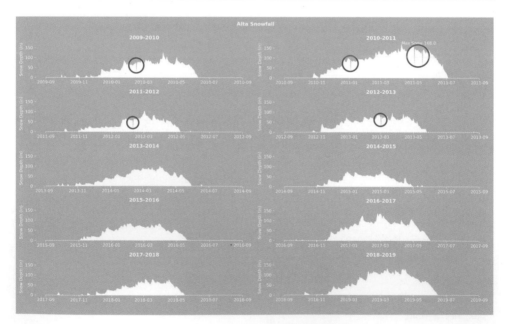

圖 12.13 處理缺失值後所產生的圖表。

　　在深入觀察後，會發現這個圖表仍然存在問題。在冬季的某些時間點，降雪量出現了不尋常的下降（例如上圖圈起來的地方）。讓我們設定一個數值（假設為 50），並找出哪些日期的積雪深度較前一天下降了 50 個單位：

⌨ In

```
(alta
    .assign(DATE=pd.to_datetime(alta.DATE))
    .set_index('DATE')
    .SNWD
    .to_frame()  ◀── 將以上步驟傳回的 Series 轉換為 DataFrame


                將 SNWD 內的資料往前移一個單位，如：1989-11-28 的
                SNWD 資訊會改成對應到 1989-11-27
                                              新增一個 next 欄位，內存
    .assign(next=lambda df_:df_.SNWD.shift(-1),  ◀── 有隔天積雪深度的資訊
            snwd_diff=lambda df_:df_.next-df_.SNWD)  ◀──
        新增一個 snwd_diff 欄位，內存有隔天的積雪深度和今天的積雪深度之差值
    .pipe(lambda df_: df_[df_.snwd_diff.abs() > 50])  ◀──
)                                    傳回相差值大於 50 的項目
```

Out

	SNWD	next	snwd_diff
DATE			
1989-11-27	60.0	0.0	-60.0
2007-02-28	87.0	9.0	-78.0
2008-05-22	62.0	0.0	-62.0
2008-05-23	0.0	66.0	66.0
2009-01-16	76.0	0.0	-76.0
2009-01-17	0.0	70.0	70.0
2009-05-14	52.0	0.0	-52.0
2009-05-15	0.0	51.0	51.0
2009-05-17	55.0	0.0	-55.0
2010-02-15	75.0	0.0	-75.0
2010-02-16	0.0	73.0	73.0
2011-01-03	88.0	0.0	-88.0
2011-01-04	0.0	87.0	87.0
2011-05-02	155.0	0.0	-155.0
2011-05-03	0.0	146.0	146.0
2011-05-17	134.0	0.0	-134.0
2011-05-18	0.0	136.0	136.0
2012-02-09	58.0	0.0	-58.0
2012-02-10	0.0	56.0	56.0
2013-03-01	75.0	0.0	-75.0
2013-03-02	0.0	78.0	78.0

資料看起來存在一些問題，因為有些資料會驟減為 0（注意！是 0 而非 np.nan）。讓我們建立一個 fix_gaps() 函式並搭配 pipe() 來清理它們：

```
In
def fix_gaps(ser, threshold=50):
    mask = (ser
        .to_frame()
        .assign(next=lambda df_:df_.SNWD.shift(-1),
                snwd_diff=lambda df_:df_.next-df_.SNWD)
        .pipe(lambda df_: df_.snwd_diff.abs() > threshold))
    return ser.where(~mask, np.nan)


years = range(2009, 2019)
fig, axs = plt.subplots(ncols=2, nrows=int(len(years)/2),
                        figsize=(16, 10), linewidth=5, facecolor=blue)
axs = axs.flatten()
max_val = None
max_data = None
max_ax = None
for i,y in enumerate(years):
    ax = axs[i]
    data = (alta.assign(DATE=pd.to_datetime(alta.DATE))
        .set_index('DATE')
        .loc[f'{y}-09':f'{y+1}-08']
        .SNWD
        .pipe(fix_gaps)
        .interpolate()
    )
    if max_val is None or max_val < data.max():
        max_val = data.max()
        max_data = data
        max_ax = ax
    ax.set_ylim(0, 180)
    years = f'{y}-{y+1}'
    plot_year(ax, data, years)
max_ax.annotate(f'Max Snow {max_val}',
                xy=(mdt.date2num(max_data.idxmax()), max_val),
```

傳回一個布林陣列，True 值代表與隔天的積雪深度差值超過我們所設定的閾值（threshold）

where() 的用法參見底下的小編補充

使用 fix_gaps() 函式清理資料

```
                    color=white)

fig.suptitle('Alta Snowfall', color=white, fontweight='bold')
fig.tight_layout()
```

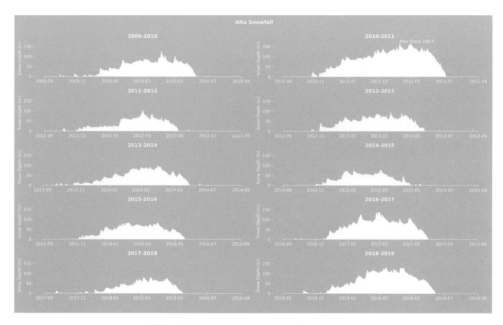

圖 12.14 處理異常值後產生的結果圖。

◎ **小編補充**　where() 可搭配**條件判斷式**來篩選特定的資料：

🖥 **In**

```
s = pd.Series(range(5))
s
```

Out

```
0    0
1    1
2    2
3    3
4    4
dtype: int64
```

In

```
s.where(s>0)  ◄—— 將條件判斷式傳入 where()
```

Out

```
0    NaN  ◄—— 不符合條件的項目值會改為 NaN
1    1.0
2    2.0
3    3.0
4    4.0
dtype: float64
```

你也可以直接傳入**布林陣列**：

In

```
s = pd.Series(range(5))
t = s>0  ◄—— 先建立一個布林陣列
t
```

Out

```
0    False
1    True
2    True
3    True
4    True
dtype: bool
```

In

```
s.where(t)  ◄—— 將剛剛建立的布林陣列傳入 where()
```

Out

```
0    NaN
1    1.0
2    2.0
3    3.0
4    4.0
dtype: float64
```

12.4 使用 Pandas 繪製基本圖形

Matplotlib 的繪圖機制十分複雜，改用 Pandas 會輕鬆許多。Pandas 透過自動化人部分的過程，使繪圖變得非常容易。繪圖是在 Matplotlib 內部進行處理，並透過 DataFrame 或 Series 的 **plot 屬性**（它也可當作方法，不過此處繪圖時使用的是屬性）來存取。使用 Pandas 建立圖表時，會傳回一個 Matplotlib 的 Axes 或 Figure 物件。然後，便可以使用 Matplotlib 的全部功能來調整圖表，以符合你的需求。

Pandas 只能產生 Matplotlib 圖表中的一小部分，例如：折線圖、長條圖、箱形圖、散佈圖（搭配**核密度估計**）和直方圖。雖然如此，使用 Pandas 繪圖通常只需要一行程式碼，非常地方便。

使用 Pandas 繪圖的關鍵之一，是了解 x 軸和 y 軸的資料來源。Pandas 的預設圖表（即折線圖）會將索引畫在 x 軸上，而每個欄位則畫在 y 軸上。在散佈圖中，我們需要指定用於 x 軸和 y 軸的欄位。直方圖、箱形圖和 KDE 圖會忽略索引，並畫出每個欄位內的資料分佈。

接下來，我們將展示 Pandas 繪圖的不同範例。

🔧 動手做

01 建立一個小的 DataFrame，它可幫助我們區分使用 Pandas 畫出的單變數和雙變數圖形之差異：

🖵 In

```
df = pd.DataFrame(index=['Atiya', 'Abbas', 'Cornelia', 'Stephanie', 'Monte'], ⤶
                                                              指定有意義的索引
              data={'Apples':[20, 10, 40, 20, 50],
                    'Oranges':[35, 40, 25, 19, 33]})
df
```

Out

	Apples	Oranges
Atiya	20	35
Abbas	10	40
Cornelia	40	25
Stephanie	20	19
Monte	50	33

該 DataFrame 中有兩個變數，一個是位於索引的人名變數，另一個是位於欄位名稱的水果變數。

02 長條圖使用索引作為 x 軸的標籤，使用欄位值作為長條的高度，並透過不同顏色來加以區分個別長條圖所代表的水果。把 **plot 屬性**與 bar() 方法一併使用，即可使用長條圖視覺化以上的 DataFrame：

In

```
ax = df.plot.bar(figsize=(16,4))
```

⚠ Pandas 的 plot 屬性具有各種繪圖方法和大量參數，允許你根據喜好調整結果。例如：設置 Figure 大小、顯示或隱藏網格線、設置 x 軸和 y 軸的範圍、為圖表著色以及旋轉刻度等。

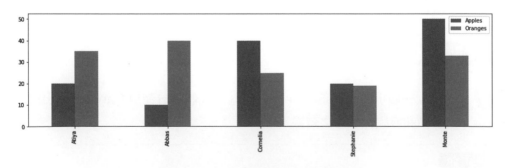

圖 12.15 利用 Pandas 繪製長條圖。

你也可以使用特定 Matplotlib 繪圖方法提供的任何引數。額外的引數由 plot() 中的 ****kwds 參數**收集，並傳遞給底層的 Matplotlib 函式。在本步驟中，我們建立了一個長條圖。這意味著我們可以使用 bar() 中所有的可用參數，以及 Pandas 繪圖方法中可用的參數。

03 現在來繪製一個單變數（ **編註**：此處的圖表只包含了水果變數的資訊）
的 KDE 圖，它會為 DataFrame 中的每個數值欄位建立一個**密度估計**
（density estimate）。KDE 圖會忽略索引並將每個欄位放到 x 軸，然後
在 y 軸用欄位值算出機率密度，最後繪製成圖表：

> 🖵 **In**

```
ax = df.plot.kde(figsize=(16,4))
```

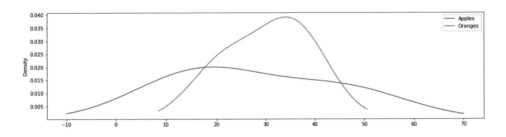

圖 12.16 利用 Pandas 繪製 KDE 圖。

04 我們也可以在單一 Figure 中繪製折線圖、散佈圖和長條圖等多個圖
表。散佈圖是唯一需要將欄位名稱指定給 x 參數和 y 參數的圖；如果
想要將索引用於散佈圖，則必須使用 reset_index() 來將其轉為一欄
位。折線圖和長條圖則會把索引用在 x 軸，並為每個數值欄位畫出一
條折線或一組長條（bar）：

> 🖵 **In**

```
將 3 個 Axes 物件分別存為不同變數
         ↓
fig, (ax1, ax2, ax3) = plt.subplots(1, 3, figsize=(16,4)) ◄──┐
                        建立一個有著 3 個 Axes 物件（分佈在同一列）的 Figure 物件
fig.suptitle('Two Variable Plots', size=20, y=1.02)
df.plot.line(ax=ax1, title='Line plot')
           ↑
     ax 參數允許我們將繪圖結果放置到特定的 Axes 中，此處選擇將折線圖放到 ax1
df.plot.scatter(x='Apples', y='Oranges', ax=ax2, title='Scatterplot')
df.plot.bar(color=color, ax=ax3, title='Bar plot')
```

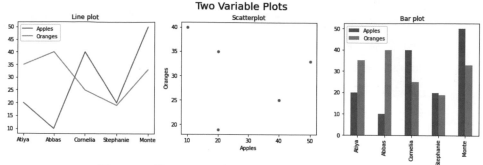

圖 **12.17** 利用 Pandas 在單一 Figure 中繪製多種圖表。

05 讓我們將 KDE、箱形圖和直方圖也放在同一個 Figure 中。這些圖表可用於視覺化不同欄位的資料分佈狀況：

```
fig, (ax1, ax2, ax3) = plt.subplots(1, 3, figsize=(16,4))
fig.suptitle('One Variable Plots', size=20, y=1.02)
df.plot.kde(color=color, ax=ax1, title='KDE plot')     ◀── 繪製 KDE 圖
df.plot.box(ax=ax2, title='Boxplot')     ◀── 繪製箱形圖
df.plot.hist(color=color, ax=ax3, title='Histogram')     ◀── 繪製直方圖
```

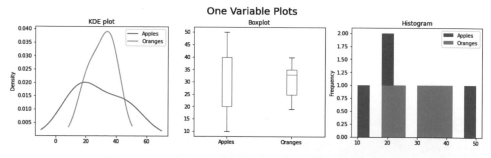

圖 **12.18** 使用 Pandas 繪製 KDE、箱形圖和直方圖。

⚠ 到此我們是展示使用 Matplotlib 和 Pandas 繪圖的方法，因此請忽略繪製出來的圖表是否有意義，下一節才會開始進行視覺化的資料分析。

了解更多

除了散佈圖，其他圖表都不需另外指定要使用的欄位。Pandas 預設繪製每個數值欄位以及索引（如果是雙變數圖表的話）。當然，你可以指定要用於 x 參數或 y 參數的確切欄位：

```
In
fig, (ax1, ax2, ax3) = plt.subplots(1, 3, figsize=(16,4))
df.sort_values('Apples').plot.line(x='Apples', y='Oranges', ax=ax1)
df.plot.bar(x='Apples', y='Oranges', ax=ax2)
df.plot.kde(x='Apples', ax=ax3)
```

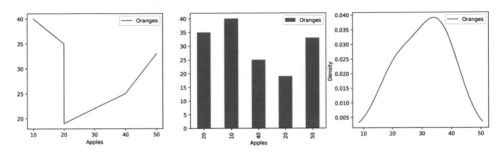

圖 12.19 指定要用於 x 值或 y 值的確切欄位後，繪製出折線圖、長條圖和 KDE 圖。

12.5 視覺化航班資料集

檢視新的資料集時，其中一個策略是建立一些單變數或多變數圖表（如上一節所示）。這些圖表包括用於分類資料（通常是字串）的長條圖和用於連續資料（通常是數值）的直方圖、箱形圖或 KDE。

在以下的範例中，我們將繼續使用 Pandas 建立單變數與多變數圖表，並對航班資料集進行一些基本的 EDA。

🔧 **動手做**

01 讀入航班資料集：

```
In
flights = pd.read_csv('data/flights.csv')
```

在開始繪圖前，我們要先計算更改、取消、延誤和準點航班的數量。目前，我們已經有了 DIVERTED 和 CANCELLED 這兩個二元欄位（分別記錄某個航班是否更改或取消）。接下來，需要建立兩個新的二元欄位來存放延誤與準點的航班資料。如果某航班比預定時間晚 15 分鐘（或更久）到達，則該航班就視為延誤：

```
cols = ['DIVERTED', 'CANCELLED', 'DELAYED']
(flights                          新增一個 DELAYED 欄位，用來存放延誤航班的資料
    .assign(DELAYED=flights['ARR_DELAY'].ge(15).astype(int), ←┘

         該欄位存有某航班比預定時間晚到了多久

        ON_TIME=lambda df_:1 - df_[cols].any(axis=1)  ← 新增一個 ON_TIME 欄位

        如果某一航班沒有更改、取消或延誤，則將其視為準點航班

    .select_dtypes(int)
    .sum()
)
```

Out

```
DELAYED    11685
ON_TIME    45789
dtype: int64
```

03 在同一個 Figure 上為分類欄位（AIRLINE、ORG_AIR、DEST_AIR 等欄位）與連續欄位（DIST 和 ARR_DELAY 欄位）繪製圖表：

In

```
fig, ax_array = plt.subplots(2, 3, figsize=(18,8))
(ax1, ax2, ax3), (ax4, ax5, ax6) = ax_array
fig.suptitle('2015 US Flights - Univariate Summary', size=20)
ac = flights['AIRLINE'].value_counts()  ← 找出不同航空公司出現的次數
ac.plot.barh(ax=ax1, title='Airline')  ← 繪製水平的長條圖
(flights['ORG_AIR']
```

```
    .value_counts()
    .plot.bar(ax=ax2, rot=0, title='Origin City')
)
(flights['DEST_AIR']
    .value_counts()
    .head(10)
    .plot.bar(ax=ax3, rot=0, title='Destination City')
)
(flights
    .assign(DELAYED=flights['ARR_DELAY'].ge(15).astype(int),
            ON_TIME=lambda df_:1 - df_[cols].any(axis=1))
    [['DIVERTED', 'CANCELLED', 'DELAYED', 'ON_TIME']]
    .sum()
    .plot.bar(ax=ax4, rot=0,log=True, title='Flight Status')
)
flights['DIST'].plot.kde(ax=ax5, xlim=(0, 3000), title='Distance KDE')

flights['ARR_DELAY'].plot.hist(ax=ax6, title='Arrival Delay', range=(0,200))
```

計算不同狀態
的航班總數

使用 xlim 參數來限制 x 軸的範圍

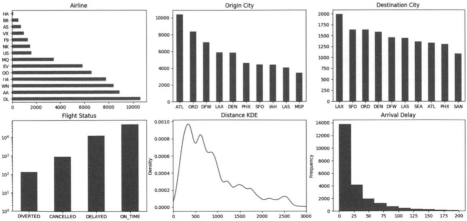

圖 **12.20** 利用 Pandas 繪製單變數的圖表。左下角的圖在 y 軸上使用對數刻度（10 的次方），這是因為準點航班的數量比取消航班的數量大 100 倍。如果不使用對數刻度，則很難看到最左側的兩個長條。

04 雖然這不是對單變數資料的詳盡統計分析，不過仍提供了大量的細節。在處理多變數圖表前，先來繪製每週的航班數量。現在，就非常適合使用 x 軸為日期的時間序列圖表了。

不幸的是，在現有欄位中沒有任何的 Timestamp 物件，但我們有月份和日期欄位（MONTH 欄位和 DAY 欄位）。**to_datetime() 函式**有一個絕妙的技巧，可以辨認出與 Timestamp 元件匹配的欄位名。舉例來說，如果你的 DataFrame 正好有 3 個名為 year、month 和 day 的欄位，則將此 DataFrame 傳遞給 to_datetime() 會傳回一個 Timestamp Series。因此，我們需要增加一個年份的欄位，並使用預訂的出發時間（SCHED_DEP 欄位）來新增小時和分鐘欄位：

🖥 **In**

```
df_date = (flights
    [['MONTH', 'DAY']]    ◀── 先取出 MONTH 和 DAY 欄位
    .assign(YEAR=2015,    ◀── 新增一個 YEAR 欄位，其中的資料都設定為 2015
            HOUR=flights['SCHED_DEP'] // 100,
            MINUTE=flights['SCHED_DEP'] % 100)    ◀── 原理見底下的小編補充
)
df_date    └── 創建一個只有 datetime 元件的 DataFrame
```

✅ **小編補充**　SCHED_DEP 欄位中存放的時間格式為 HHMM（例如：1625 或 1305），因此只要使用整除算符（//），除以 100 便可取得小時資訊，使用 % 算符取餘數則可取得分鐘資訊。

Out

	MONTH	DAY	YEAR	HOUR	MINUTE
0	1	1	2015	16	25
1	1	1	2015	8	23
2	1	1	2015	13	5
3	1	1	2015	15	55
4	1	1	2015	17	20
...	...	...	...	...	...

58487	12	31	2015	5	15
58488	12	31	2015	19	10
58489	12	31	2015	18	46
58490	12	31	2015	5	25
58491	12	31	2015	8	59

05 然後，我們便可將該 DataFrame 傳入 to_datetime() 函式，進而得到適當的 Timestamp Series：

In
```
flight_dep = pd.to_datetime(df_date)
flight_dep
```

Out
```
0        2015-01-01 16:25:00
1        2015-01-01 08:23:00
2        2015-01-01 13:05:00
3        2015-01-01 15:55:00
4        2015-01-01 17:20:00
                ...
58487    2015-12-31 05:15:00
58488    2015-12-31 19:10:00
58489    2015-12-31 18:46:00
58490    2015-12-31 05:25:00
58491    2015-12-31 08:59:00
Length: 58492, dtype: datetime64[ns]
```

06 讓我們使用步驟 5 得到的 Series 作為新索引，然後使用 resample() 來計算每週的航班數。該方法會根據傳入的 offset alias 並使用索引來分組，進而得到存有每週航班數的 Series（**編註**：此處傳入 'W'，表示以週為單位重新分組）。接著，我們便可在該 Series 上呼叫 plot.line() 來繪製折線圖：

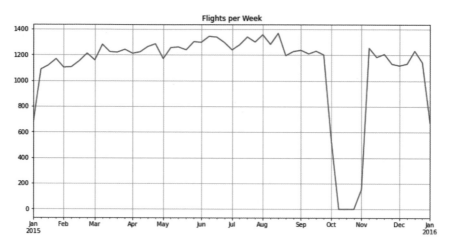

```
In
flights.index = flight_dep ◀── 使用剛剛得到的 Timestamp Series 為資料集的索引
fc = flights.resample('W').size() ◀── 取得每週的航班數
fc.plot.line(figsize=(12,6), title='Flights per Week', grid=True)
```

Flights per Week

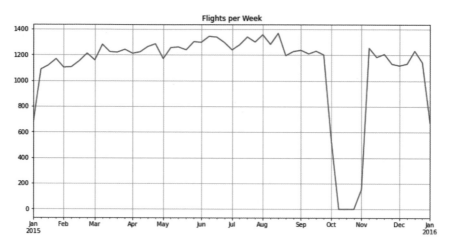

圖 12.21　繪製 x 軸為 Timestamp 元件的折線圖。

07 從圖表可見，我們似乎缺少了 10 月份的資料。因此，我們很難單從此圖表看出任何的趨勢。此外，第一週和最後一週也低於平常的數字，有可能是因為它們的資料不完整。讓我們將少於 600 個航班的週資料設定為缺失值，然後便可以使用 interpolate() 來填補缺失值：

```
In
def interp_lt_n(df_, n=600): ◀── 定義可填補缺失值的函式
    return (df_
        .where(df_ > n) ◀── 若某筆資料大於 n，則保留原值，否則改為缺失值
        .interpolate(limit_direction='both'))
```
預設只會往前填補值，因此需將其設為『both』，以確保不會遺漏掉缺失值（當缺失值出現在 DataFrame 的首筆資料時，如果只往前填補，則該筆資料依舊會是缺失值）

```
fig, ax = plt.subplots(figsize=(16,4))
data = (flights
    .resample('W')
    .size()
)
(data
    .pipe(interp_lt_n)
    .iloc[1:-1]
    .plot.line(color='black', ax=ax)
)
mask = data<600
(data
    .pipe(interp_lt_n)[mask]
    .plot.line(color='.8', linewidth=10)
)
ax.annotate(xy=(.8, .55), xytext=(.8, .77),
            xycoords='axes fraction', text='missing data',
            ha='center', size=20, arrowprops=dict())
ax.set_title('Flights per Week (Interpolated Missing Data)')
```

標註進行填補 的區域 ←

使用 Axes 座標系統 (範圍從 (0,0) 到 (1,1))

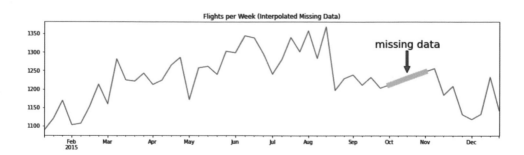

圖 12.22　為了更清楚地顯示缺失的資料，我們選擇原始資料中缺失的點，然後在先前的折線圖上畫一條新的線。現在，我們已在新的圖表中排除了錯誤的資料，也就更容易看出趨勢：夏季月份的交通量比其他月份來得多。

08 現在把重心轉移到多變數圖表，並嘗試找到符合以下條件的 10 個機場：

- 入境航班的平均飛行距離最長
- 總航班數大於 100

```
🖥 In
fig, ax = plt.subplots(figsize=(16,4))
(flights
    .groupby('DEST_AIR') ◀─┐
                由於要計算入境航班的飛行距離，故此處根據目的地機場來分組
    ['DIST'] ◀── 取出存有飛行距離的欄位
    .agg(['mean', 'count'])
    .query('count > 100') ◀── 過濾出符合條件 (總航班數大於 100) 的機場
    .sort_values('mean') ◀── 根據平均飛行距離從小到大進行排列
    .tail(10) ◀── 取出最後 10 筆資料 (飛行距離最長的 10 趟航班)
          只選擇 mean 欄位來繪製長條圖
                      │
                      ▼
    .plot.bar(y='mean', rot=0, legend=False, ax=ax,
                                   ▲
                此處只有畫出 mean 欄位的長條圖，因此不用放圖例
            title='Average Distance per Destination')
)
```

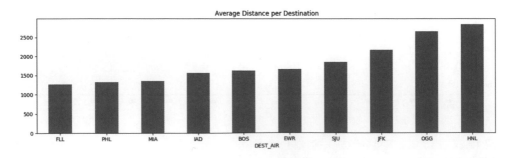

圖 12.23 繪製入境航班平均飛行距離之長條圖。

09 讓我們為飛行距離在 2,000 英里以下的航班繪製『距離』和『飛行時間』之間的散佈圖，藉此來分析這兩個變數之間的關係：

12-38

```
💬 In
```

```python
fig, ax = plt.subplots(figsize=(8,6))
(flights
    .reset_index(drop=True)
    [['DIST', 'AIR_TIME']]
    .query('DIST <= 2000')          由於點的數量很多，因此用 s 參數來調整點的大小
    .dropna()
    .plot.scatter(x='DIST', y='AIR_TIME', ax=ax, alpha=.1, s=1)
)
```

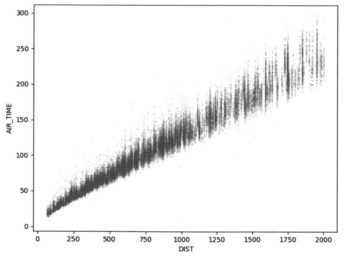

圖 12.24 繪製『距離』和『飛行時間』之間的散佈圖。

10 正如預期，儘管變異量似乎會隨著距離而增加，但距離和飛行時間的確存在緊密的線性關係。讓我們來量化這兩個欄位的相關性：

```
💬 In
```

```python
flights[['DIST', 'AIR_TIME']].corr()
```

```
Out
```

	DIST	AIR_TIME
DIST	1.00000	0.98774
AIR_TIME	0.98774	1.00000

11 在步驟 9 輸出的圖表中，有一些航班與其它資料點相距很遠，現在要嘗試把它們找出來。一般來說，我們可以用**線性迴歸模型**來識別它們，然而 Pandas 卻不支援線性迴歸。因此，我們先改用 **cut() 函式**將飛行距離以 250 英里為區間進行分組：

```
In
(flights
    .reset_index(drop=True)
    [['DIST', 'AIR_TIME']]
    .query('DIST <= 2000')
    .dropna()
    .pipe(lambda df_:pd.cut(df_.DIST, bins=range(0, 2001, 250)))
    .value_counts()
    .sort_index()              每個區間的大小為 250
)
```

```
Out
          區間不包括最小值（小括號），但包含最大值（中括號）
(0, 250]          6529
(250, 500]       12631
(500, 750]       11506
(750, 1000]       8832
(1000, 1250]      5071
(1250, 1500]      3198
(1500, 1750]      3885
(1750, 2000]      1815
Name: DIST, dtype: int64
```

12 我們假設同一組的航班應該具有相近的飛行時間，同時計算每個航班的飛行時間偏離其所在組別的平均值多少個標準差（即標準分數，也稱 **Z 分數**）：

```
In
zscore = lambda x: (x - x.mean()) / x.std()  ◀── 定義計算 Z 分數的匿名函式
short = (flights
    [['DIST', 'AIR_TIME']]
```

```
    .query('DIST <= 2000')
    .dropna()
    .reset_index(drop=True)
    .assign(BIN=lambda df_:pd.cut(df_.DIST, bins=range(0, 2001, 250)))
)

scores = (short
    .groupby('BIN')
    ['AIR_TIME']
    .transform(zscore)  ◄── 利用剛剛定義的 zscore 函式來計算每個航班的 Z 分數
)
(short.assign(SCORE=scores))  ◄── 新增一個 SCORE 欄位來存放 Z 分數的資訊
```

Out

	DIST	AIR_TIME	BIN	SCORE
0	590	94.0	(500, 750]	0.490966
1	1452	154.0	(1250, 1500]	-1.267551
2	641	85.0	(500, 750]	-0.296749
3	1192	126.0	(1000, 1250]	-1.211020
4	1363	166.0	(1250, 1500]	-0.521999
...	...	...	...	...
53462	1464	166.0	(1250, 1500]	-0.521999
53463	414	71.0	(250, 500]	1.376879
53464	262	46.0	(250, 500]	-1.255719
53465	907	124.0	(750, 1000]	0.495005
53466	522	73.0	(500, 750]	-1.347036

13 我們現在需要找出離群值的方法。**箱形圖**（box plot）提供了偵測離群值的視覺化圖表。為每個區段繪製箱形圖前，需先把區段範圍設為欄位名稱。我們可以用 pivot() 來做到這一點：

```
fig, ax = plt.subplots(figsize=(10,6))
(short.assign(SCORE=scores)
      .pivot(columns='BIN')     ← 將區段範圍設為欄位名稱
      ['SCORE']
      .plot.box(ax=ax)
)
ax.set_title('Z-Scores for Distance Groups')
```

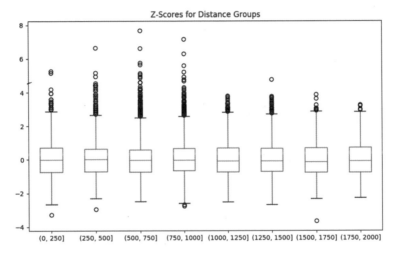

圖 12.25 畫出不同飛行距離的組別中，各航班飛行時間的 Z 分數。

14 我們來檢視一下 Z 分數大於 6 的資料 (即離群值)。由於我們在步驟 9 中重置了 DataFrame 的索引，因此可以用它來識別 DataFrame 中每個獨特的列。讓我們另外建立一個只有離群值的 DataFrame：

```
mask = (short
    .assign(SCORE=scores)
    .pipe(lambda df_:df_.SCORE.abs()>6))     ← 定義一個能找出離群值的布林陣列

outliers = (flights
    [['DIST', 'AIR_TIME']]
    .query('DIST <= 2000')
```

```
        .dropna()
        .reset_index(drop=True)          為離群值指定整數值,以方便在圖形中進行辨識
        [mask]
        .assign(PLOT_NUM=lambda df_:range(1, len(df_)+1))
)

outliers
```

....

Out

	DIST	AIR_TIME	PLOT_NUM
14972	373	121.0	1
22507	907	199.0	2
40768	643	176.0	3
50141	651	164.0	4
52699	802	210.0	5

15 Pandas 提供了將表格附加到圖形底部的做法,即使用 scatter() 的 **table 參數**指定表格名稱。然後,我們繪製出離群值的散佈圖:

In

```
fig, ax = plt.subplots(figsize=(8,6))
(short
    .assign(SCORE=scores)
    .plot.scatter(x='DIST', y='AIR_TIME',
                  alpha=.1, s=1, ax=ax,
                  table=outliers)      使用 table 參數將 outliers 表格放到圖形底部
)
outliers.plot.scatter(x='DIST', y='AIR_TIME', s=25, ax=ax, grid=True)

                                      把 s 調大,以讓我們更好地辨識離群值的點
outs = outliers[['AIR_TIME', 'DIST', 'PLOT_NUM']]
for t, d, n in outs.itertuples(index=False):
    ax.text(d + 5, t + 5, str(n))
plt.setp(ax.get_xticklabels(), y=.1)      將 x 軸刻度標籤往上移,以免和表格重疊
plt.setp(ax.get_xticklines(), visible=False)      刪除刻度線
ax.set_xlabel('')
ax.set_title('Flight Time vs Distance with Outliers')
```

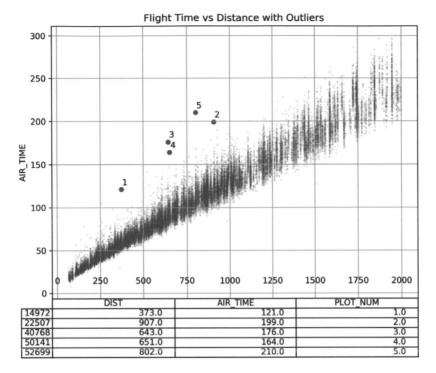

圖 **12.26** 在原本的圖表上標示出離群值（共有 5 個），
並在下方加入記錄了離群值資訊的表格。

12.6 使用堆疊面積圖找出趨勢

堆積面積圖（stacked area chart）是找出趨勢的絕佳視覺化工具，尤其是在觀察市場變化時。它常常用來顯示網路瀏覽器、手機或車輛等產品的市場佔有率。

接下來，我們會分析從 meetup.com 獲得的資料集。該資料集記錄了 5 個資料科學群組中，每個會員的加入時間。我們將繪製一張堆疊面積圖，顯示在不同群組中會員的分佈狀況。

🔧 **動手做**

01 讀入資料集並將 join_date 欄位轉換為 Timestamp 欄位，同時將其設為索引：

🖥 **In**

```
meetup = pd.read_csv('data/meetup_groups.csv',
                     parse_dates=['join_date'],
                     index_col='join_date')
meetup
```

Out

	group	city	state	country
join_date				
2016-11-18 02:41:29	houston machine learning	Houston	TX	us
2017-05-09 14:16:37	houston machine learning	Houston	TX	us
2016-12-30 02:34:16	houston machine learning	Houston	TX	us
2016-07-18 00:48:17	houston machine learning	Houston	TX	us
2017-05-25 12:58:16	houston machine learning	Houston	TX	us
...	...	...	...	...
2017-10-07 18:05:24	houston data visualization	Houston	TX	us
2017-06-24 14:06:26	houston data visualization	Houston	TX	us
2015-10-05 17:08:40	houston data visualization	Houston	TX	us
2016-11-04 22:36:24	houston data visualization	Houston	TX	us
2016-08-02 17:47:29	houston data visualization	Houston	TX	us

02 取得不同群組中，每週的新會員註冊人數：

🖥 **In**

```
(meetup.groupby([pd.Grouper(freq='W'), 'group'])  ◄── 按週和群組來分組
       .size())
```

```
join_date     group
2010-11-07    houstonr                          5
2010-11-14    houstonr                         11
2010-11-21    houstonr                          2
2010-12-05    houstonr                          1
2011-01-16    houstonr                          2
                                               ..
2017-10-15    houston data science            14
              houston data visualization      13
              houston energy data science      9
              houston machine learning        11
              houstonr                         2
Length: 763, dtype: int64
```

03 此處產生的 Series 不適合用來繪製圖表，我們要對索引中的 group 層級使用 unstack()，把個別群組的資料放在不同欄位：

In

```
(meetup
    .groupby([pd.Grouper(freq='W'), 'group'])
    .size()
    .unstack('group', fill_value=0)
)
                                    ↑
                     若 unstack() 的結果包含缺失值，則用 0 來代替
```

Out

group	houston data science	houston data visualization	houston energy data science	houston machine learning	houstonr
join_date					
2010-11-07	0	0	0	0	5
2010-11-14	0	0	0	0	11
2010-11-21	0	0	0	0	2
2010-12-05	0	0	0	0	1
2011-01-16	0	0	0	0	2

...	...	...	...	...	...
2017-09-17	16	2	6	5	0
2017-09-24	19	4	16	12	7
2017-10-01	20	6	6	20	1
2017-10-08	22	10	10	4	2
2017-10-15	14	13	9	11	2

04 以上資料表示不同群組在某一週的新會員數量。讓我們使用 cumsum() 計算每個群組逐週的累積會員數量：

🖥 **In**

```
(meetup
    .groupby([pd.Grouper(freq='W'), 'group'])
    .size()
    .unstack('group', fill_value=0)
    .cumsum()
)
```

Out

group join_date	houston data science	houston data visualization	houston energy data science	houston machine learning	houstonr
2010-11-07	0	0	0	0	5
2010-11-14	0	0	0	0	16
2010-11-21	0	0	0	0	18
2010-12-05	0	0	0	0	19
2011-01-16	0	0	0	0	21
...	...	...	...	...	...
2017-09-17	2105	1708	1886	708	1056
2017-09-24	2124	1712	1902	720	1063
2017-10-01	2144	1718	1908	740	1064
2017-10-08	2166	1728	1918	744	1066
2017-10-15	2180	1741	1927	755	1068

05 許多堆疊面積圖使用百分比資訊來進行繪製，因此每一列的總和都是 1。我們可將某筆資料值除以所在列的資料值總和，進而求得其百分比：

```
In
(meetup
    .groupby([pd.Grouper(freq='W'), 'group'])
    .size()
    .unstack('group', fill_value=0)
    .cumsum()
    .pipe(lambda df_: df_.div(
                              此處選用 div() 進行相除，因為『/』算符只能按欄位來對齊物件
         df_.sum(axis='columns'), axis='index'))
                                              指定在相除時對齊索引
)
```

Out

group join_date	houston data science	houston data visualization	houston energy data science	houston machine learning	houstonr
2010-11-07	0.000000	0.000000	0.000000	0.000000	1.000000
2010-11-14	0.000000	0.000000	0.000000	0.000000	1.000000
2010-11-21	0.000000	0.000000	0.000000	0.000000	1.000000
2010-12-05	0.000000	0.000000	0.000000	0.000000	1.000000
2011-01-16	0.000000	0.000000	0.000000	0.000000	1.000000
...	...	...	...	...	...
2017-09-17	0.282058	0.228862	0.252713	0.094868	0.141498
2017-09-24	0.282409	0.227629	0.252892	0.095732	0.141338
2017-10-01	0.283074	0.226829	0.251914	0.097703	0.140481
2017-10-08	0.284177	0.226712	0.251640	0.097612	0.139858
2017-10-15	0.284187	0.226959	0.251206	0.098423	0.139226

06 現在，可以開始建立堆疊面積圖。請注意，我們使用了 xlim 參數來指定 x 軸的開始期間（從 2013 年 6 月開始），因為 Houston R 群組的成立時間比其它群組早得多：

```
In

fig, ax = plt.subplots(figsize=(18,6))
(meetup
    .groupby([pd.Grouper(freq='W'), 'group'])
    .size()
    .unstack('group', fill_value=0)
    .cumsum()
    .pipe(lambda df_: df_.div(
        df_.sum(axis='columns'), axis='index'))
    .plot.area(ax=ax, cmap='Greys', xlim=('2013-6', None),

    使用 datetime 字串設定 x 軸的上下限，這無法用 Matplotlib 的 ax.set_xlim 方法來完成
            ylim=(0, 1), legend=False)
)
ax.figure.suptitle('Houston Meetup Groups', size=25)
ax.set_xlabel('')
ax.yaxis.tick_right()  ← 將 y 軸的標記放在右側                     在圖表上標記文字
kwargs = {'xycoords':'axes fraction', 'size':15}
ax.annotate(xy=(.1, .7), text='R Users', color='w', **kwargs)
ax.annotate(xy=(.25, .16), text='Data Visualization', color='k', **kwargs)
ax.annotate(xy=(.5, .55), text='Energy Data Science', color='k', **kwargs)
ax.annotate(xy=(.83, .07), text='Data Science', color='k', **kwargs)
ax.annotate(xy=(.86, .78), text='Machine Learning', color='w', **kwargs)
```

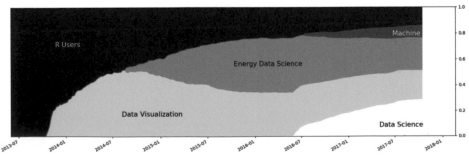

圖 **12.27** 繪製出堆疊面積圖來觀察群組成員的分佈狀況。

12.7 了解 Seaborn 和 Pandas 之間的區別

在建立視覺化圖表時，Seaborn 是非常受歡迎的 Python 函式庫。和 Pandas 一樣，它只是 Matplotlib 的封裝函式庫（wrapper），本身不做任何實際的繪圖。Seaborn 中的繪圖函式可搭配 DataFrame 一起使用，進而實現美觀的視覺化效果。

雖然 Seaborn 和 Pandas 都可降低 Matplotlib 的 overhead，但它們處理資料的方式完全不同。幾乎所有 Seaborn 的繪圖函式都需要整齊的資料（或稱長表格）。

在資料分析過程中進行資料整理，通常會產生聚合類的資料（或稱寬表格）。這些格式的資料是為使用 Pandas 製作圖表而量身訂做的。

接下來，我們會同時使用 Seaborn 和 Pandas 來繪製類似的圖表，以此來展示它們所接受的資料類型（整齊 vs 聚合）。

🔧 動手做

01 讀入員工資料集：

🖥 In

```
employee = pd.read_csv('data/employee.csv',
                       parse_dates=['HIRE_DATE', 'JOB_DATE'])
employee
```

```
Out
```

	UNIQUE_ID	POSITION_TITLE	...	HIRE_DATE	JOB_DATE
0	0	ASSISTANT DIRECTOR (EX LVL)	...	2006-06-12	2012-10-13
1	1	LIBRARY ASSISTANT	...	2000-07-19	2010-09-18
2	2	POLICE OFFICER	...	2015-02-03	2015-02-03
3	3	ENGINEER/OPERATOR	...	1982-02-08	1991-05-25
4	4	ELECTRICIAN	...	1989-06-19	1994-10-22
...	...	...	... ...	...
1995	1995	POLICE OFFICER	...	2014-06-09	2015-06-09
1996	1996	COMMUNICATIONS CAPTAIN	...	2003-09-02	2013-10-06
1997	1997	POLICE OFFICER	...	2014-10-13	2015-10-13
1998	1998	POLICE OFFICER	...	2009-01-20	2011-07-02
1999	1999	FIRE FIGHTER	...	2009-01-12	2010-07-12

02 匯入 Seaborn 函式庫並使用 sns 為別名：

```
In
import seaborn as sns
```

03 現在，讓我們用 Seaborn 來繪製每個部門人數的長條圖。Seaborn 會完成所有的聚合工作，我們只需要將 DataFrame 提供給 **data 參數**，並使用字串名稱來引用欄位即可。大多數的 Seaborn 繪圖函式都有 x 和 y 參數，可以用來指定長條圖的排列方向：

```
In
fig, ax = plt.subplots(figsize=(8, 6))
sns.countplot(y='DEPARTMENT', data=employee, ax=ax)
```

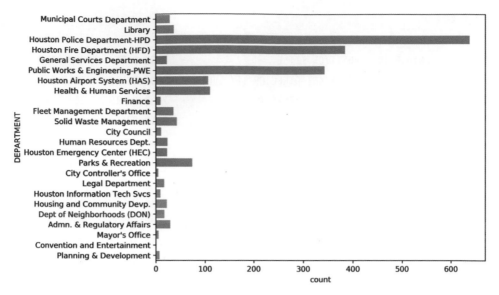

圖 12.28 使用 Seaborn 繪製長條圖。

04 在 Pandas 中，需要進行更多的操作才能畫出部門人數的長條圖。我們要先使用 value_counts() 計算每個部門的人數，代表個別長條圖的高度：

```
💻 In
fig, ax = plt.subplots(figsize=(8, 6))
(employee
    ['DEPARTMENT']
    .value_counts()
    .plot.barh(ax=ax)
)
```

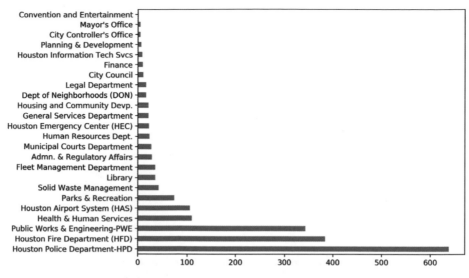

圖 **12.29** 使用 Pandas 繪製出部門人數的長條圖。

05 現在，讓我們用 Seaborn 來視覺化不同種族的平均薪水：

In

```
fig, ax = plt.subplots(figsize=(8, 6))
sns.barplot(y='RACE', x='BASE_SALARY', data=employee, ax=ax)
```

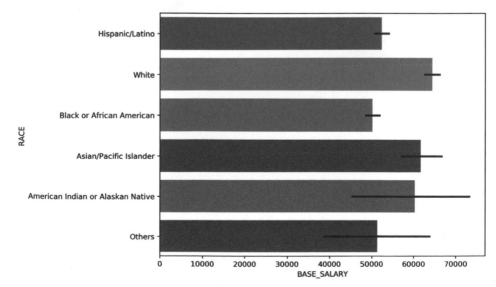

圖 **12.30** 使用 Seaborn 視覺化不同種族的平均薪水
（ 編註 ：長條圖頂端的線為誤差線，也就是實際薪資區間）。

06 要使用 Pandas 來複製這個圖表，我們需要先按 RACE 分組：

```
In

fig, ax = plt.subplots(figsize=(8, 6))
(employee
    .groupby('RACE', sort=False) ←—— 先按 RACE 分組
    ['BASE_SALARY']
    .mean()
    .plot.barh(rot=0, width=.8, ax=ax)
)
ax.set_xlabel('Mean Salary')
```

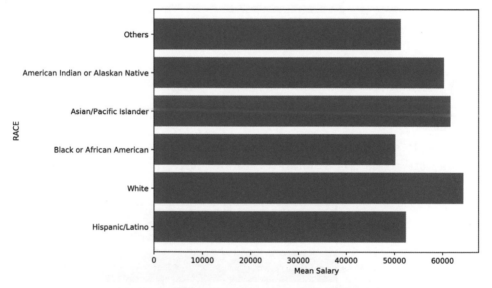

圖 **12.31** 使用 Pandas 視覺化不同種族的平均薪水。

07 在 Seaborn 的大多數繪圖函式中，可以利用第 3 個參數（前兩個為 x 和 y），即 **hue 參數**來對資料進一步分組。讓我們按 RACE 與 GENDER 來 找出平均薪水：

```
In
```

```python
fig, ax = plt.subplots(figsize=(18, 6))
sns.barplot(x='RACE', y='BASE_SALARY', hue='GENDER',
            ax=ax, data=employee,
            order=['Hispanic/Latino',
                   'Black or African American',
                   'American Indian or Alaskan Native',
                   'Asian/Pacific Islander', 'Others',
                   'White'])
```

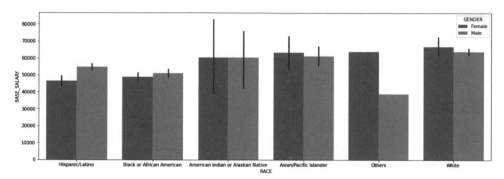

圖 **12.32** 使用 Seaborn 視覺化不同種族和性別的平均薪水。

08 在 Pandas 的做法中，我們必須同時依 RACE 和 GENDER 分組，然後將 GENDER 從索引轉移到欄位名稱：

```
In
```

```python
fig, ax = plt.subplots(figsize=(18, 6))
(employee
    .groupby(['RACE', 'GENDER'], sort=False)
    ['BASE_SALARY']
    .mean()
    .unstack('GENDER')  ◄── 使用 unstack() 將索引中的 GENDER 層級移到欄位名稱
    .sort_values('Female')
    .plot.bar(rot=0, ax=ax, width=.8, cmap='viridis')
)
```

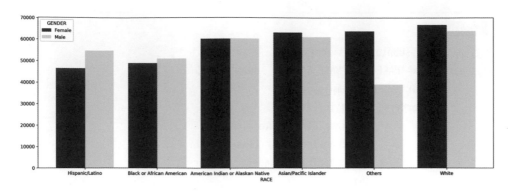

圖 12.33 使用 Pandas 視覺化不同種族和性別的平均薪水。

09 箱形圖是另一個 Seaborn 和 Pandas 都可以繪製的圖。讓我們用 Seaborn 來建立一個按 RACE 和 GENDER 分組的薪水箱形圖：

```
🖥 In
```

```
fig, ax = plt.subplots(figsize=(8, 6))
sns.boxplot(x='GENDER', y='BASE_SALARY', data=employee,
            hue='RACE', palette='Greys', ax=ax)
```

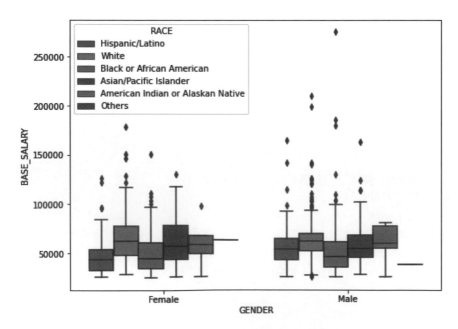

圖 12.34 使用 Seaborn 繪製薪水的箱形圖。

10 Pandas 不太容易精確地複製以上的箱形圖,必須先依性別建立兩個單獨的 Axes,然後按種族製作薪水的箱形圖:

In

```
fig, axs = plt.subplots(1, 2, figsize=(12, 6), sharey=True)
for g, ax in zip(['Female', 'Male'], axs): ◄─── 依性別分別建立 Axes
    (employee
        .query('GENDER == @g')
        .assign(RACE=lambda df_:df_.RACE.fillna('NA'))  ┐
        .pivot(columns='RACE')                           ├◄── 按種族繪製圖形
        ['BASE_SALARY']                                  ┘
        .plot.box(ax=ax, rot=30)
    )
    ax.set_title(g + ' Salary')
    ax.set_xlabel('')
```

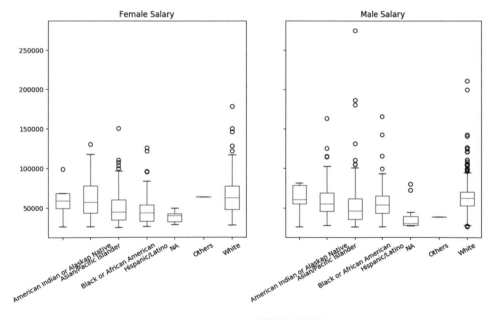

圖 12.35 使用 Seaborn 繪製薪水的箱形圖。

匯入 Seaborn 函式庫會更改許多 Matplotlib 中預設的特性。你可以使用 **plt.rcParams** 取得一個類似字典結構的物件，其內部存有近 300 個預設的繪圖參數。若想要恢復 Matplotlib 的預設值，可以直接呼叫 **plt.rcdefaults**（不需任何的引數）。

12.8 使用 Seaborn 進行多變量分析

Seaborn 中有些函式只能在 Figure 層級上運作，無法像前面的做法，直接在 Axes 層級上繪圖，像是 catplot()、lmplot()、pairplot()、jointplot() 和 clustermap() 等函式都是（ **編註** ：Seaborn 也提供 Axes 層級的函式，稍後也會一併介紹，讀者可以比較兩種不同層級的作法有何差異）。

這些在 Figure 層級（也可說網格層級）上運作的函式，底層還是呼叫 Axes 層級的函式來繪圖，只是提供更方便使用的介面。而函式傳回的是特定網格型別的物件，共有 4 種類別（class）。Seaborn 比較進階的繪製技巧，都會用到這些網格型別的物件，不過大部分時候我們使用前述所提及 Figure 層級函式來繪製，而不用自己去建構網格物件。

◎ 小編補充 　**Seaborn 的 Grid 物件**

此處作者對於 Seaborn 底層的物件型別不想著墨太多，有些讀者可能會看得有點模糊，因此小編略作補充。Seaborn 內建 4 種 Grid 型別的物件，分別是 FacetGrid、JointGrid、PairGrid 和 ClusterGrid。這些物件可以針對不同欄位或不同變數值，自動生成、排列同一類型的圖表，方便使用者進行分析、比對，而不用一一處理 Axes 層級細部的設定。不過正如前文所述，實務上通常不太會直接建構這些類別的物件，而是使用 catplot()、lmplot()、pairplot()、jointplot()、clustermap() 等函式來繪製。

在以下的例子中，我們將根據不同性別和種族，找出年資與薪水之間的關係。我們會先用 Seaborn 的 Axes 層級函式建立一個迴歸圖，然後再使用 Figure 層級函式幫圖表增加更多維度。

🔧 **動手做**

01 讀入員工資料集，並新增一個年資欄位（名稱為 Y E A R S _ EXPERIENCE）：

🖥 **In**

```
emp = pd.read_csv('data/employee.csv', parse_dates=['HIRE_DATE', 'JOB_DATE'])

def yrs_exp(df_):
    days_hired = pd.to_datetime('12-1-2016') - df_.HIRE_DATE ◀━
                            計算特定員工的受僱天數（以 2016 年 12 月 1 日為截止日期）
    return days_hired.dt.days / 365.25 ◀━
                        將受僱天數除以 365.25，進而得出每位員工的年資

emp = emp.assign(YEARS_EXPERIENCE=yrs_exp) ◀━ 新增年資欄位
emp[['HIRE_DATE', 'YEARS_EXPERIENCE']]
```

....

Out

	HIRE_DATE	YEARS_EXPERIENCE
0	2006-06-12	10.472279
1	2000-07-19	16.369610
2	2015-02-03	1.826146
3	1982-02-08	34.811773
4	1989-06-19	27.452430
...	...	...
1995	2014-06-09	2.480493
1996	2003-09-02	13.248460
1997	2014-10-13	2.135524
1998	2009-01-20	7.863107
1999	2009-01-12	7.885010

02 讓我們創建一個帶有**擬合迴歸線**（fitted regression line）的散佈圖來表示年資和薪水之間的關係：

```
In
fig, ax = plt.subplots(figsize=(8, 6))
sns.regplot(x='YEARS_EXPERIENCE', y='BASE_SALARY', data=emp, ax=ax)
```

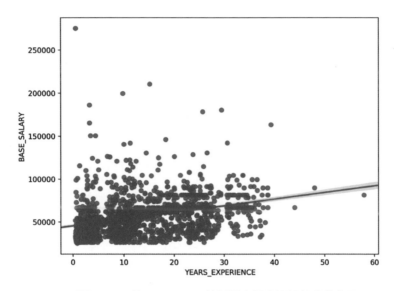

圖 12.36 使用 Seaborn 繪製帶有擬合迴歸線的散佈圖。

03 regplot() 函式屬於 Axes 層級，無法為不同的欄位繪製多條迴歸線。讓我們改用 lmplot() 函式繪製 Axes 函式，加入不同性別的迴歸線：

```
In
grid = sns.lmplot(x='YEARS_EXPERIENCE', y='BASE_SALARY',
                  hue='GENDER',
                          ↑
                  為 GENDER 欄位中的值覆蓋不同顏色的迴歸線
                  scatter_kws={'s':10}, data=emp)
                          ↑
                  用來控制資料點的大小，數字越大，資料點也就越大
grid.fig.set_size_inches(8, 6)
```

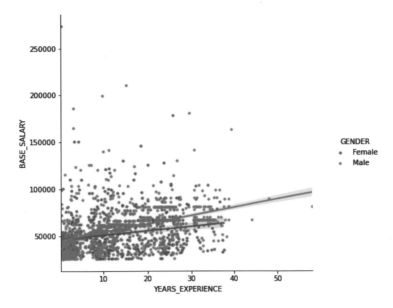

圖 **12.37** 使用 Seaborn 的 FacetGrid 加入不同性別的迴歸線。

⚠ lmplot() 函式傳回的其實是 FacetGrid 物件。本質上，FacetGrid 是 Matplotlib 中，Figure 物件的包裝函式，有一些便利的方法可用來改變 Figure 物件的元素（例如：可以使用 fig 屬性來存取底層的 Figure 物件）。

04 lmplot() 函式具有 col 和 row 參數，可進一步劃分資料。舉例來說：我們可以將 col 參數設定為 RACE，進而為 6 個種族畫出單獨的圖表，同時依照性別來擬合迴歸線。此外，我們可以使用 Matplotlib 的 line() 和 scatter() 等繪圖函式的參數來調整圖表細節。只要創建以相關參數名稱為 key，參數值為 value 的字典，並將其傳入 lmplot 函式的 scatter_kws 或 line_kws 參數即可：

```
💻 In
grid = sns.lmplot(x='YEARS_EXPERIENCE', y='BASE_SALARY',
                  hue='GENDER', col='RACE', col_wrap=3,
                                                    ↑—— 每畫 3 個圖表就換新的一列

                  sharex=False,
                  line_kws = {'linewidth':5}, ◄—— 調整線條的粗細程度
                  data=emp)
grid.set(ylim=(20000, 120000))
```

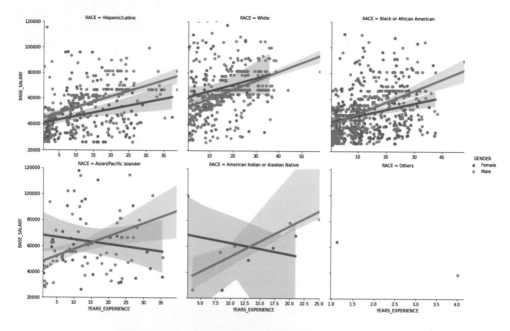

圖 12.38 使用 col 參數為不同種族畫出單獨的圖表。

了解更多

當我們有分類特徵（categorical features）時，也可以進行相似類型的分析：

```
In
deps = emp['DEPARTMENT'].value_counts().index[:2]  ◄── 找出最常出現的 2 個部門
deps
```

```
Out
Index(['Houston Police Department-HPD', 'Houston Fire Department (HFD)'],
      dtype='object')
```

```
In
races = emp['RACE'].value_counts().index[:3]  ◄── 找出最常出現的 3 個種族
races
```

Out

```
Index(['Black or African American', 'White', 'Hispanic/Latino'],
      dtype='object')
```

In

```
is_dep = emp['DEPARTMENT'].isin(deps) ⟵── 創建 2 個布林陣列
is_race = emp['RACE'].isin(races)
emp2 = (emp
    [is_dep & is_race] ⟵── 使用布林陣列篩選出符合條件的列
    .assign(DEPARTMENT=lambda df_:
            df_['DEPARTMENT'].str.extract('(HPD|HFD)', expand=True)))
emp2.shape                      將 DEPARTMENT 欄位中的資料分別改為 HPD 或 HFD
```

Out

```
(968, 11)
```

In

```
emp2['DEPARTMENT'].value_counts()
```

Out

```
HPD    591
HFD    377
Name: DEPARTMENT, dtype: int64
```

In

```
emp2['RACE'].value_counts()
```

Out

```
White                     478
Hispanic/Latino           250
Black or African American 240
Name: RACE, dtype: int64
```

讓我們先使用一個更簡單的 Axes 層級函式，即 violinplot() 來查看不同性別的年資分佈狀況：

```
In
common_depts = (emp.groupby('DEPARTMENT')
                      .filter(lambda group: len(group) > 50))
fig, ax = plt.subplots(figsize=(8, 6))
sns.violinplot(x='YEARS_EXPERIENCE', y='GENDER', data=common_depts)
```

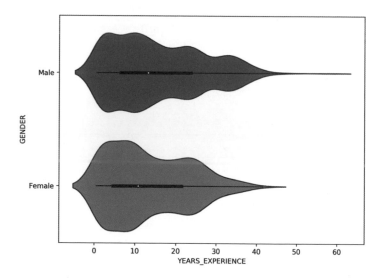

圖 12.39　使用 Seaborn 視覺化不同性別的年資分佈狀況。

接下來，我們可以使用 catplot() 並搭配 col 和 row 參數，為每個部門和種族組合增加一個小提琴圖：

```
In
grid = sns.catplot(x='YEARS_EXPERIENCE', y='GENDER',
                   col='RACE', row='DEPARTMENT',
                   height=3, aspect=2,
                   data=emp2, kind='violin')
```

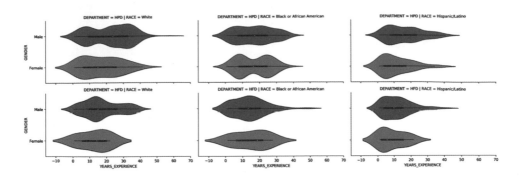

圖 **12.40** 使用 Seaborn 視覺化不同性別的年資分佈狀況。

M E M O